“十二五”国家重点图书出版规划项目
现代电磁无损检测学术丛书

长输油气管道
漏磁内检测技术

刘 斌 杨理践 著
康宜华 审

机械工业出版社

长输油气管道漏磁内检测技术属于垄断技术，在国际上，仅有少数国家掌握该项技术。目前，国际管道内检测领域普遍关注的前沿问题包括应力检测、裂纹检测、几何检测和测绘检测。本书针对上述前沿问题，系统地总结了多年的研究成果，介绍了管道漏磁内检测基础知识、管道漏磁内检测系统、管道轴向励磁和周向励磁漏磁内检测技术、管道磁记忆应力内检测技术、漏磁内检测器速度控制技术、管道惯性测绘内检测技术、管道漏磁内检测数据处理方法、管道漏磁内检测缺陷量化方法、管道漏磁内检测工程项目的实施以及基于漏磁内检测的长输油气管道评价技术。

本书可供油气管道运营、维护、检测的工程技术人员，电磁无损检测相关工程技术人员，以及在读本科生、研究生学习参考。

图书在版编目（CIP）数据

长输油气管道漏磁内检测技术/刘斌，杨理践著．—北京：机械工业出版社，2017. 1

“十二五”国家重点图书出版规划项目　现代电磁无损检测学术丛书

ISBN 978-7-111-55712-8

Ⅰ．①长…　Ⅱ．①刘…②杨…　Ⅲ．①长输管道－石油管道－漏磁－管道检测　Ⅳ．①TE973

中国版本图书馆 CIP 数据核字（2016）第 306667 号

机械工业出版社（北京市百万庄大街 22 号　邮政编码 100037）
策划编辑：薛　礼　责任编辑：王海峰　蓝伙金　武　晋
责任校对：刘　岚　封面设计：鞠　杨
责任印制：李　飞
北京铭成印刷有限公司印刷
2017 年 3 月第 1 版第 1 次印刷
184mm×260mm ·16. 25 印张 · 2 插页 · 390 千字
0 001—1 500 册
标准书号：ISBN 978-7-111-55712-8
定价：158.00 元

凡购本书，如有缺页、倒页、脱页，由本社发行部调换

电话服务	网络服务
服务咨询热线：010－88361066	机 工 官 网：www. cmpbook. com
读者购书热线：010－68326294	机 工 官 博：weibo. com/cmp1952
010－88379203	金 书 网：www. golden－book. com
封面无防伪标均为盗版	教育服务网：www. cmpedu. com

现代电磁无损检测学术丛书编委会

序 1

利用大自然的赋予，人类从未停止发明创造的脚步。尤其是近代，科技发展突飞猛进，仅电磁领域，就涌现出法拉第、麦克斯韦等一批伟大的科学家，他们为人类社会的文明与进步立下了不可磨灭的功绩。

电磁波是宇宙物质的一种存在形式，是组成世间万物的能量之一。人类应用电磁原理，已经实现了许多梦想。电磁无损检测作为电磁原理的重要应用之一，在工业、航空航天、核能、医疗、食品安全等领域得到了广泛应用，在人类实现探月、火星探测、无痛诊疗等梦想的过程中发挥了重要作用。它还可以帮助人类实现更多的梦想。

我很高兴地看到，我国的无损检测领域有一个勇于探索研究的群体。他们在前人科技成果的基础上，对行业的发展进行了有益的思考和大胆预测，开展了深入的理论和应用研究，形成了这套“现代电磁无损检测学术丛书”。无论他们的这些思想能否成为原创技术的基础，他们的科学精神难能可贵，值得鼓励。我相信，只要有更多为科学无私奉献的科研人员不懈创新、拼搏，我们的国家就有希望在不久的将来屹立于世界科技文明之巅。

科学发现永无止境，无损检测技术发展前景光明！

中国科学院院士

程开甲

2015 年秋日

序　2

无损检测是一门在不破坏材料或构件的前提下对被检对象内部或表面损伤以及材料性质进行探测的学科，随着现代科学技术的进步，综合应用多学科及技术领域发展成果的现代无损检测发挥着越来越重要的作用，已成为衡量一个国家科技发展水平的重要标志之一。

现代电磁无损检测是近十几年采发展最快、应用最广、研究最热门的无损检测方法之一。物理学中有关电场、磁场的基本特性一旦运用到电磁无损检测实践中，由于作用边界的复杂性，从“无序”的电磁场信息中提取“有用”的检测信号，便可成为电磁无损检测技术理论和应用工作的目标。为此，本套现代电磁无损检测学术丛书的字里行间无不浸透着作者们努力的汗水，闪烁着作者们智慧的光芒，汇聚着学术性、技术性和实用性。

丛书缘起。2013 年 9 月 20—23 日，全国无损检测学会第 10 届学术年会在南昌召开。期间，在电磁检测专业委员会的工作会议上，与会专家学者通过热烈讨论，一致认为：当下科技进步日趋强劲，编织了新的知识经纬，改变了人们的时空观念，特别是互联网构建、大数据登场，既给现代科技，亦给电磁检测技术注入了全新的活力。是时，华中科技大学康宜华教授率先提出：敞开思路、总结过往、预测未来，编写一套反映现代电磁无损检测技术进步的丛书是电磁检测工作者义不容辞的崇高使命。此建议一经提出，立即得到与会专家的热烈响应和大力支持。

随后，由福建省爱德森院士专家工作站出面，邀请了两弹一星功勋科学家程开甲院士担任丛书总顾问，钱七虎院士、徐滨士院士、陈达院士、杨叔子院士、张履谦院士等为顾问委员会成员，为丛书定位、把脉，力争将国际上电磁无损检测技术、理论的研究现状和前沿写入丛书中。2013 年 12 月 7 日，丛书编委会第一次工作会议在北京未来科技城国电研究院举行，制订出 18 本丛书的撰写名录，构建了相应的写作班子。随后开展了系列活动：2014 年 8 月 8 日，编委会第二次工作会议在华中科技大学召开；2015 年 8 月 8 日，编委会第三次工作会议在国电研究院召开；2015 年 12 月 19 日，编委会第四次工作会议在西安交通大学召开；2016 年 5 月 15 日，编委会第五次工作会议在成都电子科技大学召开；2016 年 6 月 4 日，编委会第六次工作会议在爱德森驻京办召开。

好事多磨。本丛书的出版计划一推再推。主要因为丛书作者繁忙，常“心有意而力不逮”；再者丛书提出了“会当凌绝顶，一览众山小”高度，故其更难矣。然诸君一诺千金，知难而进，经编委会数度研究、讨论精简，如今终于成集，圆了我国电磁无损检测学术界的一个梦！

最终决定出版的丛书，在知识板块上，力求横不缺项，纵不断残，理论立新，实证鲜活，预测严谨。丛书共包括九个分册，分别是：《钢丝绳电磁无损检测》《电磁无损检测数值模拟方法》《钢管漏磁自动无损检测》《电磁无损检测传感与成像》《现代漏磁无损检测》《电磁无损检测集成技术及云检测/监测》《长输油气管道漏磁内检测技术》《金属磁记忆无损检测理论与技术》《电磁无损检测的工业应用》，代表了我国在电磁无损检测领域的最新研究和应用水平。

丛书在手，即如丰畴拾穗，金瓯一拢，灿灿然皆因心仪。从丛书作者的身上可以感受到电磁检测界人才辈出、薪火相传、生生不息的独特风景。

概言之，本丛书每位辛勤耕耘、不倦探索的执笔者，都是电磁检测新天地的开拓者、观念创新的实践者，余由衷地向他们致敬！

经编委会讨论，推举笔者为本丛书总召集人。余自知才学浅薄，诚惶诚恐，心之所系，实属难能。老子曰："夫代大匠斫者，希有不伤其手者矣"。好在前有程开甲院士屈为总顾问领航，后有业界专家学者扶掖护驾，多了几分底气，也就无从推诿，勉强受命。值此成书在即，始觉"千淘万漉虽辛苦，吹尽狂沙始到金"限于篇幅，经芟选，终稿。

洋洋数百万字，仅是学海撷英。由于本丛书学术性强、信息量大、知识面宽，而笔者的水平局限，疵漏之处在所难免，望读者见谅，不吝赐教。

丛书的编写得到了中国无损检测学会、机械工业出版社的大力支持和帮助，在此一并致谢！

丛书付梓费经年，几度惶然夜不眠。
笔润三秋修正果，欣欣青绿满良田。
是为序。

现代电磁无损检测学术丛书编委会总召集人
中国无损检测学会副理事长

林俊明

丙申秋

前　言

管道运输是国际油气运输的主要方式之一，具有运量大、不受气候和地面其他因素限制、可连续作业以及成本低等优点。自1865年美国宾夕法尼亚州建成世界上第一条输油管道至今，管道运输业已有一百多年的历史。随着世界各国对能源需求的增加，长输油气管道的建设呈持续高速发展的趋势，目前全球运行的管道已经超过350万公里，如果取赤道周长为40075.04公里，那么油气管道可绕地球近90圈，其中北美洲管线最密，约为240万公里。我国油气管道规模的快速发展，对油气管道完整性体系法规的逐渐健全需求更为迫切；我国在役长距离油气输送管道总长为4万余公里，在建和拟建管道长达近万公里。全球每天有近4000万桶原油经海上运输通道或石油管道被运往世界各地，如果再算上天然气的运输管道，可以说这些海上通道及陆地管道是世界的“动脉血管”。过去，曼德海峡、霍尔木兹海峡、博斯普鲁斯海峡、马六甲海峡、苏伊士运河、巴拿马运河这六大自然或人工运输通道是“动脉血管”中的关键节点，但随着各国能源需求的增加，六大通道早已超负荷运转，油气管道开始成为“动脉血管”新的组成部分。

管道运输在创造巨大经济效益的同时，层出不穷的管道泄漏等事故也给国家财产、人民生命安全带来了巨大威胁。所以，安全问题自始至终都是油气管道输送行业最为关键、首要解决的问题，它直接影响国民经济运行的稳定性，世界各国对此均极为重视。国际上已有相关立法，明确了应用内检测方法进行管道检测，确定管道的变形、腐蚀、裂纹、缺陷程度，为管道运行、维护、安全评价提供科学依据。我国实施的SY 6186—2007《石油天然气管道安全规程》中规定，对管道外部一年至少检测一次，由运营单位的专业技术人员进行。对新建管道应在投产后3年内进行首次全面检验，以后根据检验报告和管道安全运行状况确定检验周期。长输油气管道漏磁内检测技术在国际上属于垄断技术，被美国GE－PII和德国ROSEN等公司所垄断，国际上只有少数几家公司掌握该项技术，在国内该技术领域已得到了较广泛的关注，在一些大学和研究机构已开展该技术的研究。本书作者所在的研究团队经过不懈努力，已经突破国外技术封锁，开发了拥有自主知识产权的“长输油气管道漏磁内检测系统”，在大庆油田、吉林油田、新疆油田、四川气田及“西气东输”工程中得到了推广应用，前后共完成近万公里的管道内检测工程，创造了良好的经济效益和社会效益。

本书针对国际油气管道内检测行业关注的前沿问题，系统地介绍了长输油气管道漏磁内检测技术。主要内容包括管道漏磁内检测基础知识、管道漏磁内检测系统、管道轴向励磁和周向励磁漏磁内检测技术、管道磁记忆应力内检测技术、漏磁内检测器速度控制技术、管道惯性测绘内检测技术、管道漏磁内检测数据处理方法、管道漏磁内检测缺陷量化方法、管道漏磁内检测工程项目的实施以及基于漏磁内检测的长输油气管道评价技术。希望本书能够为油气管道运营、维护、检测的工程技术人员，以及电磁无损检测相关技术和工程人员提供参考。

本书编写过程中，得到国家自然科学基金委员会的资助，亦获得了中国石油天然气集团公司、中国石油化工集团公司、中国海洋石油总公司和中国特种设备检测研究院等相关单位的支持，书中部分内容来源于作者指导的硕士研究生、博士研究生学位论文。康宜华教授负责全书的审稿工作，并提出了宝贵的修改意见。在此一并表示衷心的感谢！

长输油气管道内检测技术是不断更新的技术，书中难免存在疏漏之处，欢迎读者提出宝贵意见，并可通过电子邮件与作者联系：syuotwenwu@ sina. com。

作　者

目　　录

第 1 章　管道漏磁内检测基础知识

1.1　管道基本概念

1. 管道定义

管道：用管子、管子连接件和阀门等连接而成的用于输送气体、液体或带固体颗粒的流体的装置。

压力管道：利用一定的压力，用于输送气体或者液体的管状设备，其输送介质范围规定为最高工作压力大于或等于 0.1MPa（表压）的气体、液化气体、蒸汽介质，或者可燃、易爆、有毒、有腐蚀性、最高工作温度高于或等于标准沸点的液体介质，且管道公称直径大于 ϕ25mm。

长输管道：产地、储存库、使用单位间的用于输送油、气介质的管道（输送距离一般大于 50km）。具体讲就是跨越地、市输送商品介质的管道和跨越省、自治区、直辖市输送商品介质的管道。

2. 管道的基本术语

管件：弯头、弯管、三通、异径接头和管封头等管道上各种异形连接件的统称。

弯头：曲率半径小于 4 倍公称直径的弯曲管段。

冷弯管：在不加热条件下，用模具（或夹具）将管子弯制成需要角度的弯管。

管道附件：管件、法兰、阀门及其组合件、绝缘法兰、绝缘接头等管道专用部件的统称。

热煨弯管：在加热条件下，在夹具上将管子弯曲成需要角度的弯管。

1.2　长输油气管道腐蚀及其防护

1. 腐蚀的危害

腐蚀是影响管道系统可靠性和使用寿命的关键因素，腐蚀破坏引起的恶性突发事故，往往造成巨大的经济损失和严重的社会后果。据美国国家运输安全局统计，美国 45% 的管道损坏是由钢管外壁腐蚀引起的。1981—1987 年的苏联输油管道事故统计表明，总长 24 万 km 的管线上曾发生事故 1210 起，其中外部腐蚀造成的事故有 517 起，占事故总数 42.7%；内部腐蚀造成的事故有 29 起，占事故总数 2.4%；因施工质量问题造成的事故有 280 起，占事故总数 23.2%。相关资料也表明，在美国管道事故中首要原因是外部腐蚀，比例高达 59%；其次是第三者破坏，约占 20%。我国的地下油气管道投产 1～2 年后即发生腐蚀穿孔的情况也屡见不鲜，这不仅造成因穿孔引起的油、气、水泄漏损失，而且还可能因腐蚀造成火灾。特别是输气管道因腐蚀引起的爆炸，威胁人身安全，污染环境，后果极其严重。

2. 长输油气管道缺陷

管道易出现的缺陷主要为原有缺陷和新增缺陷两大类。原有缺陷主要表现在主环焊缝未超标的气孔、夹渣等，新增缺陷主要为内外表面腐蚀、撞伤、划伤和裂纹等。

缺陷通常可分为体积型缺陷、平面型缺陷、弥散损伤缺陷、几何缺陷和机械损伤缺陷五大类。五大类缺陷的主要表现形式见表1-1。

表1-1 管道缺陷的主要表现形式

缺陷类型	缺陷表现形式
体积型缺陷	缺陷打磨造成的局部减薄、沟槽状和片状腐蚀缺陷等
平面型缺陷	未熔合、未焊透、焊接裂纹、疲劳裂纹、应力腐蚀裂纹等
弥散损伤缺陷	点腐蚀、氢鼓泡、氢致微裂纹等
几何缺陷	焊缝"撅嘴"、错边、管体不圆、壁厚不均匀等
机械损伤缺陷	凹坑、沟槽、凹坑+沟槽

3. 防护

当前埋地钢质管道的防腐蚀系统采用防腐涂层和阴极保护联合防护形式。具体实施是将防腐材料均匀致密地涂敷在已经除锈的管道外表上，使其与腐蚀介质隔离，形成防腐绝缘层，亦称防腐涂层；同时，以某种方式在被保护金属构件上施以足够的阴极电流，通过阴极极化使金属电位负偏移，从而使发生金属腐蚀的阳极溶解速度大幅度减小，甚至完全停止。防腐涂层使腐蚀电池回路电阻增大，或使金属表面保持钝化的状态，或使金属与外部介质剥离出来，从而减缓金属的腐蚀速度。防腐涂层应具有较好的耐蚀性、较好的防渗性、较好的附着力和柔韧性；但由于其本身的微孔、老化，往往也会出现龟裂、剥离，因而在施工过程中难免会产生机械损伤，这些因素都会使防腐涂层的寿命大大缩短。因此，裸露部分的金属与带防腐涂层部分的金属形成小阳极和大阴极的局部电池，会导致金属的腐蚀。而采用阴极保护和防腐涂层联合防腐蚀，则裸露部分得到阴极保护，这就弥补了防腐层的上述缺陷。对埋地管线的阴极保护通常分为牺牲阳极保护法和强制电流保护法两种形式。牺牲阳极保护是采用具有较负电位的金属阳极与被保护管道实行连接；强制电流保护法又称外加电流法，是使用外部电流为被保护管道提供负电流的方法。

4. 漏磁内检测方法

针对管道内检测的技术主要有压电超声检测法、电磁超声检测法以及漏磁检测法等。其中，压电超声检测法精度高，但检测期间需要耦合剂，对工作环境要求高；电磁超声检测技术是利用电磁耦合方法，不需要耦合介质，可用于石油、天然气管道检测，但其换能效率低、受噪声干扰严重。漏磁检测技术可检测出油气管道金属损失缺陷，准确识别出管道全线各种特征及管道历史修复记录，对管道裂纹异常具有一定的检出能力。相对于其他检测技术，漏磁检测技术不需要耦合剂，受外界干扰小，检测速度快，对体积型缺陷十分敏感，能够解决由于腐蚀引起的管道失效，更适合大面积、长距离的管道的快速检测，是目前国内外应用最为普遍的管道内检测技术。

1.3 管道漏磁内检测技术的发展状况

20世纪90年代，美国研究学者P. Ramuhalli，L. Udpa，SS. Udpa等人深入地研究了漏磁检测技术在石油、天然气管道检测方面的理论和工程的相关问题。美国爱荷华州立大学（Iowa State University）的 SunhoY. 等人对影响漏磁场和漏磁信号的因素进行了研究，得到了关于漏磁场的矢量偏微分方程。Afzal M. 成功地进行了直流励磁的表面裂纹三维尺寸评估的理论计算和实验部分的工作。Wilson J. W. 和 Tian G Y 利用了一个高灵敏度的三维磁场传感器，改善了目前漏磁系统的性能缺陷问题。

目前国际上在漏磁内检测技术研究工作方面走在前列的有美国、英国、德国、加拿大等。1965 年，美国 Tuboscope 公司研制出了 Linalog 漏磁通型内检测器并且投入使用，尽管在当时这种内检测器还只能用于定性检测，但对管道检测研究做出了巨大的贡献，具有划时代的意义。1977 年，英国研制出了 ϕ600mm 管道漏磁内检测设备，并且利用该设备对其管辖的天然气管道进行了在役检测，第一次采用定量分析方法对管道材料的特性及失效机理进行了分析。20 世纪 80 年代后，发达国家都相继投入了大量人力和经费在这方面开展研究。目前，国外较有名的漏磁内检测公司有美国的 Tuboscope 公司、英国的 British Gas 公司、美国的 GE - PⅡ公司及德国 ROSEN 公司等，其生产的产品已经基本达到了系列化和多样化，完全具备向用户提供检测服务和系列检测设备的能力。漏磁内检测装置可以有效地检测腐蚀刨槽、腐蚀凹坑、金属缺失和孔缺陷，其独特的磁化器和传感器设计确保较高的检测灵敏度和准确性，可有效维护管道的完整性。

在国内，清华大学、华中科技大学、上海交通大学、天津大学、沈阳工业大学、合肥工业大学等高等院校的学者对漏磁无损检测进行了深入的、广泛的研究，目前已经在漏磁检测机理、数据处理、系统构成、算法和部分环境的应用方面展开研究并取得了一系列的成果。

管道漏磁内检测技术的应用在我国起步比较晚，从 20 世纪 90 年代开始，中国石油天然气管道局（以下简称管道局）和原四川石油管理局一同将国外漏磁内检测技术引入国内，进行工程化应用。1994 年，管道局从美国 Vetco 公司引进 ϕ273mm 型和 ϕ529mm 型管道漏磁腐蚀和变形内检测器。使用 ϕ273mm 型内检测器在国内完成了阿塞线 360km、新疆北火三线 130km 及青海花格线 430km 等管道的腐蚀及变形检测。使用 ϕ529mm 型内检测器完成了秦京线 360km 和新疆克乌线 295km 等管道的腐蚀及变形检测。1997 年从美国 Tuboscope 公司引进 ϕ720mm 型管道漏磁内检测器，并利用其在国内完成了鲁宁线、东北管网等管道的腐蚀检测，在国外完成了苏丹 1500km 管道的腐蚀检测。检测发现，由于历史原因，国内的在役老油气管道在设计、建设时，没有考虑管道的在线检测问题，管径、弯头规格多样且不规范，国外的检测器不完全适用于我国的在役老管道缺陷检测。中国石油天然气管道局管道技术公司于 1998 年合作研制出了 ϕ377mm 型管道漏磁内检测器，可在线检测出管道内外腐蚀的程度和位置，以及管道的机械损伤、材质缺陷，对防止原油泄漏、保障管道正常输送具有重要意义。近年来，管道局又开发研制了大量不同口径的漏磁内检测设备，实现了 ϕ273 ~ ϕ720mm 所有口径管道检测器的系列化。中国石油天然气管道局管道技术公司与英国 Advantica 公司合作，研制出适用于输气管道检测的 ϕ660mm 型管道漏磁检器，并成功应用于陕京一线管道的全线检测。2005 年两个公司合作研制的 ϕ1016 mm 型高清晰度管道漏磁检测器已投入工业现场应用，其运行指标为：探头间距 6.9mm，探头数量 800 个，检测距离 350km，检测壁厚 ≤32mm，最大压力 14MPa，检测速度 0.5 ~ 7m/s，运行温度 -10 ~ +70℃，最小孔径 ϕ859mm，最小弯头 1.5D；其精度指标为：最小缺陷深度（5% ~ 10%）壁厚，测量精度 ±10% 壁厚，距最近参考点的轴向定位精度 ±0.1%，周向定位精度 ±5°，可信度水平

>80%。

2000年，沈阳工业大学杨理践教授领导的课题组与新疆三叶管道技术有限责任公司合作，开展了“高精度管道漏磁在线检测系统”项目的研究，解决了管道内检测技术的大量基础技术问题和理论问题，提出了漏磁检测技术的实现方法，研制成功了ϕ377mm型管道内检测设备样机，并利用其进行管道工程检测，完成管道缺陷、管壁几何结构变化、管壁材质变化、缺陷内外分辨、管道特征分辨（管箍、补疤、弯头、焊缝、三通等）的检测，提供了缺陷面积、深度、方向、位置等较为全面的信息。该项目的完成使我国具有了自主知识产权的高精度管道漏磁在线检测智能系统，从此我国长距离油气输送管道等的安全检测不再受制于人。2004年开展高精度管道漏磁在线检测系统的研制，研究成功ϕ273mm型、ϕ325mm型、ϕ425mm型、ϕ529mm型等管道内检测设备，这些检测设备近年来已完成近4000km管道的工程检测。该项目的成功完成，填补了国内空白，很好地推进了国内长输油气管道内检测技术的发展和应用。目前，我国已拥有具有独立知识产权的智能PIG，成为国际上进行智能PIG研究、制造、服务的少数国家之一。2007年为中国石油化工股份有限公司成功研制的ϕ720mm型长输管道漏磁内检测器，可实现管道缺陷壁厚探伤分辨率达0.01T、精度达0.05T（T为管道壁厚）。

1.4 漏磁检测原理

1.4.1 缺陷漏磁场的形成机理

漏磁检测法是建立在铁磁性材料高磁导率特性基础上的。铁磁性材料被外加磁场磁化后，若材料的材质是连续、均匀的，则材料中的磁力线将被约束在材料中，磁通是平行于材料表面的，几乎没有磁力线从被检表面穿出，即被检表面没有磁场。但当材料中存在着切割磁力线的缺陷时，由于缺陷的磁导率很小，磁阻很大，磁力线将会改变途径，这种磁通的泄漏同时使缺陷两侧部位产生磁极化，形成所谓的漏磁场。漏磁检测法就是通过测量被磁化的铁磁性材料表面泄漏的磁场强度来判定缺陷大小的。

漏磁现象可以用缺陷附近磁导率μ和磁感应强度B的变化来解释。铁磁性材料的磁化强度和泄漏的磁力线强弱直接相关，在外磁场作用下，铁磁性材料的磁感应强度B与磁场强度H关系为$B=\mu H$，由于材料磁导率μ是一个随磁场强度H变化的量，所以B随H变化并不是一个线性关系，而呈现出一个非线性变化的磁特性曲线。铁磁性材料的典型磁特性曲线如图1-1所示。

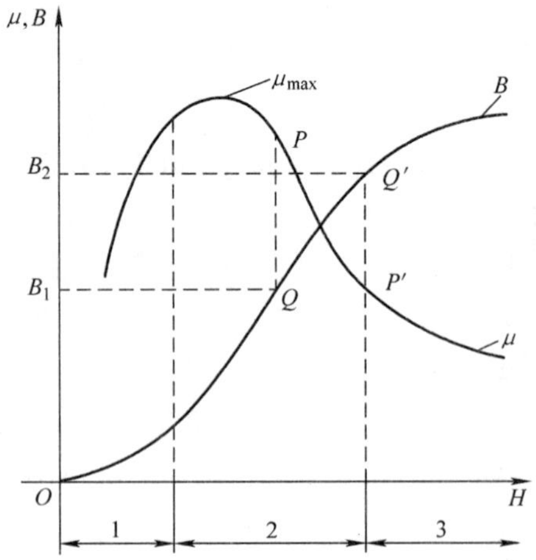

图1-1 铁磁性材料的磁特性曲线

铁磁性材料被永磁体或励磁线圈磁化时遵循该曲线所示的磁化规律。通常磁特性曲线分成三个区域。

第1区域：B随H的增加而上升的速率缓慢，曲线平缓。

第 2 区域：B 随 H 的增加而急剧上升，曲线陡直。

第 3 区域：B 随 H 的增加趋于水平，磁感应强度较快地进入饱和状态。

下面通过磁化曲线和材料磁导率曲线分析管道产生漏磁场的原因。

一个有表面缺陷的钢坯如图 1-2 所示，设钢坯的横截面面积为 A，缺陷的横截面面积为 a，因此有缺陷处钢坯横截面面积为 $A' = A - a$。假设钢坯放置在磁场强度为 H 的均匀磁场中，无缺陷处的磁感应强度为 B_1，此值对应于图 1-1 中磁化曲线上的 Q 点，而 Q 点对应于磁导率曲线上的 P 点，因此通过钢坯无缺陷横截面的磁通量为 $\Phi = B_1A$。因为通过钢坯的磁通量是相同的，如果在有缺陷的钢坯横截面上相应的磁感应强度为 B_2，则 $B_2 = B_1A/A' = B_1A/(A-a)$，故 $B_2 > B_1$，即缺陷处的磁感应强度由于存在缺陷而增加，从而使工作点从磁化曲线上的 Q 点移到 Q'点；与 Q'相对应的磁导率却相应变小，从 P 点移到 P'点。这就是说，由于缺陷存在，产生了反常的现象，横截面面积减小部位的磁感应强度增大，磁导率反而减小，造成钢坯存在缺陷的部位不容许通过原来数值的磁通量，使得一些磁力线被散漏到周围的介质中，形成漏磁场。

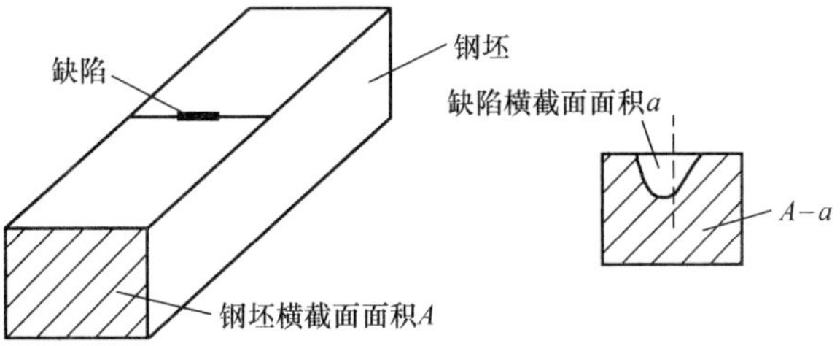

图 1-2　有缺陷的钢坯及其横截面

通过钢坯的总磁通量 $\Phi = B_1A$，通过缺陷处的磁通量 $\Phi_0 = B_1(A-a) + B_0a$，其中 B_0 为缺陷处介质的磁感应强度。

缺陷附近的漏磁通为

$$\Delta\Phi = \Phi - \Phi_0 = B_1A - B_1(A-a) - B_0a = (B_1 - B_0)a = (\mu_p - \mu_0)Ha \quad (1\text{-}1)$$

式中，μ_0 为缺陷处介质的磁导率。

由于 $\mu_p \gg \mu_0$，式（1-1）可以简化为 $\Delta\Phi = \mu_pHa = B_1a$，这说明缺陷处漏磁通与钢坯的磁感应强度 B_1 和缺陷的横截面面积 a 成正比。这对分析缺陷漏磁通和管道缺陷面积的关系很有用。

漏磁场的形成原理也可用磁介质的边界条件或麦克斯韦方程解释。在两种磁介质的分界面上（或一种磁介质与真空的分界面上），主要边界条件有两条：一是磁感应强度 $\boldsymbol{B}$ 法向分量的连续性，即 $\boldsymbol{B}_{2n} = \boldsymbol{B}_{1n}$（$n$ 表示分界面的法向）；二是磁场强度 $\boldsymbol{H}$ 切线分量的连续性，即 $\boldsymbol{H}_{2t} = \boldsymbol{H}_{1t}$（$t$ 表示分界面的切线方向）。它们分别是把磁场的高斯定理和安培环路定理应用到边界面上的直接推论。

由于存在上述两个边界条件，磁力线在两种不同磁导率介质的分界面上会发生“折射”。两种不同磁介质的分界面上磁力线的折射示意图如图 1-3 所示。

设界面两侧磁力线与界面法线的夹角分别为 θ_1 和 θ_2，则有

$$B_{1n} = B_1\cos\theta_1,\ B_{2n} = B_2\cos\theta_2$$

$$H_{1t} = H_1\sin\theta_1,\ H_{2t} = H_2\sin\theta_2 \tag{1-2}$$

已知两种磁介质的边界条件为 $B_{1n}=B_{2n}$，$H_{1t}=H_{2t}$，两式相除得

$$\frac{H_{1t}}{B_{1n}} = \frac{H_{2t}}{B_{2n}} \tag{1-3}$$

将式（1-2）代入式（1-3）得

$$\frac{H_1}{B_1}\tan\theta_1 = \frac{H_2}{B_2}\tan\theta_2 \tag{1-4}$$

设两种介质的磁导率分别为 μ_1 和 μ_2，则 $B_1=\mu_1\mu_0H_1$，$B_2=\mu_2\mu_0H_2$，于是有

$$\frac{\tan\theta_1}{\mu_1} = \frac{\tan\theta_2}{\mu_2} \text{或} \frac{\tan\theta_1}{\tan\theta_2} = \frac{\mu_1}{\mu_2} \tag{1-5}$$

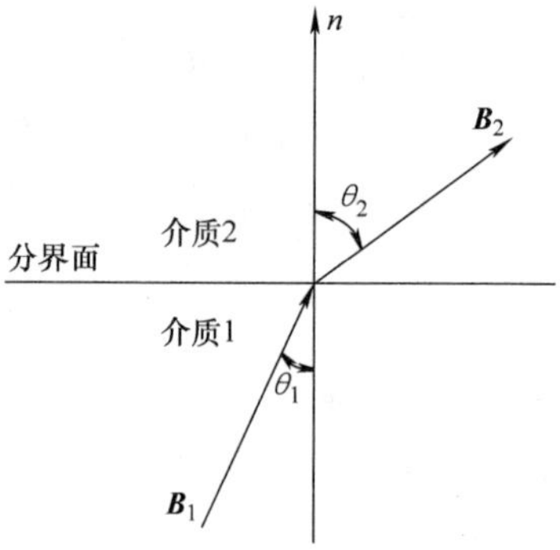

图 1-3 磁力线的折射

即界面两侧磁力线与法向夹角的正切之比等于两侧介质磁导率之比。

如果 $\mu_2=1$（真空或非磁性介质），$\mu_1>>1$（铁磁性物质），则 $\theta_2\approx0°$，$\theta_1\approx90°$，这时在介质 1 内磁力线几乎与界面平行，从而也非常密集。磁导率 μ_1 越大，θ_1 越接近于 90°，磁力线就越接近于与表面平行，从而漏磁通越少，这样，高磁导率的铁磁性物质就把磁通量集中到自己的内部。当连续、均匀的材质中有切割磁力线的缺陷存在时，就会形成漏磁场。

1.4.2 缺陷漏磁场的分布

缺陷漏磁场可以分解为水平分量（轴向分量）B_x 和垂直分量（径向分量）B_y。水平分量与工件表面平行，垂直分量与工件表面垂直。假设有一矩形缺陷，则在矩形中心，漏磁场水平分量有最大值并左右对称，垂直分量为通过中心点的曲线，漏磁场在缺陷的左边缘处达到正的最大值，在缺陷的右边缘达到负的最大值，在缺陷的中心处为零，是对于缺陷中心对称的，如图 1-4 所示。

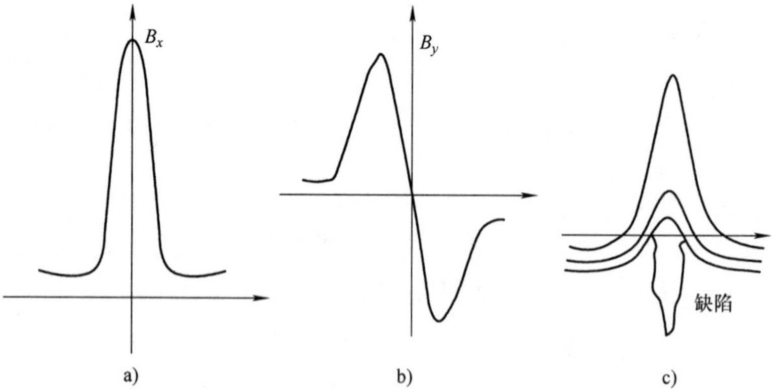

图 1-4 缺陷磁场分布

a）水平分量 b）垂直分量 c）合成的漏磁场

1.5　漏磁检测的磁化技术

1.5.1　磁化方式

磁化方式按所用励磁源分为交流磁化、直流磁化和永磁磁化三种。

1. 交流磁化

交流磁场易产生趋肤效应和涡流，且磁化的深度随电流频率的增高而减小。因此，交流磁化方法只能检测表面和近表面缺陷，但其强度容易控制，大功率、50Hz 交流电流源易于获得，磁化器结构简单，成本低廉。

交流磁化的优点是：①可以用来检测表面较为粗糙的工件；②信号幅度与缺陷的深度之间比直流磁化有更好的对应关系；③存在趋肤效应，适合于对工件进行局部磁化，因而可用于检测较大工件。

交流磁化的缺点是：①不适用于检测表面以下的缺陷；②对于管材来说，在管外壁磁化只能检测外侧缺陷，不能同时检测管壁内侧缺陷。

2. 直流磁化

直流磁化分为直流脉动电流磁化和直流恒定电流磁化，后者在电气实现上比前者简单。但直流恒定电流磁化法对电流源有一定的要求，励磁电流一般为几安培，甚至上百安培。磁化强度可通过控制电流的大小来方便地调节。

直流磁化的优点是：①可以检测出深达十几毫米表层下的缺陷；②缺陷信号幅度与缺陷在表面下的埋藏深度成比例关系；③在管材检测中，用直流磁化可直接检测管的内外壁缺陷。

直流磁化的缺点是：①要达到较大的磁化强度相对较难；②需要退磁。

3. 永磁磁化

永磁磁化以永磁体作为励磁源，它是一种不需电流源的磁化方式，与直流恒定电流磁化方式具有相同的特性，但在磁化强度的调整上不及直流磁化方式方便，其磁化强度一般通过磁回路设计来保证。

在永磁磁化方式中，永磁体可以采用永磁铁氧体、铝镍钴永磁及稀土永磁等。永磁铁氧体价格低廉，矫顽力高但剩磁低；铝镍钴永磁剩磁高但矫顽力低；稀土永磁价格较贵，但矫顽力很大，剩磁较高，是永磁材料发展中的第三代材料。对于不同的永磁体，在磁路设计时应根据各自的磁特性，充分发挥其优点，以使磁回路达到最优。

由于永磁体，特别是稀土永磁体，具有磁能积高、体积小、重量轻及无须电源等特点，在漏磁检测中将得到很好的应用。以永磁体为励磁源的漏磁检测装置具有使用方便、灵活、体积小及重量轻等特点，所以永磁磁化方式是在线漏磁检测设备中磁化被测构件的优选方式。

1.5.2　磁化强度的选择

在漏磁检测中，虽然检测目的不同，但磁化强度的选择应首先以缺陷或结构特征产生的磁场能否被检测到为前提，一般要求用足够强的磁场进行励磁，以获得磁敏感元件可以测量的磁场。另外，检测信号的信噪比和检测装置的经济性等也应成为考虑的因素。很明显，随着磁化强度的加强，磁化器的体积、重量和成本将随之升高。因此，必须多方面综合考虑，择优选择磁化强度。

铁磁性材料的磁导率随磁场强度而变，磁化应针对铁磁性材料的磁特性进行，在磁化曲线上恰当选择磁化工作点。如前所述，缺陷的存在会产生漏磁场，但由于铁磁性材料的磁导率远大于空气的磁导率，所以缺陷的存在同时会增大试样中的磁感应强度，这就等于在一个原有的磁感应强度上叠加一个由于缺陷存在而产生的附加磁感应强度。如果将磁场强度选在 $\mu-H$ 曲线的上升区，如图 1-5 中 ab 段所示，则由于缺陷存在而增大了内部磁感应强度，因而使磁导率反而会上升，这对于检测漏磁不利。如果将磁场强度选在 $\mu-H$ 曲线上的 μ 值下降斜率较大区，则由于缺陷存在会使 μ 值急剧下降，这有利于漏磁场的检测，此区对应于 $B-H$ 曲线的靠近膝部处，如图 1-5 中 c 点。在实际检测中常用标准试样来选择磁场强度。

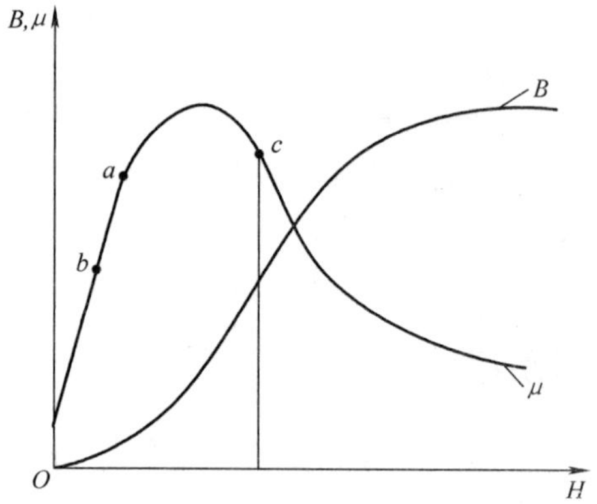

图 1-5　磁导率 μ 与磁场强度 H 的关系

1.6　漏磁场信号的测量

1.6.1　基本要求

漏磁场信号是通过可以把磁信号转换为电信号的传感器获得的。漏磁场检测传感器是漏磁场检测的关键部分，要完整、不失真地反映缺陷的漏磁场。从实际应用来看，磁敏感元件和磁场测量原理的选择应综合考虑下述几方面的要求。

（1）灵敏度　应根据被测磁场的强弱选用适当灵敏度的元件，并满足信号传输的不失真或干扰影响最小的要求。

（2）空间分辨率　磁场信号是一种空间域信号，而测量元件的敏感区域是局部的，一般由元件的尺寸和性能决定。为了能测量出空间域变化频率较高的磁场信号，必须要求测量元件或单元具有相应的空间分辨能力。

（3）信噪比　在磁性检测中，信噪比可定义为电信号中有用信号（如裂纹检测信号）与无用信号（如测量中的电噪声和被测磁场中的磁噪声）幅值之比。一般而言，测量过程中的上述信噪比必须大于 1，否则将无法识别被测对象（如裂纹）。

（4）覆盖范围　磁场在空间上是广泛分布的，因而每一测量元件或单元均只能在有限的范围或区间上对磁信号敏感。在检测中，如果要求一次测量较大的空间区域或防止检测时的漏检，则需要适当安置和选择多组测量单元。很明显，在某一方向上覆盖范围越大，在该方向上的空间分辨率将越差。因此，必须根据测量目的和要求，设计和选择最优测量单元。

（5）稳定性　测量单元应具备对检测环境和状态的适应性，测量信号特征应不受环境条件影响。因此，应对测量单元结构进行考虑，减小检测过程中随机因素的影响。

（6）可靠性　可靠性表现为多次检测时信号的重复性。由于测量信号大小与测量点同被测磁场信号源间位置远近关系密切，重复检测时上述位置关系会有所改变，测量方法选择不当时会增大测量信号的差异。

（7）性能价格比　选择检测元件和测量方法时，根据测量目的和要求设计最优性能价格比的检测探头。

1.6.2　磁测量元件

实际检测中，磁电转换原理和元件主要有下述几种。

1. 感应线圈

感应线圈的测磁原理是：当线圈贴着管道表面扫描时，缺陷产生的漏磁场会引起穿过线圈磁通量的变化，从而线圈中会产生感应电动势，形成缺陷信号。当检测用的线圈与管道做相对运动时，线圈检测漏磁场所产生的感应电势为

$$V = N\frac{\mathrm{d}\Phi}{\mathrm{d}t} = N\frac{\mathrm{d}(\boldsymbol{B}\cdot\boldsymbol{S})}{\mathrm{d}t} \tag{1-6}$$

式中，N 为线圈匝数；Φ 为线圈中通过的漏磁场磁通量；$\boldsymbol{B}$ 为漏磁场的磁感应强度；$\boldsymbol{S}$ 为线圈的横截面积。

感应线圈测量的是磁场的相对变化量，对高频磁场信号比较敏感，其检测灵敏度取决于线圈匝数和相对移动速度，结果易受线圈运动速度的影响，信号处理电路较为复杂。

2. 霍尔元件

霍尔元件检测漏磁信号原理是：当电流 I 沿与磁场 $\boldsymbol{B}$ 垂直的方向通过时，在与电流和磁场垂直的霍尔元件两侧产生霍尔电势 V_H。由霍尔效应可得

$$V_H = K_H IB\cos\alpha \tag{1-7}$$

式中，K_H 为霍尔系数；I 为供电电流；B 为磁感应强度；α 为磁感应强度与霍尔元件表面垂直方向的夹角。

可见当霍尔元件的条件确定后，霍尔电势直接反映的是磁感应强度的大小。输出电势 V_H 与检测元件相对于磁场的运动速度无关，因此霍尔元件不会受到管道检测的非匀速性的影响，但是需要电源供应。

3. 磁敏二极管和磁敏晶体管

磁敏二极管是一种新型磁电转换元件，它的灵敏度比霍尔元件要高几百倍，特别适合探测微小磁场变化，具有体积小和灵敏度高等特点。在磁敏二极管上加一个正向电压后，其内阻随周围磁场大小和方向的变化而变化，通过磁敏二极管的电流越大，在同样磁场下输出电压越大；而所加的电压一定时，在正向磁场的作用下电流减小，反向磁场作用下电流加大。磁敏二极管工作电压和灵敏度随温度升高而下降，通常需要补偿。

磁敏晶体管是对磁场敏感的半导体晶体管，与磁敏二极管一样，为一种新型的磁敏传感元件。磁敏晶体管可分 NPN 型和 PNP 型两大类。

磁敏二极管和磁敏晶体管灵敏度较高，但由于温度系数和输出的非线性，其实际应用并不多见。

4. 磁通门

磁通门传感器原理是建立在法拉第电磁感应定律和某些材料的磁化强度与磁场强度之间的非线性关系上。典型的磁通门一般有三个绕组，即激励绕组、输出绕组和控制绕组，磁心通常是跑道形的。这种磁通门的灵敏度很高，可以测量 $10^{-5} \sim 10^{-7}$T 弱磁场，输出依赖于磁心的磁特性，分辨率等随磁心和线圈尺寸变化。近年来，有些学者采用非晶态合金作为磁通门的磁心，使磁通门的灵敏度得到大幅度的提高。

5. 磁敏电阻

磁敏电阻的灵敏度是霍尔元件裸件的 20 倍左右，一般为 0.1V/T，工作温度为 -40 ~ 150℃，具有较宽的温度使用范围。其空间分辨率等与元件感应面积有关。

第 2 章　管道漏磁内检测系统

2.1　管道漏磁内检测技术

美国是世界上发展管道运输最早的国家，因需要对油气管道进行定期的清蜡作业，发明了被称为 PIG 的清管器，如图 2-1 所示。后来的内检测器也沿用这一名称，国际上的通用定义是，任何依靠管道内部流体驱动，在管道内运行的设备均称为 PIG。随着管道数量的增多、服役年龄的增加以及无数次的爆管泄漏等危及环境与生命的事故发生，政府及管道运营商开始关注管线的内外腐蚀问题。为了实现在不影响正常输送的条件下对管道进行腐蚀检测，把无损检测设备和信息储存单元装配在 PIG 上，把原来单纯用于清管作业的 PIG 改为具有信息采集、数据处理和存储等功能的智能管道内检测器（inner inspection PIG）。在相关的专业文献中，它也被称为 Smart PIG。因此，在线内检测器在管道内的驱动方式起源于管道清蜡所用的清管器，即利用驱动皮碗获得的流动介质的动力来驱动内检测器在管道内行进，并实现其长距离的“行走”。

图 2-1　清管器

管道漏磁内检测系统（俗称智能 PIG）的工作原理是运用漏磁检测原理，以管道输送介质为行进动力在管道中行走，对管道进行在线无损检测。

管道漏磁内检测的发展历史可以归纳为三个发展阶段。第一阶段的内检测器仅能完成基本的、大面积缺陷的检测，体积庞大，通过能力弱，不能完成对接焊缝及小裂纹的识别，不足以实现对输气管道的检测。第二代内检测器在磁化材料上选用了钕硼磁铁，提高了对钢管的磁化强度，通过整体的优化设计，其通过能力也得到很大程度的提高；同时由于检测元件灵敏度提高和存储技术的进步，其检测精度和单次检测长度上有了较大的改善。随着材料科学，特别是计算机技术水平的飞速发展，内检测水平得到了充分的提升，目前先进的第三代输油管道内检测器具有超高分辨率和更高的检测精度，检测单程距离更长；同时由于计算机及图像处理技术的发展，检测结果的表达方式和对缺陷描述方面也得到大幅度的提高。

2.2　管道漏磁内检测系统概述

2.2.1　管道漏磁内检测系统的基本组成

管道漏磁内检测系统由管道漏磁内检测装置、里程标定装置和数据分析处理系统三部分组成。

管道漏磁内检测装置是在管道中运行的部分，可以分为四节：动力节、测量节、计算机节和电池节。其中，每个部分都是密闭的结构，具有较强的耐压性，保证检测装置能够正常工作。每节前后都设置有皮碗，将各个部分支撑在管道内。每节之间都设置有万向节，将检测器的四个节利用软连接的方式连接起来。管道漏磁内检测装置在管道内的基本结构示意如图 2-2 所示。

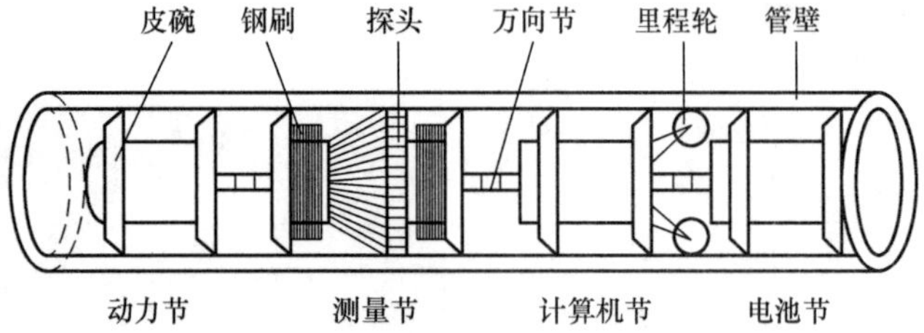

图 2-2 管道漏磁内检测装置结构示意

组成管道漏磁内检测装置的四部分，即四个节（动力节、测量节、计算机节和电池节），都有其各自的功能和作用。

（1）动力节 除了依靠管道输送的石油、天然气等推动管道漏磁内检测器在管道中行走，动力节也为内检测器提供运行动力，它还可以有效地控制检测器的运行速度，使得检测器平稳地运行，并且保证管道被充分磁化。

（2）测量节 测量节是管道漏磁内检测器中负责检测的部分，它包含磁化装置、霍尔探头。其中，磁化装置又包括钢刷、永磁体和轭铁，其主要作用是使管壁磁化，产生漏磁通。霍尔探头内装有霍尔元件，前级放大电路由不导磁钢组成，前部与霍尔元件及管壁相连处为高导磁耐磨材料，整个探头完全封闭。霍尔元件用于测量漏磁通。

（3）计算机节 计算机节是管道漏磁内检测器的核心部分，主要负责检测中的过程控制、检测数据的处理和存储。里程轮则通过脉冲式码盘来测量并记录里程。

（4）电池节 因为管道漏磁内检测器在工作时是密封在管道中的，不能使用外界电源来提供电能，但是要维持检测器正常工作，这就需要检测器自己携带一个大容量的电池，来为检测器正常检测、处理和存储数据提供充足的电能。

里程标定装置由管道外标记标定、管道内外时间同步标定和里程轮记录组成，用来完成缺陷位置的确定。

数据分析处理系统由数据格式处理软件、初步分析软件、人工判读软件、数据管理软件组成，可生成最终检测结果。管道内的漏磁信号被绘成彩色图，用户可直观地通过彩色图察看缺陷及腐蚀程度。系统通过里程显示判定缺陷及腐蚀所在的位置，作为检测或评估管道寿命的依据。

2.2.2 管道漏磁内检测系统的特点

使用管道漏磁内检测系统，能在非开挖状况下对埋地管道进行检测，实现对埋地管道的缺陷、管壁几何结构变化、管壁材质变化、缺陷内外分辨及管道特征（管箍、补疤、弯头、焊缝、三通等）的识别，可提供缺陷面积、程度、方向、位置等信息，广泛用于原油、成品油、天然气等长输管道的检测，变管道的盲目被动维修为预知性主动维修。

2.2.3　管道漏磁内检测装置的要求

管道运营方和检测服务方的代表共同分析检测的目的和目标，并使内检测装置的能力和性能与管道检测的需求相适应。选择时应考虑以下方面：

（1）检测精度和检测能力　检出概率、分类和尺寸判定与预期相符。

（2）检测灵敏度　最小可探测异常尺寸小于期望探测的缺陷尺寸。

（3）类型识别能力　能够区分出目标缺陷类型。

（4）量化精度　足够用于评估或确定剩余强度。

（5）定位精度　能够定位异常。

（6）评价要求　内检测结果满足缺陷评价要求。

2.2.4　管道漏磁内检测装置的技术指标

管道漏磁内检测装置的技术指标见表 2-1，其中 T 表示管道的壁厚。

表 2-1　漏磁内检测装置的技术指标

项目名称		技术指标
轴向采样距离		2mm，当采样时间确定时，采样距离随检测速度而变化
周向传感器间距		8 ~ 17mm
最小检测速度		0.5m/s（采用导电线圈）没有要求（采用霍尔元件）
最大检测速度		4 ~ 5m/s
宽度检测精度（周向）		10 ~ 17mm
长度（轴向）、深度检测精度	一般腐蚀	最小深度：0.1T 深度检测精度：±0.13T 长度检测精度：±20mm
	坑状腐蚀	最小深度：(0.1 ~ 0.2) T 深度检测精度：±0.1T 长度检测精度：±10mm
	轴向沟槽	最小深度：0.2T 深度检测精度：±0.1T 长度检测精度：±10mm
	周向沟槽	最小深度：0.1T 深度检测精度：±0.1T 长度检测精度：±15mm
定位精度		轴向（相对于最近环焊缝）：±0.1mm 周向：±5°
可信度（POD）		80%

2.3 管道漏磁内检测装置机械设计

2.3.1 总体机械结构

管道漏磁内检测装置的机械结构设计必须以装置能否在管道中顺利行进为前提。管道中阻碍内检测装置行进的主要是弯头，为保证其通过弯头，需把装置分成几节，并且节间采用软连接，以便在弯头处能够转弯通过。该装置的外形结构如图 2-3 所示。

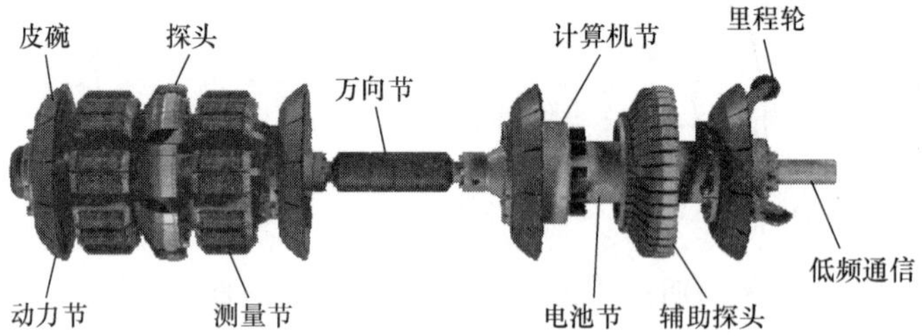

图 2-3 内检测装置的外形结构

动力节中的皮碗用于产生压差，以推动装置行进和进行清管工作；测量节装有励磁装置和传感器，用于产生并测量漏磁信号；计算机节是系统的核心，主要负责测量过程的控制和测量数据的处理与存储；电池节为检测装置在管道中长时间工作提供充足的电能。通过对测得的数据进行处理和分析，可以判定管道的内外缺陷及腐蚀情况，并能够从里程的显示来判定缺陷及腐蚀所在的位置，作为检测或评估管道寿命的依据。

管道轴向励磁漏磁内检测器样机如图 2-4 所示。

图 2-4 管道轴向励磁漏磁内检测器样机

2.3.2 部件功能

1. 皮碗的外形及功能

装置每节的前后两端都用皮碗支撑。皮碗一般由耐油橡胶或聚氨酯制成，形状像碗一样，如图 2-5 所示，其外径略大于管内径，可以紧紧地撑在管壁上，隔离前后两端的油，使其产生压差，从而推动检测装置前行。皮碗有一定的弹性，在弯头处会产生变形，使装置能顺利通过。

2. 万向节的结构及功能

装置的各节之间采用万向节连接，其特点是前后两节之间可以绕任意方向转动。装置在管道中除了前行之外，还可沿轴向旋转，因节与节之间由电缆线连接，如果各节之间旋转的角度不同，电缆线会缠绕起来而被拉断。本装置中采用的十字形万向节结构如图 2-6 所示，其特点是前后两节可绕任意方向转动，而且两节在轴向上保持相同的旋转角度，防止了电缆线缠绕。

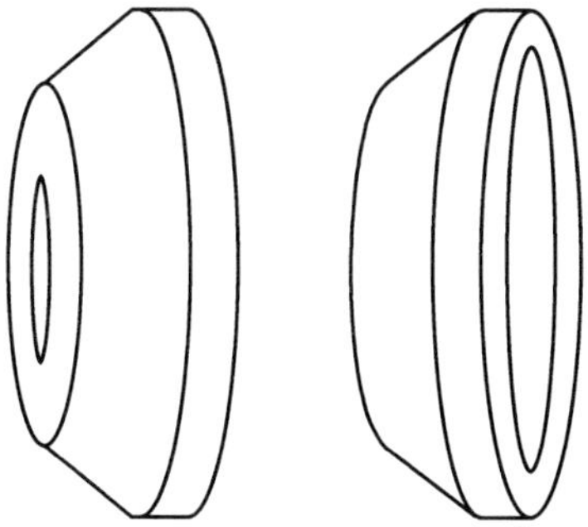

图 2-5　皮碗的外形示意

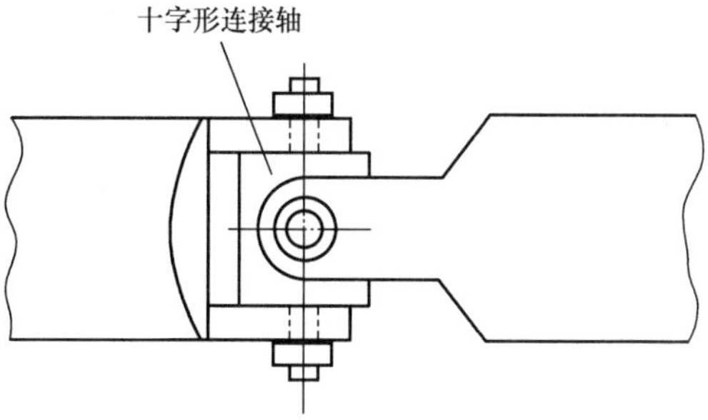

图 2-6　十字形万向节结构

3. 测量节的机械结构

测量节中包括磁化回路和检测磁敏探头。磁化回路的结构如图 2-7 所示。

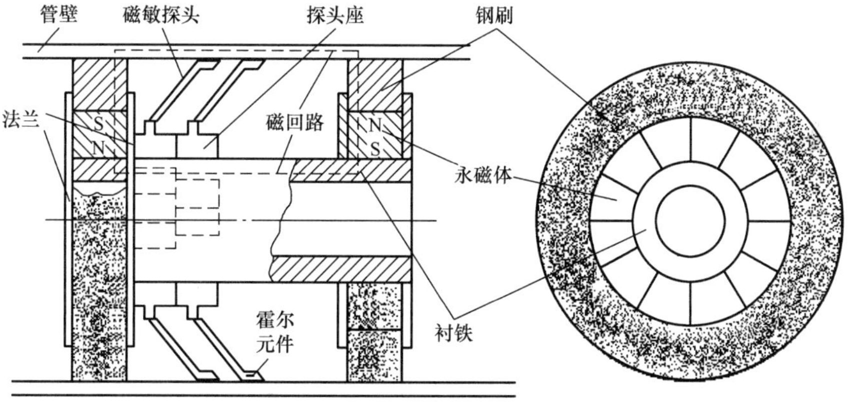

图 2-7　磁化回路的结构

磁化回路的主体为一块圆柱筒形的衬铁，衬铁两端分别装有一周圆环形的永磁体（由若干块扇环形磁铁组成），永磁体采用钕铁硼（Nd－Fe－B）材料制成，是当前最新、各种参数最优的永磁材料。两组磁铁的磁场方向相反，磁铁外套有圆环形钢刷，钢刷两边用法兰固定。钢刷用锰钢合金丝制成，呈刷子状，使用时支撑在管道内，其外径比管道内径略大，有一定的弹性和变形量，可以与管壁充分接触，增加磁化效率。这样，由衬铁、两端的永磁体、钢刷及管道壁构成了一个封闭的磁回路，实现对管壁的磁化作用。

磁敏探头安装在两组磁铁之间，探头内的霍尔元件安装在末端紧贴管壁处，以便有效测量漏磁信号。探头壳体通过探头座固定在衬铁上，探头与座之间由活动轴连接，并通过弹簧将探头抵在管壁上，使探头既能随管壁的凸凹而活动，又能和管壁充分接触。为了使探头能够覆盖整个圆周，将探头分成两排，如图2-8所示，安装一排探头时，由于衬铁表面是弧形，探头之间有缝隙，而用两排探头错开安装，则可以覆盖整个圆周，防止漏测。

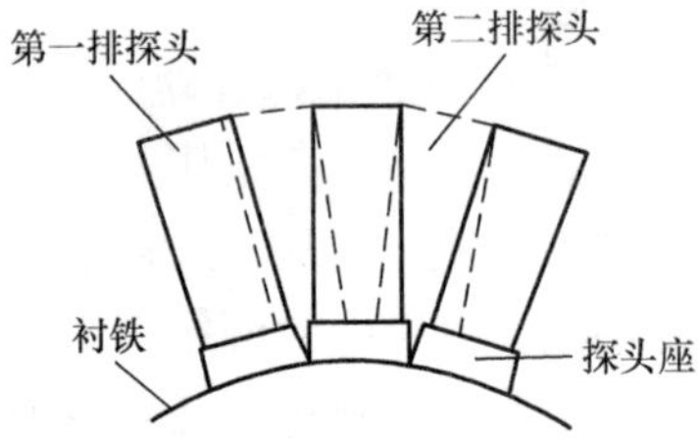

图2-8 探头安装示意

4. 检测装置每节长度的选取

检测装置的长度直接影响装置是否能在管道内顺利通行，尤其是否能在弯头和三通分歧处顺利通过。装置与转弯半径的关系如图2-9所示。

首先，检测装置每一节的长度不能太长，否则无法转过弯头。一般来说，起支撑作用的皮碗有很大的变形，约10%~15%；而测量节中钢刷的变形则相对小，约为5%。当检测器转弯时，依靠皮碗和钢刷的变形通过弯头，如图2-9a所示。装置经过弯头时，a、b、c、d四处会产生变形，装置越长，变形就越大，当变形超出皮碗和钢刷的可变范围时，检测装置就无法通过弯头。

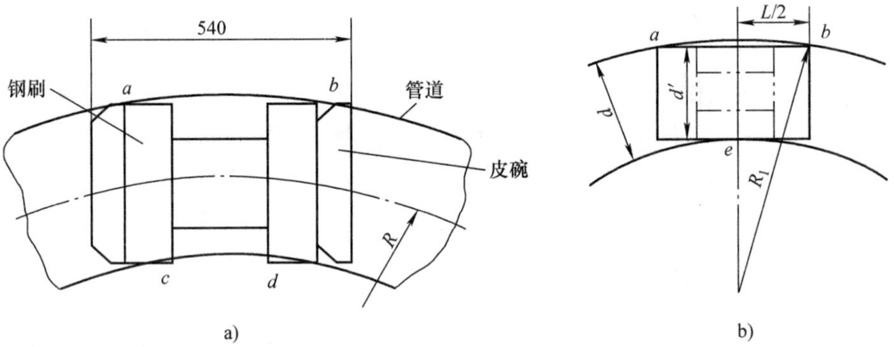

图2-9 装置与转弯半径的关系

a）检测装置经过弯头 b）变形后的钢刷骨架尺寸

以ϕ377mm管道为例，假设弯头的转弯半径为3D，即管道轴心处的半径R为管道直径的3倍，则有

$$R=3D=3\times377\text{mm}=1131\text{mm} \tag{2-1}$$

以测量节为例进行计算，因皮碗的变形幅度范围远大于钢刷，所以不用考虑通过能力问题。计算时可考虑钢刷的幅度范围变化即可。如图2-9b所示，管道内径$d=363$mm，图示矩形为变形后的钢刷骨架的尺寸，如果变形为最大（5%），则钢刷两端之间的距离L最大，钢刷骨架在a、b、e点顶在管壁上，那么此时变形后的钢刷直径为

$$d'=363\text{mm}\times95\%=344.85\text{mm} \tag{2-2}$$

弯头外弧半径为

$$R_1=R+\frac{d}{2}=1312.5\text{mm} \tag{2-3}$$

则

$$L = 2 \times \sqrt{R_1^2 - [R_1 - (d - d')]^2} =$$

$$2 \times \sqrt{(1312.5\text{mm})^2 - [1312.5\text{mm} - (363\text{mm} - 344.85\text{mm})]^2} = 435\text{mm} \qquad (2\text{-}4)$$

取钢刷两端的距离为400mm，加上皮碗的厚度70mm，则该节的长度定为540mm。

同理，取皮碗的变形为10%，根据式（2-3）和式（2-4）可计算出其他两节（驱动节和测量节）的最大长度 L' 为613mm，实际设计中选取540mm。实际上，由于每节的中间部分都是空的，图2-9b中的 e 点不会顶在管壁上，理论估算的尺寸还有一些余量，使装置能更加顺利地通过弯头。

但是，检测装置每节的长度也不能过短。一般，装置的长度不能小于管道的内径。这是由管线中的三通分支点决定的。如图2-10所示，如果装置太短，经过三通分支点时，可能造成装置漏到或卡在侧面的管道中。另外，装置前后的皮碗不能密封两端的油，会造成油直接从三通处流过装置，不能形成压差而推动装置前进。

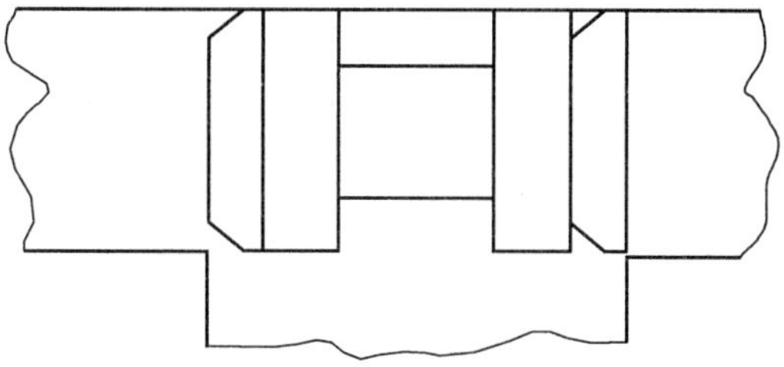

图2-10　装置通过三通示意

2.4　检测装置的可靠性工艺

检测装置的工艺结构设计上要着重解决如下问题：

1）装置的密封耐压工艺。

2）装置的耐温、耐油工艺。

3）影响测量系统磁场分布的因素。

其中，密封工艺是关键，它关系到的不仅仅是能否正确测量数据，更重要的是装置能否保持完好无损，尤其是计算机节，价格昂贵，一旦损坏，损失巨大。

2.4.1　装置的密封及耐压工艺

由于检测装置在油中是依靠装置两端的压差而前行的，且压力最高可达6.4MPa，因此，必须保证装置在6.4MPa以内的密封性能。管道漏磁内检测装置的密封主要包括：① 计算机节及电池节筒体的密封；② 节与节之间电缆线连接处的密封；③ 磁敏探头的密封。

1. 计算机节及电池节筒体的密封

为增强密封性能，减少渗漏点，计算机节及电池节的筒体采用一端堵死的方法。如图2-11所示，筒体的后端法兰与筒体焊在一起，仅前端法兰可以活动，封堵的后端法兰上有一个环形沟槽，与筒体截面相同大小，槽内压入环形尼龙垫圈（聚四氟乙烯），活动法兰与固定法兰之间夹入皮碗，用螺栓拧紧，使活动法兰紧紧地压在筒体的端部。尼龙垫圈有韧性，

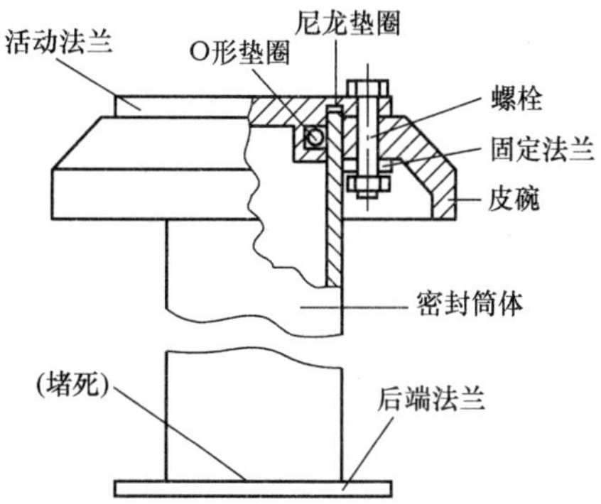

图2-11　装置密封工艺示意

在压力很高时，比橡胶垫圈密封更好，且耐油、耐温。活动法兰的侧面也开一个环形沟槽，内套O形垫圈，紧紧挤在筒内壁和法兰沟槽之间。这种密封工艺具有双重保险作用，密封性能良好，尤其在压力很高时，可以保持装置长时间不渗漏，能有效地保护筒内元件不受侵害。

2. 节间电缆线连接处的密封

由于油中含有杂质，如水、铁锈等，具有一定的导电性，因此，检测装置各节之间的连接电缆必须做密封处理。为便于各节拆装，节间采用接插件连接。接插件选用中航工业沈阳兴华航空电器责任有限公司的航空密封接插件，它的接插座采用玻璃烧结密封工艺，座的内外压差可达10MPa，但接插处不能密封。为此，特采用接插座在外、接插头在密封筒内的方法。如图2-12所示，接插座的接插头向内置于密封法兰上，之间夹尼龙垫圈，外盖压板，用螺栓紧固。外部接插件与电缆线连接处用改性丙烯酸酯粘结剂密封。这种工艺既可防止接插件处渗漏，又能保证外部连线点不暴露在油中。

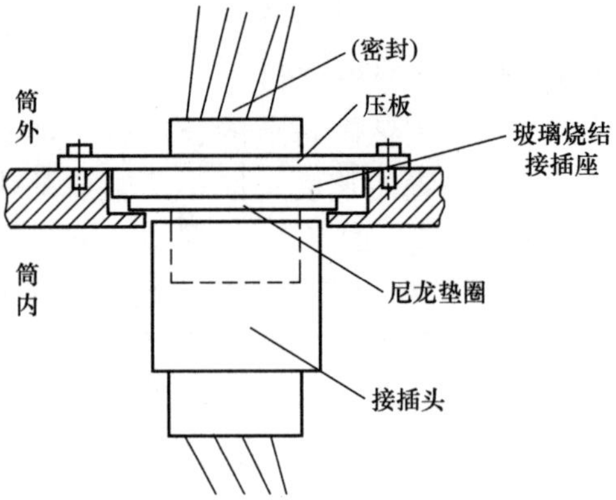

图2-12　接插件密封工艺示意

3. 磁敏探头的密封

磁敏探头中有磁敏传感器、稳压电路及前放等，必须进行密封处理。由于磁敏元件，如霍尔元件，受到压力时，输出的霍尔电势会发生变化。因此密封时，除保证探头内电路不被油浸泡外，还要保证内部压力不随外部压力变化而变化。为此，如图2-13所示，在探头铸件上加一个盖板，盖板采用1.5mm厚的不锈钢板，以便能承受外界的压力，盖板和探头铸件之间的缝隙用改性丙烯酸酯粘结剂密封。盖板上钻一个小孔，引出连接线，出线处也用胶密封。这样，可以使探头内部达到密封，且内部压力不会随外部压力的变化而变化。

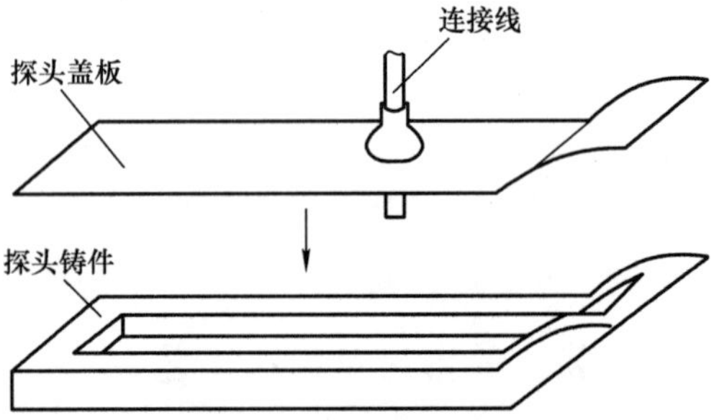

图2-13　探头密封工艺示意

2.4.2　检测装置的耐温及耐油工艺

在管道中运输石油时，为防止原油遇冷凝结，需在每个泵站加压的同时，进行加温。尤其在冬天时，石油更易凝结。一般从泵站刚出来的油温度要高一些，但最高不到70℃。因此检测装置的各个零部件必须能耐0～70℃的温度。同时，浸泡在油中的部分，尤其是连接电缆线，须用耐油、耐蚀的材料。为解决这两方面问题，在选件工艺上，采取如下措施：

1）所有的O形垫圈都采用耐油、耐温的橡胶制成。

2）所有暴露在油中的连接线缆都采用耐油全塑电缆，且在线缆外包两层塑料皮，可有效防止油中所含腐蚀性杂质对电缆线慢性腐蚀带来的危害。

3）所有密封用的胶都采用改性丙烯酸酯粘结剂 HL－301。该产品粘结牢固，且有很高的耐温性，可在－60～120℃温度范围内保持粘结特性不变，常用在储油罐的修补中，有很强的耐油性。

2.4.3　消除影响被测磁场分布因素的工艺措施

被测磁场漏磁通信号是管道在腐蚀缺陷处由于磁场分布发生变化而产生的，外界其他因素影响也会造成磁场分布发生变化，从而影响漏磁信号的测量。为消除其他影响因素，检测装置的所有金属零件，尤其是测量节的零件，必须采用不导磁的金属材料。

1）对测量节，除衬铁、磁钢、钢刷外，其他部分一律采用不导磁钢质材料。

2）在探头处，由于这部分直接测量漏磁信号，它的材质会直接影响漏磁信号的分布。因此，探头铸件采用不导磁钢质材料铸成，磁敏传感器和管壁之间的部分则用高导磁耐磨材料制成，便于漏磁信号传输和减小探头的磨损。

3）其他两节的主要零件，包括万向节、法兰、密封筒及里程轮等，也都采用不导磁钢质材料。

这些措施能有效地消除检测装置对磁场分布的影响。

第 3 章　管道轴向励磁漏磁内检测技术

目前，已投入运营的国内外管道漏磁检测装置主要是采用轴向励磁方式。轴向励磁方式可以沿管道轴向产生均匀的磁场，当没有缺陷时，磁力线主要在管道壁中分布；当存在缺陷时，缺陷处有磁力线泄漏，产生漏磁信号。

3.1　管道轴向励磁方式检测原理

管道轴向励磁漏磁检测磁化器由两个磁体组成，其中一个磁体位于管道被磁化区域的前部，另一个磁体位于管道被磁化区域的后部。磁化器使管壁局部达到磁饱和，其产生的磁力线平行于管道轴线，在存在缺陷处，无论内外缺陷，均会在管道的内外壁产生漏磁场，利用磁敏元件（传感器）检测管道的内外壁产生的漏磁场，从而判断缺陷存在与否。

轴向励磁漏磁检测磁力线分布如图 3-1 所示。

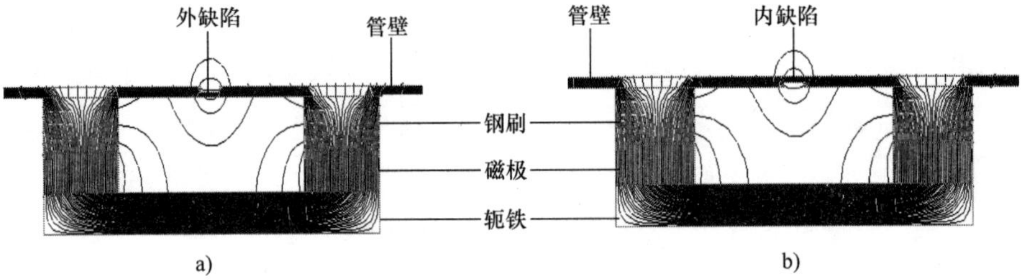

图 3-1　轴向励磁漏磁检测磁力线分布

a）有外缺陷的管道磁力线分布　b）有内缺陷的管道磁力线分布

3.2　管道轴向励磁漏磁检测信号特征及影响因素

管道经磁化后缺陷处产生的漏磁场是一个空间矢量场，对于轴对称的管道，三个矢量分别称为径向分量、轴向分量和周向分量。对管道轴向励磁漏磁检测的研究中，ANSYS 仿真获得的缺陷漏磁场磁感应强度径向分量 B_x 和轴向分量 B_y 曲线如图 3-2 所示。

从图 3-2 可以看出，漏磁场径向分量 B_x 由于缺陷两侧极性相反，故两侧漏磁场符号相反，靠近缺陷边缘处有极大值；漏磁场的轴向分量 B_y 在缺陷中心线上方有极大值，左右对称，从缺陷中心到缺陷边缘的轴向分量迅速下降。

管道缺陷漏磁场的产生受很多因素的影响，主要包括：缺陷的长、宽、深等外形尺寸，管道其他缺陷（焊缝、套管、三通）产生的漏磁场，管道的材质（材料的导磁性、导电性），检测装置磁化器磁极间距，管道磁化强度、管道的背底磁场大小、管道的剩磁，管道内压力和材料应力变化，以及检测装置在管道内的移动速度等因素。

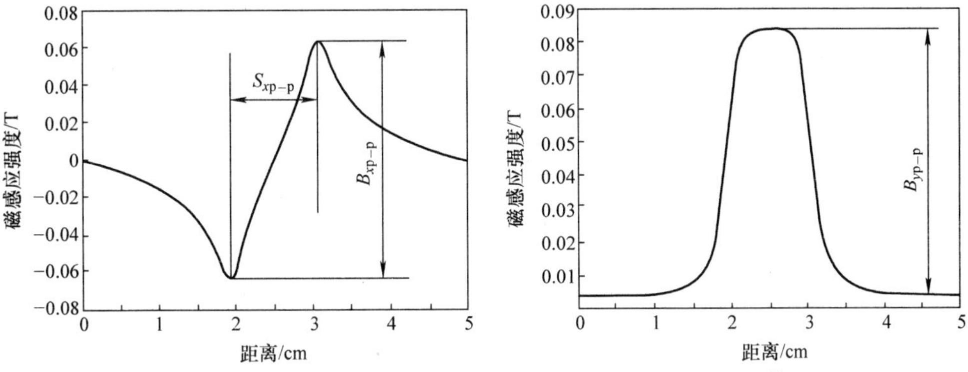

图 3-2　漏磁场磁感应强度曲线
a）径向分量 B_x　b）轴向分量 B_y

3.2.1　漏磁信号特征量的定义与提取

管道经磁化后缺陷处产生的漏磁场是一个空间矢量场，有三个的分量可以被测量。对于轴对称的管道，采用的圆柱坐标系如图 3-3 所示，三个矢量分别为径向分量、轴向分量和周向分量。

对管道缺陷漏磁信号的研究，以漏磁场磁通密度径向分量 B_x 和轴向分量 B_y 分析较为方便，如图 3-4 所示。

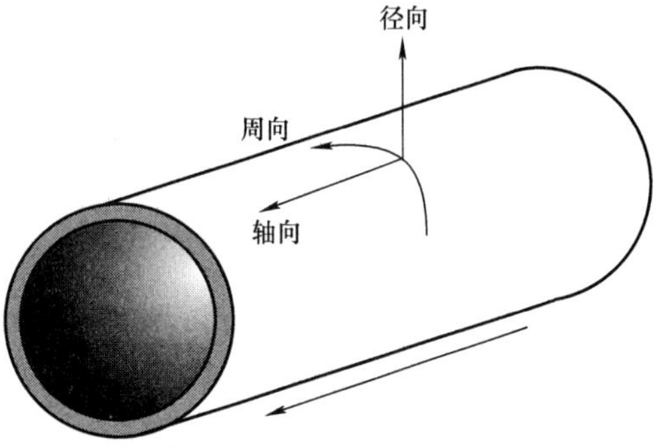

图 3-3　圆柱坐标系

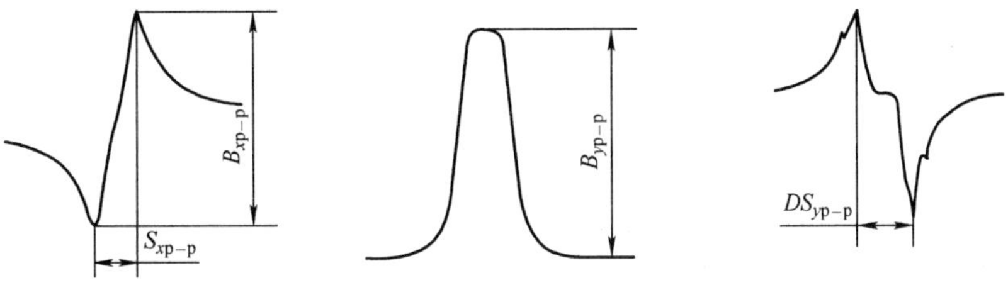

图 3-4　漏磁场磁通密度曲线
a）径向分量 B_x　b）轴向分量 B_y　c）轴向分量微分

径向分量 B_x 的重要特点是具有正、负峰值，将 B_x 分量的最大值与最小值之差称为 B_x 峰峰值（B_{xp-p}），最大值与最小值之间的横向距离称为 B_x 峰峰间距（S_{xp-p}）。轴向分量 B_y 的重要特点是具有一个波峰和两个波谷，将 B_y 分量的波峰值与波谷值之差称为 B_y 峰谷值（B_{yp-p}）。轴向分量 B_y 的微分信号具有正、负峰值，其最大值与最小值之间的横向距离称为轴向分量微分信号的峰峰间距（DS_{yp-p}）。通常选取 B_x 峰峰值 B_{xp-p}、B_x 峰峰间距 S_{xp-p}、

B_y 峰谷值 B_{yp-p}和 B_y 微分信号峰峰间距 DS_{yp-p}作为漏磁信号的特征量。

3.2.2 缺陷长度对漏磁信号的影响

取缺陷的宽度、深度、磁化强度等条件相同，缺陷的长度分别为 5mm、10mm、15mm、20mm、25mm 和 30mm（相应的编号分别为 1、2、3、4、5、6），采用有限元法仿真研究缺陷轴向长度和漏磁信号之间的关系。

不同长度缺陷的漏磁信号径向分量 B_x 如图 3-5 所示。从图 3-5 可以看出，B_x 峰峰值随着缺陷长度的增加而逐渐减小，B_x 峰峰间距随着缺陷长度的增加而明显增加。

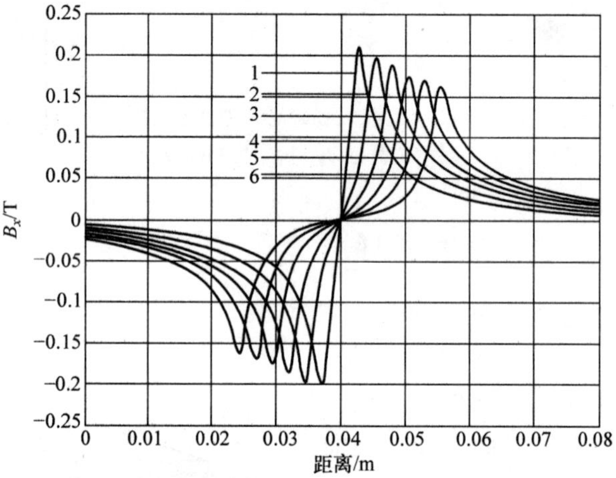

图 3-5 不同长度缺陷的漏磁信号径向分量 B_x

不同长度缺陷的漏磁信号轴向分量 B_y 如图 3-6 所示。由图 3-6 可知，与缺陷长度大的曲线相比，缺陷长度小的 B_y 峰谷值较大，但 B_y 与横坐标轴围成的面积较小，说明泄漏出的磁通总量较少。

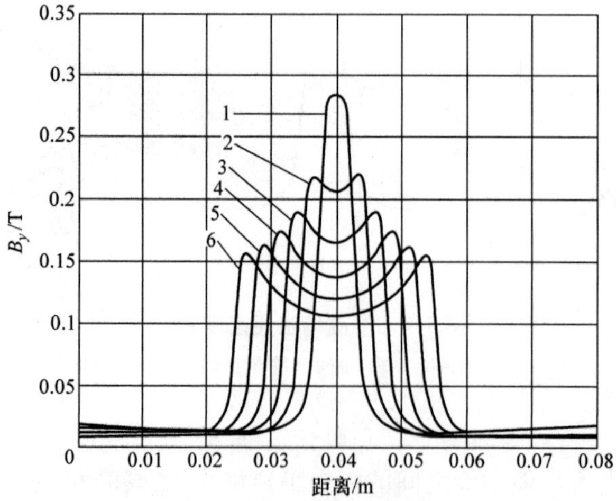

图 3-6 不同长度缺陷的漏磁信号轴向分量 B_y

不同长度缺陷的漏磁信号轴向分量微分信号对比如图 3-7 所示。从图 3-7 中可以看出，微分信号的峰峰间距随着缺陷长度的增加而增加。

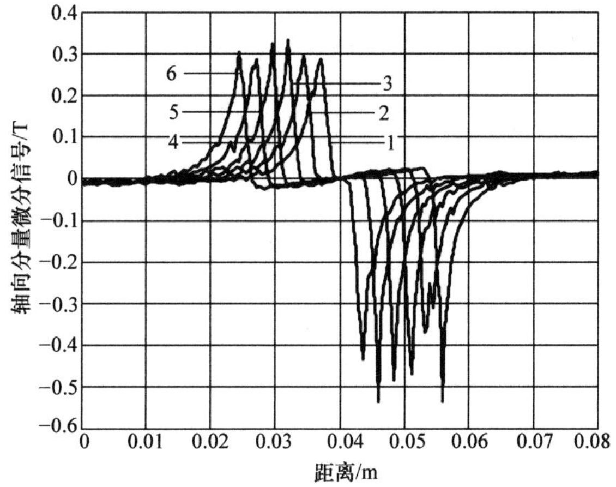

图 3-7　不同长度缺陷的漏磁信号轴向分量微分信号

表 3-1 列出了不同长度的缺陷对应的漏磁信号特征量。不同漏磁信号特征量与缺陷长度关系的曲线分别如图 3-8 ~ 图 3-11 所示。

表 3-1　不同长度的缺陷对应的漏磁信号特征量

缺陷编号	缺陷长度/mm	B_{xp-p}/T	S_{xp-p}/mm	B_{yp-p}/T	DS_{yp-p}/mm
1	5	0. 41009	5. 6	0. 27279	6. 4
2	10	0. 39387	10. 8	0. 21021	11. 6
3	15	0. 37136	15. 6	0. 18188	16. 4
4	20	0. 34915	21. 2	0. 16629	21. 6
5	25	0. 34017	25. 6	0. 15572	26. 0
6	30	0. 32437	31. 2	0. 14933	31. 6

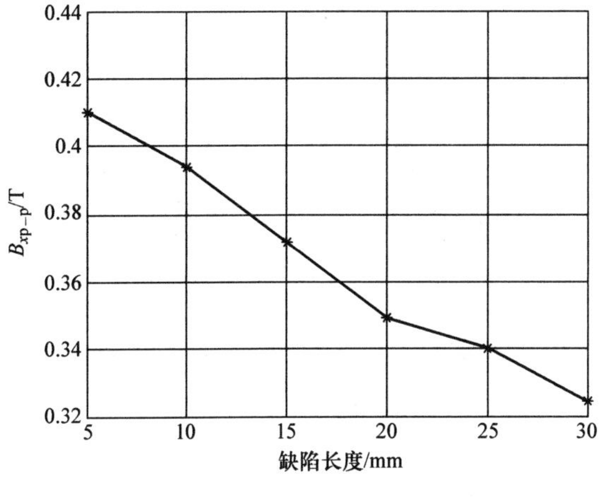

图 3-8　缺陷长度与 B_x 峰峰值 B_{xp-p}的关系

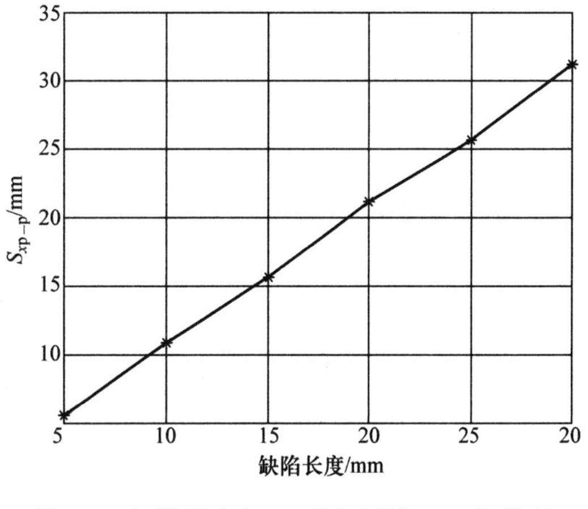

图 3-9　缺陷长度与 B_x 峰峰间距 S_{xp-p}的关系

从图 3-8 可以看出，B_x 峰峰值 B_{xp-p} 与缺陷长度近似成反比例线性关系，随着缺陷长度的增加而逐渐减小。

从图 3-9 可以看出，B_x 峰峰间距 S_{xp-p} 与缺陷长度成很好的正比例线性关系，随着缺陷长度的增加而增加。

从图 3-10 可以看出，B_y 峰谷值 B_{yp-p} 与缺陷长度成非线性关系，并且随着缺陷长度的增加而逐渐减小。

从图 3-11 可以看出，B_y 微分信号峰峰间距 DS_{yp-p} 与缺陷长度成很好的正比例线性关系，随着缺陷长度的增加而增加。

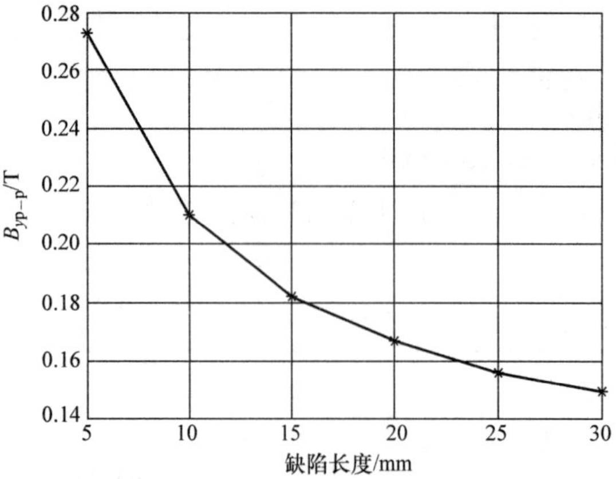

图 3-10　缺陷长度与 B_y 峰谷值 B_{yp-p} 的关系

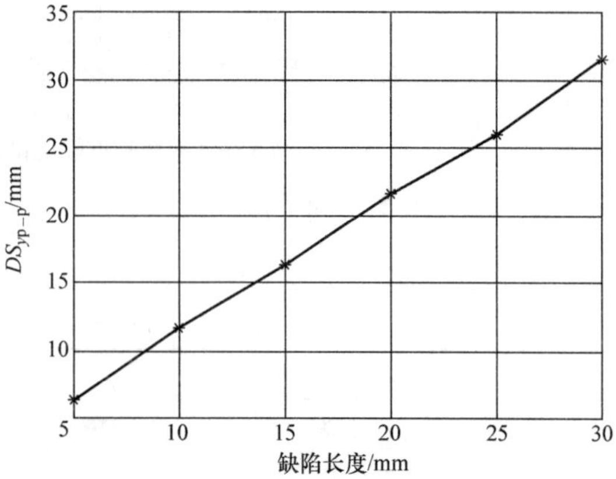

图 3-11　缺陷长度与 B_y 微分信号峰峰间距 DS_{yp-p} 的关系

综上所述，B_x 峰峰间距 S_{xp-p} 和 B_y 微分信号峰峰间距 DS_{yp-p} 可很好地描述缺陷长度，适合作为评价缺陷长度的特征量。

3.2.3　缺陷深度对漏磁信号的影响

取缺陷的宽度、长度、磁化强度等条件相同，缺陷的深度分别为壁厚的 12.5%、25%、37.5%、50%、62.5%、75%、87.5%和 100%（相应的编号为 1、2、3、4、5、6、7、8），其中 100%壁厚深度的缺陷为通孔，采用有限元法仿真研究缺陷深度和漏磁信号之间的关系。

不同深度缺陷的漏磁信号径向分量 B_x 如图 3-12 所示，漏磁信号轴向分量 B_y 如图 3-13 所示。由这两个图清晰可知，漏磁信号曲线的形状基本相同，B_x 峰峰值随着缺陷深度的增加而逐渐增加，B_y 峰谷值随着缺陷深度的增加而明显增加，随着缺陷深度的增加泄漏出的漏磁场就越多。

表 3-2 列出了不同深度的缺陷对应的漏磁信号特征量。由表中信息可知，B_x 峰峰间距 S_{xp-p} 和 B_y 微分信号峰峰间距 DS_{yp-p} 不随缺陷深度变化，这两个信号特征量不能用于评价缺陷深度。

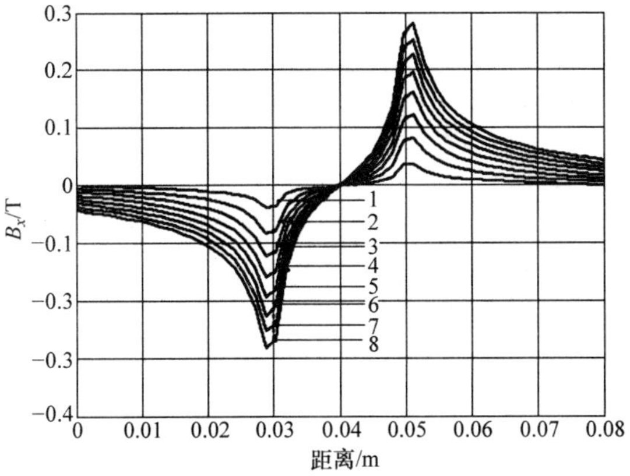

图 3-12　不同深度缺陷的漏磁信号径向分量 B_x

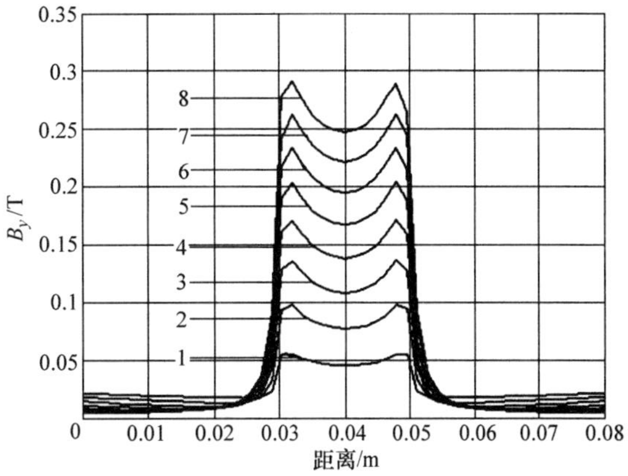

图 3-13　不同深度缺陷的漏磁信号轴向分量 B_y

表 3-2　不同深度的缺陷对应的漏磁信号特征量

缺陷编号	缺陷深度（%）[①]	B_{xp-p}/T	S_{xp-p}/mm	B_{yp-p}/T	DS_{yp-p}/mm
1	12.5	0.075638	22.4	0.03772	20.8
2	25	0.16602	22.4	0.084987	20.8
3	37.5	0.24581	22.4	0.12641	20.8
4	50	0.32144	22.4	0.16328	20.8
5	62.5	0.39195	22.4	0.19707	20.8
6	75	0.45481	22.4	0.22857	20.8
7	87.5	0.50427	22.4	0.25789	20.8
8	100	0.56303	22.4	0.28618	20.8

① 此处用壁厚的百分数表示缺陷深度。

缺陷深度与 B_x 峰峰值 B_{xp-p} 的关系如图 3-14 所示，缺陷深度与 B_y 峰谷值 B_{yp-p} 的关系如图 3-15 所示。

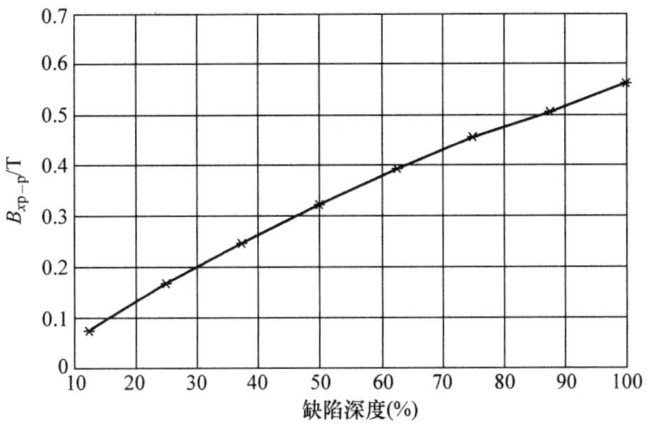

图 3-14　缺陷深度与 B_x 峰峰值 B_{xp-p} 的关系

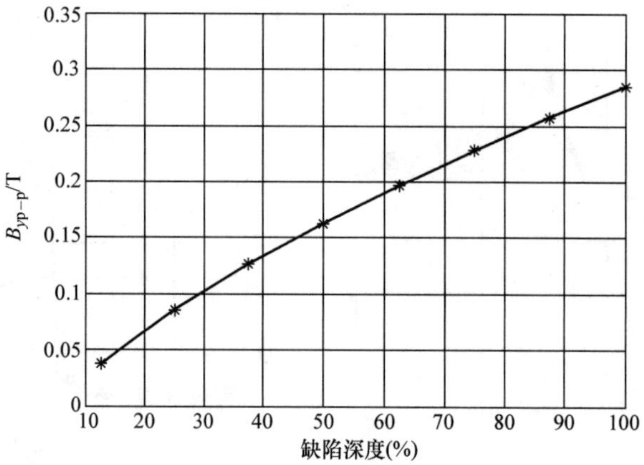

图 3-15 缺陷深度与 B_y 峰谷值 B_{yp-p} 的关系

从图 3-14 和图 3-15 可以看出，B_x 峰峰值 B_{xp-p} 和 B_y 峰谷值 B_{yp-p} 均与缺陷深度成很好的正比例线性关系，随着缺陷深度增加而增加。因此，B_x 峰峰值 B_{xp-p} 和 B_y 峰谷值 B_{yp-p} 均可很好地描述缺陷深度，适合作为评价缺陷深度的特征量。

3.2.4 传感器提离值对漏磁信号的影响

管道漏磁检测中，存在大量影响漏磁检测数据准确性的因素。焊缝和管道异物等会引起传感器提离值、磁化器提离值或者两者同时发生的提离值，并且对获得的漏磁数据有潜在影响。

管道漏磁检测原理示意如图 3-16 所示。以直径为 ϕ377mm、壁厚为 8mm 的管道外壁矩形轴对称缺陷（长度为 10mm、深度为 50% 壁厚）为对象，采用有限元法仿真研究不同类型提离值和漏磁信号之间的关系。

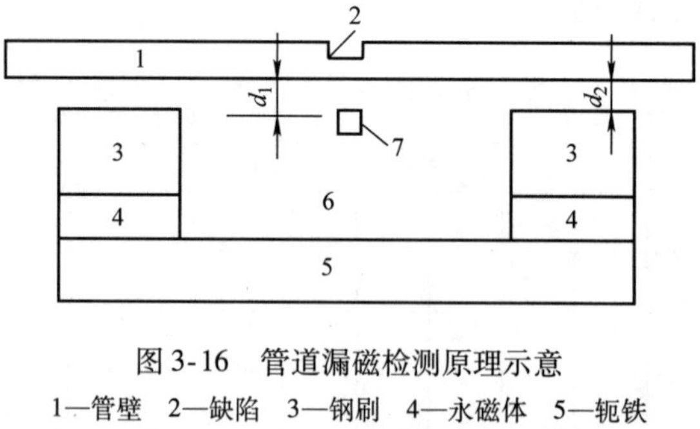

图 3-16 管道漏磁检测原理示意

1—管壁 2—缺陷 3—钢刷 4—永磁体 5—轭铁

6—空气 7—传感器 d_1、d_2—传感器提离值和磁化器提离值

相同缺陷，磁化器提离值为零，在 2 ~ 20mm 范围，从小到大依次取 6 个不同的传感器提离值。不同传感器提离值时的缺陷漏磁信号径向分量 B_x 如图 3-17 所示，漏磁信号轴向分量 B_y 如图 3-18 所示。由图 3-17 和图 3-18 清晰可知，漏磁信号径向的基线随着传感器提离值的增加而降低，B_x 峰峰值随着传感器提离值的增加而明显降低；漏磁信号轴向分量的基线随着传感器提离值的增加而升高，B_y 峰谷值随着传感器提离值的增加亦明显降低；当传

感器提离值为 20mm 时，B_x 峰峰值和 B_y 峰谷值接近为零。

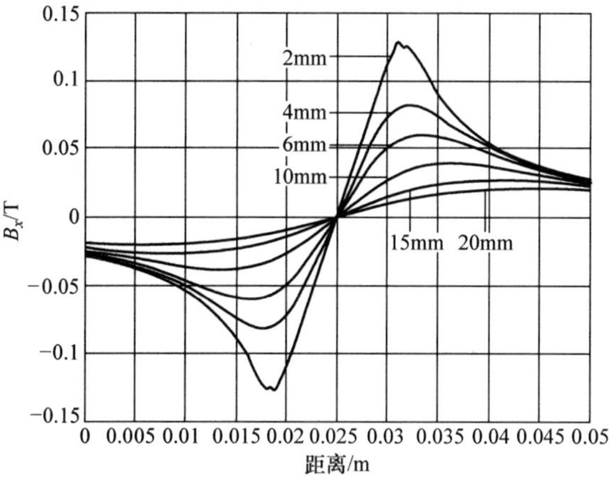

图 3-17　不同传感器提离值时的缺陷漏磁信号径向分量 B_x

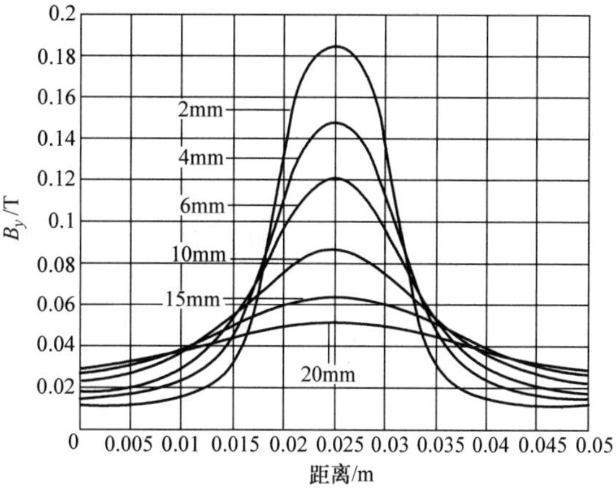

图 3-18　不同传感器提离值时的缺陷漏磁信号轴向分量 B_y

传感器提离值与 B_x 峰峰值 B_{xp-p} 的关系如图 3-19 所示，传感器提离值与 B_y 峰谷值 B_{yp-p} 的关系如图 3-20 所示。

从图 3-19 和图 3-20 中结果可以看出，B_x 峰峰值 B_{xp-p} 和 B_y 峰谷值 B_{yp-p} 随着传感器提离值的增加迅速降低，当提离值较大时，漏磁信号峰值降低趋于缓慢。

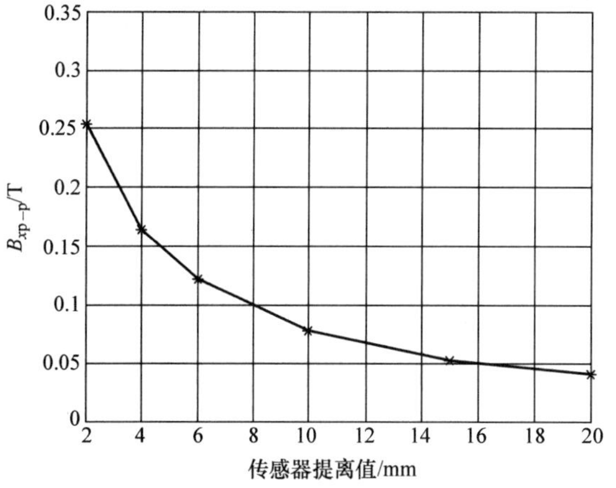

图 3-19　传感器提离值与 B_x 峰峰值 B_{xp-p} 的关系

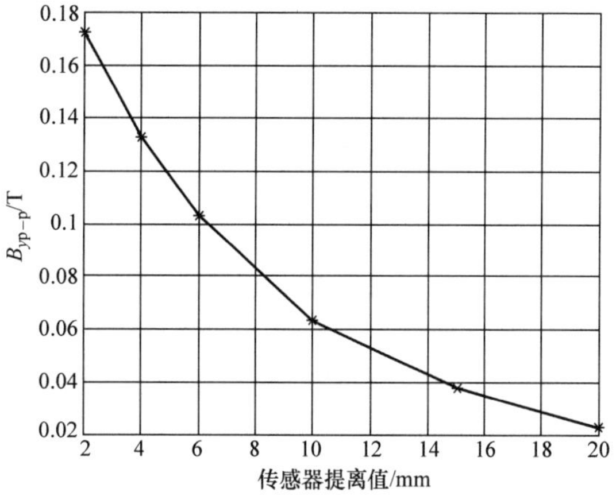

图 3-20　传感器提离值与 B_y 峰谷值 B_{yp-p} 的关系

表 3-3 列出了不同的传感器提离值对应的缺陷漏磁信号特征量。由表中信息可知，漏磁信号峰值随着传感器提离值的增大而迅速降低，但 B_x 峰峰间距 S_{xp-p} 随之增加，这是由于漏磁信号 B_x 基线降低造成的，它将严重影响对缺陷特征的准确评价。

表 3-3　不同的传感器提离值对应的缺陷漏磁信号特征量

序号	提离值/mm	B_{xp-p}/T	S_{xp-p}/mm	B_{yp-p}/T
1	2	0. 25428	12. 1	0. 17251
2	4	0. 16399	14. 5	0. 13293
3	6	0. 1208	15. 95	0. 10288

（续）

序号	提离值/mm	B_{xp-p}/T	S_{xp-p}/mm	B_{yp-p}/T
4	10	0.077384	22.45	0.063559
5	15	0.052769	30.05	0.037356
6	20	0.041071	39.85	0.022881

3.2.5 磁化器提离值对漏磁信号的影响

相同缺陷，传感器提离值为零，在 2～20mm 范围内，从小到大依次取 6 个不同的磁化器提离值。不同磁化器提离值的缺陷漏磁信号径向分量 B_x 如图 3-21 所示，漏磁信号轴向分量 B_y 如图 3-22 所示。

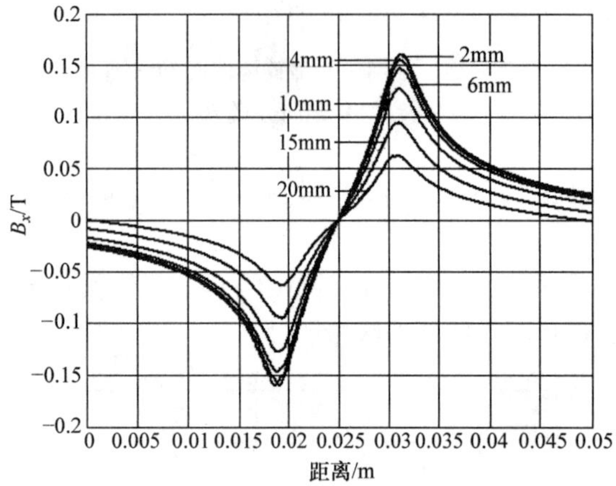

图 3-21 不同磁化器提离值的漏磁信号径向分量 B_x

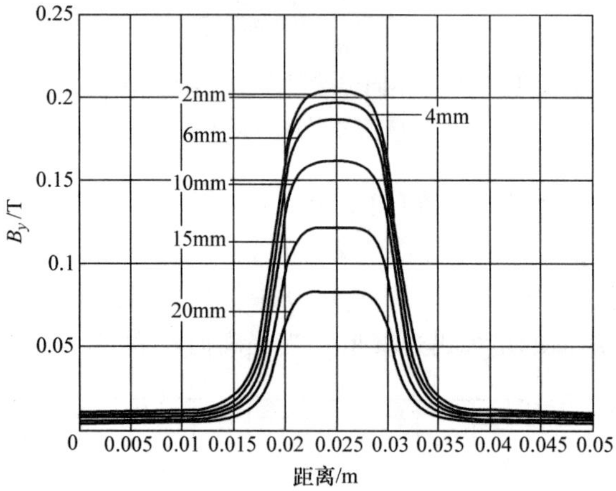

图 3-22 不同磁化器提离值的漏磁信号轴向分量 B_y

由图 3-21 和图 3-22 可以看出，漏磁信号径向分量的基线随着磁化器提离值的增加略有降低，B_x 峰峰值随着磁化器提离值的增加而缓慢降低；漏磁信号轴向分量的基线基本不随磁化器提离值变化，B_y 峰谷值随着磁化器提离值的增加比较明显降低。

磁化器提离值与 B_x 峰峰值 B_{xp-p} 的关系如图 3-23 所示，磁化器提离值与 B_y 峰谷值 B_{yp-p} 的关系如图 3-24 所示。

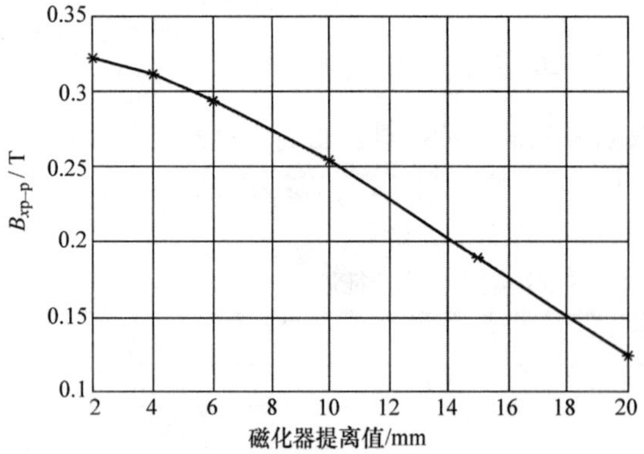

图 3-23 磁化器提离值与 B_x 峰峰值 B_{xp-p} 的关系

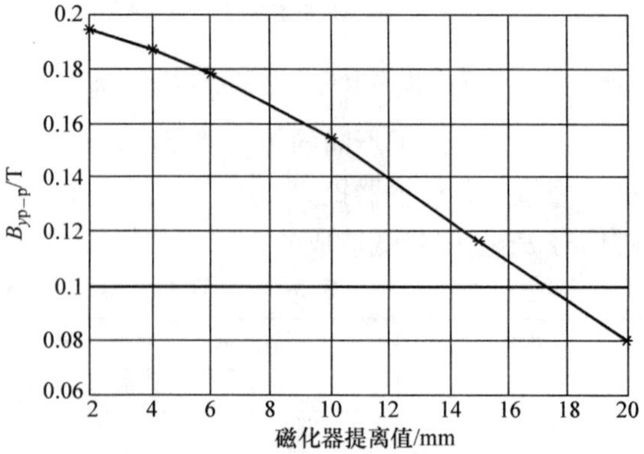

图 3-24 磁化器提离值与 B_y 峰谷值 B_{yp-p} 的关系

表 3-4 列出了不同的磁化器提离值对应的缺陷漏磁信号特征量。

表 3-4　不同的磁化器提离值对应的缺陷漏磁信号特征量

序号	提离值/mm	B_{xp-p}/T	S_{xp-p}/mm	B_{yp-p}/T
1	2	0.32120	12.2	0.19458
2	4	0.31258	12.35	0.18800
3	6	0.29434	12.35	0.17827
4	10	0.25485	12.3	0.15537
5	15	0.18995	11.7	0.11702
6	20	0.12551	11.65	0.07984

由图 3-23、图 3-24 和表 3-4 中信息可知，B_x 峰峰值 B_{xp-p}和 B_y 峰谷值 B_{yp-p}随着磁化器提离值的增大缓慢下降。随着磁化器提离值的增大，B_x 峰峰间距 S_{xp-p}基本稳定，这是由于漏磁信号 B_x 基线变化微弱造成的。

3.2.6　共同发生提离值对漏磁信号的影响

缺陷相同时，传感器和磁化器同时产生提离值，在 2 ~ 20mm 范围内，从小到大依次取 6 个提离值。对于传感器和磁化器同时产生提离值情况，不同的组合提离值对应的缺陷漏磁信号径向分量 B_x 如图 3-25 所示，漏磁信号轴向分量 B_y 如图 3-26 所示。

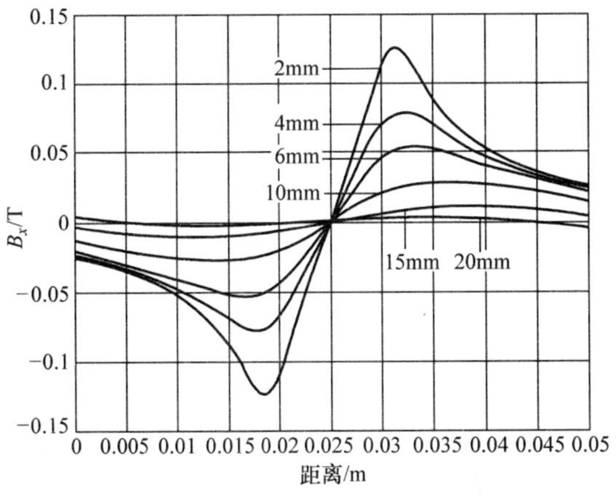

图 3-25　不同的组合提离值漏磁信号径向分量

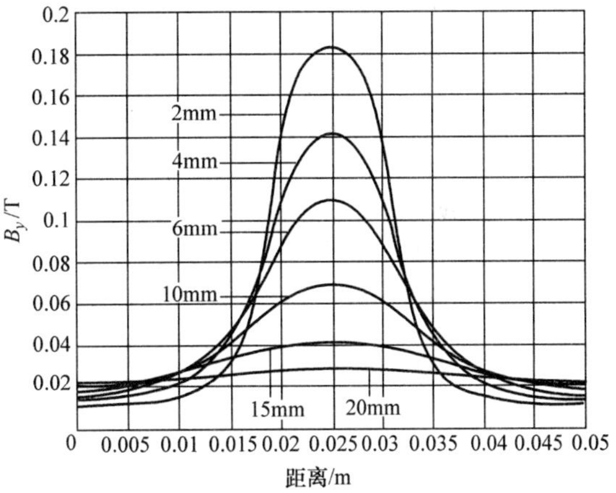

图 3-26　不同的组合提离值漏磁信号轴向分量

由图 3-25 和图 3-26 可清晰看出，漏磁信号径向的基线随着组合提离值的增加而降低，B_x 峰峰值随着组合提离值的增加而明显降低；漏磁信号轴向分量的基线随着组合提离值的增加而增加，B_y 峰谷值随着组合提离值的增加亦明显降低；当组合提离值为 20mm 时，B_x 峰峰值和 B_y 峰谷值接近为零。

组合提离值与 B_x 峰峰值 B_{xp-p}的关系如图 3-27 所示，组合提离值与 B_y 峰谷值 B_{yp-p}的关系如图 3-28 所示。

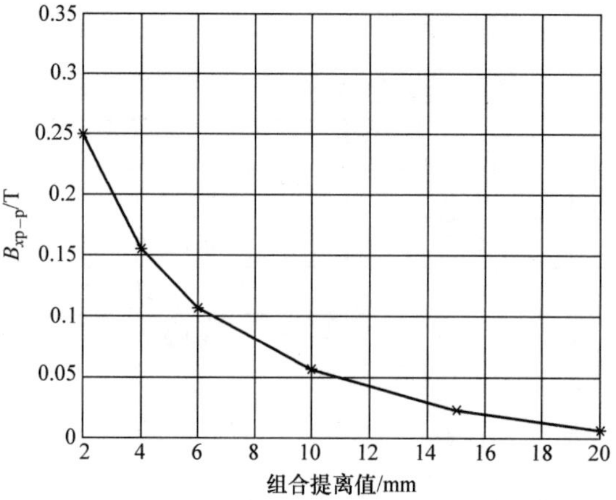

图 3-27　组合提离值与 B_x 峰峰值 B_{xp-p} 的关系

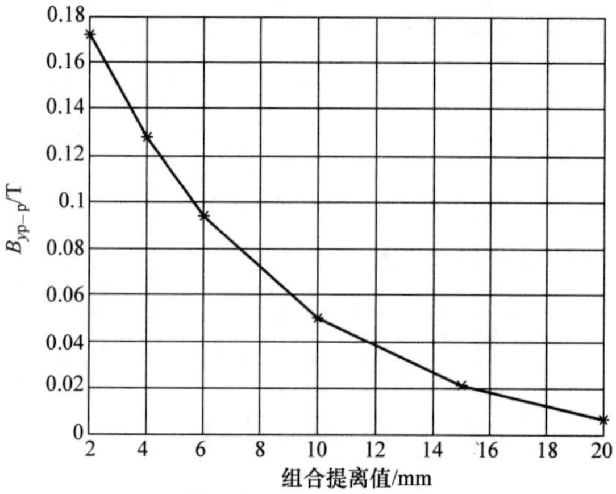

图 3-28　组合提离值与 B_y 峰谷值 B_{yp-p} 的关系

表 3-5 列出了不同组合提离值对应的缺陷漏磁信号特征量。

表 3-5　不同组合提离值对应的缺陷漏磁信号特征量

序号	提离值/mm	B_{xp-p}/T	S_{xp-p}/mm	B_{yp-p}/T
1	2	0.25008	12.55	0.17179
2	4	0.15655	13.8	0.12756
3	6	0.10763	16.75	0.09369
4	10	0.056101	20.7	0.050236
5	15	0.021845	24.15	0.021006
6	20	0.007115	50	0.006829

由图 3-27、图 3-28 和表 3-5 中信息可知，漏磁信号峰值随着组合提离值增大而迅速降低，但 B_x 峰峰间距 S_{xp-p} 却随之增加，这是由于漏磁信号 B_x 基线降低造成的，它将影响对缺陷特征的准确评价。

3.2.7　不同类型提离值对漏磁信号的影响

取相同缺陷下，不同类型的提离值均为 10mm，不同类型提离值时的漏磁径向分量如图 3-29 所示，不同类型提离值时的漏磁向轴分量如图 3-30 所示。

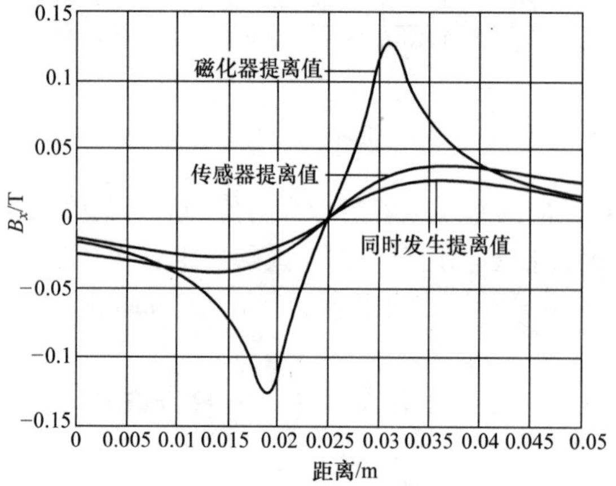

图 3-29　不同类型的提离值时的漏磁信号径向分量 B_x

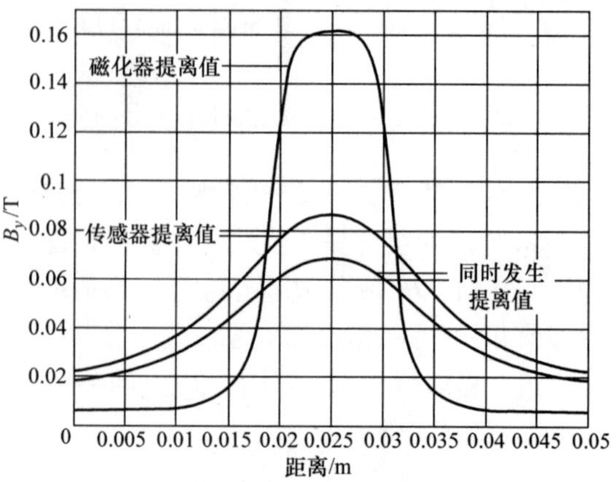

图 3-30　不同类型提离值时的漏磁信号轴向分量 B_y

从图 3-29 和图 3-30 可以看出，传感器提离值对漏磁信号峰值的影响远远大于相同大小的磁化器提离值的影响；传感器和磁化器同时发生的提离值（组合提离值）引起漏磁信号幅值的降低最大。

综合上述分析，提离值（传感器提离值、磁化器提离值和其组合提离值）能引起测量信号峰值和基线漏磁通幅值的降低；漏磁通幅值的降低会引起测量的实际漏磁场信号大小的不准确，而对不准确的漏磁数据的分析将导致缺陷遗漏或测量值比实际值小的误差。因此，在漏磁检测之前，应该评价管道以确定其是否存在残骸。如果存在残骸，应该用适当的管道清洗方法清洗管道，这将改善漏磁检测数据的质量，并导致完整的评价。

3.2.8　焊缝对漏磁信号的影响

在管道检测过程中，除了缺陷外，管道上其他异物，如焊缝、套管等也会产生漏磁场，对缺陷判别产生干扰。下面以焊缝为例，研究漏磁信号的特征。图 3-31 和图 3-32 所示分别为二维磁力线图和磁感应强度沿路径的显示。图 3-31 中，焊缝处磁力线分布没有发生明显畸变，没有明显的磁力线泄漏，说明焊缝产生的漏磁通较弱。图 3-32 中 B_x 和 B_y 分别表示磁感应强度径向分量和轴向分量，从磁感应强度的路径曲线可以看出，焊缝附近表面有漏磁产生。

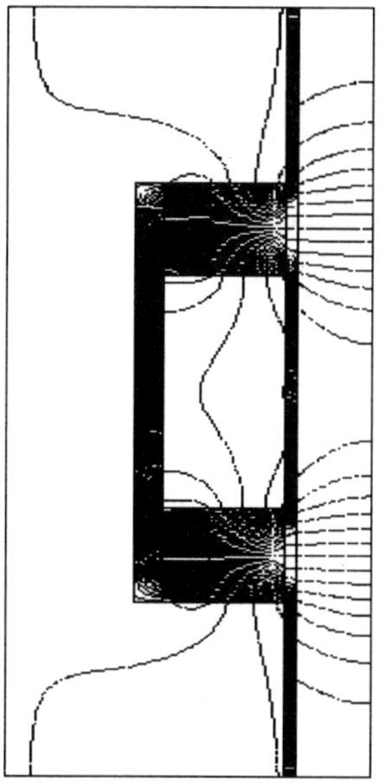

图 3-31　二维磁力线图

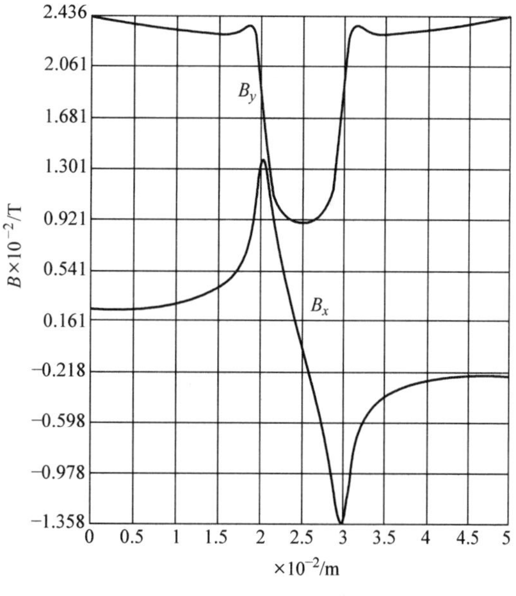

图 3-32　磁感应强度沿路径的显示

从图 3-32 可以看出，径向分量 B_x 具有正、负两个峰值，在焊缝上边缘达到正值的最大，在焊缝下边缘达到负值的最大，可以根据正负峰值之间对应的横坐标差值来判断缺陷的宽度。由于焊缝的对称性，B_x 磁通密度的正负波峰也关于中心点对称。轴向分量 B_y 曲线数值恒大于零，有两个波峰，一个波谷，这两个波峰对应的 x 坐标与实际焊缝长度基本相等，B_y 曲线数值先达到波峰后又下降到波谷，之后有一段平衡后又上升到波峰。

3.2.9 检测器运行速度对漏磁信号的影响

在管道的漏磁检测中，利用霍尔传感器所获得的漏磁信号也受到检测装置运行速度的影响。管道材料是一种导磁体和导电体，漏磁检测装置在管道内运行时，径向方向磁场（钢刷附近径向分量和缺陷处径向分量漏磁场）会引起管壁上磁通量变化，在管道内部产生环形电流，形成反向磁场，这些涡流将使磁通穿透管壁延迟，从而改变磁场的分布。

选用N38型永磁材料励磁，假定N极与S极分别由三块独立的永磁块拼成，每极长宽比为3:1，N极与S极之间的距离为0.182m，缺陷长度为0.005m，深度为50%壁厚，钢板厚度为0.010m，当磁化器分别以0m/s、4m/s、5m/s、6m/s的运动速度通过带有缺陷的钢板时，漏磁场分布有限元仿真如图3-33所示。

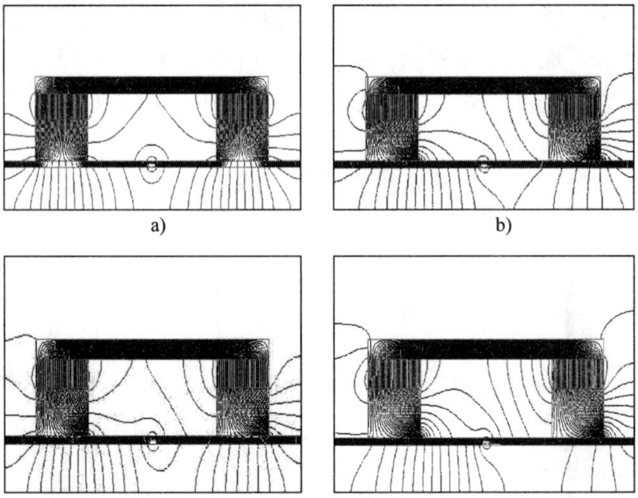

a)　　b)

c)　　d)

图3-33　检测装置不同运行速度时的漏磁场分布

a）磁化器运动速度为0m/s　b）磁化器运动速度为4m/s

c）磁化器运动速度为5m/s　d）磁化器运动速度为6m/s

从图3-33中可以看出，检测装置运行速度引起磁力线的扭曲，随着运行速度的增加，磁力线扭曲越严重。

相同磁化水平情况下，不同运动速度下缺陷处漏磁场径向信号 B_x 和轴向信号 B_y 比较如图3-34a、b所示。图3-34结果表明：4m/s、5m/s、6m/s的磁化器运动速度下缺陷径向信号 B_x 的形状与0m/s时的径向信号 B_x 相似，且峰峰值相近，但明显小于0m/s时径向信号 B_x 的峰峰值；4m/s、5m/s、6m/s的磁化器运动速度下缺陷处漏磁场轴向信号 B_y 的形状与0m/s时的径向信号 B_y 相比较，其峰谷值明显小于0m/s轴向信号的峰谷值。

针对不同运行速度下具有相同漏磁信号的磁化水平进行仿真分析，结果如图3-35所示。由图3-35可知，在不考虑其他影响因素的条件下，获得相同缺陷漏磁场信号，不同的运动速度需要不同的励磁水平。以径向为例，如图3-35a所示，获得0.15T的径向漏磁信号峰峰值，0m/s运动时需要励磁水平为570000A/m对应形成的磁场励磁，而6m/s运动时需要励磁水平为700000A/m对应形成的磁场励磁。

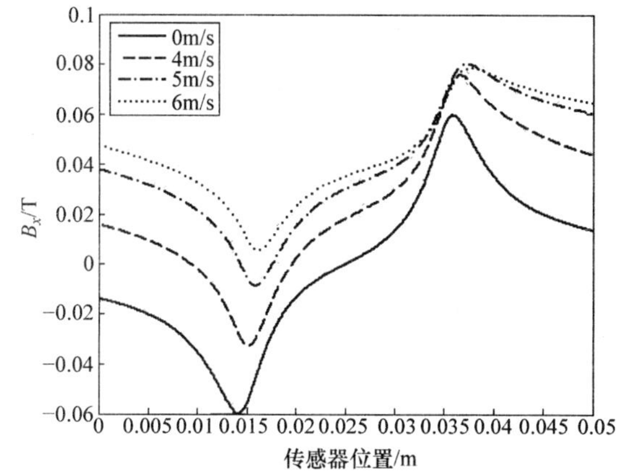

a)

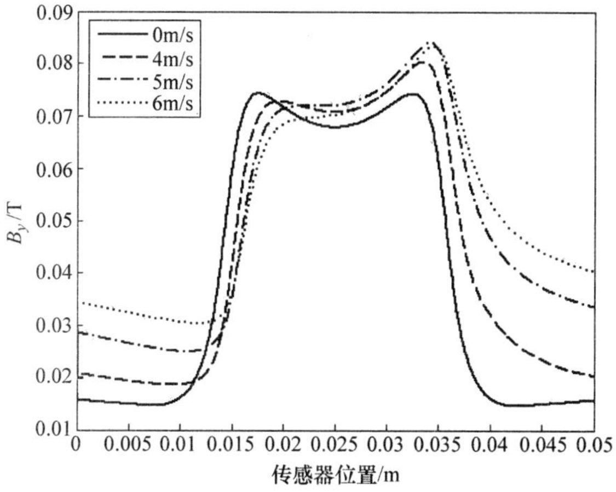

b)

图 3-34　缺陷处漏磁场磁感应强度比较

a）径向信号 B_x 比较　b）轴向信号 B_y 比较

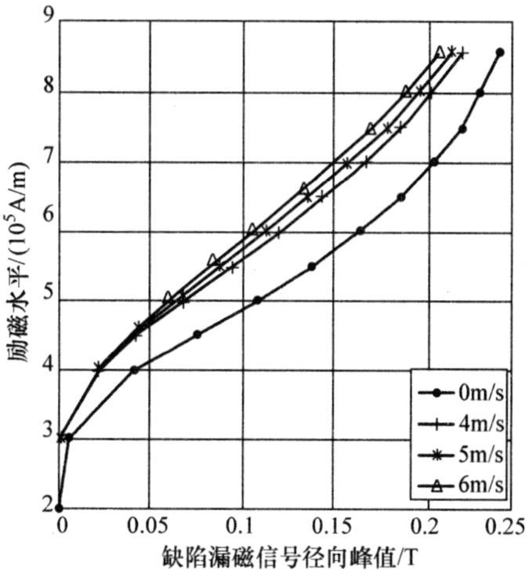

a)

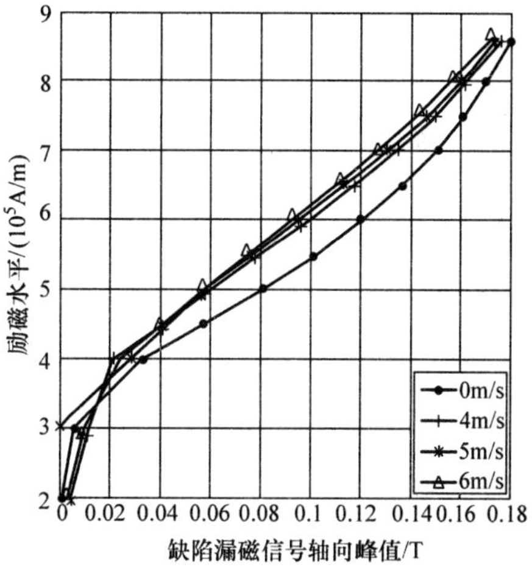

b)

图 3-35　不同速度下相同漏磁信号磁化水平比较

a）径向比较　b）轴向比较

3.3　轴向励磁实验结果及分析

3.3.1　不同类型缺陷的对比

沿管道轴向方向称为缺陷的长度方向，沿管道周向方向称为缺陷的宽度方向，沿管道壁厚方向称为缺陷的深度（用缺陷深与管道壁厚的百分比表示）方向。

管道自然腐蚀缺陷的外形复杂多样，而漏磁信号与缺陷的外形直接相关，部分不同类型的人工缺陷样本见表 3-6。

利用传感器探头检测得到的表 3-6 中不同类型人工缺陷处的漏磁信号如图 3-36 所示。图中，“测量单位”为数据采集卡输出信号编码值。采用 SS95A 霍尔传感器和 UA301 数据采集卡时，测量单位与毫特斯拉（mT）可按式（3-1）转换，后文中两者有相同的转换关系。

表 3-6 不同类型的人工缺陷样本

编号	类型	长/mm	宽/mm	深（%）
1－1	螺旋焊缝	—	—	—
1－2	周向内槽	2.2	40	40
1－3	周向外槽	2.2	40	40
1－4	圆孔	$\phi 8$		50
1－5	轴向外槽	40	2.2	40

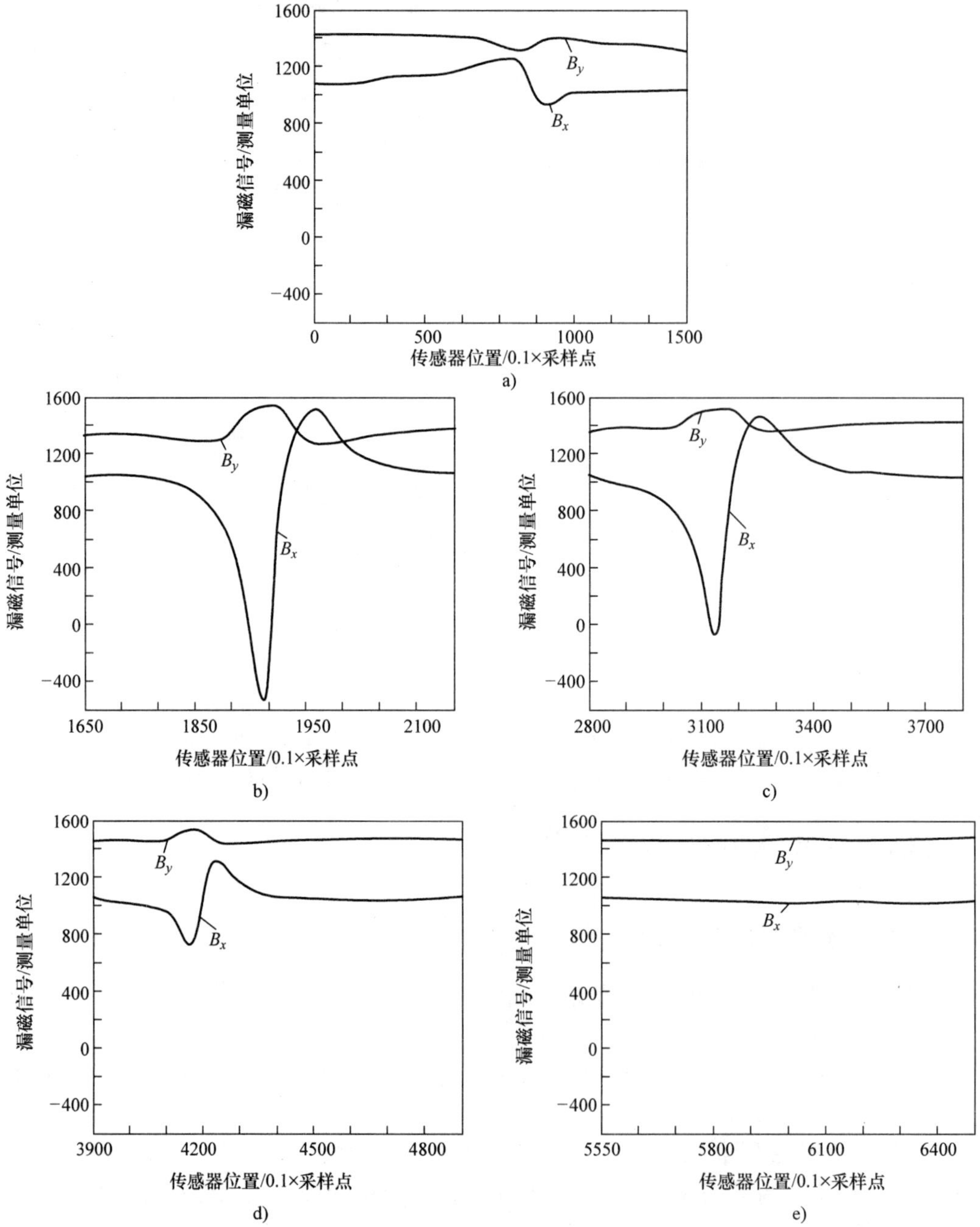

图 3-36 不同类型人工缺陷处的漏磁信号

a）螺旋焊缝 b）周向内槽 c）周向外槽 d）圆孔 e）轴向外槽

$$1\ 测量单位 = 5000/2048/3.125/10\text{mT} \approx 0.078\text{mT} \tag{3-1}$$

由图 3-36 可知，管道轴向励磁漏磁检测装置可以检测到焊缝、周向（与管道轴线垂直）内外矩形槽和孔缺陷漏磁信号，信号清晰，不同类型的人工缺陷处漏磁信号模式基本相同，径向分量存在极大、极小两个峰值，轴向分量有一个峰值。孔缺陷的信号具有很好的对称性；由于槽缺陷不对称，它的信号亦不对称。相同尺寸的周向内槽缺陷处信号强于周向外槽缺陷处信号，槽缺陷处信号强于孔缺陷处信号。焊缝漏磁信号清晰，其相位与缺陷漏磁信号相位相反，强度较弱。轴向分布的槽缺陷处没有漏磁信号，因此管道轴向励磁检测装置无法检测轴向分布缺陷，这类缺陷应采取其他检测方式检测。

3.3.2　不同宽度缺陷的对比

由 8 个（#1 ~ #8）传感器探头检测得到部分缺陷漏磁信号曲线如图 3-37 所示。

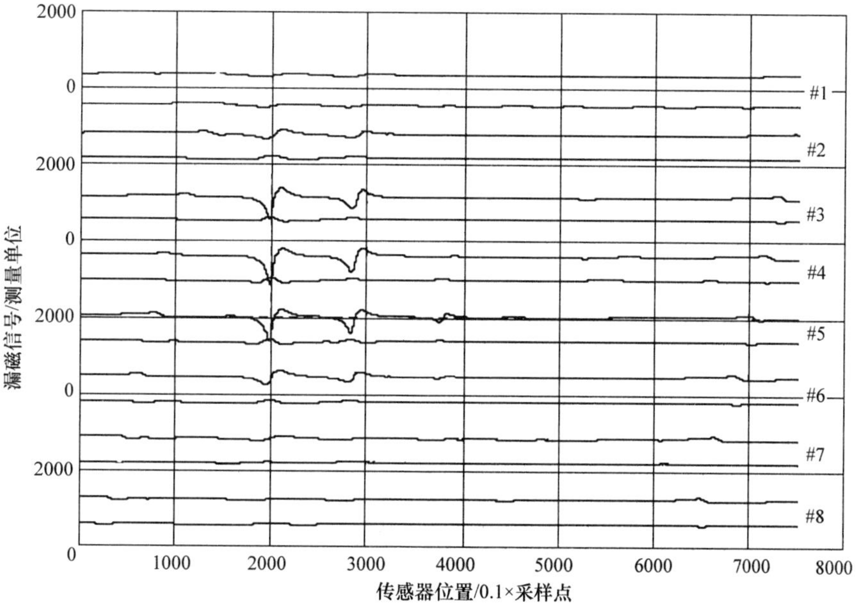

图 3-37　不同通道漏磁信号检测曲线

在图 3-37 中，位移在 2000 处的缺陷宽度大于位移在 3000 处的缺陷宽度。由此可见，缺陷宽度不同，检测到漏磁信号的传感器个数不同，随着缺陷宽度的增大，检测到漏磁信号的传感器个数也会增多。检测到漏磁信号的传感器个数是缺陷宽度量化的基础和主要特征，两者近似成正比例关系。检测到漏磁信号的传感器个数 n 与缺陷宽度 W 关系可表示为

$$W = a_1 d(n-1) + b_1 \tag{3-2}$$

式中，d 为传感器间距；a_1 为比例系数；b_1 为修正系数。

传感器阵列沿着管道周向均匀排列，当缺陷的宽度较小时，其漏磁场所覆盖的传感器个数较少，精度降低。因此，传感器的排布密度直接影响着漏磁检测的周向分辨率。

3.3.3　不同深度缺陷的对比

缺陷深度不同，产生的漏磁信号不同。部分相同长度、不同深度的人工孔缺陷和槽缺陷

样本见表3-7。

表3-7 不同深度的人工缺陷样本

编号	类型	长/mm	宽/mm	深（%）
2-1	圆孔	$\phi 6$		10
2-2	圆孔	$\phi 6$		20
2-3	圆孔	$\phi 6$		30
2-4	圆孔	$\phi 6$		40
2-5	周向外槽	2.2	40	30
2-6	周向外槽	2.2	40	40

利用一个传感器探头检测得到的表3-7中不同深度孔缺陷处的漏磁信号如图3-38所示。

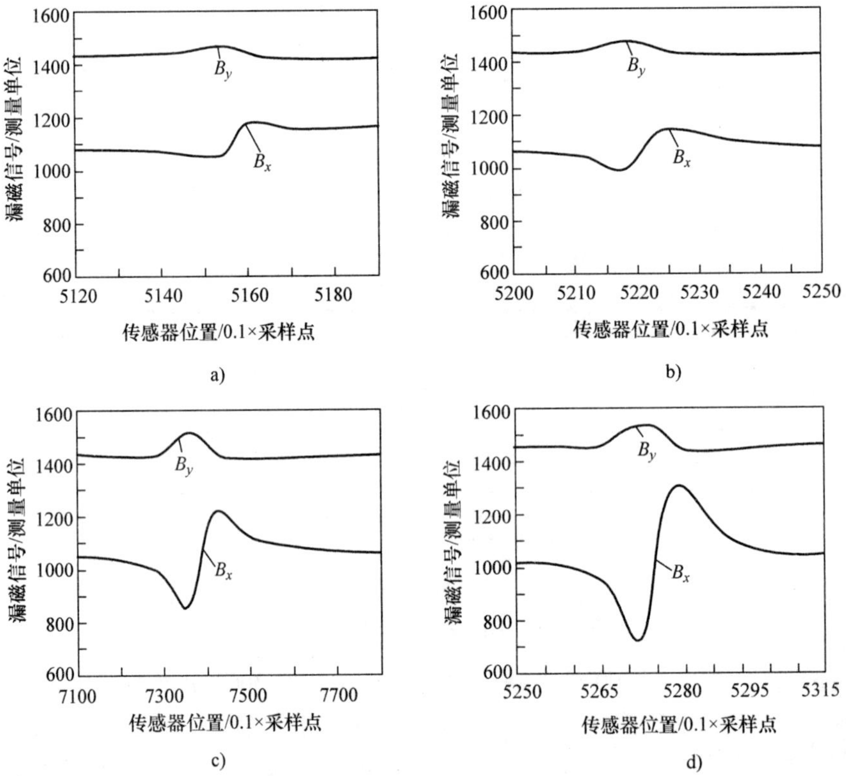

图3-38 不同深度孔缺陷处的漏磁信号

a）10%深度孔缺陷处的漏磁信号 b）20%深度孔缺陷处的漏磁信号
c）30%深度孔缺陷处的漏磁信号 d）40%深度孔缺陷处的漏磁信号

由图3-38可知，直径相同的孔缺陷，深度越深，缺陷处产生的漏磁通越多，漏磁信号径向分量幅值（峰峰值）越大，漏磁信号轴向分量幅值（峰谷值）也越大。

利用一个传感器探头检测得到的表3-7中不同深度槽缺陷处的漏磁信号如图3-39所示。

由图3-39可知，长度相同的槽缺陷，其深度越深，缺陷处产生的漏磁通越多，漏磁信号径向分量幅值（峰峰值）越大，漏磁信号轴向分量幅值（峰谷值）也越大。

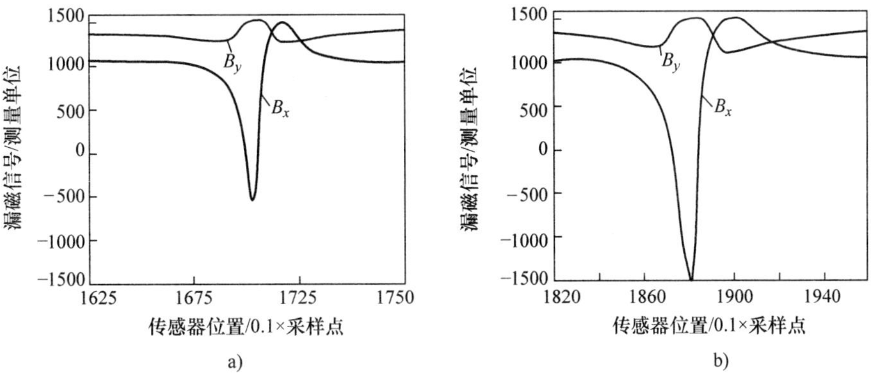

图 3-39　不同深度槽缺陷处的漏磁信号

a）30% 深度槽缺陷处的漏磁信号　b）40% 深度槽缺陷处的漏磁信号

综合图 3-38 和图 3-39 可知，如果缺陷长度一定，那么缺陷漏磁信号径向分量幅值随着缺陷深度的加深而变大，二者存在近似线性关系。径向分量峰峰值 B_{xp-p} 与缺陷深度 D 的关系可表示为

$$D = a_2 B_{xp-p} + b_2 \tag{3-3}$$

式中　a_2为比例系数；b_2为修正系数。

如果缺陷长度一定，缺陷漏磁信号轴向分量峰谷值随着缺陷深度的加深而变大，二者存在近似线性关系。轴向分量峰谷值 B_{yp-p} 与缺陷深度 D 的关系可表示为

$$D = a_3 B_{yp-p} + b_3 \tag{3-4}$$

式中，a_3为比例系数；b_3为修正系数。

综上所述，漏磁信号径向分量峰峰值和轴向分量峰谷值可以作为评价缺陷深度的信号特征。

3.3.4　不同长度缺陷的对比

缺陷长度不同，产生的漏磁信号不同。部分相同深度、不同长度的人工孔缺陷和槽缺陷样本见表 3-8。

表 3-8　不同长度的人工缺陷样本

编号	类型	长/mm	宽/mm	深（%）
3－1	圆孔	ϕ2		40
3－2	圆孔	ϕ3.2		40
3－3	圆孔	ϕ6		40
3－4	圆孔	ϕ8		40
3－5	周向外槽	2.5	40	50
3－6	周向外槽	6.0	40	50

利用一个传感器探头检测得到的表 3-8 中不同长度孔缺陷处的漏磁信号如图 3-40 所示。由图 3-40 可知，深度相同，直径（长度）不同的孔缺陷处产生的漏磁通不同，漏磁信

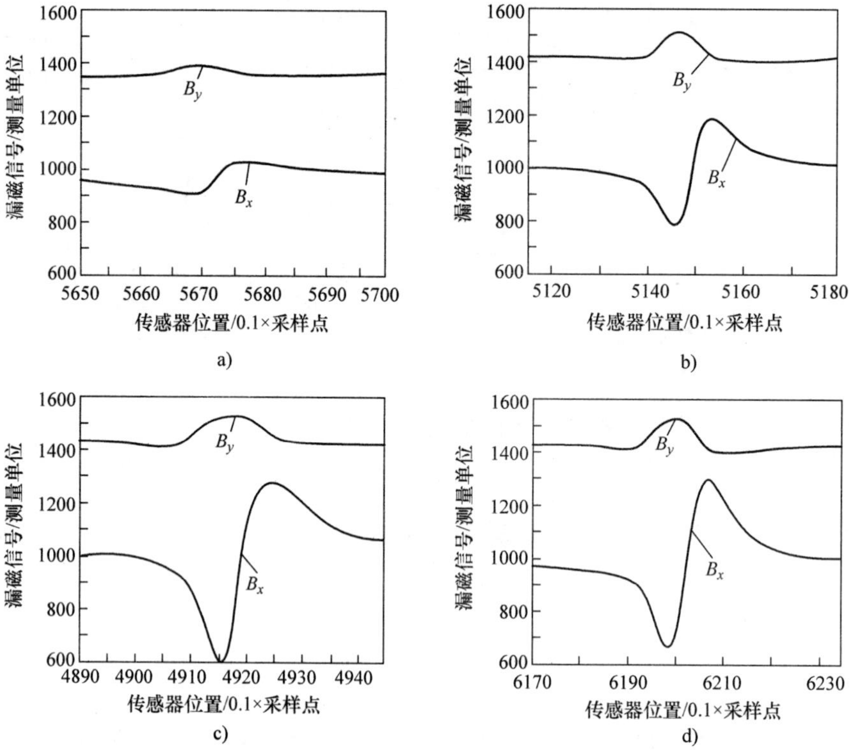

图 3-40　不同长度孔缺陷处的漏磁信号

a）ϕ2mm 孔缺陷处的漏磁信号　b）ϕ3.2mm 孔缺陷处的漏磁信号

c）ϕ6mm 孔缺陷处的漏磁信号　d）ϕ8mm 孔缺陷处的漏磁信号

号径向分量幅值（峰峰值）随着孔缺陷直径的增大先变大（直径小于 ϕ6mm），然后再减小，故漏磁信号径向分量峰峰值不能用于评价缺陷长度；漏磁信号径向分量峰峰间距随着孔缺陷直径的增大而变大；漏磁信号轴向分量幅值（峰谷值）随着孔缺陷直径的增大而变大。

利用一个传感器探头检测得到的表 3-8 中不同长度槽缺陷处的漏磁信号如图 3-41 所示。

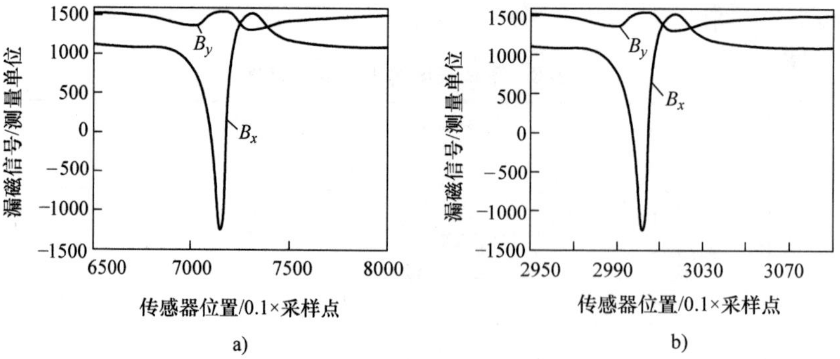

图 3-41　不同长度槽缺陷处的漏磁信号

a）长 2.5mm 槽缺陷　b）长 6mm 槽缺陷

由图 3-41 可知，深度相同的槽缺陷，漏磁信号径向分量幅值（峰峰值）随着槽缺陷长度的增大而变小，漏磁信号径向分量峰峰间距随着槽缺陷长度的增大而变大；漏磁信号轴向分量幅值（峰谷值）随着槽缺陷长度的增大无明显变化。

综合图 3-40 和图 3-41 可知，如果缺陷深度一定，那么无论是孔缺陷还是槽缺陷，漏磁信号径向分量峰峰间距均随着缺陷长度的增大而变大，峰峰间距与缺陷长度存在近似线性关系，故漏磁信号径向峰峰间距可以作为评价缺陷长度的信号特征。

漏磁信号径向峰峰间距 S_{xp-p} 与缺陷长度 L 的关系可表示为

$$L = a_4 S_{xp-p} + b_4 \tag{3-5}$$

式中，a_4 为比例系数；b_4 为修正系数。

3.3.5 螺旋焊缝信号分析

在管道检测过程中，除了缺陷外，管道上其他异物，如焊缝、套管等也会产生漏磁场，对缺陷判别产生干扰。螺旋焊缝、圆孔缺陷和焊缝上圆孔缺陷的人工缺陷样本见表 3-9。

表 3-9　螺旋焊缝、圆孔缺陷和焊缝上圆孔缺陷的人工缺陷样本

编号	类型	长/mm	宽/mm	深（%）
4－1	螺旋焊缝	—	—	—
4－2	圆孔	ϕ5.2		70
4－3	焊缝上圆孔	ϕ5.2		70

利用一个传感器探头检测得到的表 3-9 中焊缝及缺陷处的漏磁信号如图 3-42 所示。

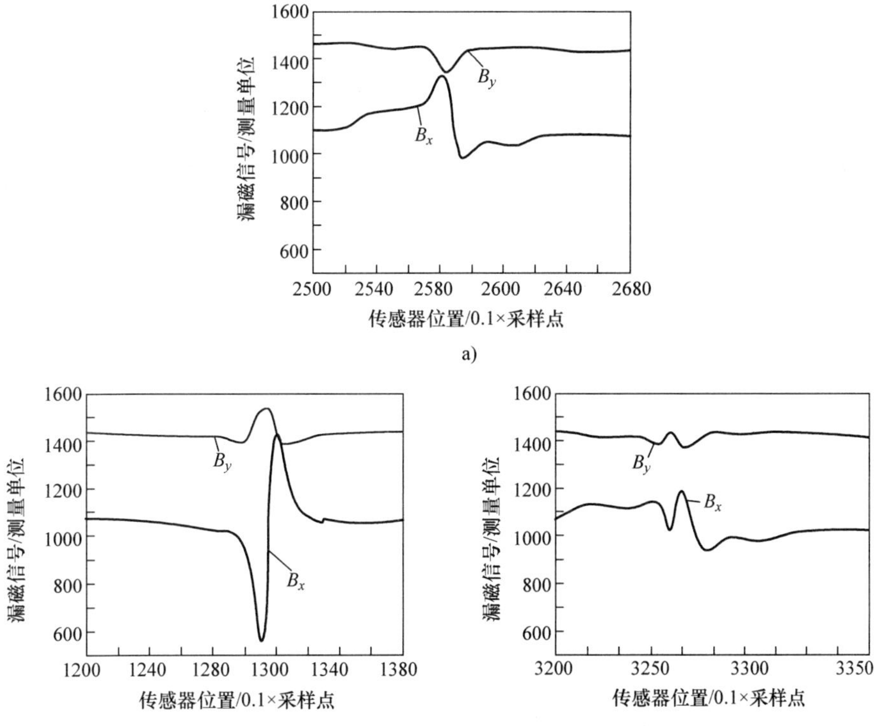

图 3-42　焊缝及缺陷处的漏磁信号

a）螺旋焊缝　b）圆孔　c）焊缝上圆孔

由图3-42可知，焊缝漏磁信号径向分量和缺陷漏磁信号径向分量均表现出两个波峰，但两者相位相反；焊缝漏磁信号轴向分量和缺陷漏磁信号轴向分量均有一个波峰和两个波谷，两者相位亦相反；缺陷信号峰值大于焊缝漏磁信号峰值；含有缺陷的焊缝，其漏磁信号模式和相位均相同于缺陷漏磁信号，但峰值明显小于缺陷漏磁信号，这是由于其漏磁信号是焊缝漏磁信号与缺陷漏磁信号的叠加。综上所述，漏磁信号相位和峰值的变化可以作为区别焊缝与缺陷的信号特征。

第 4 章　管道周向励磁漏磁内检测技术

管道轴向励磁漏磁检测方法无法检测轴向的狭窄裂纹、焊缝、机械损伤和腐蚀凹坑等缺陷。周向励磁漏磁检测技术是一种新的方法，对于检测和定量评价轴向缺陷具有潜在优势，成为国际上的研究热点。分析周向励磁漏磁检测原理及特征，研究磁化系统优化设计方法，可为管道周向励磁漏磁检测装置的设计提供技术支持；研究漏磁信号与影响因素的关系，可为实现缺陷定量化分析提供理论依据。

4.1　管道周向励磁检测方法的检测原理

周向励磁漏磁检测方法依靠环绕管道（周向）分布的磁场实现检测，而不是依靠沿轴向分布的磁场，轴向缺陷能够明显地改变磁场分布，并且更容易检测。磁化器使管壁局部达到磁饱和，其产生的磁力线垂直于管道轴线，轴向缺陷与磁力线垂直，在存在轴向缺陷处，无论内外缺陷，均会在管道的内外壁产生漏磁场。周向励磁漏磁检测磁力线分布如图 4-1 所示。

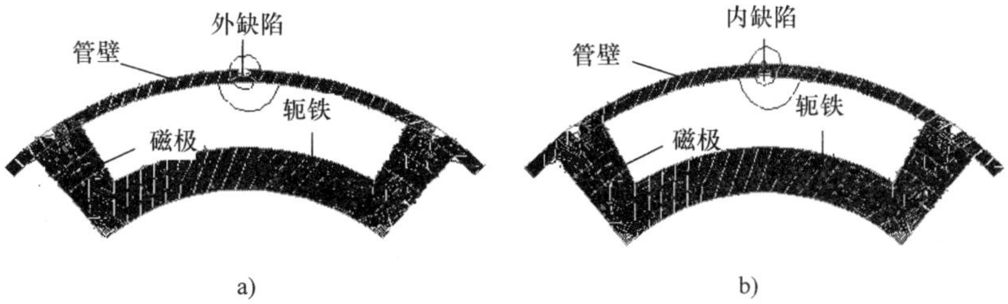

图 4-1　周向励磁漏磁检测磁力线分布

a）有外缺陷的管道磁力线分布　b）有内缺陷的管道磁力线分布

周向励磁由于结构复杂的原因，必须考虑相关影响因素。周向励磁磁化会在管壁内产生非均匀磁场，无缺陷的管道经周向励磁磁化后，在两磁极之间，管壁中心处的磁感应强度变化曲线如图 4-2 所示。

从图 4-2 中可以看出，管壁内磁通分布不均匀，磁极附近的磁场强度最大，两个磁极中心的磁场强度最小。当磁极中心的管壁达到磁饱和时，邻近磁极的管壁达到过饱和，磁通泄漏出管壁，产生较大的背底磁场（影响缺陷检测效果），直至最后覆盖缺陷产生的漏磁通。选择合适的磁化器结构和参数是周向励磁漏磁检测技术应用的关键。

由于周向励磁在管壁内产生的是非均匀磁场，缺陷漏磁通与缺陷距磁极的距离有关，使得缺陷的评价更加困难。缺陷漏磁信号通过平行安装在磁极之间的传感器信号来描述，这就要求传感器探头具有很小的间距和测量精度。由于磁化器产生的磁力线垂直于管道轴线，检测装置的运行速度对周向励磁漏磁检测的影响比轴向励磁漏磁检测明显。

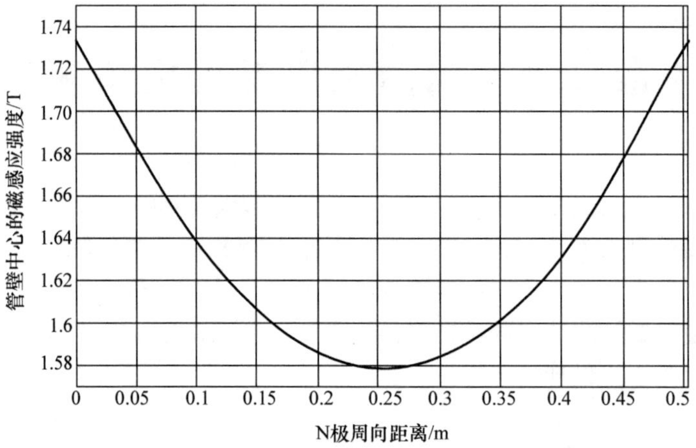

图 4-2　管壁中心磁感应强度的变化曲线

总之，周向励磁漏磁检测克服了轴向励磁漏磁检测无法检测轴向缺陷的弱点。然而，周向励磁漏磁检测本身也具有弱点，缺陷距磁极的距离、磁化水平、速度和传感器的间距都直接影响检测结果，设计时必须加以考虑。这些因素使得周向励磁漏磁检测的实施和分析变得更加困难，也是科研人员旨在解决的问题。

4.2　磁化系统优化设计

4.2.1　磁化器结构

磁化是实现管道周向励磁检测的第一步，它决定被检测对象（管道）能否产生足够的可被测量和可被分辨的磁场信号，同时也影响检测信号的性能特性和检测装置的结构特性。管道的磁化由磁化器实现，主要包括磁场源和磁化回路等几个部分。因此，针对被测构件的结构特点和测量目的，选择磁化器结构是磁化器设计的关键。磁化器设计要求满足：①磁化管壁达到临界磁饱和，实现对缺陷的检测；②尽量使磁场均匀；③在磁极和管壁之间保留合适的空间距离，便于安装传感器；④允许适当改变尺寸。

磁化器由永磁体、轭铁、钢刷、管道以及工作气隙等组成，可以采用不同的组成结构，且结构不同，其工作效果也不同。

1. 十字形结构

轭铁采用十字形结构。这种结构设计简单，在管壁与永磁体间形成对称的四个磁回路，达到磁化管壁的目的。

磁化器的结构示意如图 4-3a 所示，图中序号 1 代表管壁，序号 2 代表钢刷，序号 3 代表 S 极与钢刷相连的永磁体，序号 4 代表 N 极与钢刷相连的永磁体，序号 5 代表存在管壁上不同位置的缺陷，序号 6 代表轭铁。

仿真得到的磁力线分布如图 4-3b 所示，在缺陷部位有较明显的漏磁场产生，但由于管壁与轭铁间距较大，无缺陷的区域存在较大的背底漏磁场，影响缺陷漏磁信号的采集与分辨。同时，十字形结构不方便布置安装传感器。

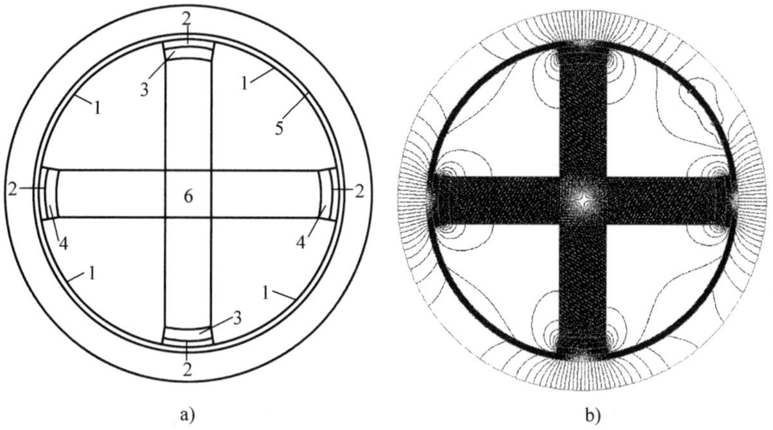

图 4-3　十字形结构磁化器示意及磁力线分布
a）磁化器的结构示意　b）磁力线分布

2. 环形结构

轭铁采用环形结构。这种结构可以有效减小空气气隙造成的磁阻损耗，进一步提高磁化强度，也有助于在环形轭铁外壁布置安装传感器，但不能变径。

磁化器的结构示意如图 4-4a 所示，图中序号 1 代表管壁，序号 2 代表钢刷，序号 3 代表 S 极与钢刷相连的永磁体，序号 4 代表 N 极与钢刷相连的永磁体，序号 5 代表存在管壁上不同位置的缺陷，序号 6 代表轭铁。

仿真得到的磁力线分布如图 4-4b 所示，在缺陷部位有较明显的漏磁场产生，但由于管壁与轭铁间距较小，在磁极附近存在较大的背底漏磁场，影响缺陷漏磁信号的采集与分辨。

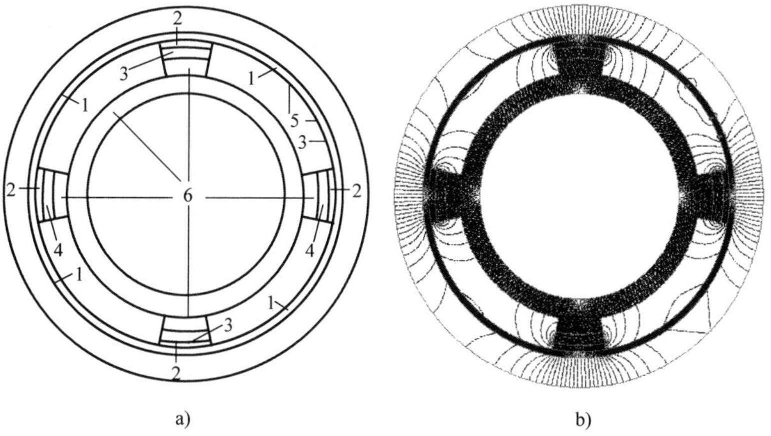

图 4-4　环形结构磁化器示意及其磁力线分布
a）磁化器的结构示意　b）磁力线分布

3. 磁极分离环形结构

轭铁采用环形结构，可以有效减小空气隙造成的磁阻损耗。磁极和轭铁分成4组对称结构，与管壁和钢刷各自形成独立磁回路，在管道内壁附近形成四个独立的漏磁检测工作区。

磁化器结构示意如图4-5a所示，图中序号1代表管壁，序号2代表钢刷，序号3代表S极与钢刷相连的永磁体，序号4代表N极与钢刷相连的永磁体，序号5代表存在管壁上不同位置的缺陷，序号6代表轭铁。

图4-5b所示为仿真得到的磁力线分布情况，在缺陷部位漏磁场明显，同时背底漏磁场较小，有利于缺陷漏磁信号的采集与分辨。

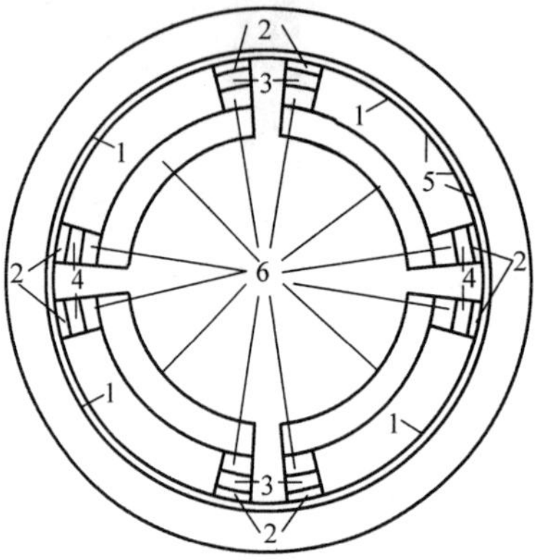

a)

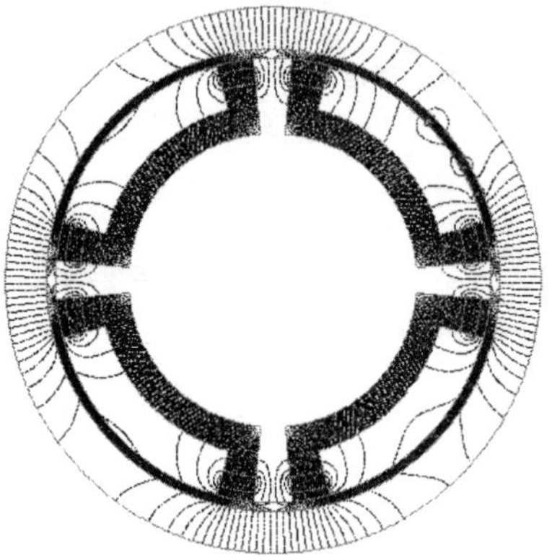

b)

图4-5 磁极分离环形结构磁化器示意及其磁力线分布

a）磁化器的结构示意 b）磁力线分布

采用磁极分离环形结构磁化器，可以在环形轭铁外壁布置安装传感器；同时由于磁极的分离结构，磁化器可以实现适当变径，以利于检测装置顺利通过管道变径区域（弯头等区域）。

综合以上分析，磁极分离环形结构磁化器可满足实际工程设计需要，该结构检测装置的设计为后续研究分析工作的对象。

4.2.2 等效磁回路

磁化器磁回路设计是漏磁检测需要解决的首要问题。管壁被磁化到合适的程度是缺陷产生一定大小漏磁场的前提条件，磁化合适与否严重影响着检测灵敏度。一般来说，磁场越强，缺陷产生的漏磁场也越强，考虑经济性、实用性的原则，认为缺陷产生能够检出的漏磁场时即磁化合适。永磁体的参数直接影响磁化强度，用物理实验的方法研究永磁体参数与磁化强度的关系有很大的局限性，但利用磁回路计算方法可以容易地解决这一问题。

考虑结构的对称性，图4-5a所示的结构磁化器的四分之一等效磁回路模型如图4-6所示。

根据图4-6，永磁体的磁势可表示为

$$F = H_C L_m \tag{4-1}$$

式中，F 为永磁体的磁势；H_C 为永磁体的矫顽力；L_m 为永磁体的径向厚度。

$$R_F = \frac{L_m}{\mu_{rec} S} \tag{4-2}$$

式中，R_F 为永磁体的磁阻；μ_{rec} 为永磁体的磁导率；S 为永磁体的横截面面积。

$$R_Y = \frac{L_Y}{\mu_Y S} \tag{4-3}$$

式中，R_Y 为径向轭铁的磁阻；μ_Y 为轭铁的磁导率；L_Y 为轭铁的径向长度。

$$R_{CY} = \frac{L_{CY}}{\mu_Y S_C} \tag{4-4}$$

式中，R_{CY} 为环形轭铁的磁阻；L_{CY} 为环形轭铁的周向弧长；S_C 为环形轭铁的横截面面积。

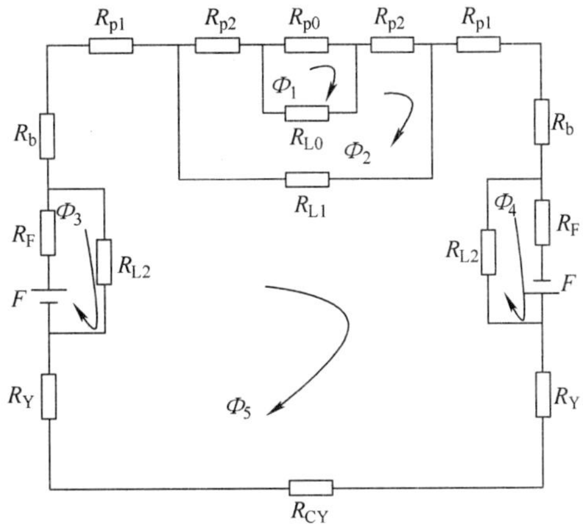

图 4-6　等效磁回路模型

$$R_b = \frac{L_b}{\mu_b S} \tag{4-5}$$

式中，R_b 为钢刷的磁阻；μ_b 为钢刷的磁导率；L_b 为钢刷的径向长度。

$$R_{pi} = \frac{L_{pi}}{\mu_p S_p} \quad (i = 0, 1, 2) \tag{4-6}$$

式中，R_{p0}、R_{p1}、R_{p2} 分别为管壁不同位置的磁阻；μ_p 为管壁的磁导率；L_{pi} 为管壁的长度；S_p 为管壁的横截面面积。

$$R_{Li} = \frac{L_{Li}}{\mu_0 S_{Li}} \quad (i = 0, 1, 2) \tag{4-7}$$

式中，R_{L0}、R_{L1}、R_{L2} 分别为不同位置的气隙磁阻；μ_0 为空气的磁导率；L_{Li} 为气隙的长度；S_{Li} 为气隙的横截面面积。

4.2.3　磁回路计算程序设计

设通过各网孔的磁通量及方向如图 4-6 所示，依据磁回路基尔霍夫定律，列写磁回路网孔方程，得联立方程组为

$$\begin{cases} (R_{p0} + R_{L0})\Phi_1 - R_{L0}\Phi_2 = 0 \\ -R_{L0}\Phi_1 + (R_{p2} + R_{L0} + R_{p2} + R_{L1})\Phi_2 - R_{L1}\Phi_5 = 0 \\ (R_F + R_{L2})\Phi_3 - R_{L2}\Phi_5 = F \\ (R_F + R_{L2})\Phi_4 - R_{L2}\Phi_5 = F \\ -R_{L1}\Phi_2 - R_{L2}\Phi_3 - R_{L2}\Phi_4 + (2R_{p1} + 2R_b + 2R_Y + 2R_{L2} + R_{L1} + R_{CY})\Phi_5 = 0 \end{cases} \tag{4-8}$$

通过缺陷外 S_T 区域（测量区域）内平均漏磁通磁感应强度为

$$B = (\Phi_1 - \Phi_2)/S_T \tag{4-9}$$

采用 VB 程序设计语言编制计算程序，程序流程如图 4-7 所示。

利用该程序可以方便地计算不同磁化器参数条件下平均漏磁通的大小，进而研究磁化器参数对缺陷漏磁通的影响，为管道漏磁检测装置磁化器的设计提供理论支持，缩短开发时间，提高研发效率，减少研发成本。

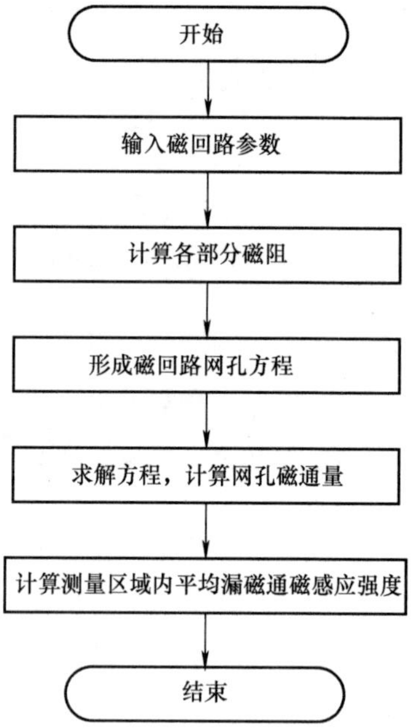

图 4-7 程序流程

4.2.4 永磁体参数

管道外径为 1016mm，壁厚为 20mm，管壁材质为 20 钢；环形轭铁外径为 ϕ388mm，环形轭铁厚为 65mm，环形轭铁磁导率近似为 2000H/m；钢刷厚为 40mm，钢刷磁导率近似为 1000H/m。在管道内壁两个磁极中间（离磁极最远处）有一个周向宽 8.5mm（圆心角 1°）、深 50% 壁厚的轴向裂纹，裂纹轴向长度远远大于磁极轴向长度。利用 4.2.3 节中的磁回路计算程序，计算不同条件下测量区域平均漏磁通磁感应强度（漏磁通）的变化情况，研究磁化器永磁体参数对缺陷漏磁通的影响规律。

1. 永磁体（轴向）**长度对缺陷漏磁通的影响**

使永磁体长度从 5cm 到 30cm 变化，研究对象其他条件不变，利用磁回路计算程序计算相应的平均漏磁通磁感应强度。永磁体轴向长度对漏磁通的影响如图 4-8 所示。

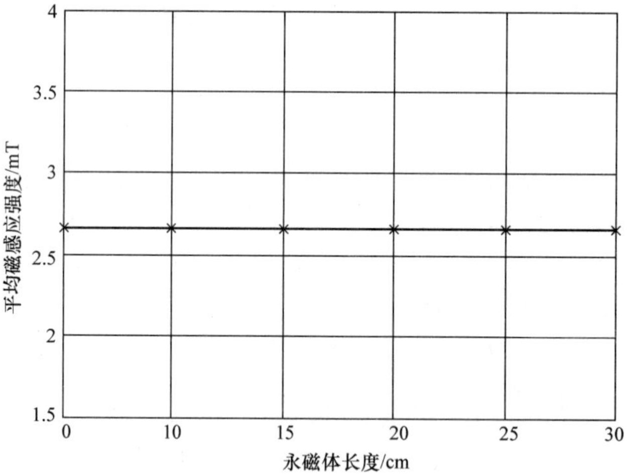

图 4-8 永磁体（轴向）长度对漏磁通的影响

从图 4-8 中可以看出，随着永磁体长度变大，平均漏磁通磁感应强度保持不变。因此，永磁体长度对缺陷漏磁通没有影响，实际设计时可根据情况适当选择。

2. 永磁体宽度（周向长度）**对缺陷漏磁通的影响**

使永磁体宽度从圆心角 5°（约 42mm）到圆心角 15°（约 127mm）变化，研究对象其他条件不变，利用磁回路计算程序计算相应的平均漏磁通磁感应强度。永磁体宽度对漏磁通的影响如图 4-9 所示。

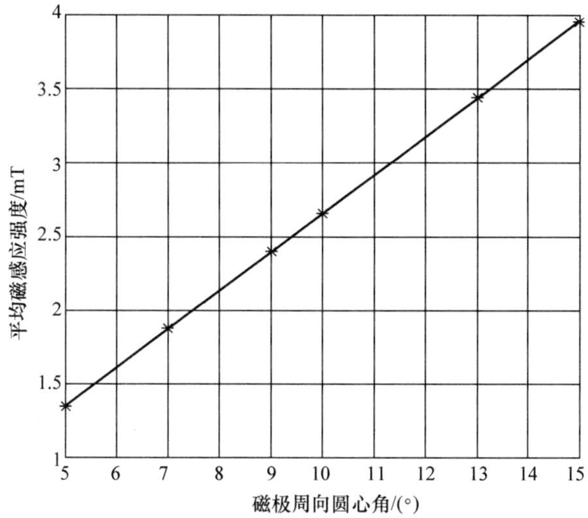

图 4-9　永磁体宽度对漏磁通的影响

从图 4-9 中可以看出，随着永磁体宽度变大，平均漏磁通磁感应强度随之成线性增长。因此可以通过调整永磁体宽度来改变缺陷漏磁通的大小，实现准确测量的目的。

3. 永磁体厚度（径向厚度）**对缺陷漏磁通的影响**

使永磁体厚度从 5mm 到 55mm 变化，研究对象其他条件不变，利用磁回路计算程序计算相应的平均漏磁通磁感应强度。永磁体厚度对漏磁通的影响如图 4-10 所示。

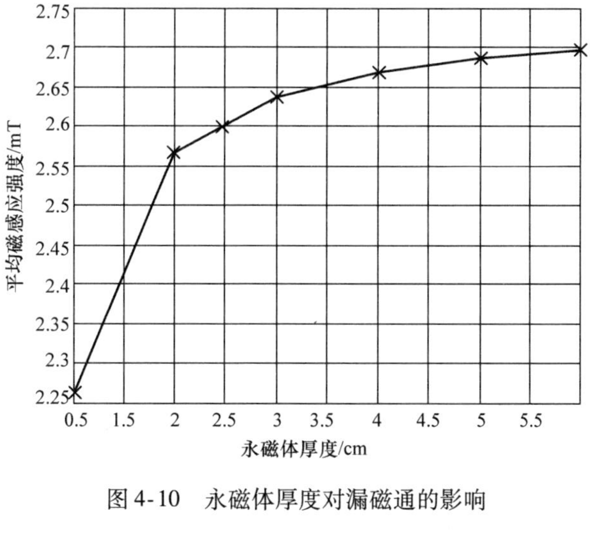

图 4-10　永磁体厚度对漏磁通的影响

从图 4-10 中可以看出，永磁体厚度较小时，随着厚度变大，平均漏磁通磁感应强度开始增长较快，随着永磁体厚度的不断增加，平均漏磁通磁感应强度增长缓慢。因此，调整永磁体厚度不是改变缺陷漏磁通的大小的合适途径。

4. 永磁体矫顽力对缺陷漏磁通的影响

研究对象其他条件不变，使永磁体矫顽力从小到大变化，利用磁回路计算程序计算相应的平均漏磁通磁感应强度。永磁体矫顽力对漏磁通的影响如图 4-11 所示。

从图 4-11 中可以看出，随着永磁体矫顽力的增加，平均漏磁通磁感应强度随之成线性增长。因此可以通过调整永磁体矫顽力来改变缺陷漏磁通的大小，实现准确测量的目的。

从磁回路计算入手，分析永磁体形状参数（长度、宽度、厚度）以及矫顽力对磁化效果，即缺陷漏磁场的影响，为设计出经济、可靠的磁化装置提供理论依据。永磁体轴向长度的变化几乎不影响磁化效果，实际应用时适当选取即可；缺陷漏磁场与永磁体矫顽力成正比例关系，可选择矫顽力大的永磁体，以达到满意的磁化效果；当永磁体矫顽力确定后，磁化效果又不能满足要求时，可通过增加永磁体宽度或厚度的方法满足要求。

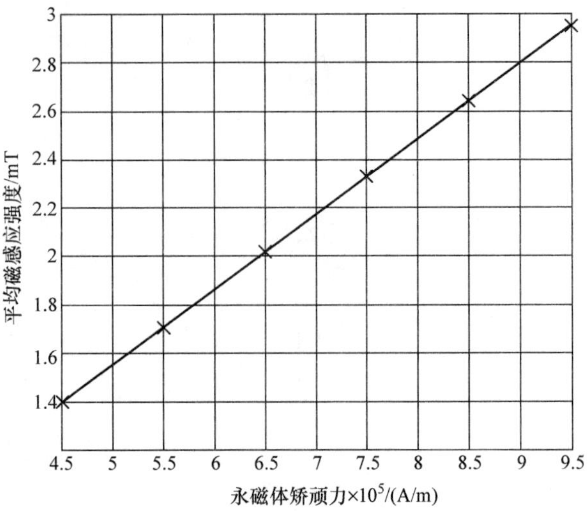

图 4-11　永磁体矫顽力对漏磁通的影响

4.3　管道周向励磁漏磁检测信号特征及影响因素

4.3.1　漏磁信号及其特征量定义

管道壁被磁化以后，管壁厚度的任何异常都会产生漏磁场。漏磁场是一个空间矢量场，有三个独特的分量可以被测量。采用圆柱坐标系，三个矢量分别称为径向矢量、轴向矢量和周向矢量。由于周向励磁磁场方向与管道轴向垂直，漏磁场轴向分量信号微弱，难以测量，因此对周向励磁管道缺陷漏磁场的研究，以径向分量和周向分量分析较为方便。

以处于两磁极中间的典型缺陷为例，缺陷前后漏磁信号随周向距离变化曲线如图 4-12 所示，其中 B_r 是漏磁信号径向分量，B_θ 是漏磁信号周向分量。

由图 4-12 可以看出，漏磁信号径向分量 B_r 由于缺陷两侧极性相反，故两侧漏磁场符号相反，靠近缺陷边缘处有极大值，有正负两个峰值，并关于缺陷中心对称；周向分量 B_θ 左右对称，从缺陷中心到缺陷边缘分量迅速下降，具有一个正波峰和两个波谷，在缺陷中心处达到最大值。

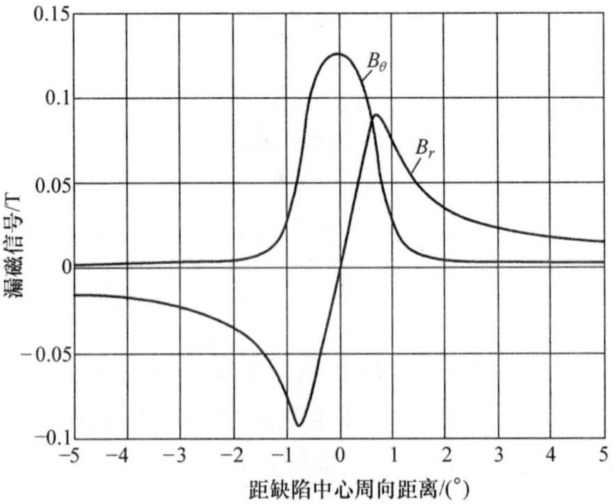

图 4-12　磁感应强度沿周向距离变化曲线

与轴向励磁检测相类似，通常将缺

陷外形参数定义为：缺陷沿管道轴向的尺寸为长度，沿管道周向（环向）的尺寸为宽度，沿管道壁厚方向的尺寸为深度（用缺陷深度与管道壁厚的百分比表示）。

缺陷外形参数直接影响漏磁信号特征，可用漏磁信号特征识别、评价缺陷，依据漏磁信号的特点，定义漏磁信号特征量。径向分量 B_r 的最大值与最小值之差称为 B_r 峰峰值 B_{rp-p}，最大值与最小值之间的周向距离称为 B_r 峰峰间距 S_{rp-p}；周向分量 B_θ 的波峰值与波谷值之差为 B_θ 峰谷值 $B_{\theta p-p}$，周向分量 B_θ 微分信号最大值与最小值之间的周向距离为周向分量 B_θ 微分信号的峰峰间距 $DS_{\theta p-p}$。不同漏磁信号特征量如图 4-13 所示。

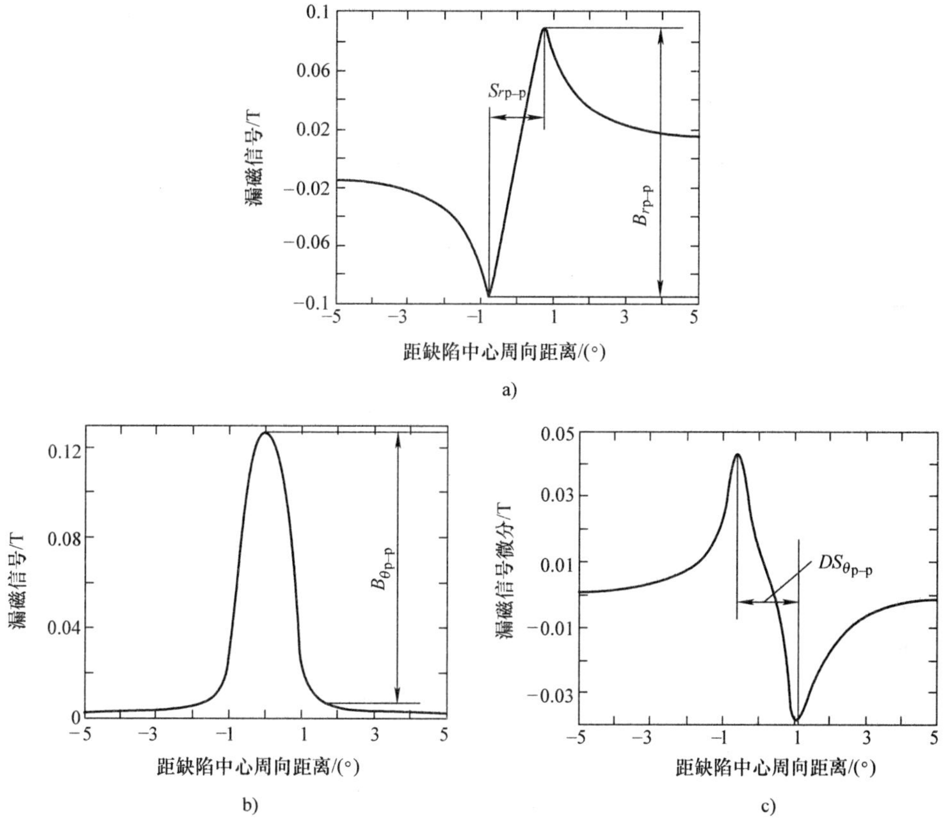

图 4-13　漏磁信号特征量

a）径向峰峰值和峰峰间距　b）周向峰谷值　c）周向微分峰峰间距

4.3.2　缺陷距磁极的距离对漏磁信号的影响

1. 磁化水平较低的情况

缺陷距磁极的距离不同，缺陷处产生的漏磁信号也不同。在缺陷宽度 2°、深度 50%、磁化强度等相同的条件下，距磁极不同距离的缺陷样本见表 4-1。

采用有限元法仿真研究缺陷距磁极的距离和漏磁信号之间的关系。表 4-1 中所列 1 ~ 5 号缺陷处的漏磁信号径向分量 B_r 如图 4-14 所示。

表 4-1 距磁极不同距离的缺陷样本

缺陷编号	缺陷距磁极距离/(°)	宽/(°)	深(%)
1	6	2	50
2	10	2	50
3	15	2	50
4	20	2	50
5	30	2	50

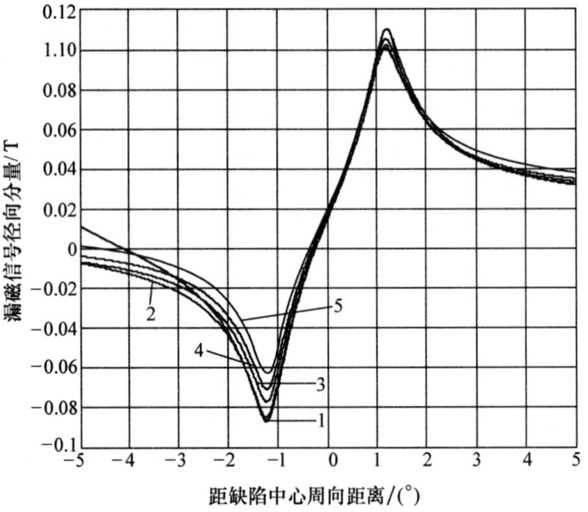

图 4-14 距磁极不同距离的缺陷漏磁信号径向分量 B_r

表 4-1 中所列 1 ~ 5 号缺陷处的漏磁信号周向分量 B_θ 如图 4-15 所示。

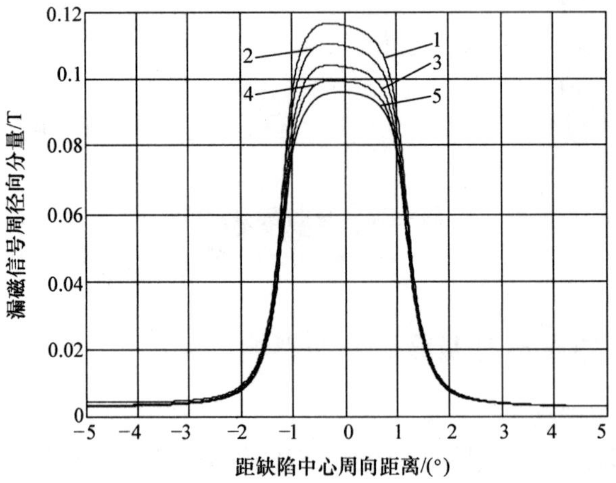

图 4-15 距磁极不同距离的缺陷漏磁信号周向分量 B_θ

从图 4-14 和图 4-15 中可以看出，由于管壁磁化不均匀，磁极附近的磁场强，因此随着缺陷距磁极的距离增大，漏磁信号的幅值逐渐减小，处在两个磁极中心（缺陷编号 5）的缺陷处产生的漏磁信号最弱。处在两个磁极中心的缺陷处产生的漏磁信号关于缺陷中心对称。如果缺陷是接近一个磁极，缺陷漏磁信号径向分量 B_r 和周向分量 B_θ 会有不同程度的扭曲，关于缺陷中心不再对称。径向分量扭曲程度较弱，邻近磁极一侧的最大值绝对值大于另一最大值绝对值。周向分量扭曲明显，信号曲线向远离磁极一侧倾斜。

在磁化水平较低的情况下，邻近磁极的缺陷漏磁信号产生一定程度的扭曲，同时信号幅值增大，但相对于磁极中心的缺陷漏磁信号总体变化不严重，可以正常描述缺陷的实际情况。这是由于无缺陷时磁通主要存在于管壁内部，只有少量泄漏到管壁外空气中，背底磁场远小于缺陷漏磁通，距管壁 1mm 处的磁感应强度沿周向变化情况如图 4-16 所示。

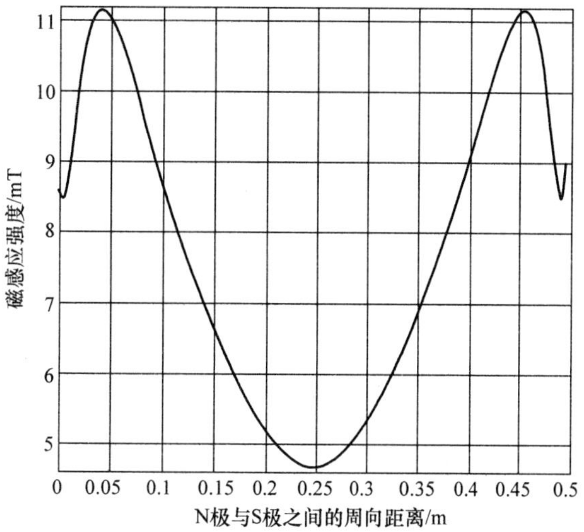

图 4-16　距管壁 1mm 处的磁感应强度变化曲线

从图 4-16 中可以看出，邻近磁极的区域漏磁通大于两磁极中间的区域漏磁通，前者大约是后者的 3 倍，因此邻近磁极的缺陷处产生的漏磁信号中靠近磁极一侧的信号大于另一侧的信号，致使信号产生一定程度的扭曲。

2. 磁化水平较高的情况

在磁化水平较高的情况下，管壁无缺陷时，有大量磁通泄漏到管壁外空气中，背底磁场增强。在磁化水平较高的情况下距管壁 1mm 处的磁感应强度沿周向变化情况如图 4-17 所示。

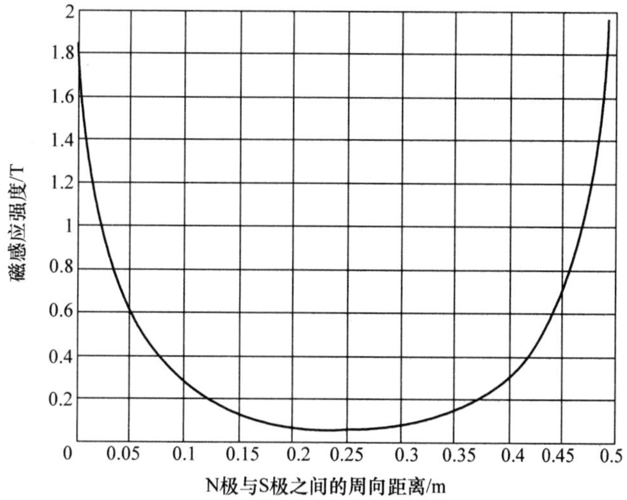

图 4-17　管壁 1mm 处磁感应强度变化曲线

从图 4-17 中可以看出，泄漏到空气中的磁通大于磁化水平较低的情况下泄漏的磁通，邻近磁极区域漏磁通远大于两磁极中间区域的漏磁通，前者大约是后者的 10 倍。

位于两个磁极中心的缺陷处的漏磁信号变化情况如图 4-18 所示。

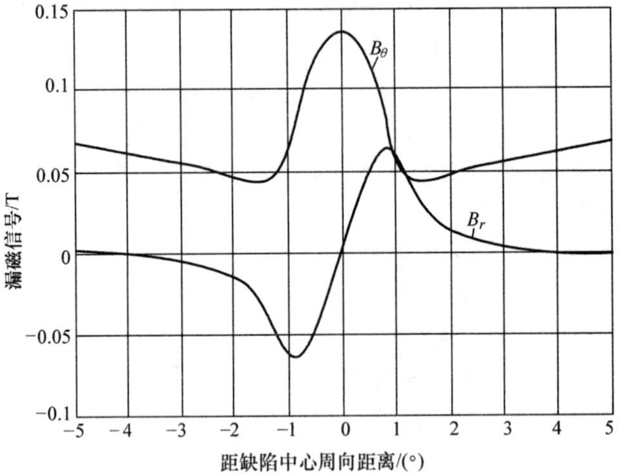

图 4-18 位于两个磁极中心缺陷处的漏磁信号

从图 4-18 中可以看出，由于背底磁场增强，处在两个磁极中心的缺陷处产生的漏磁信号基值提高，关于缺陷中心对称，可以识别，但影响对缺陷的评价。

邻近磁极（距磁极 6°圆心角）的缺陷处的漏磁信号变化情况如图 4-19 所示。

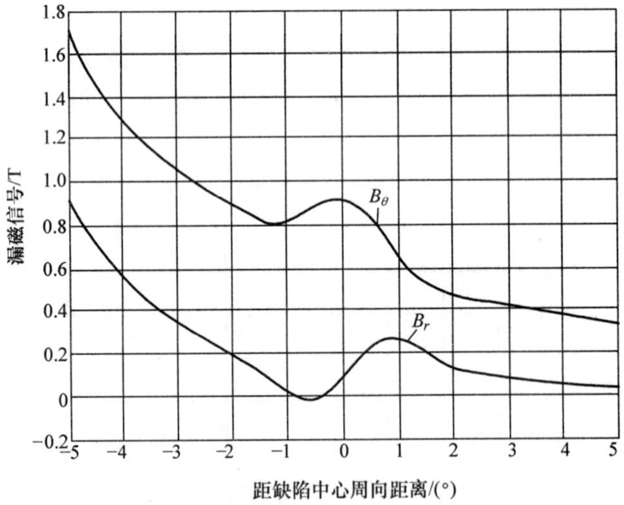

图 4-19 邻近磁极的缺陷处的漏磁信号

图 4-19 中描述的曲线已经严重变形，说明磁极附近的背底磁场强于存在该处缺陷产生的漏磁信号，缺陷漏磁信号基本被背底磁场所覆盖，造成测量困难，甚至不能分辨缺陷。这正是周向励磁漏磁检测的难点所在。

为了消除背底磁场对缺陷产生的漏磁信号的影响，可以取漏磁信号的微分。位于两个磁极中心缺陷处的漏磁信号微分变化情况如图 4-20 所示。

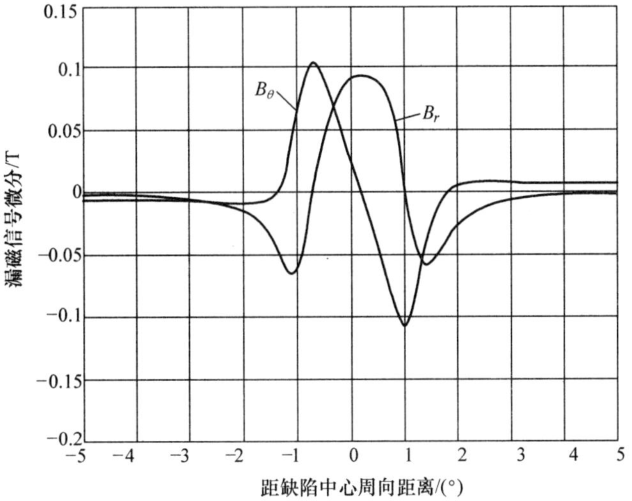

图 4-20　位于两个磁极中心缺陷处的漏磁信号微分

邻近磁极（距磁极 6°圆心角）的缺陷处的漏磁信号微分变化情况如图 4-21 所示。

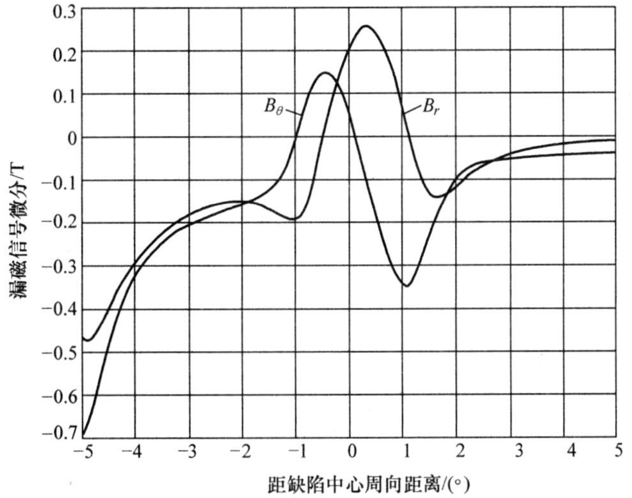

图 4-21　邻近磁极的缺陷处的漏磁信号微分

从图 4-20 和图 4-21 中可以看出，漏磁信号周向分量的微分变化过程类似于漏磁信号的径向分量，漏磁信号径向分量的微分变化过程类似于漏磁信号的周向分量，并且基值下降；特别是图 4-21 描述的邻近磁极缺陷处的漏磁信号的微分，信号明显，基本克服了背底磁场的影响，可以较好地描述相应缺陷。漏磁信号微分的变化规律为测量缺陷产生的漏磁通提供了方向，可以通过测量缺陷漏磁信号的变化率（线圈传感器），来代替对缺陷漏磁信号绝对量的测量（霍尔传感器），评价邻近磁极缺陷特征；也可以通过对缺陷漏磁信号的后处理完成对缺陷的评价。

4.3.3 缺陷深度对漏磁信号的影响

取缺陷的宽度、长度、磁化强度等条件相同，处在两个磁极中心缺陷的深度分别为10%、30%、50%、60%和80%，采用有限元法仿真研究缺陷深度和漏磁信号之间的关系。

不同深度的缺陷对应的漏磁信号特征量见表4-2。由表中信息可知，漏磁信号径向分量B_r峰峰间距S_{rp-p}和周向分量B_θ微分信号峰峰间距$DS_{\theta p-p}$基本不随缺陷深度的变化而变化，因此这两个信号特征量不能用于评价缺陷深度。漏磁信号径向分量B_r峰峰值B_{rp-p}和周向分量B_θ峰谷值$B_{\theta p-p}$的变化明显，深度为10%的缺陷两个特征量仅是深度为80%缺陷的1%左右。

表4-2 不同深度缺陷对应的漏磁信号特征量

缺陷编号	缺陷深度(%)	B_{rp-p}/T	S_{rp-p}/(°)	$B_{\theta p-p}$/T	$DS_{\theta p-p}$/(°)
1	10	0.0044202	1.7250	0.0026053	1.5625
2	30	0.04424	1.6250	0.035483	1.5875
3	50	0.18173	1.5125	0.12341	1.675
4	60	0.24901	1.4875	0.16429	1.6375
5	80	0.40637	1.3500	0.25821	1.525

表4-2中所列1~5号的不同深度缺陷处的漏磁信号径向分量B_r如图4-22所示。

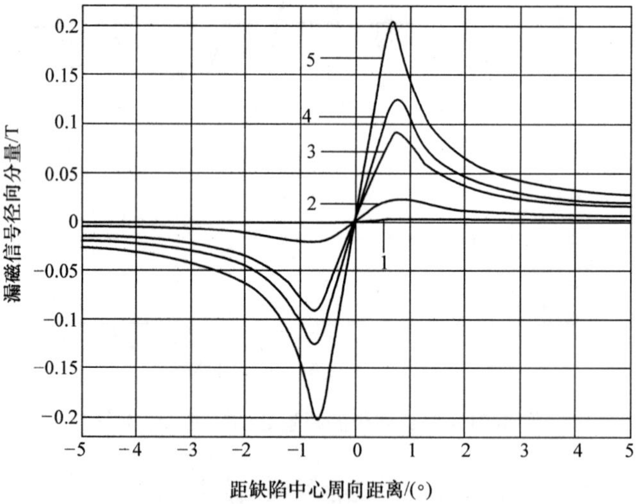

图4-22 不同深度缺陷处的漏磁信号径向分量B_r

由图4-22清晰可知，漏磁信号曲线的形状基本相同，漏磁信号径向分量B_r峰峰值随着缺陷深度的增加而逐渐增加。

表4-2中所列1~5号不同深度缺陷处的漏磁信号周向分量B_θ如图4-23所示。

由图4-23清晰可知，漏磁信号周向分量B_θ峰谷值随着缺陷深度的增加而明显增加，表示随着缺陷深度的增加，泄漏出的漏磁场增加。

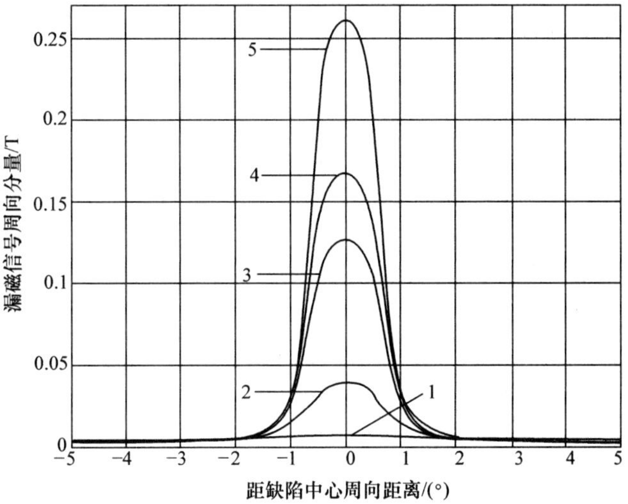

图 4-23　不同深度缺陷处的漏磁信号周向分量 B_θ

缺陷深度与漏磁信号径向分量 B_r 峰峰值 B_{rp-p} 的关系如图 4-24 所示。

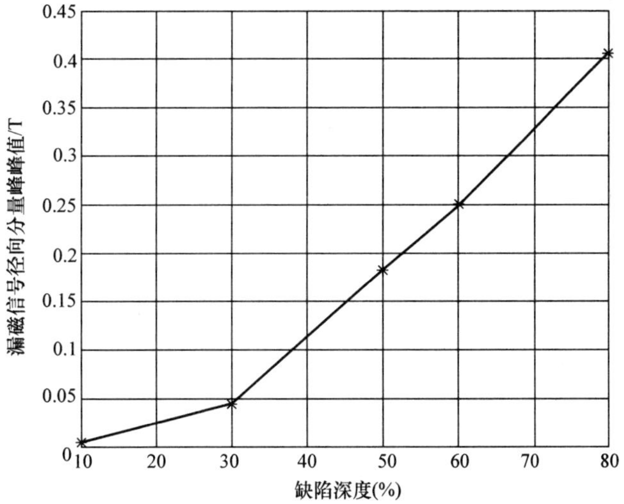

图 4-24　缺陷深度与 B_r 峰峰值 B_{rp-p} 的关系

从图 4-24 中可以看出，漏磁信号径向分量 B_r 峰峰值 B_{rp-p} 与缺陷深度成较好的正比例线性关系，随着缺陷深度的增加而增加。

缺陷深度与漏磁信号周向分量 B_θ 峰谷值 $B_{\theta p-p}$ 的关系如图 4-25 所示。

从图 4-25 中可以看出，漏磁信号周向分量 B_θ 峰谷值 $B_{\theta p-p}$ 与缺陷深度成较好的正比例线性关系，随着缺陷深度的增加而增加。

漏磁信号径向分量 B_r 峰峰值 B_{rp-p} 和漏磁信号周向分量 B_θ 峰谷值 $B_{\theta p-p}$ 均可很好地描述缺陷深度，故可作为评价缺陷深度的特征量。

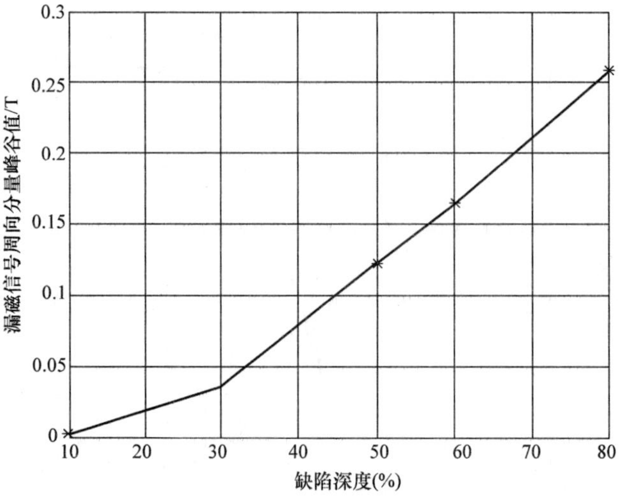

图 4-25 缺陷深度与 B_θ 峰谷值 $B_{\theta p-p}$ 的关系

4.3.4 缺陷周向宽度对漏磁信号的影响

取缺陷的深度、长度、磁化强度等条件相同，处在两个磁极中心，缺陷的宽度分别为 0.2°、0.5°、1°、1.5°和 2°，采用有限元法仿真研究缺陷宽度和漏磁信号之间的关系。不同宽度缺陷对应的缺陷漏磁信号特征量见表 4-3。

表 4-3 不同宽度缺陷对应的漏磁信号特征量

缺陷编号	缺陷宽度/(°)	B_{rp-p}/T	S_{rp-p}/(°)	$B_{\theta p-p}$/T	$DS_{\theta p-p}$/(°)
1	0.2	0.129	0.8125	0.10496	0.9
2	0.5	0.17225	1.0625	0.13052	1.15
3	1	0.18173	1.5125	0.12341	1.675
4	1.5	0.17358	2.000	0.10695	2.0875
5	2	0.16512	2.375	0.093043	2.55

由表 4-3 中信息可知，漏磁信号径向分量 B_r 峰峰间距 S_{rp-p} 和漏磁信号周向分量 B_θ 微分信号峰峰间距 $DS_{\theta p-p}$ 随缺陷宽度的变化而规律变化，这两个特征量可用于评价缺陷深度。

表 4-3 中所列 1 ~5 号不同宽度缺陷处的漏磁信号径向分量 B_r 如图 4-26 所示。

由图 4-26 可知，当缺陷宽度小于 1°（缺陷编号 3）时，漏磁信号径向分量 B_r 峰峰值随着缺陷宽度的增加而增加；当缺陷宽度大于 1°时，B_r 峰峰值随着缺陷宽度的增加而减小。二者不存在规律性的关系，故径向分量峰峰值不能作为评价缺陷宽度的特征量。径向分量 B_r 峰峰间距随缺陷宽度增加而明显增加，可用于评价缺陷宽度。

表 4-3 中所列 1 ~5 号不同宽度缺陷处的漏磁信号周向分量 B_θ 如图 4-27 所示。

由图 4-27 可知，宽度为 0.5°的缺陷（缺陷编号 2）的周向分量 B_θ 峰谷值大于宽度为 0.2°的缺陷（缺陷编号 1）的周向分量 B_θ 峰谷值；而当缺陷宽度大于 0.5°之后，周向分量 B_θ 峰谷值随着缺陷宽度的增加明显减小。二者不存在规律性的关系，周向分量峰谷值不能

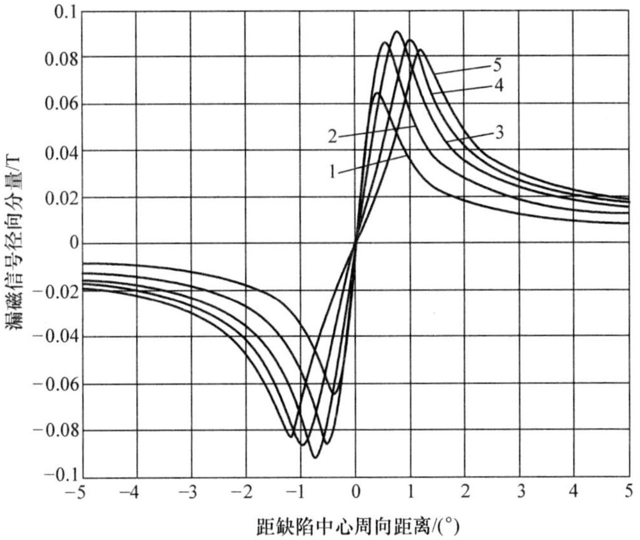

图 4-26　不同宽度缺陷处的漏磁信号径向分量 B_r

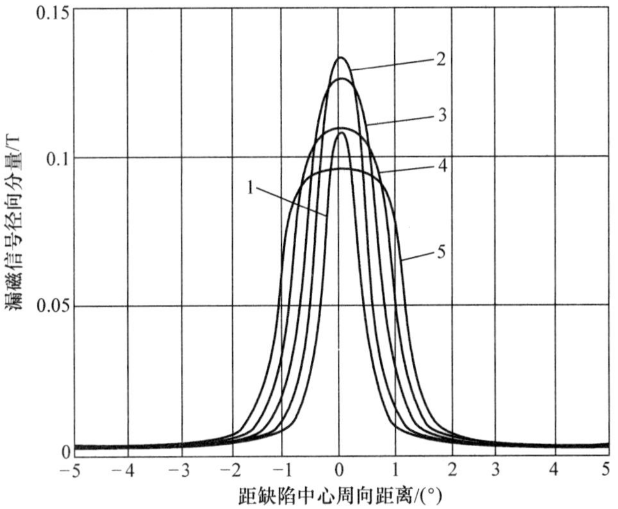

图 4-27　不同宽度缺陷处的漏磁信号周向分量 B_θ

作为评价缺陷宽度的特征量。

缺陷宽度与漏磁信号径向分量 B_r峰峰间距 S_{rp-p}的关系如图 4-28 所示。

从图 4-28 中可以看出，漏磁信号径向分量 B_r峰峰间距 S_{rp-p}与缺陷宽度成较好的正比例线性关系，随着缺陷宽度的增加而增加。

缺陷宽度与漏磁信号周向分量 B_θ 微分信号峰峰间距 $DS_{\theta p-p}$的关系如图 4-29 所示。

从图 4-29 中可以看出，漏磁信号周向分量 B_θ 微分信号峰峰间距 $DS_{\theta p-p}$与缺陷宽度成较好的正比例线性关系，随着缺陷宽度的增加而增加。

漏磁信号径向分量 B_r峰峰间距 S_{rp-p}和周向分量 B_θ 微分信号峰峰间距 $DS_{\theta p-p}$均可很好地描述缺陷宽度，故可作为评价缺陷宽度的特征量。

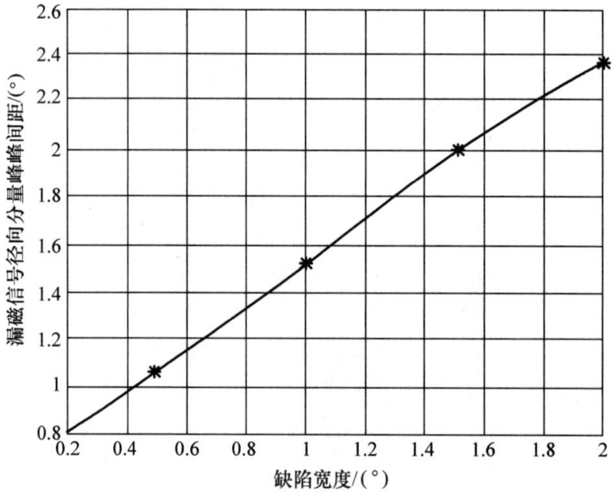

图 4-28 缺陷宽度与 B_r 峰峰间距 S_{rp-p} 的关系

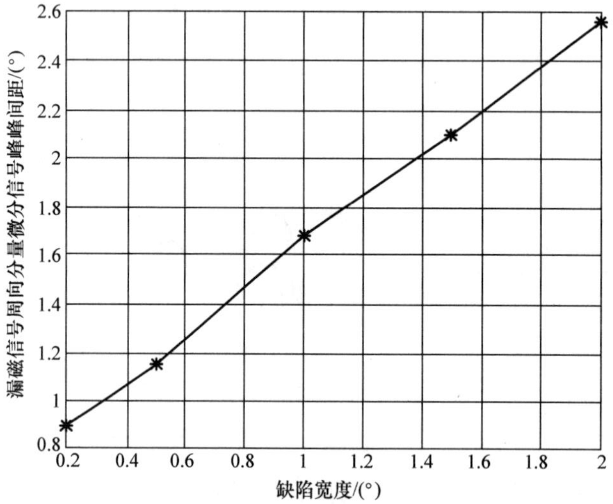

图 4-29 缺陷宽度与 B_θ 微分信号峰峰间距 $DS_{\theta p-p}$ 的关系

4.3.5 缺陷轴向长度对漏磁信号的影响

取缺陷的宽度、深度、磁化强度等条件相同，处在两个磁极中心，缺陷的长度分别为500mm、400mm、300mm、200mm、100mm 和 50mm，采用有限元法仿真研究缺陷深度和漏磁信号之间的关系。不同长度缺陷对应的漏磁信号特征量见表 4-4。

表 4-4 不同长度缺陷对应的漏磁信号特征量

缺陷编号	缺陷长度/mm	B_{rp-p}/T	S_{rp-p}/(°)	$B_{\theta p-p}$/T	$DS_{\theta p-p}$/(°)
1	500	0. 30544	2. 1625	0. 19659	2. 6625
2	400	0. 25799	2. 1625	0. 16653	2. 6625
3	300	0. 1524	2. 1625	0. 097784	2. 6625
4	200	0. 12911	2. 1125	0. 086855	2. 6625
5	100	0. 066238	2. 4625	0. 04292	2. 6625
6	50	0. 015974	2. 3725	0. 009431	2. 5625

由表 4-4 中信息可知，除长度 50mm 的缺陷之外，漏磁信号径向分量 B_r 峰峰间距 S_{rp-p} 和周向分量 B_θ 微分信号峰峰间距 $DS_{\theta p-p}$ 基本不随缺陷长度的变化而变化，而漏磁信号径向分量 B_r 峰峰值 B_{rp-p} 和周向分量 B_θ 峰谷值 $B_{\theta p-p}$ 的变化较为明显。

表 4-4 中所列 1 ~ 6 号不同长度缺陷处的漏磁信号径向分量 B_r 如图 4-30 所示。

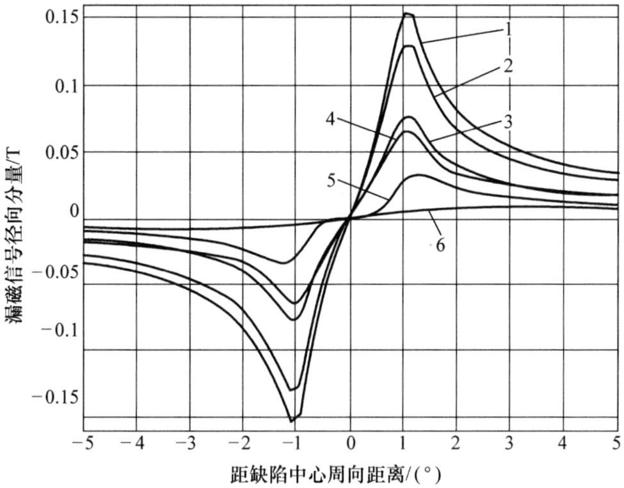

图 4-30　不同长度缺陷处的漏磁信号径向分量 B_r

表 4-4 中所列 1 ~ 6 号不同长度缺陷处的漏磁信号周向分量 B_θ 如图 4-31 所示。

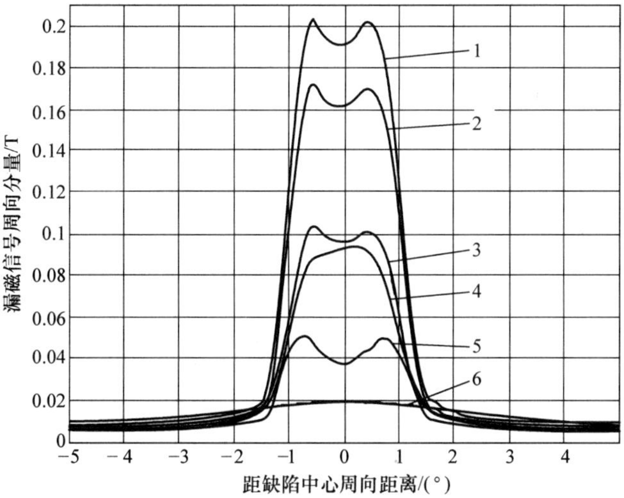

图 4-31　不同长度缺陷处的漏磁信号周向分量 B_θ

由图 4-30 和图 4-31 可知，漏磁信号曲线的形状基本相同，漏磁信号径向分量 B_r 峰峰值随着缺陷长度的增加而逐渐增加，漏磁信号周向分量 B_θ 峰谷值随着缺陷长度的增加而明显增加，随着缺陷长度的增加，泄漏出的漏磁场增多。

缺陷长度与漏磁信号径向分量 B_r 峰峰值 B_{rp-p} 的关系如图 4-32 所示。

缺陷长度与漏磁信号周向分量 B_θ 峰谷值 $B_{\theta p-p}$ 的关系如图 4-33 所示。

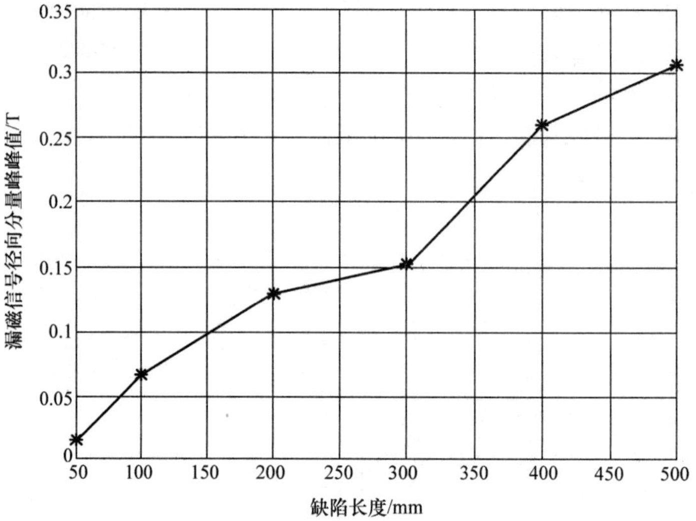

图 4-32 缺陷长度与 B_r 峰峰值 B_{rp-p} 的关系

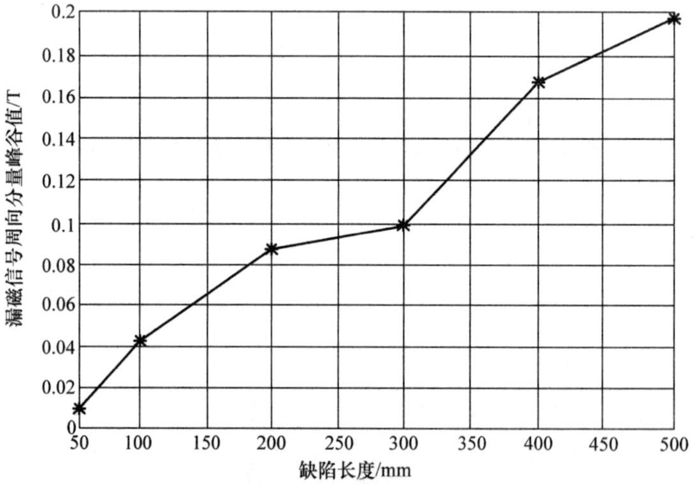

图 4-33 缺陷长度与 B_θ 峰谷值 $B_{\theta p-p}$ 的关系

从图 4-32 和图 4-33 中可以看出，漏磁信号径向分量 B_r 峰峰值 B_{rp-p} 和漏磁信号周向分量 B_θ 峰谷值 $B_{\theta p-p}$ 均与缺陷长度成近似线性关系，随着缺陷长度的增加而增加。因此，漏磁信号径向分量 B_r 峰峰值 B_{rp-p} 和漏磁信号周向分量 B_θ 峰谷值 $B_{\theta p-p}$ 均可作为定性评价缺陷长度的特征量。

4.4 缺陷参数定量化研究

根据测量得到的漏磁信号来量化缺陷的尺寸，一直是漏磁检测研究的难点。缺陷参数对漏磁信号不同特征量存在影响，可同时选取径向分量 B_r 峰峰值 B_{rp-p}、B_r 峰峰间距 S_{rp-p}、周向分量 B_θ 峰谷值 $B_{\theta p-p}$ 和 B_θ 微分信号峰峰间距 $DS_{\theta p-p}$ 作为量化缺陷的特征量，利用多元回归分析实现缺陷参数的定量化。

4.4.1　多元回归分析理论

多元线性回归的数学表达形式为

$$y=\beta_0+\beta_1 f_1(x)+\beta_2 f_2(x)+\cdots+\beta_m f_m(x) \tag{4-10}$$

式中，$m\geqslant 2$；$f_j(x)$为已知函数，其中$j=1$，2，…，m，$x=\{x_1,x_2,\cdots,x_m\}$。

这里y对回归系数$\beta=\{\beta_1,\beta_2,\cdots,\beta_m\}$是线性的。

对自变量做变量代换，把式（4-10）化为如下标准形式：

$$y=\beta_0+\beta_1 x_1+\beta_2 x_2+\cdots+\beta_m x_m \tag{4-11}$$

用最小二乘法估计式（4-11）中的参数β。由式（4-11）得这组数据的误差平方和为

$$Q(\beta)=\sum_{i=1}^{n}\varepsilon_i^2=(\boldsymbol{Y}-\beta\boldsymbol{X})^{\mathrm{T}}(\boldsymbol{Y}-\beta\boldsymbol{X}) \tag{4-12}$$

求β使$Q(\beta)$最小，得到β的最小二乘估计，记作$\hat{\beta}$，推出：

$$\hat{\beta}=(\boldsymbol{X}^{\mathrm{T}}\boldsymbol{X})^{-1}\boldsymbol{X}^{\mathrm{T}}\boldsymbol{Y} \tag{4-13}$$

将β代回原模型，得到y的估计值为

$$\hat{y}=\hat{\beta}_0+\hat{\beta}_1 x_1+\hat{\beta}_2 x_2+\cdots+\hat{\beta}_m x_m \tag{4-14}$$

而这组数据的拟合值为$\hat{\boldsymbol{Y}}=\hat{\beta}\boldsymbol{X}$，拟合误差$e=\boldsymbol{Y}-\hat{\boldsymbol{Y}}$称为残差，可作为随机误差$\varepsilon$的估计，而$Q=\sum_{i=1}^{n}e_i^2=\sum_{i=1}^{n}(y_i-\hat{y}_i)^2$为残差平方和（或剩余平方和），即$Q(\hat{\beta})$。

4.4.2　缺陷宽度的量化

综合前述漏磁信号影响因素分析，漏磁信号径向分量B_r峰峰间距$S_{\mathrm{rp-p}}$和周向分量B_θ微分信号峰峰间距$DS_{\theta\mathrm{p-p}}$只受缺陷宽度的影响，因此这两个特征量可以实现缺陷宽度的量化。利用表 4-3 数据对缺陷宽度进行回归分析，B_r峰峰间距$S_{\mathrm{rp-p}}$和B_θ微分信号峰峰间距$DS_{\theta\mathrm{p-p}}$均可很好地描述缺陷宽度。回归模型采用如下二元回归模型：

$$w=\beta_0+\beta_1 S_{\mathrm{rp-p}}+\beta_2 DS_{\theta\mathrm{p-p}} \tag{4-15}$$

利用式（4-13）计算得：$\beta_0=-0.7478$，$\beta_1=0.5149$，$\beta_2=0.591$。

残差$e=$（0.0179　−0.0157　−0.0209　0.0211　−0.0024），由以上数据可知此模型是成立的。所以缺陷宽度与漏磁信号径向分量B_r峰峰间距$S_{\mathrm{rp-p}}$和周向分量B_θ微分信号峰峰间距$DS_{\theta\mathrm{p-p}}$的关系为

$$w=-0.7478+0.5149S_{\mathrm{rp-p}}+0.591DS_{\theta\mathrm{p-p}} \tag{4-16}$$

4.4.3　缺陷长度的量化

综合前述漏磁信号影响因素分析，缺陷长度的变化引起漏磁信号径向分量B_r峰峰值$B_{\mathrm{rp-p}}$和周向分量B_θ峰谷值$B_{\theta\mathrm{p-p}}$的变化，漏磁信号径向分量B_r峰峰值$B_{\mathrm{rp-p}}$和周向分量B_θ峰谷值$B_{\theta\mathrm{p-p}}$可用于评价缺陷长度。但由于缺陷宽度、深度对这两个特征量均有不同程度的影响，因此它们无法作为评价缺陷长度的独立特征量。

由周向励磁检测特点可知，周向励磁是分析不同传感器在同一时刻的漏磁通磁感应强度

变化，进而分析缺陷特性，缺陷的长度可由漏磁信号变化区域覆盖单一传感器的时间（里程）长短来进行推断。

设检测装置运行速度为v(单位：m/s)，采样频率为f(单位：Hz)，漏磁信号变化区域覆盖的采样点数为n，则缺陷长度l（单位：m）可由式（4-17）估计：

$$l=\frac{n}{f}v \tag{4-17}$$

4.4.4 缺陷深度的量化

综合前述漏磁信号影响因素分析，缺陷深度的变化引起漏磁信号径向分量B_r峰峰值B_{rp-p}和周向分量B_θ峰谷值$B_{\theta p-p}$的变化，漏磁信号径向分量B_r峰峰值B_{rp-p}和周向分量B_θ峰谷值$B_{\theta p-p}$可用于评价缺陷深度。利用表4-2数据对缺陷深度进行回归分析，漏磁信号径向分量B_r峰峰值B_{rp-p}和周向分量B_θ峰谷值$B_{\theta p-p}$均可很好地描述缺陷深度。回归模型采用如下二元回归模型：

$$d=\beta_0+\beta_1 B_{rp-p}+\beta_2 B_{\theta p-p} \tag{4-18}$$

利用式（4-13）计算得：$\beta_0=0.1041$，$\beta_1=-6.7696$，$\beta_2=13.3149$。

残差$e=(-0.0088\quad 0.0230\quad -0.0170\quad -0.0059\quad 0.0088)$，由以上数据可知此模型是成立的。所以缺陷深度与漏磁信号径向分量B_r峰峰值B_{rp-p}和B_θ峰谷值$B_{\theta p-p}$的关系为

$$d=0.1041-6.7696B_{rp-p}+13.3149B_{\theta p-p} \tag{4-19}$$

但由于缺陷宽度、长度对漏磁信号径向分量B_r峰峰值B_{rp-p}和周向分量B_θ峰谷值$B_{\theta p-p}$均有不同程度的影响，所以单纯靠这两个特征量确定缺陷深度是不准确的，必须同时利用以上求出的缺陷长度和宽度对这两个特征量进行修正。

第 5 章　管道磁记忆应力内检测技术

应力集中是造成管道突发性事故的重要原因，在国内外管道行业受到广泛关注。磁记忆方法作为一种新兴的无损检测技术，利用应力与地磁场的磁力学关系，可以很好地判断出铁磁性金属构件的应力集中区域；并且该种方法与传统的漏磁检测技术相似，是利用应力集中区域天然的磁化信息来实现应力检测的，在管道内检测领域具有很好的应用前景。本章主要介绍固体量子力学基本原理、密度泛函理论及第一性原理计算方法等，为管道金属磁记忆应力内检测技术提供理论基础。

5.1　力－磁耦合模型的建立

铁磁性材料体心立方晶体结构的磁特性受外力的影响较大，面心立方和六角结构的磁特性几乎不受外力影响。金属磁记忆应力检测技术主要应用于钢铁构件的应力检测，下面以 *bcc* 结构 Fe(α－Fe)为初始研究对象，研究磁记忆效应机理。α－Fe 单原胞体心立方结构模型如图 5-1 所示，体心处的原子为一个原胞所有，顶角处原子为 8 个原胞共有，所以单原胞中共有 2 个电子。

由于工程应用的钢铁材料中掺有少量 C、Si、Mn 等元素来改变钢铁构件的力学性能，这些元素对材料的磁特性会产生不同程度的影响，所以金属磁记忆效应的力－磁耦合模型是在单原胞的 *a*、*b*、*c* 三个基矢方向上分别扩展 1 个单位而得到的 $2\times2\times2$ 超原胞结构，共包含 16 个原子，如图 5-2 所示，掺杂的 C、Si、Mn 原子位于超原胞的中心，替代 1 个 Fe 原子，实际的掺杂比例为 6.25%。

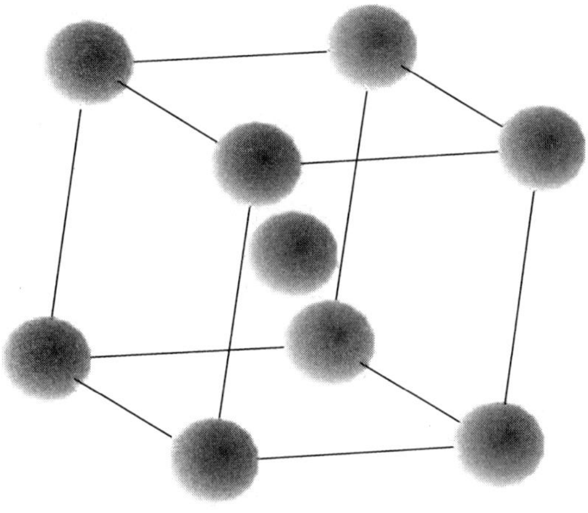
图 5-1　α－Fe 的单原胞体立方结构

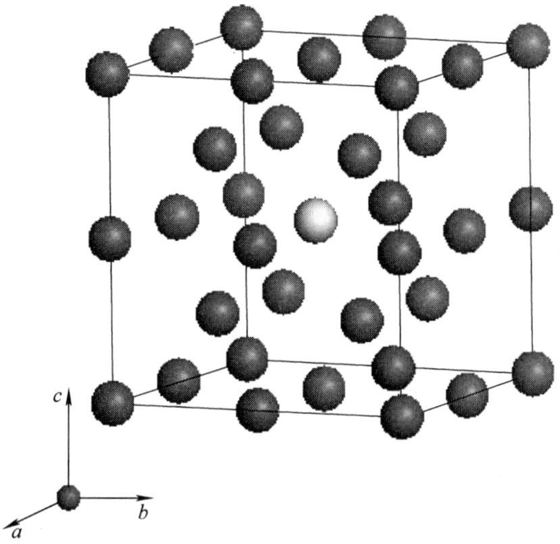

图 5-2　包含掺杂原子的 α－Fe（$2\times2\times2$）超原胞结构

5.2 力 - 磁耦合关系的计算

5.2.1 力 - 磁耦合关系的计算方法

以 α - Fe 为初始研究对象，其空间群为 $I-m\bar{3}m$，计算磁性参量时考虑自旋极化。采用基于密度泛函理论的赝势平面波法时，平面波基函数的截止能取 400eV，布里渊区积分采用 Monkhorst_pack 方法，用 16 × 16 × 16 的 k 点抽样对应简约布里渊区含 576 个 k 点。这种选择使得由布里渊区数值积分及平面波基函数的截断这两项数值计算误差满足所设定的能量误差要求（0.01eV/atom）。采用广义梯度近似（generalized gradient approximation，GGA）法和局域密度近似（local density approximation，LDA）法处理交换关联势能，并比较两种方法的计算准确程度，由此计算磁记忆效应的力 - 磁耦合关系。

5.2.2 力 - 磁耦合关系基态特性计算

原子内的原子磁矩来源于未满壳层的电子自旋，电子轨道运动处于基态，对磁性没有贡献。Fe 属于 3d 过渡金属，每个原子由 3d 壳层引起的固有磁矩在相邻原子间量子力的相互作用下趋于平行排列，从而体现很好的铁磁性。模型基态能带结构如图 5-3 所示，在费米面附近不存在禁带区间，为典型的金属型物质。由于多数自旋电子和少数自旋电子占据着不同的能量状态，具有不同的空间波函数，造成它们所处能带的能级发生相对位移，一个能带的费米能级上升，形成主能带，另一个能带的费米能级下降，形成副能带，其形状对过渡金属的磁性能有着重要的影响。

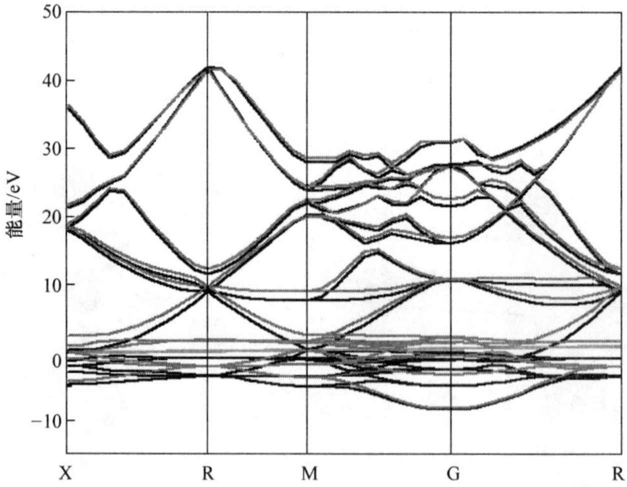

图 5-3 模型基态能带结构

在自旋极化体系中，体系磁矩随压力的变化与微观结构的改变密切相关，两种自旋电子的态密度之和为总态密度，两者态密度之差为自旋态密度（spin density of states，SDOS）。自旋态密度是影响材料磁性的关键因素。电子态密度分布如图 5-4 所示。其中，图 5-4a 所示为两种自旋电子总的态密度分布，费米能级附近 SDOS 分布具有很大的劈裂，说明 Fe 显示出很好的铁磁性；图 5-4b、图 5-4c、图 5-4d 所示分别为 d 轨道、s 轨道、p 轨道电子的分波态密度分布，可以看出 d 轨道电子在费米面附近的分波态密度分布与体系的自旋态密度分布相似，费米能级附近 SDOS 分布劈裂较大且峰值很大，说明 d 轨道电子对体系磁特性有着重要的贡献；而 s 轨道电子在 −7 ~ −3eV 附近和 9 ~ 12eV 附近的 SDOS 分布出现较小劈裂和很小峰值，说明 s 轨道电子只有在这两个能量区间内对系统磁性有较小的贡献；同理，p 轨道电子在 −4 ~ −2eV 附近和 10 ~ 22eV 附近对系统磁性有微弱的贡献。

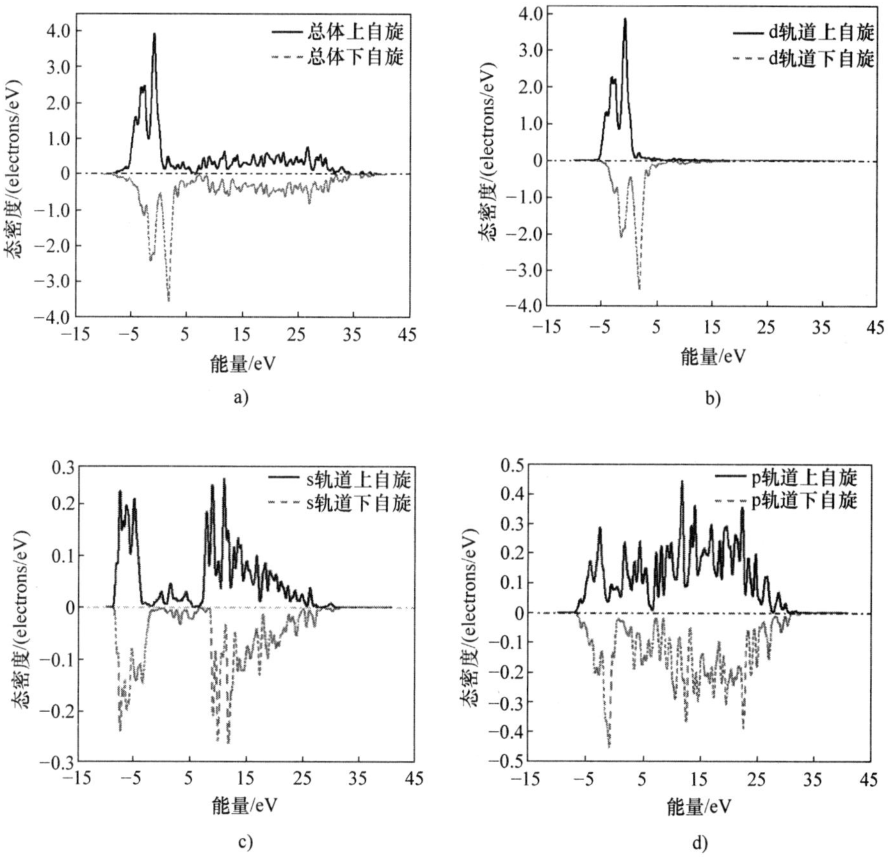

图 5-4　态密度分布

a）自旋态密度分布　b）d 轨道电子分波态密度分布

c）s 轨道电子分波态密度分布　d）p 轨道电子分波态密度分布

5.2.3　计算结果与讨论

根据量子力学理论，力 − 磁耦合体系必须满足能量最小化原则，这样系统才能处于稳定状态，电子态密度分布情况才能正确反映力对原子磁矩的影响。如图 5-5 所示，体系计算过程是收敛的，说明对交换关联能 $E_{xc}[\rho(\boldsymbol{r})]$ 采用的近似算法和对电子波函数采用的平面波赝势展开法是合理的，即求解出的 $\rho(\boldsymbol{r})$ 是体系正确的密度分布，$E[\rho(\boldsymbol{r})]$ 是最低的能量。在磁记忆检测模型计算中，模型的优化结果收敛只能说明该模型满足单电子方程的自洽运算。

要证明模型建立的正确性，还需要与量子力学相关实验数据及同类模型的基态计算结果进行比较。

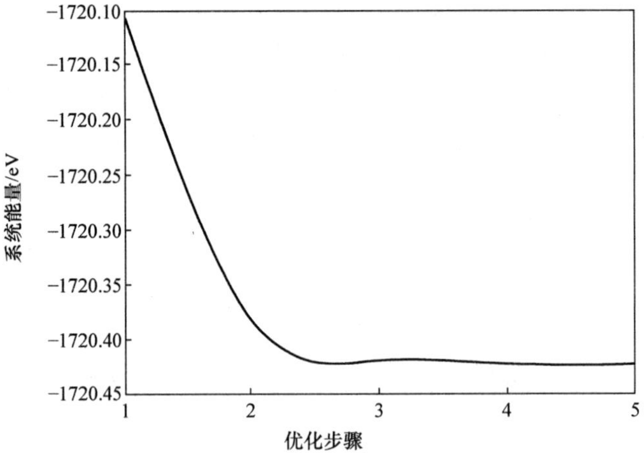

图 5-5 模型优化

在设定能量计算精度为 0.01eV/atom 后，首先计算模型的平衡态性质，计算结果见表 5-1，理论计算值与量子力学实验值很好地符合，并且与他人的理论计算结果具有很好的一致性。可以看出 GGA 法计算的晶格常数、原胞体积和原子磁矩与实验值更为接近，这是由于 GGA 法大大地修正了在低电荷密度区域的指数公式形式，引入了与电荷梯度的相关性。所以本书中用 GGA 法来计算磁记忆效应的磁力学关系。

表 5-1 第一性原理计算结果的比较

Fe（bcc）	实验值	作者的理论计算值	他人的理论计算值
晶格常数/Å①	2.810	2.813^{GGA}，2.736^{LDA}	2.866
原胞体积/$Å^3$	11.78	11.13^{GGA}，10.24^{LDA}	11.55
原子磁矩（μ_B/atom）	2.21	2.17^{GGA}，2.02^{LDA}	2.15

① $1Å = 10^{-10}m$。

为研究外力作用对原子磁矩的影响，在图 5-2 所示的超晶胞上施加流水静压力。表 5-2 给出了不同压力下 bcc 结构的晶格参数值，随着压力的增大，晶格常数与原子体积呈减小趋势，原子体积与压力的关系如图 5-6 所示。从图 5-6 曲线可以看出，这种趋势近似呈线性。即晶格参数随外界压力的增加而线性减小。压力增加导致晶体结构趋于密堆积，这种趋势在物理上是合理的。

表 5-2 晶格结构与压强关系

p/MPa	0	5	10	15	20	25
晶格常数/ Å	2.81316	2.81314	2.81311	2.81309	2.81307	2.81304
原子体积/ $Å^3$	11.1315	11.1312	11.1310	11.1307	11.1305	11.1302

不同压力作用下，电子总态密度的分布情况如图 5-7 所示，随着压力增加，费米能级附近电子总态密度分布曲线峰值减小，高能带区的峰值变化较为明显。态密度分布变化明显，

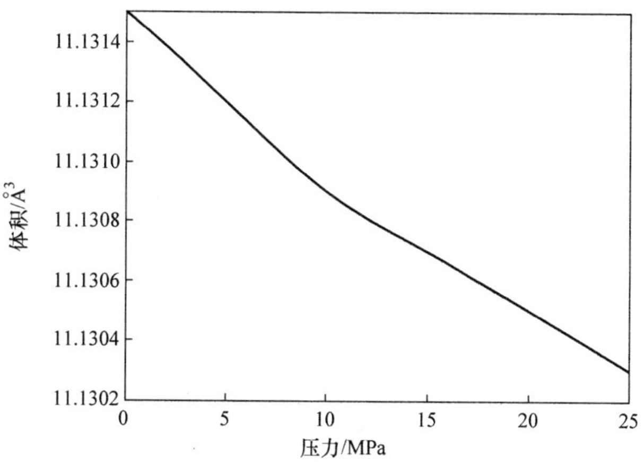

图 5-6　原子体积与压力的关系

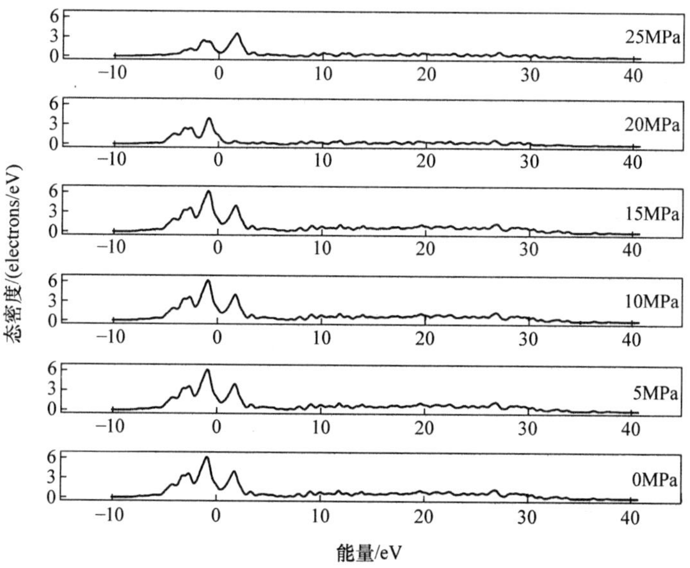

图 5-7　不同压力下的态密度分布

说明随压力增加，系统磁性减弱。

为进一步研究金属磁记忆效应的力－磁耦合关系，对体系晶格在被压缩和被拉伸时的磁性进行计算。这种计算实际上考虑了原子间波函数交叠程度在增加或减少的情况。从表 5-3 的计算结果中可以看出，压缩作用导致晶体结构趋于密堆积，原子磁矩随晶格常数的减小而线性减小，若外界压缩作用达到一定临界值时，材料铁磁性就会消失，这是由于原子间波函数强烈的交叠而使磁性消失的。相反，在拉伸作用下，原子磁矩随晶格常数的增加而线性增加，当晶格常数足够大时，由洪德定则可知，原子磁矩最后会趋向于一个极值，这时相当于 Fe 原子间的键被拉断。计算结果表明，晶格畸变是导致材料磁特性变化和磁记忆信号产生的基础。

由于 Fe 是磁性各向异性晶体，不同晶向上的磁性有所区别。在工程实践中，检测区域以拉应力为主时，晶格常数与平衡状态相比至少在某一晶向上有一定程度的增加，因此可以认为 Fe 原子磁矩将在一定程度上变大，Fe 的磁特性将会增强；相反，以压应力为主时，晶格常数与平衡状态相比至少在某一晶向上有一定程度的减小，Fe 原子磁矩在一定程度上减小，Fe 的磁性将会减弱。根据理论计算结果可以明确判断应力集中区域的应力集中形式。

表 5-3 晶格被压缩和被拉伸时原子磁矩的变化

压力/MPa	压缩		拉伸	
	晶格常数/Å	原子磁矩/(μ_B/atom)	晶格常数/Å	原子磁矩/(μ_B/atom)
0	2.81316	2.17204	2.81316	2.17204
5	2.81301	2.17175	2.81331	2.17233
10	2.81286	2.17145	2.81347	2.17262
15	2.81270	2.17111	2.81361	2.17289
20	2.81255	2.17088	2.81376	2.17318
25	2.81240	2.17059	2.81392	2.17347

5.3 磁记忆效应影响因素的研究

5.3.1 掺杂效应的影响

钢铁构件中少量的 C、Si、Mn 原子以间隙式或者替位式掺杂在 Fe 原子的晶体结构中，见表 5-4。从表 5-4 中可以看出，Mn 原子替位 Fe 原子以后，原胞的体积有所增大，但是 Si、C 的替位则导致原胞体积减小。这种现象是由替位原子的半径与 Fe 原子半径相对大小不同造成的。Mn 原子半径比 Fe 原子半径略大；而 Si、C 原子半径相对比 Fe 原子半径要小。可见，掺杂元素对 Fe 原胞的结构产生影响，进而对材料的磁特性产生影响。

表 5-4 掺杂体系的体积变化

体系	超原胞体积 V/Å^3	体积变化(%)
Fe	178.1	—
Fe - Mn	179.4	0.7
Fe - Si	175.8	-1.3
Fe - C	169.2	-5.3

相同条件下，不同的掺杂元素对 Fe 体系的能带结构产生不同的影响，掺杂前后体系能带结构如图 5-8 所示。

从图 5-8a、b 中可以看出，Mn 元素的掺杂体系与纯 Fe 体系的能带结构非常相似，自旋向上与自旋向下的能带明显错开，说明其具有明显的磁性。Fe 和 Mn 这两种过渡金属的 3d 电子已经非常局域化，其导电性和磁特性只与 3d 和 4s 轨道中的电子有关，内层电子不参与原子间的成键作用，但是 Mn 的结合能比 Fe 略大，当 Fe 和 Mn 结合在一起时，可能会出现短程有序的固溶体，所以 Mn 掺杂到 Fe 中后，费米面附近导带和价带更加重合。在图 5-8c 和图 5-8d 中，Si、C 元素置换 Fe 原子后导带和价带在费米面附近完全重合，即置换后 Fe 显示半金属结构，这是由于非金属元素 C、Si 置换固溶于 Fe 所致。从 Mn、Si、C 掺杂前后 Fe 的能带结构中可以看出，费米能级附近的能带结构类似，说明掺杂前后费米能级附近态密度的分布具有相似性，替位前后体系的磁性相似。因此，可以判断少量掺杂元素对铁磁构件的磁特性会产生影响，但是对磁记忆信号特征不会产生主要影响。

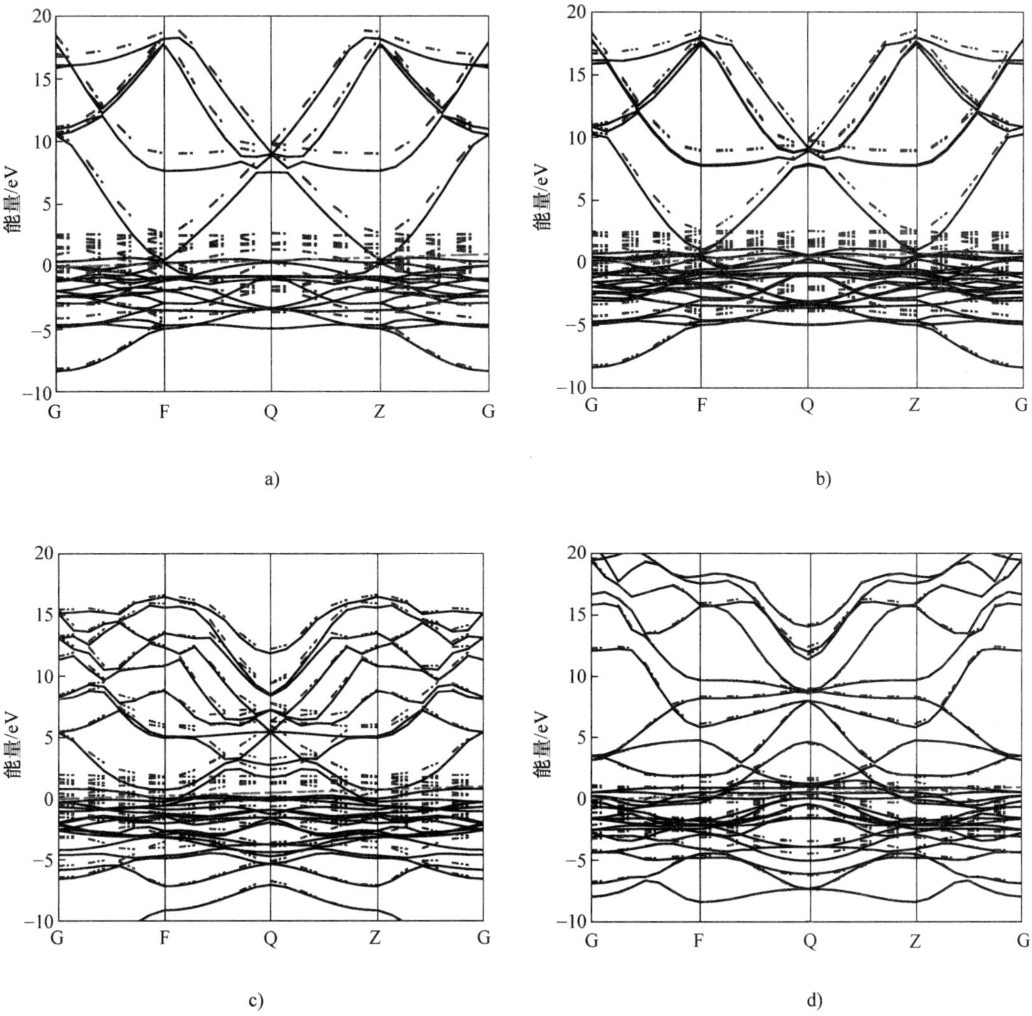

图 5-8　能带结构

a) Fe　b) Fe－Mn　c) Fe－Si　d) Fe－C

5.3.2　晶格畸变的影响

在实际工程中，材料在不同方向的作用力下会产生不同方向上的晶格畸变，因此对材料磁特性的影响也不同。原子磁矩与压力的关系如图 5-9 所示。为研究晶格各向同性畸变和各向异性畸变对磁记忆信号的影响，对图 5-9 所示的超原胞分别加正压力和流水静压力，在不同的压力下，晶格机构的变化不同，所以对原子磁矩的影响也不同。

从图 5-9 可以看出，在正压力作用下，原子磁矩和压力都呈近似线性变化。但是，原子磁矩的减小幅度比流水静压力作用下的要小。晶格常数和原子体积在不同的压力作用下，变化的幅度不同，晶格常数和原子体积越小，原子磁矩就越小。正压力仅仅作用于一个主晶向，晶格结构主要在主晶向上发生变化；而流水静压力同时作用于各个晶向，晶格结构在各个晶向上都发生变化。因此，流水静压力造成的晶格畸变对原子磁矩的影响更大一些。

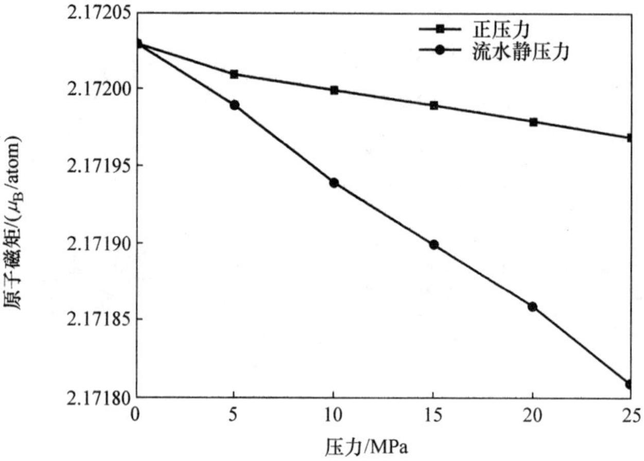

图 5-9　原子磁矩与压力关系

5.3.3　外界磁场作用的影响

磁记忆检测技术可在地磁场环境下检测应力集中区域的漏磁信号，研究地磁环境是否是磁记忆自发漏磁信号产生的必要条件，以及外界磁场环境是否会使磁记忆信号消失，从而在力与原子磁矩理论计算结果的基础上，研究外界磁场对磁记忆信号的影响。根据 Stoner 判据，体系的磁化强度为

$$M = N\mu_B[\rho_\uparrow(E) - \rho_\downarrow(E)] \tag{5-1}$$

式中，N 为电子数；μ_B 为原子磁矩。

在地磁环境下，磁记忆信号可以表示为

$$B = B_0 + B_1 \tag{5-2}$$

式中，地磁场产生的磁感应强度 $B_0 = \mu_0 H$；固体自身的磁感应强度 $B_1 = \mu_0 M$。

所以有

$$B = \mu_0(H + M) = \mu_0\{H + N\mu_B[\rho_\uparrow(E) - \rho_\downarrow(E)]\} \tag{5-3}$$

由式（5-3）可以判断，地磁环境下，被测构件局部应力集中将导致该区域晶格结构发生变化，进而导致构件磁特性的区域性变化，这样，应力集中区域表面的磁信号发生变化。其中，外界磁场会影响磁记忆信号的分布，但不是磁记忆信号产生的必要条件。

第 6 章　漏磁内检测器速度控制技术

以漏磁检测为原理的输气管道内检测器依靠输气管道内气体的推动而运行，自身并不提供动力。内检测器运行控制系统由皮碗、泄流阀以及速度控制器构成。皮碗位于内检测器外沿，紧贴管道内壁，气体推动皮碗为整个内检测器运行提供动力。内检测器的理想运行速度为 0 ~ 5m/s，超出这个速度范围将直接影响管道的检测精度。有效地控制内检测器的运行速度是管道检测成功与否的关键。

在实际工程应用中，主要有两种方法用于调节内检测器的速度。第一种方法是通过内检测器上的旁路泄流来进行调节。泄流调节主要是通过改变内检测器泄流面积，调整内检测器前后压差，进而调整内检测器受力大小，实现内检测器运行速度的调节。第二种方法是通过改变输气管道两端加压站的运行压力参数来进行调节。由于第一种方法是依据实时速度改变泄流面积，再通过改变泄流面积调节内检测器运行速度，构成了一个闭环反馈控制回路，因而可操作性强。该种控制速度的方法被内检测器厂家广泛使用。

传统的速度控制思路是通过里程轮检测内检测器的运行速度，通过内检测器泄流阀控制泄流面积进而控制运行速度。当内检测器运行速度过快时，增大内检测器泄流面积。由于输气管道依地形建造，随地势蜿蜒起伏，运行在不同类型管道中的内检测器遇到的阻力各不相同。在检测过程中，内检测器容易出现轻微卡堵现象。由于输气管道输入端气体持续输入，当发生卡堵之后，内检测器后面的气体压力逐渐增大。当内检测器前后压力差所形成的动力大于阻力时，内检测器通过管道卡堵段并迅速起动。在起动的过程中，由于内检测器的加速度值较大，检测速度的里程轮打滑失效，内检测器将无法有效地控制自身的运行速度。

针对上述现象，在内检测器上安装加速度计与倾角传感器，并将加速度计与倾角传感器的输出信号代入到内检测器速度反馈控制回路中。同时将不同类型管道上的加速度与速度控制系统转换一致，消除反馈控制量的差异，使得内检测器在不同类型的管道上运行时，具有统一的速度控制方法。

6.1　气体管道的结构特点

输气管道通常随地势铺设而成。在平地与坡路区域采用直管道铺设，二者的连接处采用曲线形管道连接。因此，气体输气管道的基本构成为：

平直线段 + 曲线段 + 坡道段 + 曲线段 + 竖直线段 + 曲线段 + 平直线段。

水平蜿蜒的输气管道，同样采用直管道及直管道之间用曲线形管道连接。考虑到曲线形管道在整个线路中所占比例极小，忽略此部分对速度的影响。以内检测器运行为模型的输气管道可简化为由水平直管道、坡道上升、垂直上升、坡道下降、垂直下降这几种类型的管道构成。由于有上坡和下坡两种状况的出现，输气管道如图 6-1 所

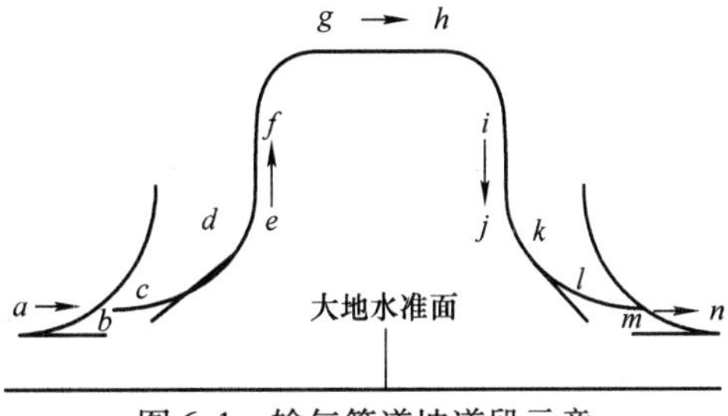

图 6-1　输气管道坡道段示意

示：*ab* 段、*gh* 段、*mn* 段为水平直线段；*ef* 段、*ij* 段为垂直线段；*cd* 段、*kl* 段为坡道段；*bc* 段、*de* 段、*fg* 段、*hi* 段、*jk* 段、*lm* 段为曲线形竖曲线段。内检测器的运行方向如图 6-1 中的箭头所示。

6.2 内检测器与加速度计

输气管道内检测器由多节构成，节与节之间通过万向节相连。如果能够控制单节内检测器的速度，就同样可以控制彼此相连的多节内检测器的速度。因此单节内检测器速度控制问题的研究是控制整个内检测器运行速度的关键。单节内检测器的结构如图 6-2 所示。永磁体位于前端，对所查管道励磁并使之处于磁饱和状态。漏磁感应器位于中后端，采集管道剩磁分布以确定管道状态。皮碗为聚氨酯材料，位于内检测器外沿并紧贴管道内壁，其盈余量通常为管壁厚的 1.5 ~ 2 倍，为内检测器在管道中运行提供动力。泄流通道位于内检测器中央，通过泄流阀改变泄流面积来调整内检测器的受力状况，进而调节内检测器的运行速度。

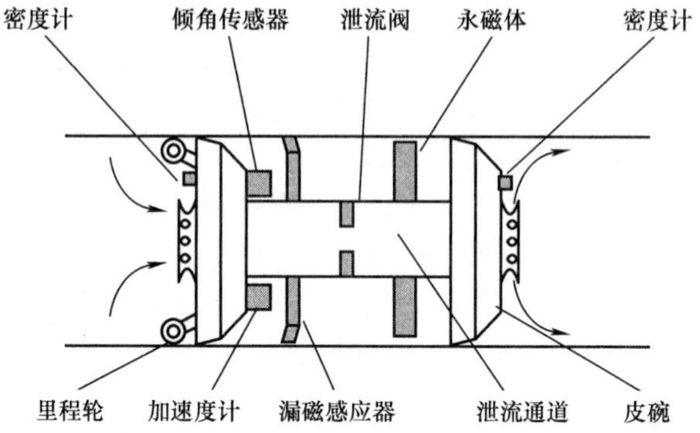

图 6-2 单节内检测器的结构

在输气管道检测过程中，内检测器在前后压力 p_f、p_b 与管壁的摩擦阻力 F_f 以及自身重力 G 的共同作用下运行，完成管道的扫描工作。

正常工作情况下，通过计算单位时间内里程轮的行走距离可以获得内检测器运行速度值，并将其作为内检测器速度控制器的输入信号。通过调整泄流阀的开启程度，使内检测器运行速度趋近于理想的检测速度。在非正常情况下，内检测器在输气管道中会出现轻微卡堵后急加速的现象，里程轮通常会出现打滑现象而采集不到实时速度，内检测器也就会失去对速度的控制。此时将加速度值作为速度控制器的输入信号，可有效地避免失去速度控制现象的发生。目前常见的加速度计类型有压电型、压阻型、电容型等。考虑到加速度计的频率响应特性和电气特性，选用单轴式压阻型，响应频率为 0 ~ 3000Hz，灵敏度为 2000 ~ 10mV/g 的加速度计，并将其安装到内检测器内部，检测方向与内检测器前进方向一致。内检测器速度控制中，姿态角度通常作为控制模型中的参数。选用测量范围为 0° ~ 180°，精度为 0.1°，响应时间为 0.2s 的单轴倾角传感器，实时监测内检测器前进方向与重力方向的夹角。

6.3 加速度控制系统模型

6.3.1 水平直管道中的加速度控制系统模型

内检测器处于水平管道中时，重力完全成为对管道的压力，如图 6-3 所示。由滑动摩擦力公式可以推导出由于重力所引起的阻力。

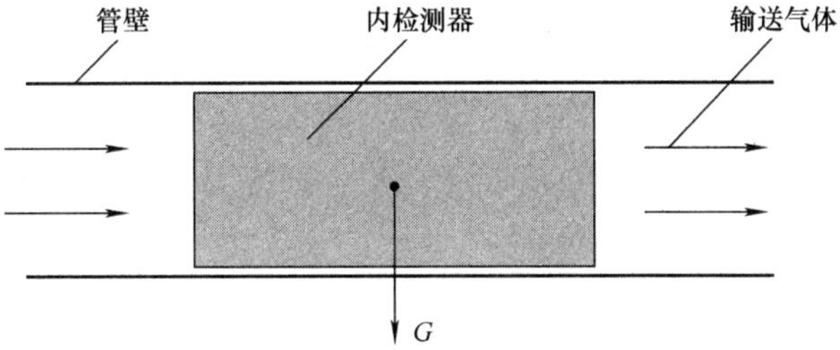

图 6-3　水平管道中的内检测器

由于内检测器是在前后端压力差的作用下运行的，运用动力学理论即牛顿第二定理，得到描述内检测器在水平管道流场中行走的动力学方程为

$$ma(t) = F_P - (mg + F_\mu)\mu - F_W \tag{6-1}$$

式中，m 为内检测器质量；$a(t)$为内检测器水平加速度；F_P 为内检测器两端的压力差；g 为重力加速度；F_μ 为永磁体对管壁的吸附力；μ 为磁阻系数；F_W 为内检测器上的皮碗等元件与管壁产生的摩擦阻力。

F_W 可分为静摩擦阻力和动摩擦阻力两种，与式（6-1）的其他项相比较，无论是哪一种，其数值都很小，可以忽略不计。因此式（6-1）可改写为

$$ma(t) = F_P - (mg + F_\mu)\mu \tag{6-2}$$

式中，内检测器两端的压力差 F_P 包含静压力差与动压力差，即

$$F_P = F_S + F_D \tag{6-3}$$

式中，F_S 为静压力差，表达式为

$$F_S = \rho_1 g V_1 - \rho_2 g V_2 \tag{6-4}$$

式中，ρ_1 为内检测器上游的气体密度；V_1 为上游的气体体积；ρ_2 为内检测器下游的气体密度；V_2 为下游的气体体积。

气体密度可通过内检测器两端的密度计测出，上游的气体体积可通过管道横截面面积与长度乘积得到，即

$$F_S = \rho_1 g S l - \rho_2 g S(L - l) \tag{6-5}$$

式中，S 为管道横截面面积；L 为管道总长；l 为内检测器途径路径的长度。

式（6-3）中，F_D 为动压力差，表达式为

$$F_D = \frac{1}{2}\rho_1 v^2 \tag{6-6}$$

式中，ρ_1 为内检测器上游的气体密度；v 为上游的气体流速，其数值可通过气体体积与管道横截面积之商求出，即

$$v = \frac{V_1}{S} = \frac{V_1}{\pi R^2 - \pi r^2(t)} \tag{6-7}$$

式中，R 为管道内半径；$r(t)$为内检测器的泄流孔半径。

综合式（6-2）、式（6-5）及式（6-7）可得

$$ma(t) = \rho_1 g S l - \rho_2 g S(L - l) + \frac{1}{2}\rho_1 \left[\frac{Sl}{\pi R^2 - \pi r^2(t)}\right]^2 - (mg + F_\mu)\mu \tag{6-8}$$

经过整理，可得

$$r(t)=\sqrt{R^2-\frac{Sl}{\pi\sqrt{\frac{2}{\rho_1}[ma(t)-\rho_1 gSl+\rho_2 gS(L-l)+(mg+F_{\mu})\mu]}}} \tag{6-9}$$

由式（6-9）可知，内检测器泄流孔半径与加速度值之间为单调递减函数，由此可知泄流孔半径越大，内检测器的加速度值越小。

式（6-9）中的参数由以下方法确定：m 为内检测器质量，可以通过称重设备测量得到；R 为管道内半径，S 为管道横截面积，L 为管道总长，可以根据管道的建设标准来确定；ρ_1 和 ρ_2 为内检测器上、下游的气体密度，可根据安装在内检测器前后两端的密度计测得；$(mg+F_{\mu})\mu$ 为由重力以及永磁体对管道壁的吸附力形成的阻力数值，可利用绞盘牵引内检测器的方法获得；l 为内检测器途径路径的长度，可利用算法与加速度计输出联合求出。

倾角器实时记录内检测器前进方向与重力方向的夹角。在水平管道中，倾角器数值为90°。如果将倾角作为速度控制的输入参数，则式（6-9）可修改为

$$r(t)=\sqrt{R^2-\frac{Sl}{\pi\sqrt{\frac{2}{\rho_1}[ma(t)-\rho_1 gSl+\rho_2 gS(L-l)+(mg\sin\theta+F_{\mu})\mu+mg\cos\theta]}}} \tag{6-10}$$

式中，θ 为检测器前进方向与重力方向的夹角，且 $\theta=90°$。

6.3.2　坡道上升管道中的加速度控制系统模型

内检测器处于坡道上升管道中时，重力的一个分量转换为运行的阻力，另一个分量转换为对管道的压力，如图 6-4 所示。

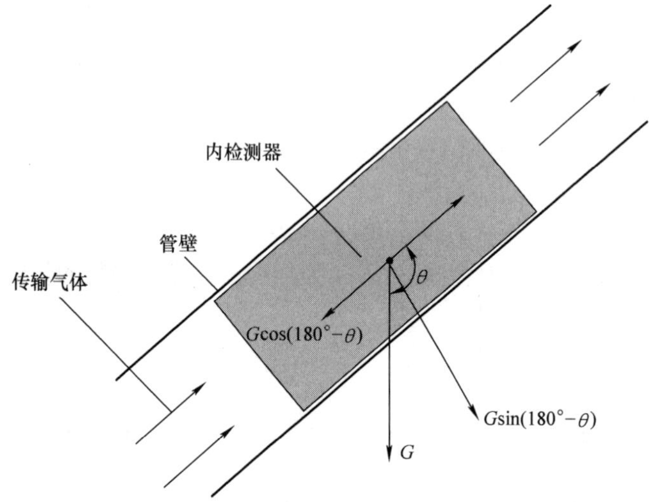

图 6-4　上坡管道中的内检测器

故其加速度控制系统模型为

$$r(t)=\sqrt{R^2-\frac{Sl}{\pi\sqrt{\frac{2}{\rho_1}\{ma(t)-\rho_1 gSl+\rho_2 gS(L-l)+[mg\sin(180°-\theta)+F_{\mu}]\mu+mg\cos(180°-\theta)\}}}} \tag{6-11}$$

式中，θ 为检测器前进方向与重力方向的夹角，且 $90° < \theta < 180°$。

根据三角函数关系式，可将式（6-11）化为

$$r(t) = \sqrt{R^2 - \frac{Sl}{\pi\sqrt{\frac{2}{\rho_1}[ma(t) - \rho_1 gSl + \rho_2 gS(L-l) + (mg\sin\theta + F_\mu)\mu + mg\cos\theta]}}} \tag{6-12}$$

6.3.3　坡道下降管道中的加速度控制系统模型

内检测器处于坡道下降管道中时，重力的一个分量转换为运行的动力，另一个分量转换为对管道的压力，如图 6-5 所示。

故其加速度控制系统模型为

$$r(t) = \sqrt{R^2 - \frac{Sl}{\pi\sqrt{\frac{2}{\rho_1}[ma(t) - \rho_1 gSl + \rho_2 gS(L-l) + (mg\sin\theta + F_\mu)\mu + mg\cos\theta]}}} \tag{6-13}$$

式中，θ 为检测器前进方向与重力方向的夹角，且 $0 < \theta < 90°$。

6.3.4　垂直上升管道中的加速度控制系统模型

内检测器处于垂直上升管道中时，重力完全转换为运行的阻力，如图 6-6 所示。

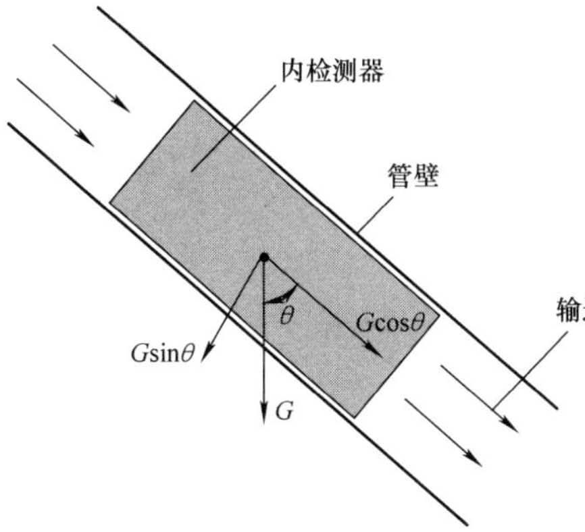

图 6-5　下坡管道中的内检测器

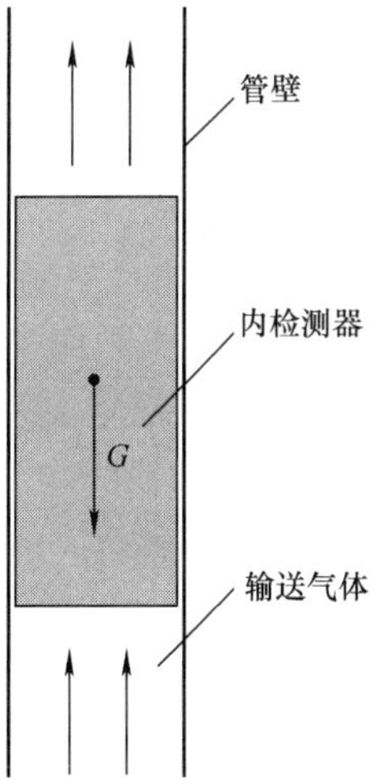

图 6-6　垂直上升管道中的内检测器

故其加速度控制系统模型为

$$r(t) = \sqrt{R^2 - \frac{Sl}{\pi\sqrt{\frac{2}{\rho_1}[ma(t) - \rho_1 gSl + \rho_2 gS(L-l) + F_\mu\mu - mg]}}} \tag{6-14}$$

倾角器实时记录内检测器前进方向与重力方向的夹角。在垂直向上的管道中，倾角器测量数值为 180°。如果将倾角作为速度控制的输入参数，则式（6-14）可修改为

$$r(t)=\sqrt{R^2-\frac{Sl}{\pi\sqrt{\frac{2}{\rho_1}[ma(t)-\rho_1 gSl+\rho_2 gS(L-l)+(mg\sin\theta+F_\mu)\mu+mg\cos\theta]}}}\tag{6-15}$$

式中，θ 为检测器前进方向与重力方向的夹角，且 $\theta=180°$。

6.3.5 垂直下降管道中的加速度控制系统模型

内检测器处于垂直下降管道中时，重力完全转换为运行的动力，如图 6-7 所示。故其加速度控制系统模型为

$$r(t)=\sqrt{R^2-\frac{Sl}{\pi\sqrt{\frac{2}{\rho_1}[ma(t)-\rho_1 gSl+\rho_2 gS(L-l)-F_\mu\mu+mg]}}}\tag{6-16}$$

倾角器实时记录内检测器前进方向与重力方向的夹角。在垂直下降的管道中，倾角器测得数值为 0°。如果将倾角作为速度控制的输入参数，则式（6-16）可修改为

$$r(t)=\sqrt{R^2-\frac{Sl}{\pi\sqrt{\frac{2}{\rho_1}[ma(t)-\rho_1 gSl+\rho_2 gS(L-l)+(mg\sin\theta+F_\mu)\mu+mg\cos\theta]}}}\tag{6-17}$$

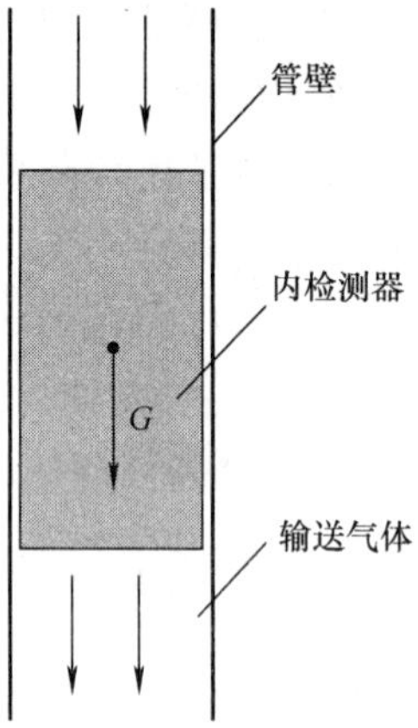

图 6-7 下坡管道中的内检测器

式中，θ 为检测器前进方向与重力方向的夹角，且 $\theta=0°$。

式（6-10）、式（6-12）、式（6-13）、式（6-15）及式（6-17）描述了不同类型管道中的内检测器加速度值与泄流面积之间的关系。可以看出，将倾角值的作为速度控制的一个输入参数后，内检测器在不同类型管道中的加速度值与泄流面积之间的关系是一致的，为速度控制提供了统一的模型。

6.4 控制算法介绍

6.4.1 PID 控制

PID 控制是比例、积分、微分控制的简称，它本身是一种基于对“现在”“过去”和“未来”信息估计的简单但却有效的控制算法。目前的控制算法中出现最早的就是 PID 算法，并快速发展应用到实际的工业控制系统中，取得了良好的控制效果。由于其算法简单、鲁棒性好和可靠性高，被广泛应用于工业过程控制，至今仍有 90% 左右的控制回路具有 PID 结构。事实表明，具有 PID 控制的简单控制器能够适应广泛的工业与民用对象，充分反映了 PID 控制算法的良好品质。PID 算法技术成熟、简单、快速、可靠性高，适合应用在控制对象简单或系统模型容易确定的控制系统中。

PID 控制器是偏差 $e(t)$ 的比例、积分和微分三个环节的线性组合，这三个环节是 PID 控制器的重要组成部分。

（1）比例环节　又称 P 调节。比例调节属于有差调节，具有简单、方便、快速、易于实现的特点。根据调节经验，减小比例系数会增加调节时间，过渡到系统稳定的时间长但可以减少超调和振荡；增加比例系数可能增加超调量，甚至如果选择得太大将引起系统振荡。P 调节的优点是可以缩小稳态误差，提高系统的响应时间。

（2）积分环节　又称 I 调节。由于 P 调节是有差调节，而这是许多控制系统中不允许的，因而引入积分环节。积分调节属于无差调节，适用于有自平衡性的系统。其优点是系统的抗干扰能力增强，但稳定性不如比例调节好。具有积分环节的调节器，如果设定值与被调量之间一直存在偏差，则积分作用就会一直持续。持续的积分作用导致出现积分饱和现象，即尽管输出不断增加，但是执行器已经到达饱和。增大积分作用可以减小系统静差，增加超调量，不利于系统稳定；减小积分作用，可以实现平缓的过渡控制，但容易出现静差。

（3）微分环节　又称 D 调节。被调节量的变化速度可以反映当前控制的一种趋势，微分调节根据变化趋势进行调节，因而具有一定的预见性。当被控对象未出现较大偏差时，就开始进行调节控制。微分调节的特性是：增大微分作用会减小超调量，有利于系统快速稳定，但会增加系统的调节时间；减小微分作用会增加超调量，不利于系统快速稳定，但抗干扰能力增强。一般对于有大惯性环节或大滞后环节的控制对象，微分调节可以发挥其优点，改善它们的动静态性能。

6.4.2　模糊逻辑系统的结构

近半个世纪以来，自动控制理论经历了经典控制和现代控制两个重要发展阶段，它们是建立在对被控对象的模型精确了解的基础上。而在实际控制中，许多被控对象和过程常常呈非线性、不确定性，很难建立理想的模型，这使得依赖于模型的传统控制理论的应用受到了极大的限制。对于某些复杂的对象，即使能建立起数学模型，也会因整个系统过于复杂而难以进行实时控制。因此，人们期望一种少依赖或不依赖模型的智能型控制方法。模糊控制正是在这样一种背景下产生的。

模糊理论是在美国伯克利加州大学电气工程系教授 L. A. Zadeh 于 1965 年创立的模糊集合理论的数学基础上发展起来的，主要包括模糊集合理论、模糊逻辑、模糊推理和模糊控制等。其核心是对复杂的系统或过程建立一种语言分析的数学模式，使人们日常生活中的自然语言能直接转化为计算机所能接受的算法语言。

模糊逻辑系统由模糊规则库、模糊推理机、模糊化接口和清晰化接口四部分组成。其基本结构如图 6-8 所示。

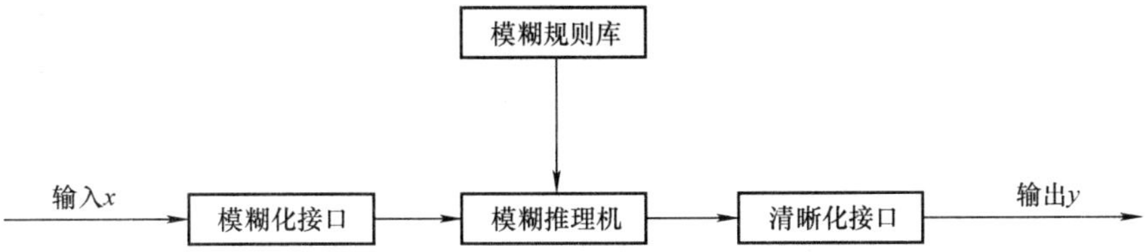

图 6-8　模糊逻辑系统的基本结构

（1）模糊规则库　模糊规则库是具有如下形式规则的总和：

$$\mathrm{R}^i:\text{if}\quad x_1\quad\text{is}\quad F_1^i\quad\text{and}\quad\cdots\quad\text{and}\quad x_n\quad\text{is}\quad F_n^i$$

$$\text{then}\quad y\quad \text{is}\quad Y_i\quad i=1,2,\cdots,r \tag{6-18}$$

式中，R^i 为被控对象的描述规则；x_j 为输入变量；F_j^i 为第 j 个模糊集；r 为模糊规则数。

模糊规则来源于人们离线或在线对控制过程的了解。人们通过直接观察控制过程，或对控制过程建立数学模型仿真，对控制过程的特性能够有一个直观的认识。虽然这种认识并不是很精确的数学表达，而只是一些定性描述，但它能够反映过程控制的本质，是人的智能的体现。在此基础上，人们往往能够成功地实施控制。因此，建立在语言变量基础上的模糊控制规则为表达人的控制行为和决策过程提供了一条途径。

（2）模糊推理机　模糊推理机是模糊逻辑系统和模糊控制的“心脏”，它根据模糊系统的输入和模糊推理规则，经过模糊关系合成和模糊推理合成等逻辑运算，得出模糊系统的输出。

（3）模糊化接口　模糊化接口的作用是将一个确定的点 $x\in(x_1\cdots x_n)^{\mathrm{T}}\in U$ 映射成一个模糊集合 x。映射方式至少有两种：

1）单点模糊化。若 A' 对支撑集为单点模糊集，则对某一点 $x'=x$ 时有 $\mu_{\mathrm{A}}(x)=1$，而对其余所有的点 $x'\neq x$，$x'\in U$，有 $\mu_{\mathrm{A}}(x)=0$。几乎所有的模糊化算子都是采用单点模糊算子。

2）非单点模糊化。当 $x'\neq x$ 时有 $\mu_{\mathrm{A}}(x)=1$，但当 x' 逐渐远离 x 时 $\mu_{\mathrm{A}}(x)$ 从 1 开始衰减。

（4）清晰化接口　因为在实际控制中，系统的输出是精确的量，不是模糊集，但模糊推理或系统的输出是模糊集，而不是精确的量。所以清晰化接口的作用是将 V 上的模糊集合映射为一个确定的点。通常清晰化有如下几种形式：

1）最大隶属度方法。选取模糊子集中隶属度最大的元素作为控制量。

2）重心法。将模糊推理得到的模糊集合的隶属度函数与横坐标围成的面积的中心所对应的 V 上的数值作为精确化结果。

3）中心加权平均法。对 V 上各模糊集合的中心加权平均得到精确结果。

概括地讲，模糊控制具有以下特点：模糊控制是一种非线性控制方法，工作范围宽，适用范围广，特别适合于非线性系统的控制；不依赖于对象的数学模型，对无法建模或很难建模的复杂对象，也能利用人的经验知识或其他方法来设计模糊控制器，完成控制任务，而传统的控制方法都要已知被控对象的数学模型，才能设计控制器；具有极强的鲁棒性，对被控对象的特性变化不敏感，模糊控制器的设计参数容易选择调整；算法简单，执行快，易于实现；不需要很多的控制理论知识，容易普及推广。

6.4.3　T－S 模糊模型

对于一个复杂的被控对象和具有不确定性的系统，要确定其精确的数学模型是极其困难的，甚至是不可能的。系统模糊模型是指采用与系统输入、输出数据相关的，能表示系统状态的一组模糊规则及其隶属度函数来描述系统特征的、具有模糊性的特殊表现形式。由于系统的模糊模型具有任意函数逼近的功能，而且能够处理语言形式的模糊信息，因此被广泛应用于非线性复杂系统的建模中。

1985 年，日本学者 Takagi 和 Sugeno 提出的 T－S 模糊模型，是非线性复杂系统模糊建模中一种典型的模糊动态模型。对于非线性系统的不同区域的动态，利用 T－S 模糊模型建立局部线性模型，然后把各个局部线性模型用模糊隶属函数连接起来，得到所要逼近非线性系统的模糊模型。其前件部分是语言变量，后件部分不是简单的模糊语言值，而是被控对象输入量的线性组合。该模型基于系统局域线性化，在模糊规则结论部分用线性多项式表示，用来拟合受控对象的非线性特性，具有逼近能力强和结构简单等特点，目前亦在模糊辨识中广为应用，成为复杂受控系统建模的有效方法。

T－S 模糊模型由一组“IF－THEN”模糊规则来描述非线性系统，每一个规则代表一个子系统，整个模糊系统即为各个子系统的线性组合。T－S 模糊模型的前件部分是模糊隶属函数的描述，后件部分是确定的线性方程。模糊规则具有如下形式：

$$\begin{aligned}&\mathrm{R}^i:\text{if}\quad x_1(t)\quad\text{is}\quad M_{i1}\quad\text{and}\quad\cdots\quad\text{and}\quad x_n(t)\quad\text{is}\quad M_{in}\\&\qquad\text{then}\quad y\quad\text{is}\quad f_i(x_1,\cdots,x_n)\quad i=1,2,\cdots,r\end{aligned}\tag{6-19}$$

式中，R^i 为第 i 条规则；M_{ij} （$j=1$，2，…，n）为模糊集合。式（6-19）称为一阶 T－S 模糊模型。结论部分是被控对象输入变量的线性组合，通常取为

$$f_i(x_1,\cdots,x_n)=p_0^i+p_1^ix_1+\cdots+p_n^ix_n\tag{6-20}$$

式（6-19）所描述的是 T－S 模糊模型的静态推理模式，其动态模型可以描述为

$$\begin{aligned}&\mathrm{R}^i:\text{if}\quad x_1(t)\quad\text{is}\quad M_{i1}\quad\text{and}\quad\cdots\quad\text{and}\quad x_n(t)\quad\text{is}\quad M_{in}\\&\qquad\text{then}\quad \dot{x}(t)=\boldsymbol{A}_i\boldsymbol{x}(t)+\boldsymbol{B}_i\boldsymbol{u}(t)\end{aligned}\tag{6-21}$$

式中，$i=1$，2，…，r 为模糊规则的数量；$\boldsymbol{A}_i$、$\boldsymbol{B}_i$ 分别为适当维数的矩阵；$\boldsymbol{x}(t)\in\mathbf{R}^n$，为状态矢量；$\boldsymbol{u}(t)\in\mathbf{R}^m$，为输入矢量；$\mathrm{R}^i$ 为该模糊系统第 i 条规则；$y(t)\in\mathbf{R}^q$，为状态和输出观测器；if 描述的部分为模糊规则的前件部分，通常为语言变量；M_{ij}为在第 i 条规则中第 j 个前件变量的隶属函数，其隶属度为 $M_{ij}(x)$；then 描述的部分为模糊规则的后件部分，通常为后件变量的线性表达式。

对于每个模糊子空间，系统的动力学特性可用一个局部线性状态方程来描述，整个系统动力学特性是这些局部线性模型的加权和。T－S 模糊模型的意义局部地表达了非线性系统的输入－输出关系。从上面的系统描述可以看出，整个系统的状态方程形式上近似线性模型，但其系数矩阵 $\boldsymbol{A}_i$、$\boldsymbol{B}_i$ 均为给定矩阵，因而实质上描述的是非线性模型。

6.5 速度控制器设计

6.5.1 PI 速度控制器

由于内检测器处于管道中，起动过程中所受到的阻力恒为$(mg+F_{\mu})\mu$，即静摩擦力，故可通过测量获取数据。管壁焊缝等产生的阻力忽略不计。已知条件为管道内半径 R、管道横截面面积 S、管道总长 L。内检测器上、下游的气体密度可以由位于内检测器前、后两端的密度计实时测量得到。利用 6.4 节中式（6-17）可以确定在急加速度状态下内检测器与泄流阀开口半径之间的关系。结合 6.5 节式（6-18）设计控制器，如图 6-9 所示。

设内检测器 t 时刻时在管内的运行速度为 $v(t)$，则有如下关系：

$$a(t)=\dot{v}(t)\tag{6-22}$$

$$v(t)=\dot{l}(t)\tag{6-23}$$

$$a(t)=\ddot{l}(t)\tag{6-24}$$

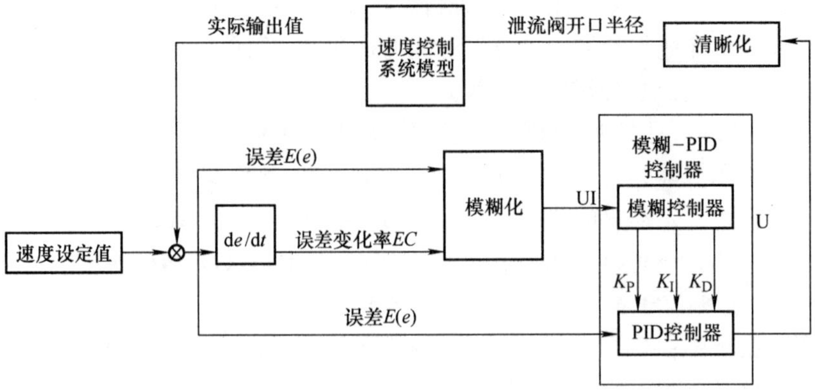

图 6-9 管道内检测器速度控制框图

令 $x_1(t)=v(t)$，$x_2(t)=l(t)$，将式（6-17）

$$ma(t)=\rho_1 gSl-\rho_2 gS(L-l)+\frac{1}{2}\rho_1\left[\frac{Sl}{\pi R^2-\pi r^2(t)}\right]^2-(mg\sin\theta+F_\mu)\mu+mg\cos\theta \tag{6-25}$$

建模为如下状态空间表达式：

$$\dot{x}_1(t)=\frac{\rho_1 gSl-\rho_2 gS(L-l)+\frac{1}{2}\rho_1\left[\frac{Sl}{\pi R^2-\pi r^2(t)}\right]^2-(mg\sin\theta+F_\mu)\mu+mg\cos\theta}{m} \tag{6-26}$$

$$\dot{x}_2(t)=x_1(t) \tag{6-27}$$

即

$$\dot{l}_2(t)=v(t) \tag{6-28}$$

$$\dot{v}(t)=a(t)=\frac{\rho_1 gSl-\rho_2 gS(L-l)+\frac{1}{2}\rho_1\left[\frac{Sl}{\pi R^2-\pi r^2(t)}\right]^2-(mg\sin\theta+F_\mu)\mu+mg\cos\theta}{m} \tag{6-29}$$

可采用如下关于 $v(t)$ 的 PI 控制器形式（亦可以看作关于 $l(t)$ 的 PD 控制器）：

$$r(t)=\boldsymbol{K}_\mathrm{P}v(t)+\boldsymbol{K}_\mathrm{I}\int_0^t v(s)\mathrm{d}s=\boldsymbol{K}_\mathrm{P}v(t)+\boldsymbol{K}_\mathrm{I}l(t)=\boldsymbol{Kx}(t) \tag{6-30}$$

式中，$\boldsymbol{K}=[\boldsymbol{K}_\mathrm{P}\quad \boldsymbol{K}_\mathrm{I}]$；$\boldsymbol{x}(t)=[x_1(t)\quad x_2(t)]^\mathrm{T}$。

那么可得

$$\dot{x}_1(t)=\frac{\rho_1 gSx_2-\rho_2 gS(L-x_2)+\frac{1}{2}\rho_1\left[\frac{Sl}{\pi R^2-\pi(K_\mathrm{P}x_1(t)+K_\mathrm{I}x_2^2(t))}\right]^2-(mg\sin\theta+F_\mu)\mu+mg\cos\theta}{m} \tag{6-31}$$

$$\dot{x}_2(t)=x_1(t) \tag{6-32}$$

当有两条模糊规则数时，可搭建其 Simulink 框图，如图 6-10 所示。

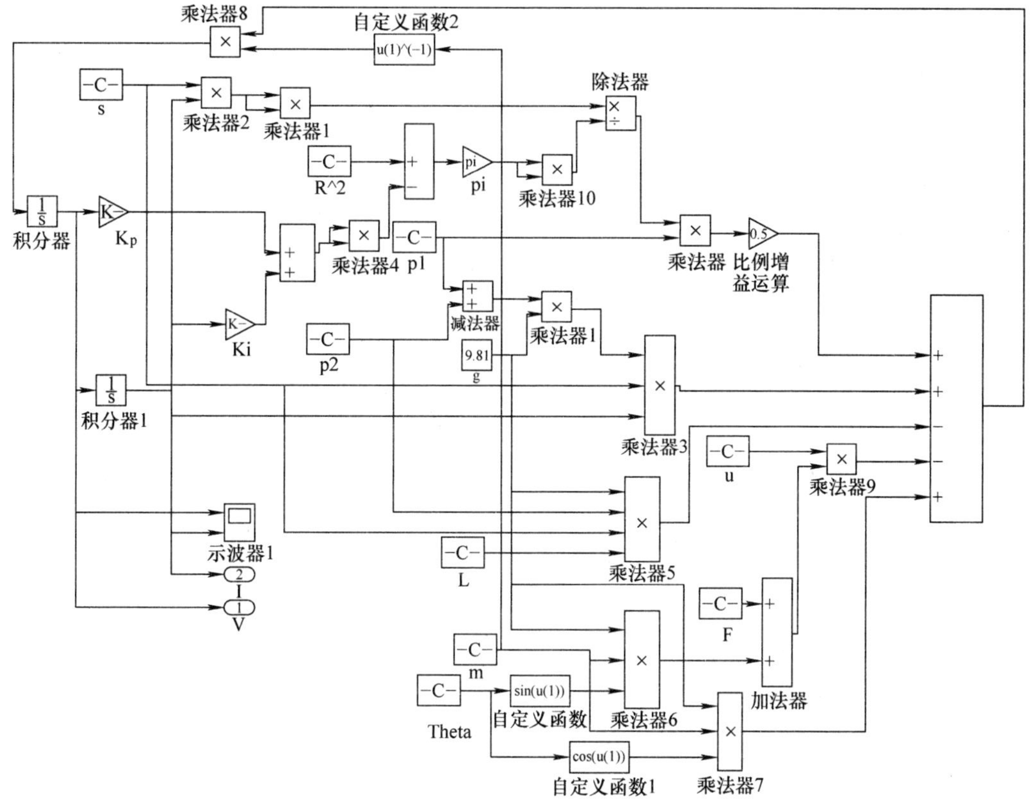

图 6-10　管道内检测器速度控制 Simulink 框图

6.5.2　T－S 模糊模型确定 PI 速度控制器的参数

考虑由如下线性 T－S 模糊模型描述上述非线性动态系统：

$$\mathrm{R}^i\text{:if}\quad \xi_1(t)\quad \text{is}\quad M_{i1}\quad \text{and}\quad \cdots\quad \text{and}\quad \xi_n(t)\quad \text{is}\quad M_{in}$$

$$\text{then}\quad \dot{x}(t)=\boldsymbol{A}_i\boldsymbol{x}(t)+\boldsymbol{B}_i\boldsymbol{u}(t) \tag{6-33}$$

式中，$\boldsymbol{A}_i$、$\boldsymbol{B}_i$ 分别为适当维数的矩阵；$\boldsymbol{x}(t)\in\mathbf{R}^n$，为状态矢量；$\boldsymbol{u}(t)\in\mathbf{R}^m$，为输入矢量；$i=1,\ 2,\ \cdots,\ r$ 为模糊规则的数量；R^i 为该模糊系统第 i 条规则。

采用单点模糊化、乘积推理规则及中心加权清晰化，式（6-33）可以写为

$$\dot{x}(t)=\sum_{i=1}^{r}h_i[\xi(t)][\boldsymbol{A}_i\boldsymbol{x}(t)+\boldsymbol{B}_i\boldsymbol{u}(t)] \tag{6-34}$$

式中，$h_i[\xi(t)]=\omega_i[\xi(t)]\Big/\sum\limits_{i=1}^{r}\omega_i[\xi(t)]$。

$$\omega_i[\xi(t)]=\prod_{j=1}^{n}M_i[\xi_j(t)] \tag{6-35}$$

式中，$M_{ij}[\xi_j(t)]$为$\xi_j(t)$对于M_{ij}的隶属度，并且 $\sum\limits_{i=1}^{r}h_i[\xi(t)]=1$。

采用平行分布补偿控制策略，则模糊状态反馈控制律为

$$\mathrm{R}^i\text{:if}\quad \xi_1(t)\quad \text{is}\quad M_{i1}\quad \text{and}\quad \cdots\quad \text{and}\quad \xi_n(t)\quad \text{is}\quad M_{in}$$

$$\text{then}\quad u(t) = \sum_{i=1}^{r} h_i[\xi(t)]K_i x(t) \tag{6-36}$$

鉴于：

$$\sum_{i=1}^{r} h_i[\xi(t)] = \sum_{i=1}^{r}\sum_{j=1}^{r} h_i[\xi(t)]h_j[\xi(t)] = 1 \tag{6-37}$$

将模糊状态反馈控制律，即式（6-36）的后件带入基于 T－S 模糊模型的非线性被控对象，即式（6-34）中，则闭环控制系统可以重建为

$$\begin{aligned}\dot{x}(t) &= \sum_{i=1}^{r} h_i[\xi(t)]\{\boldsymbol{A}_i\boldsymbol{x}(t) + \boldsymbol{B}_i\sum_{j=1}^{r} h_j[\xi(t)]\boldsymbol{K}_j\boldsymbol{x}(t)\} \\ &= \sum_{i=1}^{r}\sum_{j=1}^{r} h_i[\xi(t)]h_j(\xi(t))(\boldsymbol{A}_i + \boldsymbol{B}_i\boldsymbol{K}_j)\boldsymbol{x}(t)\end{aligned} \tag{6-38}$$

此 T－S 模糊模型的闭环稳定性可由 Lyapunov 稳定性理论得出，具体分析如下：

首先选择一个二次型非负能量函数作为 Lyapunov 函数，即

$$V(t) = \boldsymbol{x}^{\mathrm{T}}(t)\boldsymbol{P}\boldsymbol{x}(t) \tag{6-39}$$

注意到对于任意合适维数的列矢量 $\boldsymbol{x}(t)$、$\boldsymbol{y}(t)$ 和一个对称方阵 $\boldsymbol{Q}=\boldsymbol{Q}^{\mathrm{T}}$，有如下事实：

$$\boldsymbol{x}^{\mathrm{T}}(t)\boldsymbol{Q}\boldsymbol{y}(t) = \boldsymbol{y}^{\mathrm{T}}(t)\boldsymbol{Q}\boldsymbol{x}(t) \tag{6-40}$$

则沿着闭环系统方程求 $V(t)$ 的时间导数，可得

$$\begin{aligned}\dot{V}(t) &= \boldsymbol{x}^{\mathrm{T}}(t)\boldsymbol{P}\dot{\boldsymbol{x}}(t) + \dot{\boldsymbol{x}}^{\mathrm{T}}(t)\boldsymbol{P}\boldsymbol{x}(t) \\ &= 2\boldsymbol{x}^{\mathrm{T}}(t)\boldsymbol{P}\dot{\boldsymbol{x}}(t) \\ &= 2\boldsymbol{x}^{\mathrm{T}}(t)\boldsymbol{P}\sum_{i=1}^{r}\sum_{j=1}^{r} h_i[\xi(t)]h_j[\xi(t)](\boldsymbol{A}_i + \boldsymbol{B}_i\boldsymbol{K}_j)\boldsymbol{x}(t) \\ &= 2\sum_{i=1}^{r}\sum_{j=1}^{r} h_i[\xi(t)]h_j[\xi(t)]\boldsymbol{x}^{\mathrm{T}}(t)\boldsymbol{P}(\boldsymbol{A}_i + \boldsymbol{B}_i\boldsymbol{K}_j)\boldsymbol{x}(t) \\ &= \sum_{i=1}^{r}\sum_{j=1}^{r} h_i[\xi(t)]h_j[\xi(t)]\boldsymbol{x}^{\mathrm{T}}(t)[\boldsymbol{P}(\boldsymbol{A}_i + \boldsymbol{B}_i\boldsymbol{K}_j) + (\boldsymbol{A}_i + \boldsymbol{B}_i\boldsymbol{K}_j)^{\mathrm{T}}\boldsymbol{P}]\boldsymbol{x}(t)\end{aligned} \tag{6-41}$$

容易看出使得闭环模糊系统稳定的条件，也就是 $\dot{V}(t)<0$ 的条件是存在下面的负定矩阵：

$$[\boldsymbol{P}(\boldsymbol{A}_i+\boldsymbol{B}_i\boldsymbol{K}_j) + (\boldsymbol{A}_i+\boldsymbol{B}_i\boldsymbol{K}_j)^{\mathrm{T}}\boldsymbol{P}] < 0 \tag{6-42}$$

即使得：

$$\boldsymbol{P}\boldsymbol{A}_i + \boldsymbol{A}_i^{\mathrm{T}}\boldsymbol{P} + \boldsymbol{P}\boldsymbol{B}_i\boldsymbol{K}_j + \boldsymbol{K}_j^{\mathrm{T}}\boldsymbol{B}_i\boldsymbol{P} < 0 \tag{6-43}$$

由于式中 $\boldsymbol{K}_j$ 和 $\boldsymbol{P}$ 均为待求变量，因此这是个非线性矩阵不等式。

下面将其转化为可以利用 Matlab 鲁棒控制 LMI（linear matrix inequalities）工具箱求解的线性矩阵不等式。

令 $\boldsymbol{X}=\boldsymbol{P}^{-1}$，并与上面的非线性矩阵不等式进行左乘和右乘，故得

$$A_iX + XA_i^{\mathrm{T}} + B_iK_jX + XK_j^{\mathrm{T}}B_i^{\mathrm{T}} < 0 \tag{6-44}$$

再令 $Y_j = K_jX$，式（6-44）可进一步转化为

$$A_iX + XA_i^{\mathrm{T}} + B_iY_j + Y_j^{\mathrm{T}}B_i^{\mathrm{T}} < 0 \tag{6-45}$$

式（6-45）的待求变量 X 和 Y_j，$j=1$，2，…，r 可通过 LMI 工具箱求得可行解。最终使得闭环 T－S 模糊系统稳定的状态反馈控制器增益可通过式（6-46）计算得出：

$$K_j = Y_jX^{-1}(j=1,2,\cdots,r) \tag{6-46}$$

6.6　仿真计算

以沈阳工业大学研制的 ϕ1219mm 型单节内检测器为研究对象，结合 6.5 节中 T－S 模糊模型确定 PI 速度控制的方法进行速度调节，并利用 Matlab 软件进行仿真。输气管道运行参数为：$m=5000\mathrm{kg}$，$l=108\mathrm{m}$，$(mg+F_{\mu})\mu=50000\mathrm{N}$，$g=9.81\mathrm{m/s^2}$，管道气压差为 0.3MPa。内检测器前、后两端气体的密度作为状态方程的参数需要由密度计实时测量出来，并传递给速度控制器。在仿真系统中无法测得密度值的实时改变，因而将内检测器前、后端气体密度分别设定为 1.1691kg/m^3 和 3.5073kg/m^3。内检测器静止于管道中，在气压差的作用下做急加速运动。

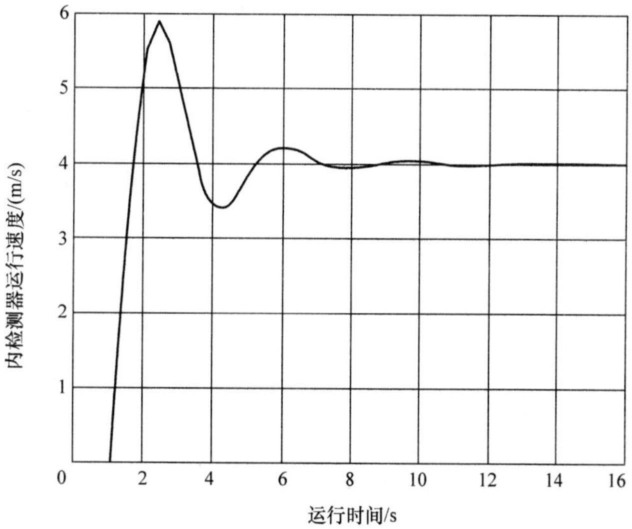

图 6-11　管道内检测器启动速度控制

如图 6-11 所示，初始状态为内检测器受到前、后压力差与摩擦阻力的综合作用，静止于管道之中。当内检测器前、后压力差达到并超过 50000N 时，内检测器加速运行。此时时间节点为 1.2s。加速度计测得加速度值大于7.5m/s^2，打开泄流阀。从速度上升曲线中可以看出，上升曲线呈递增凸函数状，说明加速度在减小，速度依然在增加。当时间节点为 2s 时，加速度值小于 1m/s^2，加速度调节结束。此时速度为 5.5m/s，速度调节依旧发挥作用。当时间节点为 2.3s 时，内检测器速度达到最大值，为 5.9m/s。随后速度值得以回落。当时间节点为 3.6s 时，加速度值为 －1.5 m/s^2，速度到达 4m/s。当时间节点为 4.2s 时，速度到达 3.4m/s，此刻加速度为 0m/s^2。随后，速度在 4m/s 上下振荡，并趋于平稳。图 6-11 中时间节点为 4.2s 之前内检测器处于急加速状态，系统采用加速度值与速度值作为速度控制的输入参数对内检测器的速度进行控制。图 6-11 中运行时间为 4.2s 之后，即内检测器在管道中呈现为缓加速运动状态。当速度值逐步提高到内检测器运行速度上限时，系统将速度值作为速度控制的输入参数。从图 6-11 中的运行速度值曲线可以看出，利用速度控制器可有效地将内检测器的运行速度控制在适于检测的范围之内。

第7章　管道惯性测绘内检测技术

管道测绘内检测技术就是在进行管道漏磁内检测的同时，完成管道位置（地理坐标）的检测。利用该技术不仅可以有效预报由于地震、河床下沉等给管道带来的直接危害，并且可以提高管道漏磁内检测的缺陷定位精度。准确的管道缺陷定位信息能够有效地减少管道维护开挖成本，如果缺陷定位的精度提高到米级，则可以保证管道维护开挖成本降低一到二个数量级。因此，管道的精确定位对于降低管道安全管理成本具有重要的意义。

7.1　管道惯性测绘内检测技术基础

管道惯性测绘内检测技术就是在管道漏磁内检测器正常运行的状态下，使用惯性测量单元（inertial measurement unit，IMU，主要由三维正交的陀螺仪、加速度计组成）测绘管道的三维相对位置坐标，以地面高精度参考点（检测起点、沿途参考点、检测终点）的GPS坐标或者其他卫星定位系统提供的坐标加以修正，能够精确描绘出管道中心线的三维走向图。在参考点之间，管道惯性测绘内检测研究主要采用捷联惯性导航系统（strap down intertial navigation system，SINS）与里程轮（odometer）组成的SINS/Od组合导航系统进行航位推算（dead reckoning，DR）或定位计算。

7.1.1　惯性技术概述

1. 惯性技术

所谓惯性技术，是惯导技术、惯性仪表技术和惯性测量技术的通称，是多学科的综合技术，是涉及精密机械、计算机、自动控制、微电子、数学、材料、光学等多种学科、多种技术的交叉学科。

惯导是惯性导航的简称；惯性仪表包括各类陀螺仪和加速度计；惯性测量技术就是采集陀螺仪、加速度计等仪表的数据，使用合适的惯导算法，进行各种工程应用的技术。

依托管道内检测平台的管道测绘就是典型的惯性测量技术。其目标是实现管道位置内检测器的长航时正常工作，可以进一步提升管道安全检测评估的智能性、可靠性、有效性，同时实现管道铺设轨迹测量、管线地理坐标测量、管道位移变化、线应变测量以及管道内缺陷的精确地理定位，还可以为管道内检测器运行控制提供运行姿态、速度信息。

2. 捷联惯性导航系统简介

管道测绘的核心工作是对搭载在管道内检测平台（即清管器）上的惯性仪表数据进行离线处理，完成航迹推算，获得管道的地理信息，导航技术是基础。此外，校验点修正技术也必不可少。清管器必然经过管道的起点、终点和其他的已知点、特征点，这些已知坐标点统称为校验点。

目前国内外通常的做法是利用捷联惯性导航系统结合里程轮的连续信息和校验点的修正信息，实现管道地理坐标测量。

所谓捷联惯性导航系统是相对于平台惯性导航系统而言的。

平台惯性导航系统是将陀螺仪和加速度计安装在一个稳定平台上，以平台坐标系为基准，测量运载体运动参数的。平台系统采用常平架平台，在平台上安装惯性敏感元件。平台可以隔离载体运动对敏感元件的影响，并且框架轴上的角度传感器直接输出姿态角，然后进行导航推算。平台惯性导航系统已经达到了很高的水平，但是其造价、维修费用十分昂贵，而且其采用了框架伺服系统，相对可靠性将会下降。

捷联惯性导航系统是将惯性敏感元件（陀螺仪和加速度计）直接安装在运载体上，是一种不再需要稳定平台或常平架系统的惯性导航系统。捷联惯性导航系统采用的是数学姿态转换平台，将惯性敏感元件直接安装到载体上，敏感元件的输出信息直接输送到导航计算机中进行实时的姿态矩阵解算，通过姿态矩阵将惯性导航系统中加速度计测量到的信息转换到导航用的导航参考坐标系中，进行导航积分运算以及提取姿态角信息。典型捷联惯性导航系统解算位置信息的过程如图7-1所示。

对平台惯性导航系统和捷联惯性导航系统的工作原理进行对比，有如下结论：捷联惯性导航系统的敏感元件便于安装、维修和更换；捷联惯性导航系统的敏感元件可以直接给出所有导航参数；捷联惯性导航系统的敏感元件易于重复布置，这对提高性能和可靠性十分有利；捷联惯性导航系统体积小，而且去掉了常平架平台，消除了平台稳定过程的各种误差；捷联惯性导航系统将敏感元件直接固定在载体上，导致惯性敏感元件工作环境恶化，降低了系统的精度。考虑到管道内检测工程的应用特点，显然选择捷联惯性导航系统更加务实和有效。

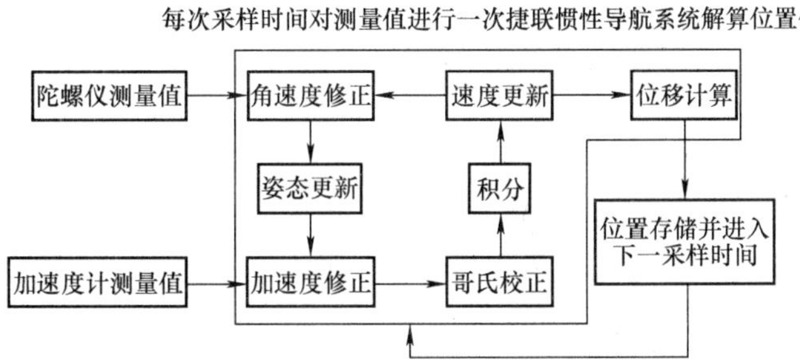

图7-1　典型捷联惯性导航系统解算位置信息的过程

3. 捷联惯性导航系统和里程轮结合点坐标修正的组合导航系统

总的来说，捷联惯性导航系统在短时间内可以提供极高的精度，也可用于估算角度误差、位置误差和敏感元件误差。由于捷联惯性导航系统解算的导航参数误差随时间迅速累积（特别是位置误差），即“微观精度高，宏观精度低”，导致系统无法长时间正常工作。

解决问题的基本方法是采用基于滤波器的组合导航方法，如SINS、GPS和里程轮等。而运行在封闭的地埋管道或海底管道内的管道地理坐标内检测装置无法随时直接获取准确的基准点地理坐标信息，无法像飞行器、陆地车辆和海上航行器利用GPS信号实时或定时对导航误差进行修正。因此管道测绘的组合导航系统通常是SINS/Od，每测一段还需引入较高精度的点坐标信息做修正。结合国内外资料，结合点坐标校验的SINS/Od组合导航系统是国外主流管道惯性内检测工程的解决方案。

7.1.2　管道惯性测绘技术的发展

依托于管道内检测技术的发展，对管道内检测载体的定位技术随之展开。国外油气储运技术发展历史悠久，相关的研究和工程应用比较成熟。

从学术角度，Hanna 等人在 1990 年的文献中分析了 SINS 在管道定位应用的可行性。同年 Porter 等人的文献中介绍了 SINS 集成速度、位置、倾角和焊缝检测等传感器的 PIG 系统应用。1992 年的文献中介绍了北极地区管道的 SINS 应用，提出了自由方位系统的概念。Anderson 在 1994 年的文献中研究了 PIG 在管道内滚转状态下的受力分析。在此之后，国外管道惯导技术的发展进入了比较成熟的应用研究阶段。

2004 年之后，管道惯性测绘技术在韩国油气企业中得到了应用，韩国学者 Han Hyung Seok 的文献中介绍了一个 SINS 结合多种传感器的天然气管道测量系统，为研究多传感器集成 PIG 提供了参考。2005 年，首尔大学的 Jaejong Yu 等人提出基于离线计算的管道地理坐标固定点平滑滤波算法，解决了校正算法中的非线性问题。该算法使用反向的航迹推算数据与当前解算轨迹进行数据融合，但没有讨论修正轨迹之后速度矢量与姿态不匹配的问题。Santana 在 2010 年的文献中研究了管道惯导系统的非线性动力特征，采用扩展卡尔曼算法进行状态估计。A. A. Panev 在 2011 年的文献中在常规 SINS/Od 算法基础上引入了部分经验数据修正位置误差，获得了较好的实验数据。

相对于上述的学术研究，国外工程研究的成果比较丰富。美国、英国、德国、俄罗斯等发达国家知名的管道公司及管道服务公司联合研究机构将惯性导航系统加装于管道内检测器中，实现陆地、海底管道内缺陷检测的同时，完成了管道地理信息、位置、位移变化、应力变化的测量，辅助管道内缺陷地理定位，极大地推动了管道内检测技术向着智能型方向发展。

1988 年，美国 Byron Jackson 公司（BJ 公司，2010 年被 Baker Hughes 公司收购）研制出管道曲率内检测器，利用低精度惯性元件加载 PIG 对管道进行测量，结合测径器可以计算出管道的曲率和几何变形。BJ 公司花费了 20 年的时间研究 SINS 技术在海底管线上的轨迹测量和管道缺陷的大地精确定位，已在加拿大北达科他州等地的管道上进行了测量。

REDUCT 公司已研制出新一代可以重复使用，可调节检测孔径，不用其他辅助设备，自动下载数据的专用检测器，用于管道检测。

因为需要对时间累积误差进行校正，瑞士 ROSEN 公司在 PIG 上加装低频电磁波 GPS 信号接收器作为辅助检测手段，在管道中已知点处加入 GPS 位置信号，利用 GPS 对检测器的位置信号进行校正，这实际上相当于将一条长管道变成若干条短管道，GPS 相当于每条缩短管道的初始的位置校正，并结合地理信息系统（GIS）将管道地理坐标测量信息提供给用户。

目前国外著名的管道公司 GE－PII、BJ、Tuboscope 等均采用在管道内检测器上加装惯性导航测量系统对管道进行地理坐标测量和管道位移、下沉、变形的测量，推算管道区域应力，辅助管道内缺陷定位。

2004 年，美国霍尼韦尔（Honeywell）公司科研人员提出 GPS 与捷联惯性导航技术的组合导航定位方法，利用 GPS 标记管道地面部分的几个点的位置，并校正捷联惯导计算的结果。将组合导航应用到内检测中，可以校正错误的位置，但校正中出现了组合导航误差模型的非线性问题。

美国 GE－PII 使用由 Honeywell 公司提供的惯导测量系统对 372800mile（1mile = 1609.344m）的管道进行了检测，结合通过管线沿途的若干标识点的坐标信息，进行管道内缺陷定位和管道地理位置测量，测量精度达到每 2mile 误差为 1.5m。

英国 NOWSCO 管道公司与 SNAM 公司合作，利用装有惯性导航系统的管道内检测器（GEOPIG）对 SNAM 公司从 Rimini 至 San Sepolcro 的管线进行管道轨迹测量，5km 长管线的误差小于 8.5m，以及测量管道弯曲，计算管道张力。

美国 TUBOSCOPE 管道服务公司和 GE-PII 公司利用管道铺设沿线一定距离设置的标志点，通过 GPS 精确测定各标志点坐标，当 SMART PIG 在管内行进时，借助已知大地坐标的标志点（监测的始点、沿途参考点或焊缝、终点）的 GPS 数据作为辅助信息修正惯导解算的位置信息，绘制出高精度的管道轨迹图，其定位精度最高可达距参考点距离的 0.025%。在实现对管道内缺陷检测的同时，确定管道地理坐标，进而精确地确定管道缺陷的大地地理位置，有效地提高管道检测智能化水平，极大地降低了开挖维护成本。

综上所述，管道惯性测绘内检测技术始终未脱离捷联惯性导航系统结合里程轮等各种传感器进行数据融合，再结合中间点修正的技术路线。但近年来，少量研究资料在位置误差处理和非线性滤波等方面有一定的参考价值。

国内在管道测绘内检测领域的研究较少，沈阳工业大学杨理践团队设计了通用 SINS/Od 组合惯导系统的实验载车平台和 PIG 实验、应用平台，构建了完整的研究框架，对系统相关要素建立了各种数学模型，初步掌握了相关传感器数据误差的传递规律和演化模型，在安装误差估计、静基座初始对准、各级数据去噪、速度融合、姿态修正、终止点校正、里程轮数据管理等领域取得了多项研究成果，使用较低精度的 IMU 达到了初步的工程应用目标，并且在实际管道上经受住了实测检验的考验。

此外 2008 年北京自动化控制设备研究所岳步江的文献中给出了经典组合惯导系统管道测绘的设计方案，即由 SINS 提供姿态信息，对加速度计积分速度和里程速度进行卡尔曼数据融合，再积分成位置信息。2010 年西南石油大学王泽根团队在综述文献中给出了对管道缺陷定位几种解决方案的评价，介绍了惯性测绘技术的比较优势。

7.1.3　管道惯性测绘内检测的工程解决方案

下面联系前文介绍的相关原理和国内外文献，参考同类管道内检测工程应用的实施方案及国外企业实施管道惯性测绘内检测工程的典型案例，从管道测绘工程的角度进行讨论。

首先，通过校验点把原始管道划分成多个测量段，每个测量段都包括起始点、被测管道和终止点，如图 7-2 所示。

系统在每个测量段上进行的工作是类似的，包括以下内容。

起始点的对准：包括载体坐标系相对于导航坐标系的初始姿态、速度，以及 IMU 相对于载体 PIG 的安装误差（只考虑角度误差，不考虑力矩误差）。

航迹推算：利用里程轮数据修正速度并对估计出来的误差进行反馈修正。

终止点校验：利用已知终止点坐标对解算轨迹进行修正。

然后，将前一个测量段的终止点作为下一个测量段的起始点，进行下一段测量。

该工程方案最核心的思想是通过引入校验点的外部信息，打断惯性导航系统随管道延伸

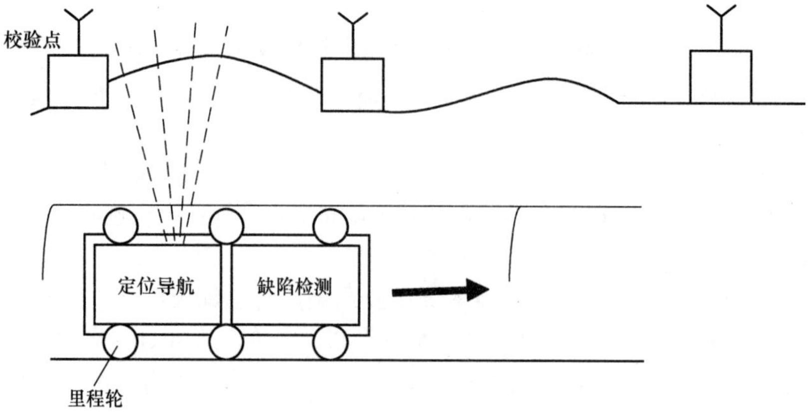

图 7-2 管道惯性测绘内检测工程

而不断积累误差的进程，保证系统测量的整体定位精度与每一个测量段处于同等水平，并在此基础上对已测得的定位轨迹进行整体的误差修正。

7.2 管道惯性测绘内检测关键技术

7.2.1 参考坐标系及坐标转换方法

在参考坐标系内研究管道内检测器（搭载有检测器的管道清管器，简称 PIG）的运动和位置变化。参考坐标系包括导航坐标系、地理坐标系和载体坐标系。导航坐标系用 n 表示，载体坐标系用 b 表示，地理坐标系用 t 表示，惯性坐标系用 i 表示。地理坐标系用来表示管道的位置，设计时将 PIG 运动的导航坐标系看作地理坐标系。各坐标系定义见表 7-1。

表 7-1 坐标系定义

参考坐标系	原点 O	x	y	z
导航坐标系 n	检测器重心	指向东	指向北	垂直 xy 平面指向上
地理坐标系 t	检测器重心	指向东	指向北	垂直 xy 平面指向上
载体坐标系 b	检测器重心	指向前进方向的右侧	指向前进方向	垂直 xy 平面指向上
惯性坐标系 i	地球中心	相对于恒星无转动	相对于恒星无转动	指向地球北极

所有坐标系均采用正交的笛卡儿坐标系，坐标系各轴正向顺时针转动为正，如图 7-3 箭头所示。规定每个坐标轴的旋转正方向都与图 7-3b 中 z 轴箭头方向一致。根据 b 系和 n 系之间的相对转动关系，可以求得 PIG 的姿态角。姿态角表示 PIG 转动过程中的姿态信息，包括航向角、俯仰角和横滚角，分别用 ψ、θ 和 γ 表示。b 系中旋转 z 轴，y 轴在水平面的投影与 n 系 y 轴的夹角，即 PIG 前进方向与地理坐标北向夹角为航向角，数值以北向为起点，顺时针方向计算，范围为 0°~360°。b 系中旋转 x 轴，x 轴与 y 轴确定的平面与 n 系水平面的夹角为俯仰角，以水平面为起点，仍是顺时针旋转为正，范围为 0°~360°。b 系中旋转 y 轴，y 轴和 z 轴平面与 n 系天向和北向垂直面的夹角为横滚角，y 轴顺时针为正，范围

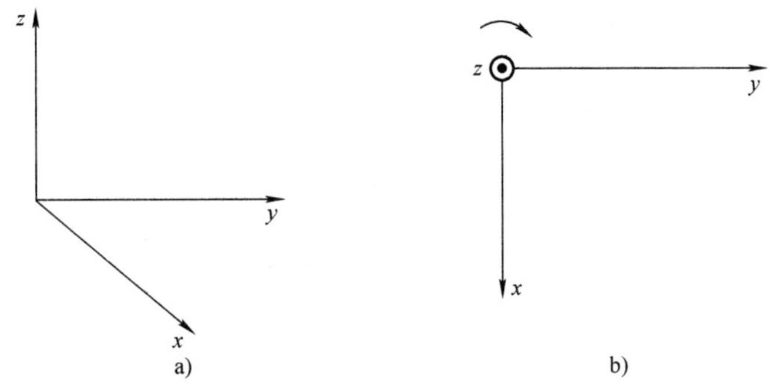

图7-3 坐标系转动方向

a）三维立体视图 b）z轴俯视图

为0°～360°。

在一种参考坐标系下得到载体的测量值，现保持载体不变，改变参考坐标系，在另一种坐标系下得到同一载体的测量值，这种方法称为坐标转换。现在分析坐标转换问题，如图7-4所示，在坐标系 $x_0y_0z_0$ 中观察一定点 P，坐标为（x_0，y_0，z_0），旋转坐标系到 $x_ry_rz_r$，在新的坐标系中求 P 点的坐标。

可以通过三次转动从坐标系 $x_0y_0z_0$ 变换到 $x_ry_rz_r$。转动方法为：第一次先旋转 z_0 轴，使 x_0y_0 平面内的直角坐标系 x_0y_0 旋转一个 ψ 角，得到新的坐标系 $x_ay_az_a$；第二次旋转 x_a 轴，使 z_ay_a 平面内的坐标系旋转 θ 角，得到坐标系 $x_ry_rz_r$；第三次旋转 y_r 轴，使 x_rz_r 平面内的坐标系旋转 γ 角。通过三次转动最终完成坐标转换，每次转动 P 点的坐标都会发生变化，以第一次转动为例，P 点的 z 坐标不变，x、y 的坐标变化根据余弦函数法求解。设 P 点在 xy 平面的投影为 F，如图7-5所示。

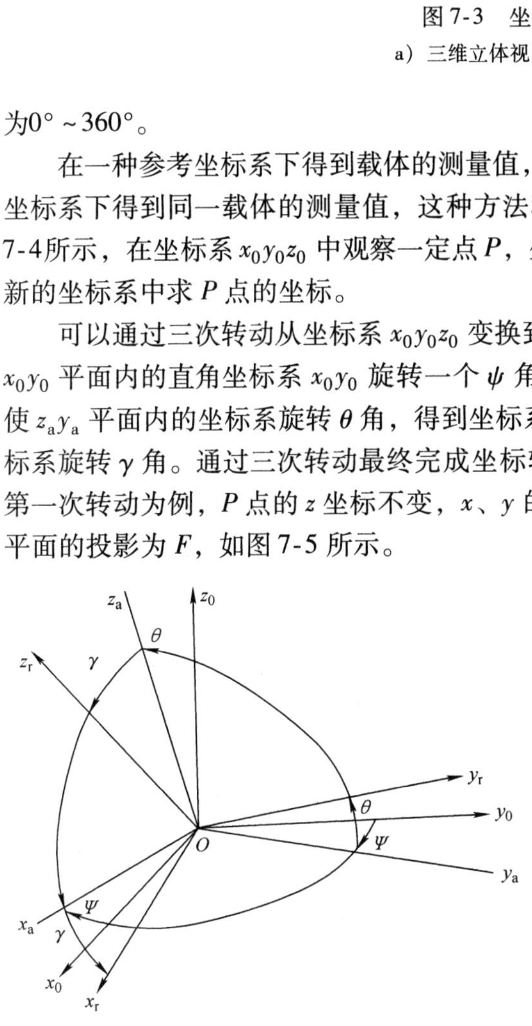

图7-4 坐标转换示意图

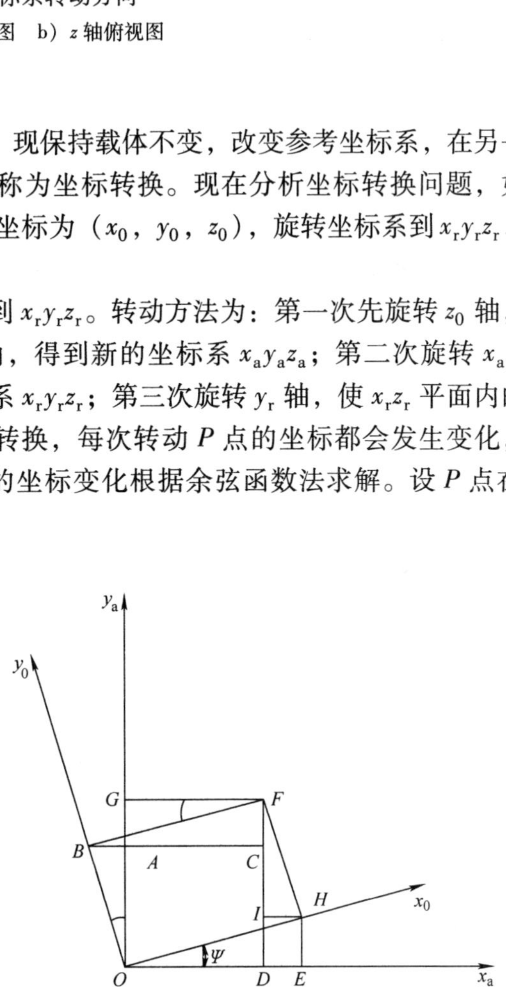

图7-5 P 点在 xy 平面的投影

设测量点位置为 F，在原始坐标系下为（x_0，y_0），$x_0 = OH = BF$，$y_0 = OB = HF$，将坐标系以原点为轴向右转 ψ 角度，F 点在新坐标系下为（x_a，y_a），$x_a = OD = GF$，$y_a = OG = DF$，过点 B 和 H 向两坐标轴分别作垂线。当右转为正时，新坐标系下观测位置与原始位置关系为

$$OD = OE - DE = OH\cos\psi - HF\sin\psi \tag{7-1}$$

$$OG = OA + AG = OB\cos\psi + BF\sin\psi \tag{7-2}$$

所以有

$$x_a = x_0\cos\psi - y_0\sin\psi \tag{7-3}$$

$$y_a = x_0\sin\psi + y_0\cos\psi \tag{7-4}$$

三维坐标系下将方程用矩阵形式表达为

$$\begin{pmatrix} x_a \\ y_a \\ z_a \end{pmatrix} = \boldsymbol{C}_\psi \begin{pmatrix} x_0 \\ y_0 \\ z_0 \end{pmatrix} = \begin{pmatrix} \cos\psi & -\sin\psi & 0 \\ \sin\psi & \cos\psi & 0 \\ 0 & 0 & 1 \end{pmatrix} \begin{pmatrix} x_0 \\ y_0 \\ z_0 \end{pmatrix} \tag{7-5}$$

式中，$\boldsymbol{C}_\psi$ 为转换矩阵，利用其左乘坐标矢量就得到旋转坐标系下的位置。

按这样的转换方法，规定不改变转动先后次序，将向右旋转（如第一次旋转方向，从 z 轴反向看 xy 平面，顺时针旋转）设为正，则可得从 $x_0y_0z_0$ 到 $x_ry_rz_r$ 坐标系的转换矩阵 $\boldsymbol{C}_n^b$ 为

$$\boldsymbol{C}_n^b = \begin{pmatrix} \cos\gamma\cos\psi + \sin\gamma\sin\psi\sin\theta & -\cos\gamma\sin\psi + \sin\gamma\cos\psi\sin\theta & -\sin\gamma\cos\theta \\ \sin\psi\cos\theta & \cos\psi\cos\theta & \sin\theta \\ \sin\gamma\cos\psi - \cos\gamma\sin\psi\sin\theta & -\sin\gamma\sin\psi - \cos\gamma\cos\psi\sin\theta & \cos\gamma\cos\theta \end{pmatrix} \tag{7-6}$$

$\boldsymbol{C}_n^b$ 为依次左乘转换矩阵，即

$$\boldsymbol{C}_n^b = \boldsymbol{C}_\gamma \boldsymbol{C}_\theta \boldsymbol{C}_\psi = \begin{pmatrix} \cos\gamma & 0 & -\sin\gamma \\ 0 & 1 & 0 \\ \sin\gamma & 0 & \cos\gamma \end{pmatrix} \begin{pmatrix} 1 & 0 & 0 \\ 0 & \cos\theta & \sin\theta \\ 0 & -\sin\theta & \cos\theta \end{pmatrix} \begin{pmatrix} \cos\psi & -\sin\psi & 0 \\ \sin\psi & \cos\psi & 0 \\ 0 & 0 & 1 \end{pmatrix} \tag{7-7}$$

式中，$\boldsymbol{C}_\theta$ 为旋转 x_a 轴的转换矩阵；$\boldsymbol{C}_\gamma$ 为旋转 y_r 轴的转换矩阵。

$\boldsymbol{C}_n^b$ 必须为正交矩阵，即

$$\boldsymbol{C}_n^b \boldsymbol{C}_b^n = \boldsymbol{C}_n^b (\boldsymbol{C}_n^b)^{\mathrm{T}} = \boldsymbol{I} \tag{7-8}$$

如果已知某一时刻的姿态矩阵，可以直接通过式（7-9）进行转换：

$$\boldsymbol{X}^n = \boldsymbol{C}_b^n \boldsymbol{X}^b \tag{7-9}$$

式中，$\boldsymbol{X}$ 为三维矢量；$\boldsymbol{X}^n$ 为在 n 系下的测量值；$\boldsymbol{X}^b$ 为在 b 系下的测量值。

如此，就得到了在三维坐标系下，将 b 系测量值转换到 n 系中的计算方法。

姿态矩阵具有正交性质。设直角坐标系 $Ox_iy_iz_i$ 的单位矢量为 $\boldsymbol{i}_1$，$\boldsymbol{i}_2$，$\boldsymbol{i}_3$，则三者应互相垂直，且模为 1；另一直角坐标系 $Oxyz$ 的单位矢量为 $\boldsymbol{e}_1$，$\boldsymbol{e}_2$，$\boldsymbol{e}_3$，同样三者互相垂直，模为 1。通过矩阵 $\boldsymbol{C}$ 将坐标系 $Ox_iy_iz_i$ 转换到坐标系 $Oxyz$，即

$$\begin{bmatrix} \boldsymbol{e}_1 \\ \boldsymbol{e}_2 \\ \boldsymbol{e}_3 \end{bmatrix} = \begin{bmatrix} C_{11} & C_{12} & C_{13} \\ C_{21} & C_{22} & C_{23} \\ C_{31} & C_{32} & C_{33} \end{bmatrix} \begin{bmatrix} \boldsymbol{i}_1 \\ \boldsymbol{i}_2 \\ \boldsymbol{i}_3 \end{bmatrix} = \boldsymbol{C} \begin{bmatrix} \boldsymbol{i}_1 \\ \boldsymbol{i}_2 \\ \boldsymbol{i}_3 \end{bmatrix} \tag{7-10}$$

将式（7-10）中的矩阵换算为方程组，即

$$\boldsymbol{e}_1 = C_{11}\boldsymbol{i}_1 + C_{12}\boldsymbol{i}_2 + C_{13}\boldsymbol{i}_3 \tag{7-11}$$

$$\boldsymbol{e}_2 = C_{21}\boldsymbol{i}_1 + C_{22}\boldsymbol{i}_2 + C_{23}\boldsymbol{i}_3 \tag{7-12}$$

$$\boldsymbol{e}_3 = C_{31}\boldsymbol{i}_1 + C_{32}\boldsymbol{i}_2 + C_{33}\boldsymbol{i}_3 \tag{7-13}$$

因为 $\boldsymbol{e}_1$，$\boldsymbol{e}_2$，$\boldsymbol{e}_3$ 为互相垂直的单位矢量，所以可得

$$\boldsymbol{e}_1 \times \boldsymbol{e}_2 = \boldsymbol{e}_3 \tag{7-14}$$

$$\boldsymbol{e}_2 \times \boldsymbol{e}_3 = \boldsymbol{e}_1 \tag{7-15}$$

$$\boldsymbol{e}_3 \times \boldsymbol{e}_1 = \boldsymbol{e}_2 \tag{7-16}$$

将式（7-11）～式（7-13）代入式（7-14）～式（7-16）可得

$$(C_{11}\boldsymbol{i}_1 + C_{12}\boldsymbol{i}_2 + C_{13}\boldsymbol{i}_3) \times (C_{21}\boldsymbol{i}_1 + C_{22}\boldsymbol{i}_2 + C_{23}\boldsymbol{i}_3) = (C_{31}\boldsymbol{i}_1 + C_{32}\boldsymbol{i}_2 + C_{33}\boldsymbol{i}) \tag{7-17}$$

$$(C_{21}\boldsymbol{i}_1 + C_{22}\boldsymbol{i}_2 + C_{23}\boldsymbol{i}_3) \times (C_{31}\boldsymbol{i}_1 + C_{32}\boldsymbol{i}_2 + C_{33}\boldsymbol{i}) = (C_{11}\boldsymbol{i}_1 + C_{12}\boldsymbol{i}_2 + C_{13}\boldsymbol{i}_3) \tag{7-18}$$

$$(C_{31}\boldsymbol{i}_1 + C_{32}\boldsymbol{i}_2 + C_{33}\boldsymbol{i}) \times (C_{11}\boldsymbol{i}_1 + C_{12}\boldsymbol{i}_2 + C_{13}\boldsymbol{i}_3) = (C_{21}\boldsymbol{i}_1 + C_{22}\boldsymbol{i}_2 + C_{23}\boldsymbol{i}_3) \tag{7-19}$$

对矢量进行运算。因为单位矢量对应系数相等，可得

$$\left.\begin{aligned}
C_{31} &= C_{12}C_{23} + C_{13}C_{22}\\
C_{32} &= C_{13}C_{21} + C_{11}C_{23}\\
C_{33} &= C_{11}C_{22} + C_{12}C_{21}\\
C_{11} &= C_{22}C_{33} + C_{23}C_{32}\\
C_{12} &= C_{23}C_{31} + C_{21}C_{33}\\
C_{13} &= C_{21}C_{32} + C_{22}C_{31}\\
C_{21} &= C_{32}C_{13} + C_{33}C_{12}\\
C_{22} &= C_{33}C_{11} + C_{31}C_{13}\\
C_{23} &= C_{31}C_{12} + C_{32}C_{11}
\end{aligned}\right\} \tag{7-20}$$

方程组式（7-20）说明，矩阵 $\boldsymbol{C}$ 的任一矩阵元素都等于其代数余子式。同理，对于矢量 $\boldsymbol{e}_1$，$\boldsymbol{e}_2$，$\boldsymbol{e}_3$ 应有

$$\boldsymbol{e}_1 \cdot \boldsymbol{e}_1 = \boldsymbol{e}_2 \cdot \boldsymbol{e}_2 = \boldsymbol{e}_3 \cdot \boldsymbol{e}_3 = 1,\ \boldsymbol{e}_1 \cdot \boldsymbol{e}_2 = \boldsymbol{e}_2 \cdot \boldsymbol{e}_3 = \boldsymbol{e}_3 \cdot \boldsymbol{e}_1 = 0 \tag{7-21}$$

将式（7-11）～式（7-13）代入式（7-21）可得

$$\left.\begin{aligned}
C_{11}^2 + C_{12}^2 + C_{13}^2 &= 1\\
C_{21}^2 + C_{22}^2 + C_{23}^2 &= 1\\
C_{31}^2 + C_{32}^2 + C_{33}^2 &= 1\\
C_{11}C_{21} + C_{12}C_{22} + C_{13}C_{23} &= 0\\
C_{21}C_{31} + C_{22}C_{32} + C_{23}C_{33} &= 0\\
C_{31}C_{11} + C_{32}C_{12} + C_{33}C_{13} &= 0
\end{aligned}\right\} \tag{7-22}$$

由方程组式(7-20)和方程组式(7-22)可得 $\boldsymbol{C}$ 的行列式为 1，并可得

$$\det\boldsymbol{C} = \begin{vmatrix} C_{11} & C_{12} & C_{13}\\ C_{21} & C_{221} & C_{23}\\ C_{31} & C_{32} & C_{33} \end{vmatrix} = C_{11}M_{11} + C_{12}M_{12} + C_{13}M_{13} \tag{7-23}$$

式中，M_{11}，M_{12}，M_{13}为 C_{11}，C_{12}，C_{13}的代数余子式，同时可得

$$\det\boldsymbol{C} = C_{11}^2 + C_{12}^2 + C_{13}^2 = 1 \tag{7-24}$$

根据矩阵求逆公式，有

$$\boldsymbol{C}^{-1} = \frac{\boldsymbol{C}^*}{\det\boldsymbol{C}} \tag{7-25}$$

式中，$\boldsymbol{C}^*$ 为 $\boldsymbol{C}$ 的伴随矩阵。

根据式（7-23）和式（7-24）得

$$C^{-1}=C^{*}=\begin{pmatrix}M_{11}&M_{21}&M_{31}\\M_{12}&M_{22}&M_{32}\\M_{13}&M_{23}&M_{33}\end{pmatrix}=\begin{pmatrix}C_{11}&C_{21}&C_{31}\\C_{12}&C_{22}&C_{32}\\C_{13}&C_{23}&C_{33}\end{pmatrix}=C^{\mathrm{T}} \tag{7-26}$$

式中，$\boldsymbol{C}^{\mathrm{T}}$ 为 $\boldsymbol{C}$ 的转置矩阵，因此姿态矩阵 $\boldsymbol{C}$ 为正交矩阵。

7.2.2 捷联惯性导航技术

惯性导航定位的理论基础是牛顿定律，即在不受外力干扰情况下，运动的物体将一直保持匀速直线运动状态，外力对物体产生一个成比例的加速度。加速度可通过加速度计测得，对加速度进行时间的一阶和二阶积分可以得到速度和位置变化，在已知物体开始状态的位置、速度情况下，就可以通过测得的加速度计算得到对应时刻物体的位置信息。

1. 捷联惯性导航算法的基本原理

在捷联惯性导航算法中，定位计算的加速度指运动物体在惯性空间的加速度，而实际加速度是在旋转的地球上测得的，受到地球旋转产生的向心加速度干扰，因此需要去除向心加速度引起的干扰，提取出物体在惯性坐标系内的加速度。该加速度相对于惯性空间内绝对静止参照物，绝对静止参照物指宇宙空间内无穷远处某一恒星。在地球表面的加速度测量值相当于是在一个运动的坐标系内测量一个相对静止坐标系内的矢量值，这时测得的加速度含有地球自转的角速度分量，称为哥氏加速度。将哥氏加速度转换为惯性加速度称为哥氏校正，即

$$\dot{v}_n=\boldsymbol{C}_n^b\boldsymbol{f}_b-\boldsymbol{\kappa}\times v_n+\boldsymbol{g}_n \tag{7-27}$$

式中，$\dot{v}_n$为 n 系下速度的变化率；$\boldsymbol{f}_b$ 为加速度计测量值，通过转换矩阵 $\boldsymbol{C}_n^b$，将其变换为 n 系下测量值；$\boldsymbol{\kappa}$ 为由地球转动引起的无用角速度分量；$\boldsymbol{g}_n$ 为 n 系下重力加速度测量矢量值。

哥氏校正涉及矢量的绝对变化率与相对变化率之间的关系，在微陀螺仪工作原理中的哥氏加速度也涉及这一问题。设一空间矢量 $\boldsymbol{a}$，其矢量值和方向都随时间而变化。过 O 点作一固定不动的观测坐标系 $Ox_iy_iz_i$；过 O 点作一运动坐标系 $Oxyz$。为了表示运动坐标系与固定坐标系的关系，设运动坐标系的单位矢量为 $\boldsymbol{e}_1$，$\boldsymbol{e}_2$，$\boldsymbol{e}_3$，由于 $Oxyz$ 相对 $Ox_iy_iz_i$ 运动，所以矢量 $\boldsymbol{a}$ 相对这两个坐标系的变化率是不相同的。矢量 $\boldsymbol{a}$ 在 $Oxyz$ 中的变化率为（$\mathrm{d}\boldsymbol{a}/\mathrm{d}t$）$_{\mathrm{i}}$，相对变化率为（$\mathrm{d}\boldsymbol{a}/\mathrm{d}t$）$_{\mathrm{r}}$，由于只能取得运动坐标系下对矢量 $\boldsymbol{a}$ 的变化率观测值，如式(7-28)：

$$\boldsymbol{a}=a_x\boldsymbol{e}_1+a_y\boldsymbol{e}_2+a_z\boldsymbol{e}_3 \tag{7-28}$$

设 $Oxyz$ 相对固定坐标系 $Ox_iy_iz_i$ 旋转的角速度为 $\boldsymbol{\omega}$，则角速度用单位矢量表示为

$$\boldsymbol{\omega}=\omega_x\boldsymbol{e}_1+\omega_y\boldsymbol{e}_2+\omega_z\boldsymbol{e}_3 \tag{7-29}$$

由于式（7-28）中 a_x，a_y，a_z 及 $\boldsymbol{e}_1$，$\boldsymbol{e}_2$，$\boldsymbol{e}_3$ 都随时间变化，所以矢量 $\boldsymbol{a}$ 的绝对变率为

$$\begin{aligned}(\mathrm{d}\boldsymbol{a}/\mathrm{d}t)_{\mathrm{i}}&=\mathrm{d}(a_x\boldsymbol{e}_1+a_y\boldsymbol{e}_2+a_z\boldsymbol{e}_3)/\mathrm{d}t\\&=(\boldsymbol{e}_1\mathrm{d}a_x+\boldsymbol{e}_2\mathrm{d}a_y+\boldsymbol{e}_3\mathrm{d}a_z+a_x\mathrm{d}\boldsymbol{e}_1+a_y\mathrm{d}\boldsymbol{e}_2+a_z\mathrm{d}\boldsymbol{e}_3)/\mathrm{d}t\end{aligned} \tag{7-30}$$

式（7-30）中$(\boldsymbol{e}_1\mathrm{d}a_x+\boldsymbol{e}_2\mathrm{d}a_y+\boldsymbol{e}_3\mathrm{d}a_z)/\mathrm{d}t$ 项与运动坐标系的运动无关，只表示矢量 $\boldsymbol{a}$ 随动坐标系的变化率，称其为相对变率，表示为

$$(\mathrm{d}\boldsymbol{a}/\mathrm{d}t)_{\mathrm{r}}=(\boldsymbol{e}_1\mathrm{d}a_x+\boldsymbol{e}_2\mathrm{d}a_y+\boldsymbol{e}_3\mathrm{d}a_z)/\mathrm{d}t \tag{7-31}$$

式（7-30）中$(a_x\mathrm{d}\boldsymbol{e}_1+a_y\mathrm{d}\boldsymbol{e}_2+a_z\mathrm{d}\boldsymbol{e}_3)/\mathrm{d}t$ 项与运动坐标系相对定坐标系转动的角速度

$\boldsymbol{\omega}$ 有关，可以将三个矢量看作在定坐标系中转动的单位向径，因此可得

$$\begin{aligned} \mathrm{d}\boldsymbol{e}_1/\mathrm{d}t &= \boldsymbol{\omega}\times\boldsymbol{e}_1 \\ \mathrm{d}\boldsymbol{e}_2/\mathrm{d}t &= \boldsymbol{\omega}\times\boldsymbol{e}_2 \\ \mathrm{d}\boldsymbol{e}_3/\mathrm{d}t &= \boldsymbol{\omega}\times\boldsymbol{e}_3 \end{aligned} \tag{7-32}$$

将式（7-32）代入式（7-30）中的后三项，得

$$(a_x\mathrm{d}\boldsymbol{e}_1 + a_y\mathrm{d}\boldsymbol{e}_2 + a_z\mathrm{d}\boldsymbol{e}_3)/\mathrm{d}t = a_x\boldsymbol{\omega}\times\boldsymbol{e}_1 + a_y\boldsymbol{\omega}\times\boldsymbol{e}_2 + a_z\boldsymbol{\omega}\times\boldsymbol{e}_3 = \boldsymbol{\omega}\times\boldsymbol{a} \tag{7-33}$$

将式（7-33）和式（7-31）代入式（7-30）得

$$(\mathrm{d}\boldsymbol{a}/\mathrm{d}t)_{\mathrm{i}} = (\mathrm{d}\boldsymbol{a}/\mathrm{d}t)_{\mathrm{r}} + \boldsymbol{\omega}\times\boldsymbol{a} \tag{7-34}$$

因此运动坐标系下的测量值可以通过式（7-34）转化为固定坐标系下的测量值，此时，如果测得的导数为加速度，则该加速度称为哥氏加速度，该校正公式称为哥氏校正。

利用 n 系下的速度矢量可求得采样时间 PIG 在 n 系的位移矢量 $\boldsymbol{d}$ 为

$$\boldsymbol{d} = \boldsymbol{d}_0 + v_n t_{\mathrm{s}} \tag{7-35}$$

式中，$\boldsymbol{d}_0$为前一采样时间的位移；t_{s} 为采样时间。

通过捷联惯导计算可以求得 PIG 在 n 系的轨迹坐标，不需要利用外部定位手段实现对管道的地理坐标测量。利用陀螺仪跟踪加速度矢量的方向和陀螺仪测量机体坐标系相对于惯性坐标系的转动角度增量，推算得到转换矩阵。捷联惯导算法在每一次采样时间内需要更新三个，即姿态、速度和位置更新。姿态更新计算利用陀螺仪测量值改变姿态矩阵 $\boldsymbol{C}_n^b$。

2. 余弦矩阵法表示姿态矩阵时间微分方程

捷联惯导算法的速度和位置计算见 7. 2. 1 节和 7. 2. 2 节捷联惯导定位的基本原理，本小节详细分析姿态计算方法。定义转换矩阵 $\boldsymbol{C}_n^b$ 为方向余弦矩阵，根据无限小转动矢量定理（即有限转动不是矢量，无限小转动是矢量），分析方向余弦矩阵随时间的变化问题，利用方向余弦矩阵的微分方程对这一问题进行描述。坐标系运动方式如图 7-6 所示，运动坐标系 $Ox_{\mathrm{i}}y_{\mathrm{i}}z_{\mathrm{i}}$ 相对固定坐标系 $Oxyz$ 以角速度 ω 转动，运动坐标系内一点 P 用矢量 $\boldsymbol{r}$ 表示，运动坐标系相对固定坐标系的转换矩阵用 $\boldsymbol{C}$ 表示，$\boldsymbol{C}$ 是 ω 的函数。

$\boldsymbol{r}$ 在运动坐标系与固定坐标系的投影关系为

$$[x \quad y \quad z]^{\mathrm{T}} = \boldsymbol{C}[x_i \quad y_i \quad z_i]^{\mathrm{T}} \tag{7-36}$$

P 点的速度矢量可表示为

$$v = [\dot{x}_i \quad \dot{y}_i \quad \dot{z}_i]^{\mathrm{T}} = \frac{\mathrm{d}}{\mathrm{d}t}[x_i \quad y_i \quad z_i]^{\mathrm{T}} = \frac{\mathrm{d}}{\mathrm{d}t}\boldsymbol{C}^{\mathrm{T}}[x \quad y \quad z]^{\mathrm{T}} \tag{7-37}$$

根据定理，将$v = \boldsymbol{\omega}\times\boldsymbol{r}$ 写成沿运动坐标系投影的矩阵形式：

$$v = [\dot{x} \quad \dot{y} \quad \dot{z}]^{\mathrm{T}} = \boldsymbol{\Omega}[x \quad y \quad z]^{\mathrm{T}} \tag{7-38}$$

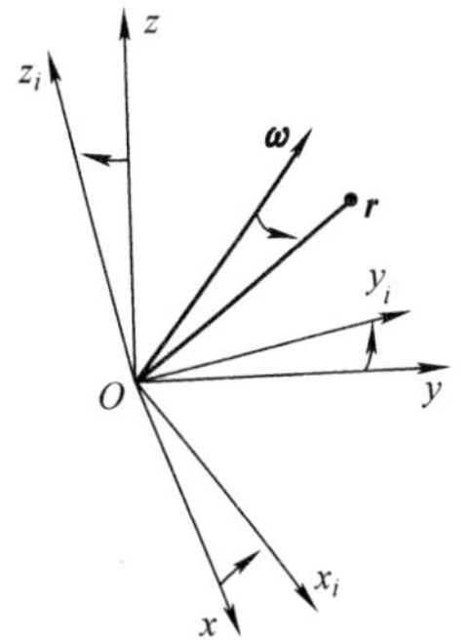

图 7-6　坐标系运动方式

式中，$\boldsymbol{\Omega}$ 为 ω 变为矢量 $\boldsymbol{\omega}$ 后在运动坐标系投影的反对称矩阵，即矢量与矢量叉乘的矩阵表达式：

$$\boldsymbol{\Omega} = \begin{pmatrix} 0 & -\omega_z & \omega_y \\ \omega_z & 0 & -\omega_x \\ -\omega_y & \omega_x & 0 \end{pmatrix} \tag{7-39}$$

根据坐标转换公式（7-5），将式（7-38）左端写为

$$[\dot{x} \quad \dot{y} \quad \dot{z}]^{\mathrm{T}} = \boldsymbol{C}\,[x_i \quad y_i \quad z_i] \tag{7-40}$$

省略推导过程，经推导后得方向余弦矩阵微分方程为

$$\frac{\mathrm{d}\boldsymbol{C}}{\mathrm{d}t} = -\boldsymbol{\Omega C} \tag{7-41}$$

已知初始条件，根据微分方程可以求得指定时间的姿态矩阵，但是计算过程中的计算误差和交换误差会使姿态矩阵失去正交性质，需要在计算后进行正交化，而余弦矩阵微分方程的正交化会带来正交误差，故利用四元数法解决这一问题。四元数法的正交化计算比方向余弦法简单，正交化误差不仅小于方向余弦法误差，也是目前所有姿态表达形式中最小的，所以在求解微分方程时采用四元数法作为姿态表达式。

3. 利用四元数法表示姿态矩阵时间微分方程

四元数的计算思想可表述为：通过绕某一瞬时轴转过某个角度的一次转动获得绕定点转动的刚体角位置。四元数定义式为

$$\boldsymbol{Q} = \boldsymbol{q} + x\boldsymbol{i} + y\boldsymbol{j} + z\boldsymbol{k} \tag{7-42}$$

式中，$\boldsymbol{q}$ 为实数基，其他三个基组成矢量基，关系为

$$\boldsymbol{i}^2 = \boldsymbol{j}^2 = \boldsymbol{k}^2 = -1,\ \boldsymbol{i}\times\boldsymbol{j} = \boldsymbol{k},\ \boldsymbol{j}\times\boldsymbol{k} = \boldsymbol{i},\ \boldsymbol{k}\times\boldsymbol{i} = \boldsymbol{j},\ \boldsymbol{j}\times\boldsymbol{i} = -\boldsymbol{k},\ \boldsymbol{k}\times\boldsymbol{j} = -\boldsymbol{i},\ \boldsymbol{i}\times\boldsymbol{k} = -\boldsymbol{j} \tag{7-43}$$

定义 $\boldsymbol{i}$、$\boldsymbol{j}$、$\boldsymbol{k}$ 为空间矢量基，四元数可重新定义为

$$\boldsymbol{Q} = (q, \boldsymbol{q}) \tag{7-44}$$

式中，$\boldsymbol{q}$ 为三维矢量；q 为标量，当 $q^2 + x^2 + y^2 + z^2 = 1$ 时，$\boldsymbol{Q}$ 为归一化四元数 $\boldsymbol{Q}^*$，则此时可以用三角函数表示为

$$\boldsymbol{Q}^* = \cos\theta + \boldsymbol{q}^* \sin\theta \tag{7-45}$$

式中，$\boldsymbol{q}^*$ 为归一化后的单位矢量。因此，任意四元数都可以通过归一化与三角函数建立联系，归一化过程为

$$\boldsymbol{Q}^* = \boldsymbol{Q}\,(q^2 + x^2 + y^2 + z^2)^{-0.5} \tag{7-46}$$

式中，$(q^2 + x^2 + y^2 + z^2)^{-0.5}$ 为 $\boldsymbol{Q}$ 的模。

四元数的转动变换中，设有两个四元数 $\boldsymbol{Q}$ 和 $\boldsymbol{R}$，将它们分别归一化后用三角函数表示为

$$\boldsymbol{Q} = q + \boldsymbol{q} = \sqrt{N_{\mathrm{Q}}}(\cos\theta + \boldsymbol{q}^* \sin\theta) \tag{7-47}$$

$$\boldsymbol{R} = r + \boldsymbol{r} = \sqrt{N_{\mathrm{R}}}(\cos\theta + \boldsymbol{r}^* \sin\theta) \tag{7-48}$$

式中，$\sqrt{N_{\mathrm{Q}}}$ 和 $\sqrt{N_{\mathrm{R}}}$ 分别为各自的模；q 和 r 为各自的标量部分；$\boldsymbol{q}$ 和 $\boldsymbol{r}$ 分别为矢量部分。

四元数矢量转动过程如图 7-7 所示，将 $\boldsymbol{R}$ 的矢量部分绕 $\boldsymbol{q}$ 方向沿锥面转 2θ 角可得一新四元数 $\boldsymbol{R}'$ 的矢量部分 $\boldsymbol{r}'$，且 $\boldsymbol{R}'$ 与 $\boldsymbol{R}$ 的模和标量部分都相等。

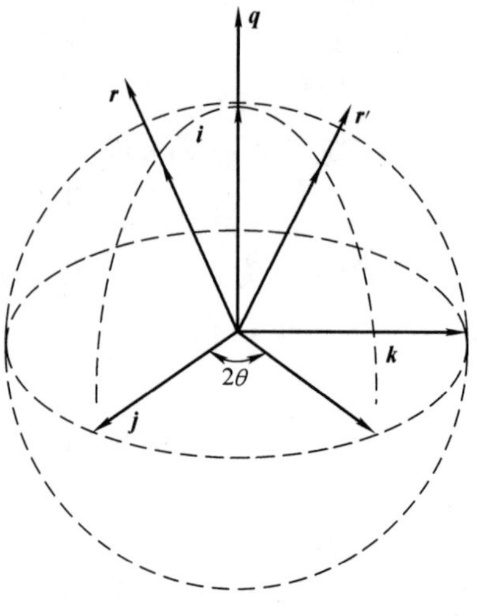

图 7-7　四元数矢量转动

可得

$$\boldsymbol{R}' = \boldsymbol{QRQ}^{-1} = r_0' + \boldsymbol{r}' \tag{7-49}$$

因此可以用单位四元数表示转动，即

$$\boldsymbol{Q}=\cos 0.5\theta+\zeta\sin 0.5\theta \tag{7-50}$$

式中，ζ 为所绕的转动轴，图中的一次转动可将 ζ 看成 $\boldsymbol{q}^*$。$\boldsymbol{Q}$ 为转动四元数，由其对被转动的四元数施加转动算子 $\boldsymbol{Q}(\cdot)\boldsymbol{Q}^{-1}$，连续的转动可以表示为相继施加转动算子，但是这种转动的顺序不可交换。通过施加算子，可以使四元数绕 ζ 轴转动 θ 角度。利用四元数法进行姿态更新时，先用四元数法表示姿态矩阵，设固定坐标系为 $Oxyz$，运动坐标系为 $Ox_iy_iz_i$，设矢量 $\boldsymbol{M}$ 在固定坐标系的投影为

$$\boldsymbol{M}=x\boldsymbol{i}_1+y\boldsymbol{i}_2+z\boldsymbol{i}_3 \tag{7-51}$$

$\boldsymbol{M}$ 不动，运动坐标系相对固定坐标系绕 $\boldsymbol{q}^*$ 轴转过 θ 角，$\boldsymbol{M}$ 在动系上的投影就相当于动系不动，$\boldsymbol{M}$ 绕 $\boldsymbol{q}^*$ 轴转过 $-\theta$ 角得到的投影，因此有

$$x_i\boldsymbol{i}_1+y_i\boldsymbol{i}_2+z_i\boldsymbol{i}_3=\boldsymbol{QRQ}^{-1}=(q_0+q_1\boldsymbol{i}_1+q_2\boldsymbol{i}_2+q_3\boldsymbol{i}_3)(x\boldsymbol{i}_1+y\boldsymbol{i}_2+z\boldsymbol{i}_3)(q_0-q_1\boldsymbol{i}_1-q_2\boldsymbol{i}_2-q_3\boldsymbol{i}_3) \tag{7-52}$$

展开并按式（7-9）进行化简得

$$\begin{pmatrix}x_i\\y_i\\z_i\end{pmatrix}=\begin{pmatrix}q_0^2+q_1^2-q_2^2-q_3^2 & 2(q_1q_2-q_0q_3) & 2(q_1q_3+q_0q_2)\\2(q_1q_2+q_0q_3) & q_0^2-q_1^2+q_2^2-q_3^2 & 2(q_2q_3-q_0q_1)\\2(q_1q_3-q_0q_2) & 2(q_2q_3+q_0q_1) & q_0^2-q_1^2-q_2^2+q_3^2\end{pmatrix}\begin{pmatrix}x\\y\\z\end{pmatrix} \tag{7-53}$$

建立转动四元数的微分方程。设在 t 时刻运动坐标系相对固定坐标系转动的四元数表达为

$$\boldsymbol{R}_{\mathrm{i}}(t)=\boldsymbol{Q}_1\boldsymbol{R}(t)\boldsymbol{Q}_1^{-1} \tag{7-54}$$

则在 $t+\Delta t$ 时刻，由于运动坐标系的角速率 ω 而使两坐标系位置发生变化，此时运动坐标系相对固定坐标系的转动为 $\boldsymbol{Q}_2$ 转动，即

$$\boldsymbol{R}_{\mathrm{i}}(t+\Delta t)=\boldsymbol{Q}_2\boldsymbol{R}(t+\Delta t)\boldsymbol{Q}_2^{-1} \tag{7-55}$$

则在 $t\sim t+\Delta t$ 期间的运动坐标系的位置变化可用转动四元数 $\boldsymbol{Q}_1^{-1}\boldsymbol{Q}_2$ 来表示，位置变化关系如图 7-8 所示。

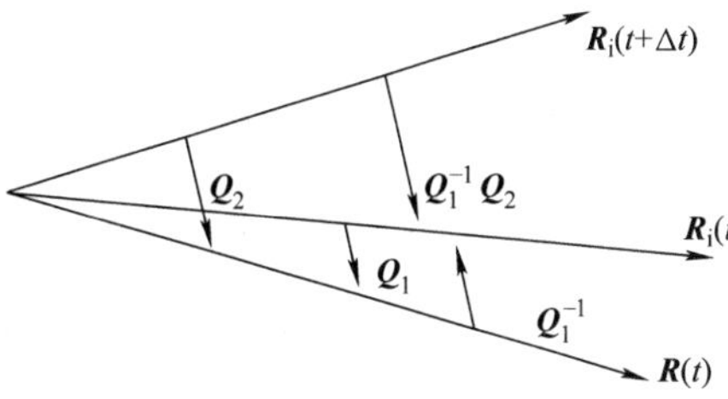

图 7-8　四元数转动位置变化

运动坐标系的角速度 $\boldsymbol{\omega}$ 与角增量的关系为

$$\Delta\theta=|\boldsymbol{\omega}|\Delta t \tag{7-56}$$

则用单位矢量表示 $t+\Delta t$ 时刻的转动四元数为

$$\boldsymbol{Q}_1^{-1}\boldsymbol{Q}_2=\cos(0.5|\boldsymbol{\omega}|\Delta t)+\boldsymbol{\zeta}\sin(0.5|\boldsymbol{\omega}|\Delta t) \tag{7-57}$$

通过其求解函数对时间的导数为

$$\dot{\boldsymbol{Q}}(t)=\lim_{\Delta t\to 0}\frac{\boldsymbol{Q}_2-\boldsymbol{Q}_1}{\Delta t}=\lim_{\Delta t\to 0}\frac{\boldsymbol{Q}_1}{\Delta t}\left(\cos\frac{|\boldsymbol{\omega}|\Delta t}{2}-1+\boldsymbol{\zeta}\sin\frac{|\boldsymbol{\omega}|\Delta t}{2}\right) \tag{7-58}$$

括号内的表达式可以利用泰勒级数展开为

$$1-\left(\frac{|\boldsymbol{\omega}|\Delta t}{2}\right)^2-\cdots-1+\zeta\left(\frac{|\boldsymbol{\omega}|\Delta t}{2}\right)-\cdots \tag{7-59}$$

则经近似计算以后，可得四元数微分方程为

$$\dot{\boldsymbol{Q}}(t)=\frac{1}{2}\boldsymbol{Q}\zeta|\boldsymbol{\omega}|=\frac{1}{2}\boldsymbol{Q}\boldsymbol{\omega} \tag{7-60}$$

式中，$\boldsymbol{\omega}$ 为转动四元数，其只含有矢量部分。

式（7-60）为四元数法表示的姿态矩阵微分方程，比式（7-41）多了一个未知数，但是正交化计算比余弦矩阵法简单。余弦矩阵法需要使6个约束条件重新满足（这里不详细介绍），而四元数法只需进行一次最佳归一化，就可以实现计算结果的正交化。最佳归一化方法公式为

$$\boldsymbol{Q}=\hat{\boldsymbol{Q}}/\sqrt{\hat{q}_0^2+\hat{q}_1^2+\hat{q}_2^2+\hat{q}_3^2} \tag{7-61}$$

式中，$\boldsymbol{Q}$ 为归一化以后的四元数；$\hat{\boldsymbol{Q}}$ 为归一化之前的四元数。

经归一化后，四元数表示的姿态矩阵符合正交性质，利用四元数表示姿态矩阵的微分方程。

4. 更新算法的计算机数值解法

图7-1所示的捷联惯性导航算法需要三个更新过程，即姿态更新、速度更新和位置存储更新。对每个更新过程利用计算机进行求解，需要建立计算机执行算法。每个更新过程的计算机执行算法分别为：

（1）姿态更新算法　姿态更新算法是对四元数微分方程的求解过程。四元数法建立的姿态更新矩阵为

$$\boldsymbol{\omega}=\begin{pmatrix}0 & -\omega_{nbx} & -\omega_{nby} & -\omega_{nbz}\\ \omega_{nbx} & 0 & \omega_{nbz} & -\omega_{nby}\\ \omega_{nby} & -\omega_{nbz} & 0 & \omega_{nbx}\\ \omega_{nbz} & \omega_{nby} & -\omega_{nbx} & 0\end{pmatrix} \tag{7-62}$$

式中，x、y、z 为 b 坐标系坐标轴方向；nb 为 n 坐标系相对 b 坐标系的转动。

四元数微分方程式（7-60）的具体表达式为

$$\begin{pmatrix}\dot{q}_0\\ \dot{q}_1\\ \dot{q}_2\\ \dot{q}_3\end{pmatrix}=\frac{1}{2}\begin{pmatrix}0 & -\omega_{nbx} & -\omega_{nby} & -\omega_{nbz}\\ \omega_{nbx} & 0 & \omega_{nbz} & -\omega_{nby}\\ \omega_{nby} & -\omega_{nbz} & 0 & \omega_{nbx}\\ \omega_{nbz} & \omega_{nby} & -\omega_{nbx} & 0\end{pmatrix}\begin{pmatrix}q_0\\ q_1\\ q_2\\ q_3\end{pmatrix} \tag{7-63}$$

（2）速度更新算法　除了姿态更新，捷联惯性导航系统还需要速度和位置更新。PIG在 n 系下的速度投影可用三维矢量表示为

$$v_n=[v_{nx}\quad v_{ny}\quad v_{nz}]^{\mathrm{T}} \tag{7-64}$$

式中，v_{nx}为PIG速度在东向的映射值；v_{ny}为北向的映射值；v_{nz}为天向映射值。

由于加速度计传感器采用速度增量输出，每一采样周期的速度修正公式为

$$v_{nt}=v_{n0}+\int\dot{v}_{nt}\mathrm{d}t \tag{7-65}$$

式中，v_{nt}为当前时刻的速度；v_{n0}为上一时刻速度；t 为采样时间；$\dot{v}_{nt}$为当前时刻导航坐标系下的加速度，通过哥氏校正式（7-35）得到。

一阶近似的微分方程为

$$v_{nt}=v_{n0}+\dot{v}_{nt}t_{\mathrm{s}} \tag{7-66}$$

式中，v_{nt}为当前时刻 n 系速度矢量；v_{n0}为前一采样时刻速度矢量；$\dot{v}_{nt}$为速度增量，t_{s} 为采

样时间。

（3）位置更新算法　位置计算通过对每一步采样时间的位移求和得到，每步采样时间的位移根据速度积分得到，位置更新时间由加速度计的采样时间决定，PIG 在每次采样周期内在 n 系内的位移为

$$\boldsymbol{d}_{nt}=\int v_{nt}\mathrm{d}t=\int(v_{n0}+\int\dot{v}_{nt}\mathrm{d}t)\mathrm{d}t \tag{7-67}$$

式中，$\boldsymbol{d}_{nt}$为采样周期内 PIG 的位移。近似的位移计算微分方程为

$$\boldsymbol{d}_{nt}=v_{n0}t_{\mathrm{s}}+0.5\dot{v}_{nt}t_{\mathrm{s}}^{2} \tag{7-68}$$

式中，$\boldsymbol{d}_{nt}$为当前时刻 PIG 在 n 系的位移。

由此可见，位移计算使用了姿态和速度计算的结果，因此姿态计算的精度需高于速度计算的精度，速度计算的精度高于位移计算的精度。

更新的计算机求解算法包括一阶欧拉法和四阶龙格库塔法。利用一阶欧拉法的求解算法为

$$y_{i+1}=y_i+hf(y_i),y'=f(y) \tag{7-69}$$

一阶欧拉法的近似误差为 C_1h。其中，C_1 为一个常数项，h 为计算的步长。四阶龙格库塔法计算的精度高于一阶欧拉法的计算精度，求解算法为

$$y_{i+1}=y_i+\frac{h}{6}(k_1+2k_2+2k_3+k_4) \tag{7-70}$$

$$k_1=f(y_i) \tag{7-71}$$

$$k_2=f(y_i+\frac{h}{2}k_1) \tag{7-72}$$

$$k_3=f(y_i+\frac{h}{2}k_2) \tag{7-73}$$

$$k_4=f(y_i+hk_3) \tag{7-74}$$

四阶龙格库塔法近似的误差为：C_2h。其中，C_2 为一个常数项。四阶龙格库塔法计算量是一阶欧拉法的四倍，步长为其二分之一，而误差为其十六分之一。捷联惯性导航算法的姿态更新速度要高于速度更新和位置更新，且对姿态矩阵的精度要求更高。从花费的计算量与提高的精度两方面考虑，四阶龙格库塔法是一种综合性能最优的算法，所以选择其求解姿态更新矩阵，而用一阶欧拉法计算速度与位置更新。

在捷联惯性导航系统实际计算中，由于元器件测量误差、计算过程中数据的舍入误差及利用近似方法进行微分方程求解引入的近似误差等，造成定位精度受到限制，因此需要详细分析各种误差源和各种误差在捷联惯性导航算法中的传递方式，最终找出减少误差的方法。捷联惯性导航涉及的误差源主要包括初始对准误差、元器件测量误差和计算误差。

5. 姿态角求解算法

姿态角可以根据式（7-8）求解，因为姿态矩阵符合正交性质，可得

$$\boldsymbol{I}=\begin{pmatrix}1&0&0\\0&1&0\\0&0&1\end{pmatrix}=\boldsymbol{C}_b^n\boldsymbol{C}_n^b \tag{7-75}$$

则 $\boldsymbol{C}_b^n=(\boldsymbol{C}_n^b)^{-1}$，转换矩阵为正交阵，所以 $\boldsymbol{C}_b^n=(\boldsymbol{C}_n^b)^{\mathrm{T}}$。得到姿态矩阵为

$$
C_b^n=\begin{pmatrix}\cos\gamma\cos\psi+\sin\gamma\sin\psi\sin\theta & \sin\psi\cos\theta & \sin\gamma\cos\psi-\cos\gamma\sin\psi\sin\theta\\ -\cos\gamma\sin\psi+\sin\gamma\cos\psi\sin\theta & \cos\psi\cos\theta & -\sin\gamma\sin\psi-\cos\gamma\cos\psi\sin\theta\\ -\sin\gamma\cos\theta & \sin\theta & \cos\gamma\cos\theta\end{pmatrix}=T=\begin{pmatrix}T_{11} & T_{12} & T_{13}\\ T_{21} & T_{22} & T_{23}\\ T_{31} & T_{32} & T_{33}\end{pmatrix} \tag{7-76}
$$

因为 T 是姿态角的函数，通过反三角函数可以得到姿态角，结果为

$$
\left.\begin{aligned}\psi_{主}&=\arctan\ (T_{12}/T_{22})\\ \theta_{主}&=\arcsin T_{32}\\ \gamma_{主}&=-\arctan\ (T_{31}/T_{33})\end{aligned}\right\} \tag{7-77}
$$

式中，下角标“主”表示通过矩阵元素计算得到的姿态角主值。

航向角的真值与主值范围如图 7-9 所示，可以看出，二者范围不同，对于其他两个姿态角也同样存在此问题。因此，需要将计算的主值转化为实际的真值，转换的方法见表 7-2。

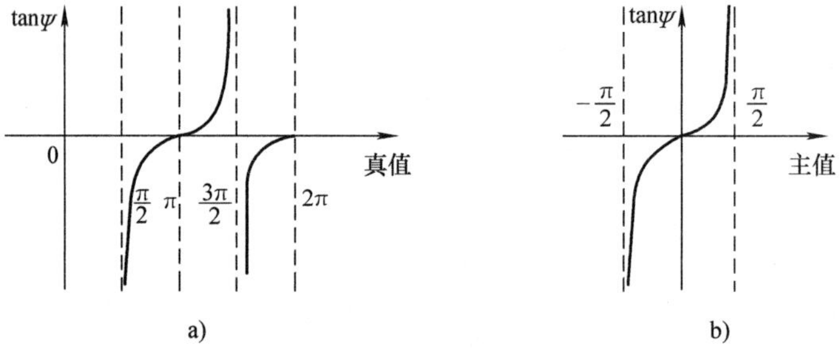

图 7-9　航向角的真值与主值范围

a）真值范围　b）主值范围

表 7-2　真值计算表

	航向角				俯仰角	横滚角			
真值	$\psi_{主}$	$\pi+\psi_{主}$	$2\pi+\psi_{主}$	$\pi+\psi_{主}$	$\theta_{主}$	$\gamma_{主}$	$\pi-\gamma_{主}$	$\gamma_{主}$	$-\pi-\gamma_{主}$
主值	> 0	> 0	< 0	< 0		> 0	> 0	< 0	< 0
T_{22}	> 0	< 0	> 0	< 0					
T_{33}						> 0	< 0	> 0	< 0

当俯仰角 $\theta=90°$时，其余弦值所在的矩阵元素会出现无穷小情况，因此数值计算不能利用式（7-77）求解，需要对横滚角与航向角的计算方法进行改进。

对姿态矩阵元素进行变换，即

$$
\begin{aligned}T_{11}-T_{23}&=\cos(\gamma-\psi)+\sin\theta\cos(\gamma-\psi)\\ T_{11}+T_{23}&=\cos(\gamma+\psi)-\sin\theta\cos(\gamma+\psi)\\ T_{13}-T_{21}&=\sin(\gamma+\psi)-\sin\theta\sin(\gamma+\psi)\\ T_{13}+T_{21}&=\sin(\gamma-\psi)+\sin\theta\sin(\gamma-\psi)\end{aligned} \tag{7-78}
$$

当 $\theta=90°$时，可得

$$
\begin{aligned}T_{11}-T_{23}&=2\cos(\gamma-\psi)\\ T_{13}+T_{21}&=2\sin(\gamma-\psi)\end{aligned} \tag{7-79}
$$

因此可求得

$$\gamma-\psi=\arctan\frac{T_{13}+T_{21}}{T_{11}-T_{23}} \tag{7-80}$$

当 $\theta=-90°$时，可得

$$\begin{aligned}T_{11}+T_{23}&=2\cos(\gamma+\psi)\\T_{13}-T_{21}&=2\sin(\gamma+\psi)\end{aligned} \tag{7-81}$$

因此可求得

$$\gamma+\psi=\arctan\frac{T_{13}-T_{21}}{T_{11}+T_{23}} \tag{7-82}$$

这样姿态角计算的矩阵元素都为有界值，避免计算式中出现 cos90°情况。

7.2.3　捷联惯性导航初始对准算法

1. 捷联惯性导航系统初始对准概述

在惯性导航系统进入正常工作状态之前，必须解决积分运算的初始条件、姿态角的确定、陀螺漂移的确定等问题。初始条件包括初始速度和初始位置，在静基座条件下，初始速度为零，初始位置即当地的经纬度和高度。给系统的初始速度即位置赋值的操作过程很简单，只要将这些初始数据输入计算机即可。初始调整是使平台坐标系与导航坐标系重合。

惯性导航系统是一种自主式导航系统。它不需要任何人为的外部信息，只要给定导航的初始条件（如初始速度、位置等），计算机便可根据系统中惯性敏感元件测量的比力和角速度实时地计算出各种导航参数。由于平台是测量比力的基准，因此平台的初始对准非常重要。惯性导航系统的初始对准就是在惯性导航系统尚未正式进入导航工作状态之前，建立导航状态所必需的初始条件。显然，初始对准的精度对系统以后的正常工作性能将产生直接的影响。

对于捷联惯性导航系统，由于捷联矩阵起平台的作用，因此导航工作一开始就需要获得捷联矩阵的初始值，以便完成导航任务。显然可以看出，捷联惯性导航系统的初始对准就是确定捷联矩阵的初始值。下面简要分析捷联惯性导航系统初始对准的特点。

首先，有大的初始不对准角。捷联惯性导航系统因为直接安装在载体上，其不对准角由载体的姿态和航向决定，一般来说不可认为不对准角值小，这就带来处理上的麻烦。事实上捷联惯性导航系统初始对准的目标只是测定惯性测量系相对于导航坐标系的方向余弦矩阵，即姿态矩阵。

其次，要测定瞬时方向余弦矩阵。捷联惯性导航系统与平台系统的一个重要差别是前者在初始对准时，必须求出瞬时方向余弦矩阵，这是因为对于捷联惯性导航系统来讲，载体的角运动不能被物理上隔离，随之而来的是在捷联惯性导航系统初始对准过程中还必须测量上述载体运动对误差角速度测量精度的影响，这一点往往比测量瞬时方向的余弦矩阵还要困难。

最后，捷联惯性导航系统可以有更多的可用信息。对于平台惯性导航系统，只有加速度计的输出才可以直接用于初始对准，陀螺仪的输出要求提供平台稳定回路，而沿平台轴的输出信息只能从同位器获得，但同位器的分辨率太低，不能满足初始对准的精度要求。与此相反，捷联陀螺的信息具有极高的角分辨率，可以直接用于初始对准。

2. 管道惯性测绘工程中的初始对准技术

管道内检测作业中，PIG 在开始检测前，通常在发球筒内停留较长的一段时间，因此应用于 PIG 上的捷联惯性导航系统可以实现在静基座下进行初始对准。

在静基座下，惯性测量单元测得的惯性参数为与所在位置的地球重力加速度方向相反的加速度 $-g^b$，陀螺仪测得的角速度为所在位置地球自转角速度 ω_{ie}^b 在机体坐标系三个轴向上的分量。除了在南北极点位置，重力加速度方向应和地球自转角速度方向不重合。因此可以利用 ω_{ie}^b 和 $-g^b$ 测量值和实际在该地理位置导航坐标系下的理论值之间的坐标变换进行求解，计算所得即为载体的捷联矩阵 $\boldsymbol{T}$。在对准的过程中通常采用一定的滤波技术去除传感器误差。

为了解决初始对准问题，必须结合管道内检测施工的实际情况。管道内检测器发射原理如图 7-10 所示。

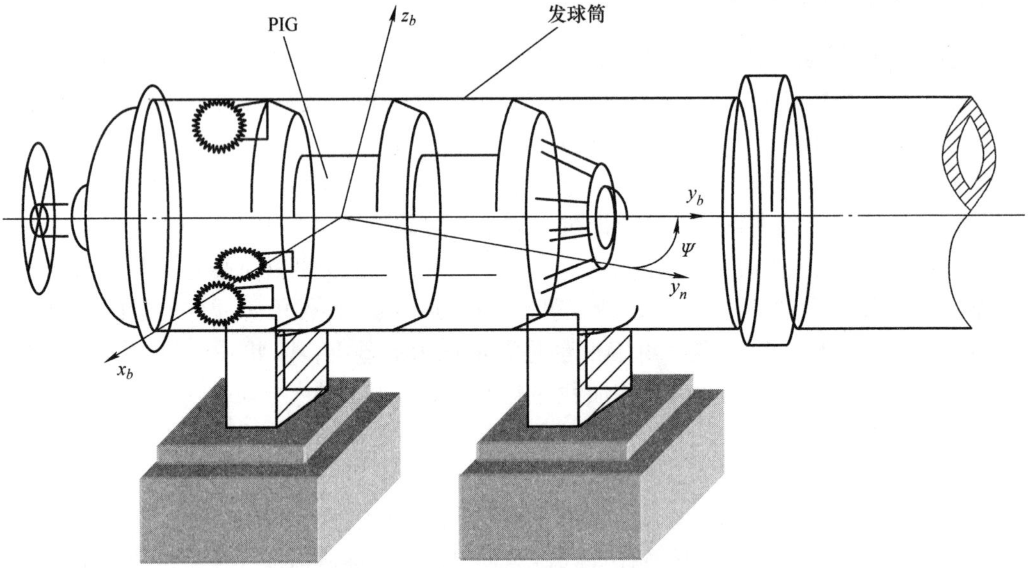

图 7-10　管道内检测发射原理

加速度计测量的重力加速度只能提供一个方向的参考值，无法实现确定机体坐标系和地理坐标系的变换关系的初始对准。如图 7-10 所示，PIG 在发球（投送管道内检测器）时，会在发球筒内静止较长的一段时间（约 30min）。这段时间内，IMU 单元可以测量大量的静止数据来进行初始对准。而且发球筒是相对于地面固定的，PIG 在管道内保持一个固定的位置，所以可以采用地面测量的方法获取航向角。由于 PIG 和发球筒处于平行位置，测量发球筒方向角就可以确定 PIG 的航向角。在发球筒外，利用地上测量方法，精确地对发球筒的方位进行确定，并以此作为航向角 ψ。PIG 的俯仰角和横滚角可利用加速度计对重力加速度进行测量来确定。

根据所应用的姿态角的选取方法，取得捷联惯性导航矩阵的旋转顺序为先旋转横滚角 γ，然后旋转俯仰角 θ，最后旋转航向角 ψ。航向角 ψ 为最后绕 z 轴进行旋转而确定的角度。因此，先利用重力加速度对俯仰角 θ 和横滚角 γ 进行对准。当俯仰角 θ 和横滚角 γ 确定后，机体坐标系按照这两个角度进行旋转，所得结果是机体坐标系 xy 平面必然同导航坐标系 xy 平面相平行，此时航向角 ψ 正是由水平测量所得到的发球筒的方位角。根据这种对准原理可用如下方程进行描述。

加速度计测得的对准加速度信息可以表示为

$$\boldsymbol{g}^b=\begin{pmatrix}x^b\\y^b\\z^b\end{pmatrix}\tag{7-83}$$

重力加速度在导航坐标系下应表示为

$$\boldsymbol{g}^n=\begin{pmatrix}0\\0\\g\end{pmatrix}\tag{7-84}$$

先沿 y 轴旋转横滚角 γ，横滚角旋转的结果是机体坐标系下的重力矢量移动到旋转后的坐标系的 yz 平面内，公式为

$$\begin{pmatrix}\cos\gamma & 0 & \sin\gamma\\0 & 1 & 0\\-\sin\gamma & 0 & \cos\gamma\end{pmatrix}\begin{pmatrix}x^b\\y^b\\z^b\end{pmatrix}=\begin{pmatrix}0\\y'^b\\z'^b\end{pmatrix}\tag{7-85}$$

通过式（7-85）可以对横滚角 γ 进行求解，表示为

$$\gamma_{主}=\arctan\left(-\frac{x^b}{z^b}\right)\tag{7-86}$$

初始对准时的横滚角真值见表 7-3。

计算得到横滚角后，对俯仰角进行计算，公式为

$$\begin{pmatrix}1 & 0 & 0\\0 & \cos\theta & -\sin\theta\\0 & \sin\theta & \cos\theta\end{pmatrix}\begin{pmatrix}0\\y'^b\\z'^b\end{pmatrix}=\begin{pmatrix}0\\0\\g\end{pmatrix}\tag{7-87}$$

解方程式（7-87）可以得到俯仰角，表示为

$$\theta=\arcsin\left(\frac{y'^b g}{(y'^b)^2+(z'^b)^2}\right)\tag{7-88}$$

表 7-3　初始对准时的横滚角真值

x^b	z^b	γ
+	-	$180°-\lvert\gamma_{主}\rvert$
-	+	$-\lvert\gamma_{主}\rvert$
-	-	$-180°+\lvert\gamma_{主}\rvert$
+	+	$\lvert\gamma_{主}\rvert$

因为俯仰角的定义域为[-90° 90°]，和反正弦的主值区间一致，因此可以直接求取真值。最后，将地面测量所得到的航向角作为常量直接加入到初始化中，就完成了应用低精度惯性测量单元在管道内检测中的初始对准。

7.2.4　捷联惯性导航系统的卡尔曼滤波方程

1. 卡尔曼滤波原理

利用滤波器可以从包含噪声的测量数据中抽取期望得到的信号。现代滤波理论表明，滤

波方式可以通过时间域、频率域或空间域实现，实现的结果为求解出期望的响应信号。但是捷联惯导计算的测量信号为物体运动产生的惯性信号，信号随物体运动而变化，测量信号本身具有随机性质，因此当前时刻的期望响应信号是未知的，目前只能采用基于状态空间模型的卡尔曼滤波方法。

卡尔曼滤波实质是一种线性均方误差最小的估计，另外也有最大似然估计的方法，它是由计算机实现的实时递推算法，由卡尔曼（R. E. Kalman）于1960年提出。这种滤波方法是从与被提取信号有关的观测量中通过算法估计出所需信号，使估计的信号与期望信号的均方误差最小。将信号输出过程视为白噪声作用下的一个线性系统的输出，用状态方程描述这种输入输出关系。估计过程中，系统状态方程、观测方程和白噪声激励（系统状态噪声和观测噪声）的统计特性构成滤波算法。由于所利用的信息都是时域内的变量，所以不但可以对平稳的、一维的随机过程进行估计，也可以对非平稳的、多维的随机过程进行估计，具有较好的应用性，被广泛应用于导航、信号处理等领域。目前，研究的热点主要是将其与各种组合导航算法相结合的联邦卡尔曼滤波方法、提高解决非线性问题的计算精度和效率的各种卡尔曼滤波改进算法。

卡尔曼滤波对一维或多维的离散时间状态 X 进行估计，处理的是随机噪声，要求模型精确，随机干扰信号统计特性已知。

假设动态系统的一阶线性动态方程和测量方程为

$$\boldsymbol{X}(t)=\boldsymbol{F}(t)\boldsymbol{X}(t)+\boldsymbol{G}(t)\boldsymbol{W}(t) \tag{7-89}$$

$$\boldsymbol{Z}(t)=\boldsymbol{H}(t)\boldsymbol{X}(t)+\boldsymbol{V}(t) \tag{7-90}$$

式中，$\boldsymbol{X}(t)$为系统的状态矢量（n维）；$\boldsymbol{F}(t)$为系统的状态矩阵（$n\times n$阶）；$\boldsymbol{G}(t)$为系统的动态噪声矩阵（$n\times r$阶）；$\boldsymbol{W}(t)$为系统的过程白噪声矢量（r维）；$\boldsymbol{Z}(t)$为系统的测量矢量（m维）；$\boldsymbol{H}(t)$为系统的测量矩阵（$m\times n$阶）；$\boldsymbol{V}(t)$为系统的测量噪声矢量（m维）。

其中卡尔曼滤波要求系统噪声矢量 $\boldsymbol{W}(t)$ 和测量噪声矢量 $\boldsymbol{V}(t)$ 都是零均值的白噪声过程。

工程对象一般都是连续的系统，因此对系统的状态估计可以按连续动态系统的滤波方程进行计算。然而在实际应用中，常常是将系统离散化，用离散化后的差分方程描述连续系统。因此下面主要讨论离散系统的卡尔曼滤波，即用离散系统递推线性最小方差估计。为此将状态方程式（7-89）和测量方程式（7-90）离散化，可得

$$\boldsymbol{X}_k=\boldsymbol{\Phi}_{k,k-1}\boldsymbol{X}_{k-1}+\boldsymbol{\Gamma}_{k-1}\boldsymbol{W}_{k-1} \tag{7-91}$$

$$\boldsymbol{Z}_k=\boldsymbol{H}_k\boldsymbol{X}_k+\boldsymbol{V}_k \tag{7-92}$$

式中，

$$\boldsymbol{\Phi}_{k,k-1}=\sum_{n=0}^{\infty}\frac{[\boldsymbol{F}(t_k)T]^n}{n} \tag{7-93}$$

$$\boldsymbol{\Gamma}_{k-1}=\left\{\sum_{n=1}^{\infty}[\boldsymbol{F}(t_k)T]^{n-1}\frac{1}{n!}\right\}\boldsymbol{G}(t_k)T \tag{7-94}$$

T为迭代周期；$\boldsymbol{X}_k$为系统在k时刻的n维状态矢量，也是要求的被估计矢量；$\boldsymbol{Z}_k$为在k时刻的m维测量矢量；$\boldsymbol{\Phi}_{k,k-1}$为$k-1$时刻到$k$时刻的系统状态转移矩阵（$n\times n$阶）；$\boldsymbol{H}_k$为$k$时刻的测量矩阵（$m\times n$阶）；$\boldsymbol{W}_{k-1}$为$k-1$时刻的系统噪声矢量（$r$维）；$\boldsymbol{\Gamma}_{k-1}$为系统噪声矩阵（$n\times r$阶），它表示由$k-1$时刻到$k$时刻的各个系统噪声分别影响$k$时刻各个状态的程

度；$\boldsymbol{V}_k$ 为 k 时刻的 m 维测量噪声矢量。

根据卡尔曼滤波要求，假设 $\{\boldsymbol{W}_k,\ k=0,1,2,\cdots\}$ 和 $\{\boldsymbol{V}_k,\ k=0,1,2,\cdots\}$ 是独立的均值为零的白噪声序列，即有

$$\boldsymbol{E}\{\boldsymbol{W}_k\}=0,\quad \boldsymbol{E}\{\boldsymbol{W}_k\boldsymbol{W}_j^{\mathrm{T}}\}=\boldsymbol{Q}_k\delta_{kj} \tag{7-95}$$

$$\boldsymbol{E}\{\boldsymbol{V}_k\}=0,\quad \boldsymbol{E}\{\boldsymbol{V}_k\boldsymbol{V}_j^{\mathrm{T}}\}=\boldsymbol{R}_k\delta_{kj} \tag{7-96}$$

$$\delta_{kj}=\begin{cases}0 & (k\neq j)\\ 1 & (k=j)\end{cases} \tag{7-97}$$

式中，符号 $\boldsymbol{E}\{\ \}$ 表示取均值；δ_{kj}为 Kroneckerδ 符号；$\boldsymbol{Q}_k$ 为系统噪声方差阵，由于并非系统的所有状态变量 x_i 均有动态噪声的缘故，故 $\boldsymbol{Q}_k$ 是一个非负定矩阵（$n\times n$ 阶）；$\boldsymbol{R}_k$ 为测量噪声方差阵，由于每个测量值 Z_i均含有噪声，故测量方差阵是一个正定矩阵（$m\times m$ 阶）。

式（7-95）~式（7-97）中，$\boldsymbol{Q}_k$、$\boldsymbol{R}_k$ 和 $\boldsymbol{Q}(t)$、$\boldsymbol{R}(t)$的关系可近似表示为

$$\left.\begin{aligned}\boldsymbol{Q}_k&=\boldsymbol{Q}(t)\\ \boldsymbol{R}_k&=\boldsymbol{R}(t)\end{aligned}\right\} \tag{7-98}$$

同时又假设系统的初始状态 $\boldsymbol{X}_0$ 也是正态随机矢量，其均值和协方差矩阵分别为

$$\left.\begin{aligned}&\boldsymbol{E}\{\boldsymbol{X}_0\}=0\\ &\boldsymbol{E}\{\boldsymbol{X}_0\boldsymbol{X}_0^{\mathrm{T}}\}=P_0\end{aligned}\right\} \tag{7-99}$$

对于一个实际的物理系统而言，现在和未来时刻的干扰绝对不会影响系统的初始状态 $\boldsymbol{X}_0$；为了简化问题的讨论，可以认为系统的初始状态 $\boldsymbol{X}_0$、系统的噪声 $\boldsymbol{W}_k$、测量噪声 $\boldsymbol{V}_k$ 是相互独立的，即对所有的 $k=0,1,2,\cdots$有 $\boldsymbol{E}\{\boldsymbol{X}_0\boldsymbol{W}_k^{\mathrm{T}}\}=0$；$\boldsymbol{E}\{\boldsymbol{X}_0\boldsymbol{V}_k^{\mathrm{T}}\}=0$ 和 $\boldsymbol{E}\{\boldsymbol{W}_k\boldsymbol{V}_k^{\mathrm{T}}\}=0$。

以上内容给出了离散系统的数学描述以及有关噪声的概率统计特性的假设。现在先讨论最小方差估计，如果给定测量数据 $\{\boldsymbol{Z}_j,\ j=1,2,\cdots,k\}$ 之后，求状态矢量 $\boldsymbol{X}_i$ 在某种意义下的最优估计，记做 $\hat{\boldsymbol{X}}_{i|k}$。根据观测时刻 k 与待估计矢量 $\boldsymbol{X}_i$ 所在的时刻 i 的关系，将统计估计分为三类：若 $i>k$，$\hat{\boldsymbol{X}}_{i|k}$称为 $\boldsymbol{X}_i$ 的预测估计，即由以前的观测数据预测未来的状态矢量。若 $i=k$，$\hat{\boldsymbol{X}}_{i|k}$称为 $\boldsymbol{X}_i$ 的滤波估计，它是"实时动态估计"。若 $i<k$，$\hat{\boldsymbol{X}}_{i|k}$称为 $\boldsymbol{X}_i$ 的平滑估计，又称内插估计。

最小方差估计的定义是：如果估计 $\hat{\boldsymbol{X}}_{i|k}$使得

$$\boldsymbol{E}\{[\boldsymbol{X}_i-\hat{\boldsymbol{X}}_{i|k}]^{\mathrm{T}}[\boldsymbol{X}_i-\hat{\boldsymbol{X}}_{i|k}]\}=\min \tag{7-100}$$

成立，则 $\hat{\boldsymbol{X}}_{i|k}$称为矢量 $\boldsymbol{X}_i$的最小方差估计。

记 $\tilde{\boldsymbol{X}}_{i|k}=\boldsymbol{X}_i-\hat{\boldsymbol{X}}_{i|k}$为估计误差，$\boldsymbol{P}_{i|k}=\boldsymbol{E}\{(\boldsymbol{X}_i-\hat{\boldsymbol{X}}_{i|k})(\boldsymbol{X}_i-\hat{\boldsymbol{X}}_{i|k})^{\mathrm{T}}\}$ 为估计误差的协方差矩阵。如果 $\boldsymbol{E}\{\hat{\boldsymbol{X}}_{i|k}\}=\boldsymbol{E}\{\boldsymbol{X}_i\}$，则称 $\hat{\boldsymbol{X}}_{i|k}$为 $\boldsymbol{X}_i$ 的无偏估计。如果 $\hat{\boldsymbol{X}}_{i|k}$为$\{\boldsymbol{Z}_j,\ j=1,2,\cdots,k\}$的线性函数，则估计 $\hat{\boldsymbol{X}}_{i|k}$就称作矢量 $\boldsymbol{X}_i$ 的线性估计。

实际工程应用中常常希望由 t_k 时刻的观测值 $\boldsymbol{Z}_k$ 计算得到该时刻的状态 $\boldsymbol{X}_k$ 的估计 $\hat{\boldsymbol{X}}_k$。对于动态系统，由于 $\boldsymbol{X}_k$ 是从 t_k 以前时刻的状态按照系统转移规律变化过来的（含噪声的影响），现在时刻的状态和以前时刻的状态存在着关联，所以利用 t_k 时刻测量值 $\boldsymbol{Z}_k$ 进行估计，必定有助于估计精度的提高。但是对于线性最小估计方差来说，由于计算方法的限制，若采

取同时处理不同时刻的全部测量值来估计 t_k 时刻的状态 $\boldsymbol{X}_k$，计算工作量相当大，因此这种估计方法不适合实时估计动态系统的误差。如果无须“同时全部”处理 t_k 时刻前的测量数据，而是采取一种将前后时刻“关联”起来的递推算法，问题就可解决。这就是卡尔曼在线性最小方差估计的基础上，提出的递推线性最小方差滤波估计——卡尔曼滤波。卡尔曼滤波是一种递推数据处理方法，它利用上一时刻 t_{k-1} 的估计 $\hat{\boldsymbol{X}}_{k-1}$ 和实时 t_k 时刻的观测值 $\boldsymbol{Z}_k$ 进行实时估计得到 $\hat{\boldsymbol{X}}_k$。由于上一时刻 t_{k-1} 的估计 $\hat{\boldsymbol{X}}_{k-1}$ 是使用再上一时刻 t_{k-2} 的估计 $\hat{\boldsymbol{X}}_{k-2}$ 和 t_{k-1} 时刻的观测值 $\boldsymbol{Z}_{k-1}$ 得到的，依此类推，可以一直上溯到初始状态矢量和全部时刻的观测矢量 $\{\boldsymbol{Z}_0 \quad \boldsymbol{Z}_1 \quad \boldsymbol{Z}_2 \quad \cdots \quad \boldsymbol{Z}_{k-1}\}$。所以这种递推的实时估计，实际上是利用了所有全部测量数据而得到的，而且一次只处理一个时刻的测量值，使计算量大大减少。递推线性最小方差估计的估计准则仍然符合式（7-100）。它的估计同样是测量值的线性函数，而且估计也是无偏估计。

2. 离散系统的卡尔曼滤波方程

现在的问题是：在给定测量数据 $\{\boldsymbol{Z}_j,\ j=1,\ 2,\ \cdots,\ k\}$ 后，如何寻找到状态矢量 $\boldsymbol{X}_k$ 的递推线性最小方差滤波估计 $\hat{\boldsymbol{X}}_k$。为了便于理解，这里介绍一种推倒卡尔曼滤波方程的比较直观的方法。关于数学上的严格讨论，请参阅有关离散时间系统递推估计的资料。假设已知 $k-1$ 时刻和此时刻以前的测量数据 $\{\boldsymbol{Z}_j,\ j=1,\ 2,\ \cdots,\ k-1\}$，通过计算得到了状态矢量 $\boldsymbol{X}_{k-1}$ 的线性最小方差无偏估计 $\hat{\boldsymbol{X}}_{k-1}$。根据方程式（7-91）可以看出，由于随机干扰矢量 $\boldsymbol{W}_{k-1}$ 是一个不能预测的随机矢量，因此只能用下述方程：

$$\hat{\boldsymbol{X}}_{k|k-1} = \boldsymbol{\Phi}_{k,k-1}\hat{\boldsymbol{X}}_{k-1} \tag{7-101}$$

来计算系统状态矢量 $\boldsymbol{X}_k$ 的一步估计值 $\hat{\boldsymbol{X}}_{k|k-1}$，一步估计值的误差记为 $\tilde{\boldsymbol{X}}_{k|k-1}$，有 $\tilde{\boldsymbol{X}}_{k|k-1} \equiv \boldsymbol{X}_k - \hat{\boldsymbol{X}}_{k|k-1}$，当 $\hat{\boldsymbol{X}}_{k-1}$ 是状态矢量 $\boldsymbol{X}_{k-1}$ 的最小方差滤波估计时，$\hat{\boldsymbol{X}}_{k|k-1}$ 就是状态矢量 $\boldsymbol{X}_k$ 的最小方差预测估计。方程式(7-101)称为状态一步预测方程。

观测方程式(7-92)，按照同样的推断，由上述系统状态矢量 $\boldsymbol{X}_k$ 的一步预测估计得 $\hat{\boldsymbol{Z}}_{k|k-1}$，即

$$\hat{\boldsymbol{Z}}_{k|k-1} = \boldsymbol{H}_k\boldsymbol{X}_{k|k-1} \tag{7-102}$$

现在在时刻 k 又测量到测量矢量 $\boldsymbol{Z}_k$，当前的实际测量矢量 $\boldsymbol{Z}_k$ 与式（7-102）计算获得的 $\boldsymbol{Z}_k$ 的一步预测估计 $\hat{\boldsymbol{Z}}_{k|k-1}$ 之间存在着误差 $\tilde{\boldsymbol{Z}}_{k|k-1}$，记作 $\tilde{\boldsymbol{Z}}_{k|k-1} = \boldsymbol{Z}_k - \hat{\boldsymbol{Z}}_{k|k-1}$。将式(7-92)表达的 $\boldsymbol{Z}_k$ 的测量值和一步预测估计式（7-102）代入 $\tilde{\boldsymbol{Z}}_{k|k-1}$ 表达式中，可以得到测量矢量 $\boldsymbol{Z}_k$ 的一步测量误差（简称残差），即

$$\tilde{\boldsymbol{Z}}_{k|k-1} = \boldsymbol{Z}_k - \hat{\boldsymbol{Z}}_{k|k-1} = (\boldsymbol{H}_k\boldsymbol{X}_k + \boldsymbol{V}_k) - \boldsymbol{H}_k\hat{\boldsymbol{X}}_{k|k-1} = \boldsymbol{H}_k\tilde{\boldsymbol{X}}_{k|k-1} + \boldsymbol{V}_k \tag{7-103}$$

根据式（7-103）的右端可以看出，$\boldsymbol{Z}_k$ 的一步预测误差由两部分构成：一部分是由状态矢量 $\boldsymbol{X}_k$ 的一步预测 $\hat{\boldsymbol{X}}_{k|k-1}$ 的误差 $\tilde{\boldsymbol{X}}_{k|k-1}$，以 $\boldsymbol{H}_k\tilde{\boldsymbol{X}}_{k|k-1}$ 的形式出现；另一部分是测量本身的噪声 $\boldsymbol{V}_k$。对于测量误差中的前一成分 $\tilde{\boldsymbol{X}}_{k|k-1}$，自然会想到用它去修正状态矢量 $\boldsymbol{X}_k$ 的一步预测估计 $\hat{\boldsymbol{X}}_{k|k-1}$，以便预测 $\boldsymbol{X}_k$ 的滤波估计 $\hat{\boldsymbol{X}}_k$。

实际上，在数据处理过程中，由于 k 时刻可以测量到 $\boldsymbol{Z}_k$，而 $\hat{\boldsymbol{Z}}_{k|k-1}$ 是由上一步的式(7-102)计算得到的，因此可以获得的信息只是残差 $\boldsymbol{Z}_k-\hat{\boldsymbol{Z}}_{k|k-1}$，$\tilde{\boldsymbol{X}}_{k|k-1}$ 只是残差中的主要成分，无法具体算出。为了实时估计状态 $\boldsymbol{X}_k$，只有用残差 $\boldsymbol{Z}_k-\hat{\boldsymbol{Z}}_{k|k-1}$ 去近似 $\tilde{\boldsymbol{X}}_k$ 的一步预测估计值 $\hat{\boldsymbol{X}}_{k|k-1}$ 的误差 $\tilde{\boldsymbol{X}}_{k|k-1}$，从而实现 $\hat{\boldsymbol{X}}_{k|k-1}$ 的修正，获得滤波估计 $\hat{\boldsymbol{X}}_k$。$\boldsymbol{Z}_k-\hat{\boldsymbol{Z}}_{k|k-1}$ 是在 $\hat{\boldsymbol{X}}_{k|k-1}$ 的基础上估计 $\boldsymbol{X}_k$ 所需要的信息的，故称 $\boldsymbol{Z}_k-\hat{\boldsymbol{Z}}_{k|k-1}$ 为新息（Inovation）。在线性估计范围内，一般总是采用加权的方法来修正一步预测估计 $\hat{\boldsymbol{X}}_{k|k-1}$，于是可用式（7-104）来计算 $\boldsymbol{X}_k$ 的滤波估计：

$$\hat{\boldsymbol{X}}_k=\hat{\boldsymbol{X}}_{k|k-1}+\boldsymbol{K}_k(\boldsymbol{Z}_k-\boldsymbol{H}_k\hat{\boldsymbol{X}}_{k|k-1}) \tag{7-104}$$

式中，$\boldsymbol{K}_k$ 为滤波增益矩阵（$n\times m$ 阶）。

式（7-104）称为状态滤波方程。根据以上分析，式（7-104）中右端第一项 $\hat{\boldsymbol{X}}_{k|k-1}$ 是由 $k-1$ 时刻和以前所有时刻的测量矢量得到的，第二项中的新息含有 k 时刻的测量矢量 $\boldsymbol{Z}_k$，由此可以认为状态 $\boldsymbol{X}_k$ 的递推滤波 $\hat{\boldsymbol{X}}_k$，是由 k 时刻及其以前各时刻的测量值 $\{\boldsymbol{Z}_j,\ j=1,2,\cdots,k\}$ 计算得到的。现在的问题是如何确定增益矩阵 $\boldsymbol{K}_k$。

增益矩阵 $\boldsymbol{K}_k$ 具有最优加权的含义，即在式（7-104）中，$\boldsymbol{K}_k$ 的取值应使卡尔曼滤波 $\hat{\boldsymbol{X}}_k$ 对于状态 $\boldsymbol{X}_k$ 的估计误差 $\tilde{\boldsymbol{X}}_k\equiv\boldsymbol{X}_k-\hat{\boldsymbol{X}}_k$ 为最小。换句话说，由于增益矩阵 $\boldsymbol{K}_k$ 的取值，使得最小方差估计准则，即式（7-100）得到满足。

由式（7-91）表示的 $\boldsymbol{X}_k$ 和式（7-101）表示的 $\hat{\boldsymbol{X}}_{k|k-1}$ 可以导出：

$$\tilde{\boldsymbol{X}}_{k|k-1}=\boldsymbol{X}_k-\hat{\boldsymbol{X}}_{k|k-1}=\boldsymbol{\Phi}_{k,k-1}\tilde{\boldsymbol{X}}_{k-1}+\boldsymbol{\Gamma}_{k-1}\boldsymbol{W}_{k-1} \tag{7-105}$$

根据协方差的定义，以及式（7-105），有

$$\boldsymbol{P}_{k|k-1}\equiv\boldsymbol{E}\{\tilde{\boldsymbol{X}}_{k|k-1}\tilde{\boldsymbol{X}}_{k|k-1}^{\mathrm{T}}\}=\boldsymbol{\Phi}_{k,k-1}\boldsymbol{P}_{k-1}\boldsymbol{\Phi}_{k,k-1}^{\mathrm{T}}+\boldsymbol{\Gamma}_{k-1}\boldsymbol{Q}_{k-1}\boldsymbol{\Gamma}_{k-1}^{\mathrm{T}} \tag{7-106}$$

同理，可以获得

$$\tilde{\boldsymbol{X}}_k=\boldsymbol{X}_k-\hat{\boldsymbol{X}}_k=\boldsymbol{\Phi}_{k,k-1}\tilde{\boldsymbol{X}}_{k-1}+\boldsymbol{\Gamma}_{k-1}\boldsymbol{W}_{k-1}-\boldsymbol{K}_k(\boldsymbol{H}_k\tilde{\boldsymbol{X}}_{k|k-1}+\boldsymbol{V}_k) \tag{7-107}$$

将式（7-105）代入式（7-107），可得

$$\tilde{\boldsymbol{X}}_k=\tilde{\boldsymbol{X}}_{k|k-1}-\boldsymbol{K}_k\boldsymbol{H}_k\tilde{\boldsymbol{X}}_{k|k-1}-\boldsymbol{K}_k\boldsymbol{V}_k=(\boldsymbol{I}-\boldsymbol{K}_k\boldsymbol{H}_k)\tilde{\boldsymbol{X}}_{k|k-1}-\boldsymbol{K}_k\boldsymbol{V}_k \tag{7-108}$$

$$\boldsymbol{P}_k\equiv E\{\tilde{\boldsymbol{X}}_k\tilde{\boldsymbol{X}}_k^{\mathrm{T}}\}=(\boldsymbol{I}-\boldsymbol{K}_k\boldsymbol{H}_k)\boldsymbol{P}_{k|k-1}(\boldsymbol{I}-\boldsymbol{K}_k\boldsymbol{H}_k)^{\mathrm{T}}+\boldsymbol{K}_k\boldsymbol{R}_k\boldsymbol{K}_k^{\mathrm{T}} \tag{7-109}$$

将式（7-109）的右端展开，通过整理可得

$$\boldsymbol{P}_k=\boldsymbol{P}_{k|k-1}-\boldsymbol{K}_k\boldsymbol{H}_k\boldsymbol{P}_{k|k-1}-\boldsymbol{P}_{k|k-1}\boldsymbol{H}_k^{\mathrm{T}}\boldsymbol{K}_k^{\mathrm{T}}+\boldsymbol{K}_k(\boldsymbol{H}_k\boldsymbol{P}_{k|k-1}\boldsymbol{H}_k^{\mathrm{T}}+\boldsymbol{R}_k)\boldsymbol{K}_k^{\mathrm{T}} \tag{7-110}$$

现在，根据式（7-110）来分析增益矩阵 $\boldsymbol{K}_k$ 应该如何取值，才能使估计误差 $\tilde{\boldsymbol{X}}_k$ 的协方差矩阵 $\boldsymbol{P}_k$ 最小。根据前述假设，$\boldsymbol{R}_k$ 为测量噪声方差阵，它是一个对称正定矩阵，而 $\boldsymbol{H}_k\boldsymbol{P}_{k|k-1}\boldsymbol{H}_k^{\mathrm{T}}$ 至少是非负定矩阵，因此 $\boldsymbol{H}_k\boldsymbol{P}_{k|k-1}\boldsymbol{H}_k^{\mathrm{T}}+\boldsymbol{R}_k$ 必定为正定矩阵。根据正定矩阵的性质可知，存在一个可逆矩阵 $\boldsymbol{S}_k$，使得

$$\boldsymbol{S}_k\boldsymbol{S}_k^{\mathrm{T}}=\boldsymbol{H}_k\boldsymbol{P}_{k|k-1}\boldsymbol{H}_k^{\mathrm{T}}+\boldsymbol{R}_k \tag{7-111}$$

将式（7-111）代入式（7-110），推导可得

$$P_k = P_{k|k-1} - K_k H_k P_{k|k-1} - P_{k|k-1} H_k^T K_k^T + K_k S_k S_k^T K_k^T \tag{7-112}$$

观察式（7-112）右端，显然它是一个关于矩阵 K_k 的二次多项式，运用一般的二次多项式的配方法则，可以证明存在一个矩阵 D_k 使得下面的等式成立：

$$P_k = P_{k|k-1} + (K_k S_k - D_k)(K_k S_k - D_k)^T - D_k D_k^T \tag{7-113}$$

比较式（7-112）与式（7-113）可得

$$D_k = P_{k|k-1} H_k^T (S_k^T)^{-1} \tag{7-114}$$

由于矩阵 $P_{k|k-1}$ 是一步预测估计误差 $\tilde{X}_{k|k-1}$ 的协方差阵，因此矩阵 $P_{k|k-1}$ 及矩阵 D_k 均与增益矩阵 K_k 的选取没有关系。于是从式（7-113）可以看出，若使矩阵 P_k 满足最小条件，即式（7-100），则必须有如下等式：

$$K_k S_k - D_k = 0 \tag{7-115}$$

将 S_k 和 D_k 代入式（7-115），有

$$K_k = P_{k|k-1} H_k^T (H_k P_{k|k-1} H_k^T + R_k)^{-1} \tag{7-116}$$

若使矩阵 P_k 达到最小，即它所属的二次齐次式达到最小，也即方阵 P_k 的迹（trace）：$\mathrm{tr}P_k = \{(X_k - \hat{X}_k]^T[X_k - \hat{X}_k)\}$ 达到最小。所以，根据上述的讨论，K_k 根据式（7-116）确定以后，则 $P_k = \min$，增益矩阵 K_k 是最优增益矩阵，于是，由式（7-104）得到的状态矢量 X_k 的估计 $\hat{X}_k$ 就是最小方差线性滤波估计，或称为卡尔曼滤波。

在滤波开始时必须有初值 $\hat{X}_0$ 和 P_0 才能进行，因此必须选择给定 $\hat{X}_0$ 和 P_0。为了确保卡尔曼滤波 $\hat{X}_k$ 的无偏性，假设初始（$t=0$）条件为 $\hat{X}_0 = E\{X_0\} = m_{X_0}$，则

$$P_0 = E\{(X_0 - \hat{X}_0)(X_0 - \hat{X}_0)^T\} = C_{X_0} \tag{7-117}$$

成立。无偏条件应满足：

$$E\{\hat{X}_k\} = E\{X_k\} \tag{7-118}$$

利用数学归纳法可以证明，只要系统状态矢量在初始时刻（$k=0$）的卡尔曼滤波 $\hat{X}_0$ 是无偏的，那么卡尔曼滤波值在任何时刻（$t=k$）也必定是无偏的。

根据以上对状态矢量 X_k 的最小方差线性递推估计过程的分析，可以得到如下一组递推滤波方程组，通常称为离散系统卡尔曼滤波方程。

状态一步预测方程：

$$\hat{X}_{k|k-1} = \Phi_{k,k-1} \hat{X}_{k-1} \tag{7-119}$$

状态估计方程：

$$\hat{X}_k = \hat{X}_{k|k-1} + K_k (Z_k - H_k \hat{X}_{k|k-1}) \tag{7-120}$$

最优滤波增益方程：

$$K_k = P_{k|k-1} H_k^T (H_k P_{k|k-1} H_k^T + R_k)^{-1} \tag{7-121}$$

一步预测均方误差方程：

$$P_{k|k-1} = \Phi_{k,k-1} P_{k-1} \Phi_{k,k-1}^T + \Gamma_{k-1} Q_{k-1} \Gamma_{k-1}^T \tag{7-122}$$

估计均方误差方程：

$$P_k = (I - K_k H_k) P_{k|k-1} \tag{7-123}$$

或:

$$P_k = (I - K_k H_k) P_{k|k-1} (I - K_k H_k)^T + K_k R_k K_k^T \tag{7-124}$$

由上述式（7-119）~式（7-124）确定的系统称为卡尔曼滤波器，它表现为计算机的数据处理——最小方差线性递推估计运算。卡尔曼滤波器的输入信息是系统的测量输出 Z_k，滤波器的输出则是系统的状态矢量 X_k 的最小方差线性无偏估计 $\hat{X}_k$。卡尔曼滤波方程中的前四个方程，即式（7-119）~式（7-122）包括了由输入量测量值 Z_k 到计算输出值 $\hat{X}_k$ 的计算过程。估计方差 P_k 的式（7-123）或式（7-124）在计算下一步预测方差时是必不可少的。利用式（7-123）和式（7-115）均可以求得 P_k。显然前者的计算量小，但是在计算机有舍入误差的情况下不能保证计算出的均方差矩阵 P_k 一直保持对称。而后者计算量较大，但可以保证 P_k 为对称阵。故在设计卡尔曼滤波器时，可以根据系统的具体要求来选择其中一个方程。根据卡尔曼滤波方程，即式（7-119）~式（7-123）可以给出离散系统卡尔曼滤波方程计算程序功能图，如图 7-11 所示。

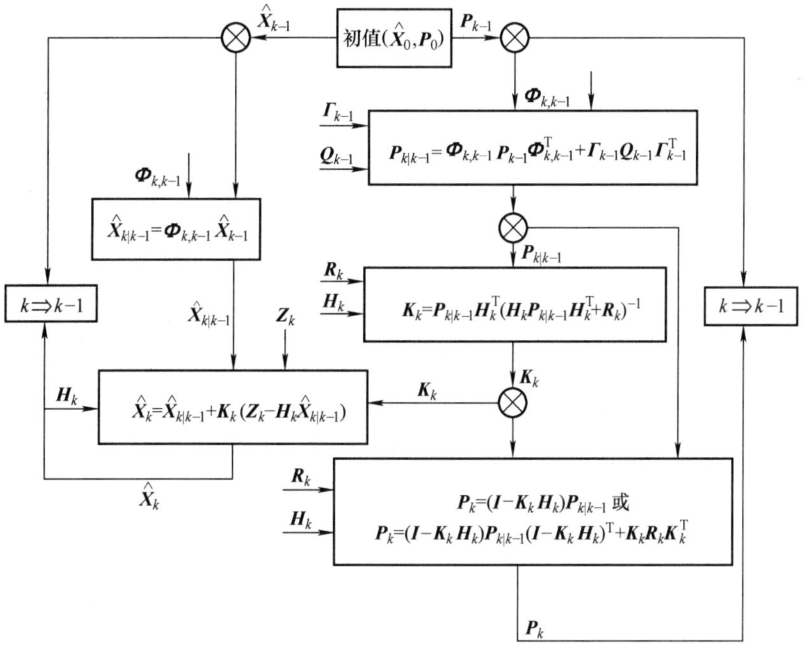

图 7-11　离散系统卡尔曼滤波方程计算程序功能图

由图 7-11 可以看出，由测量数据 Z_k 计算状态估计 $\hat{X}_k$ 时，除了需要知道描述系统测量值的矩阵 H_k 和状态转移矩阵 $\Phi_{k,k-1}$ 以及噪声方差矩阵 Q_k 和 R_k，还必须有前一步计算的状态估计 $\hat{X}_{k-1}$ 和估计均方差 P_{k-1}。若计算出了 k 时刻的 $\hat{X}_k$ 和 P_k 之后，则又可以使用它们计算下一步（$t=k+1$）时刻的 $\hat{X}_{k+1}$ 和 P_{k+1}。因此，由初值 $\hat{X}_0$ 和 P_0 开始计算 $\hat{X}_k$ 和 P_k 是一个循环递推的过程。

此外，倘若在系统和测量值中，含有已知的确定值输入量时，系统状态方程和测量方程分别表达为如下形式:

$$\boldsymbol{X}_k = \boldsymbol{\Phi}_{k,k-1}\boldsymbol{X}_{k-1} + \boldsymbol{\Gamma}_{k-1}\boldsymbol{W}_{k-1} + \boldsymbol{B}_{k-1}\boldsymbol{U}_{k-1} \tag{7-125}$$

$$\boldsymbol{Z}_k = \boldsymbol{H}_k\boldsymbol{X}_k + \boldsymbol{V}_k + \boldsymbol{Y}_k \tag{7-126}$$

式中，$\boldsymbol{U}_{k-1}$为确定性输入矢量，或称 s 维控制矢量；$\boldsymbol{B}_{k-1}$为系统输入矩阵，或称 $n\times s$ 阶控制系数矩阵；$\boldsymbol{Y}_k$ 为测量值中确定性输入矢量（m 维）。

由式（7-125）和式（7-126）所构成的系统，其卡尔曼滤波方程中，将状态矢量一步预测方程式（7-119）改为

$$\hat{\boldsymbol{X}}_{k|k-1} = \boldsymbol{\Phi}_{k|k-1}\hat{\boldsymbol{X}}_{k-1} + \boldsymbol{B}_{k-1}\boldsymbol{U}_{k-1} \tag{7-127}$$

将状态估计方程式（7-120）改为

$$\hat{\boldsymbol{X}}_k = \hat{\boldsymbol{X}}_{k|k-1} + \boldsymbol{K}_k(\boldsymbol{Z}_k - \boldsymbol{Y}_k - \boldsymbol{H}_k\hat{\boldsymbol{X}}_{k|k-1}) \tag{7-128}$$

其他最优滤波增益方程、预测均方误差方程和估计误差方程不变。

3. 转移矩阵 $\boldsymbol{\Phi}_{k,k-1}$和系统噪声方差矩阵 $\boldsymbol{Q}_k$ 的计算

离散系统卡尔曼滤波方程的显著优点就是方程的递推性，利用计算机这一有力的工具进行运算就能实现滤波。而工程中的系统很多都是连续系统，为了实现在计算机中进行滤波计算，常常将连续系统离散化。连续系统离散化的实质，就是根据连续系统的状态矩阵 $\boldsymbol{F}(t)$ 计算出离散系统的转移矩阵 $\boldsymbol{\Phi}_{k,k-1}$，以及根据连续系统的系统噪声方差强度矩阵 $\boldsymbol{Q}(t)$ 计算出离散系统噪声方差矩阵 $\boldsymbol{Q}_k$。

动态系统状态方程式（7-89）的齐次方程为

$$\dot{\boldsymbol{X}} = \boldsymbol{F}\boldsymbol{X} \tag{7-129}$$

方程式（7-129）的齐次解为

$$\boldsymbol{X}_k = \boldsymbol{\Phi}_{k,k-1}\boldsymbol{X}_{k-1} \tag{7-130}$$

式中，$\boldsymbol{\Phi}_{k,k-1}$为从历元 t_{k-1}到历元 t_k 的状态转移矩阵。

假设计算周期 T 远远小于系统状态矩阵 $\boldsymbol{F}(t)$ 发生明显变化所需要的时间，可将 $\boldsymbol{F}(t)$ 近似看成定常矩阵，则根据定常系统的齐次解有

$$\boldsymbol{\Phi}_{k,k-1} = \mathrm{e}^{\boldsymbol{F}(t_{k-1})\mathrm{T}} \tag{7-131}$$

一般情况下，在递推计算过程中，由历元 t_{k-1}到历元 t_k 的时间间隔为计算周期 T，将 $\boldsymbol{\Phi}_{k,k-1}$在 t_{k-1}处展开成泰勒级数，有

$$\boldsymbol{\Phi}_{k,k-1} = \mathrm{e}^{\boldsymbol{F}(t_{k-1})\mathrm{T}} = \sum_{n=0}^{\infty}\frac{\boldsymbol{F}^n(t_{k-1})}{n\,!}T^n \tag{7-132}$$

由式（7-131）可看出，状态转移矩阵 $\boldsymbol{\Phi}_{k,k-1}$由无穷多项构成，为了减小截断误差，理应取尽可能多的项数之和。然而，在实际计算中，项数取得过多，不仅会大大增加计算工作量，而且由于计算步骤增多，反而导致计算的误差增大。因此，求和的项数要取得合适。为此，一种方法是在转移矩阵计算程序中，预先设置一个整数 m，取10^{-m}作为一个阈值，当完成前 L 项累加时，将这 L 项之和与第 $L+1$ 项比较，若第 $L+1$ 项的值与前 L 项之和的比之小于阈值10^{-m}，则停止累加。另外，也可通过滤波器设计过程中的误差分析结果来确定合适的取数。若将滤波器的计算周期 T 平均分成 N 个时间间隔 ΔT（即 $\Delta T = T/N$），滤波周期 T 与计算步长 ΔT 的关系示意如图 7-12 所示。

图 7-12 中，$t_{k(i)}(i=0,1,2,\cdots,N)$ 表示 $t_{(k-1)}+i\Delta T$ 时刻，即 $t_{k(i)}=t_{(k-1)}+i\Delta T$。

根据状态转移矩阵的性质有

$$\boldsymbol{\Phi}_{k,k-1} = \prod_{i=0}^{N} \boldsymbol{\Phi}_{k(i),k(i-1)} \tag{7-133}$$

式（7-133）为连乘积表达，每个时间间隔 ΔT 之间的转移矩阵可以按以下泰勒展开的一次近似来计算：

$$\boldsymbol{\Phi}_{k(i),k(i-1)} \approx \boldsymbol{I} + \Delta T \boldsymbol{F}_{i-1} \tag{7-134}$$

式(7-134)中，

$$\boldsymbol{F}_{i-1} = \boldsymbol{F}[t_{k-1} + (i-1)\Delta T] \tag{7-135}$$

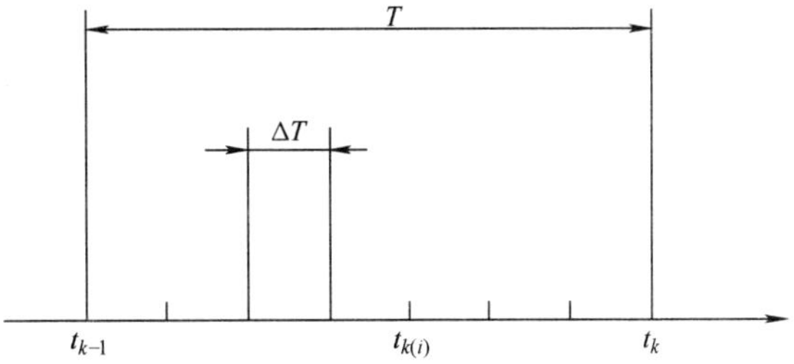

图 7-12　滤波周期 T 与计算步长 ΔT 的关系示意

实际计算中可以将式（7-134）进一步简化为

$$\boldsymbol{\Phi}_{k,k-1} \approx \boldsymbol{I} + \Delta T \sum_{i=1}^{N} \boldsymbol{F}_{i-1} + \boldsymbol{O}(\Delta T^2) \approx \boldsymbol{I} + \Delta T \sum_{i=1}^{N} \boldsymbol{F}_{i-1} \tag{7-136}$$

式中，$\boldsymbol{O}$（ΔT^2）为矩阵中元素是由时间间隔 ΔT 的二阶或更高阶的小量构成的矩阵，在近似计算中，二阶以上的高阶小量略去不计。

在卡尔曼滤波转移矩阵 $\boldsymbol{\Phi}_{k,k-1}$ 的计算中，常常采用式（7-136），在精度相当的情况下，它比采用式（7-134）的计算工作量要小得多。

由卡尔曼滤波方程中的式（7-122）可以看出，在计算一步预测均方误差 $\boldsymbol{P}_{k|k-1}$ 时，需要计算形式为 $\boldsymbol{\Gamma}_{k-1}\boldsymbol{Q}_{k-1}\boldsymbol{\Gamma}_{k-1}^{\mathrm{T}}$ 的系统噪声方差矩阵，为使公式符号简便，以 k 替代 $k-1$。下面来讨论如何计算 $\boldsymbol{\Gamma}_k\boldsymbol{Q}_k\boldsymbol{\Gamma}_k^{\mathrm{T}}$。

设连续系统为定常系统，定义 $\boldsymbol{\Gamma}_k\boldsymbol{Q}_k\boldsymbol{\Gamma}_k^{\mathrm{T}} \equiv \overline{\boldsymbol{Q}}_k$；$\boldsymbol{G}\boldsymbol{Q}\boldsymbol{G}^{\mathrm{T}} = \overline{\boldsymbol{Q}}$。则可以证明 $\overline{Q}_k$ 的计算公式为

$$\overline{\boldsymbol{Q}}_k = \overline{\boldsymbol{Q}}T + [\boldsymbol{F}\overline{\boldsymbol{Q}} + (\boldsymbol{F}\overline{\boldsymbol{Q}})^{\mathrm{T}}]\frac{T^2}{2!} + \{\boldsymbol{F}[\boldsymbol{F}\overline{\boldsymbol{Q}} + (\boldsymbol{F}\overline{\boldsymbol{Q}})^{\mathrm{T}}] + [\boldsymbol{F}(\boldsymbol{F}\overline{\boldsymbol{Q}} + \overline{\boldsymbol{Q}}^{\mathrm{T}}\boldsymbol{F}^{\mathrm{T}})]^{\mathrm{T}}\}\frac{T^3}{3!} + \cdots \tag{7-137}$$

计算 $\overline{\boldsymbol{Q}}_k$ 时项数的确定方法与前述计算 $\boldsymbol{\Phi}_{k,k-1}$ 时的确定方法相同。

对于时变系统，将计算周期 T 分隔成 N 个 ΔT 的更小的时间间隔来处理，只要 ΔT 足够小，则可将系统状态矩阵 $\boldsymbol{F}(t)$ 假设为定常矩阵来计算，计算公式为

$$\overline{\boldsymbol{Q}}_k = N\overline{\boldsymbol{Q}}\Delta T + \left(\sum_{i=1}^{N-1} i\boldsymbol{F}_i\overline{\boldsymbol{Q}} + \overline{\boldsymbol{Q}}\sum_{i=1}^{N-1} i\boldsymbol{F}_i^{\mathrm{T}}\right)\Delta T^2 \tag{7-138}$$

若计算周期 T 相当短，则 $\overline{\boldsymbol{Q}}_k$ 也可以按下面更简化的公式来计算：

$$\overline{\boldsymbol{Q}}_k = (\overline{\boldsymbol{Q}} + \boldsymbol{\Phi}_{k+1,k}\overline{\boldsymbol{Q}}\boldsymbol{\Phi}_{k+1,k}^{\mathrm{T}})\frac{T}{2} \tag{7-139}$$

本小节介绍的卡尔曼滤波算法是管道测绘应用中组合导航系统进行信息融合的主要工具，同时也是各种时域滤波使用的主要方法，在初始对准、捷联惯性导航位置推算、终止点校正等很多应用中发挥着重要作用。

7.2.5　捷联惯性导航系统/里程轮组合导航系统的信息融合

组合导航中应用里程信息对惯性导航系统误差进行抑制，不仅可以用来进行导航信息融合，同时可以实现导航数据测预处理。

算法原理是：将里程增量作为观测值，将状态误差作为状态量，利用卡尔曼滤波估计状态误差，采用里程校正方法对管道定位的 SINS 计算进行误差补偿。算法的功能图如图 7-13 所示。

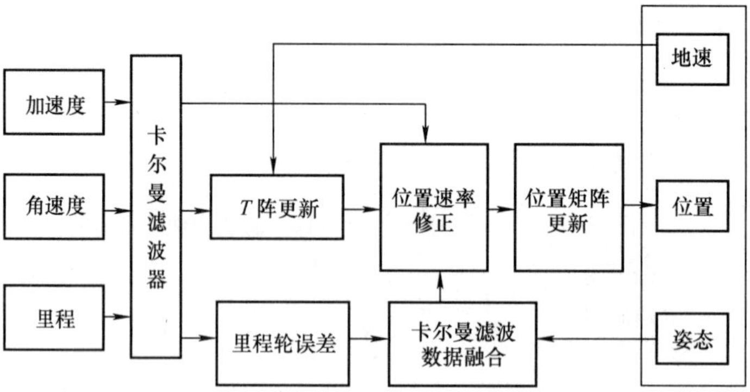

图 7-13 组合导航算法功能图

在位移计算前对状态误差进行补偿，姿态误差为计算坐标系（c 系）与实际导航坐标系的转换矩阵，可以用 $\boldsymbol{C}_n^c$ 表示，即

$$\boldsymbol{C}_n^c = \begin{pmatrix} 1 & \phi_z & -\phi_y \\ -\phi_z & 1 & \phi_x \\ \phi_y & -\phi_x & 1 \end{pmatrix} \tag{7-140}$$

对姿态矩阵的误差补偿表示为

$$\boldsymbol{C}_n^b = \boldsymbol{C}_c^b \boldsymbol{C}_n^c \tag{7-141}$$

估计出姿态误差角后，利用式（7-141）可以对姿态误差进行补偿。速度和位置补偿方法为

$$S_t = M_t - \Delta_t \tag{7-142}$$

式中，S_t 为速度和位置的真实值；M_t 为 SINS 的计算值；Δ_t 为卡尔曼滤波的误差估计值。利用误差补偿方法对各状态量进行修正。

建立卡尔曼滤波方程，将 n 系下的姿态、速度和位置误差作为状态量 $\boldsymbol{X}$，并且不同于其他惯性导航，由于采用低精度传感器，将里程轮和惯性传感器的尺度因数误差忽略不计，管道地理坐标测量系统状态量取 9 维，可表示为

$$\boldsymbol{X} = [\phi_x \quad \phi_y \quad \phi_z \quad \delta v_{nx} \quad \delta v_{ny} \quad \delta v_{nz} \quad \delta L \quad \delta\lambda \quad \delta h] \tag{7-143}$$

式中，δv_{nx}、δv_{ny}、δv_{nz}为 PIG 速度误差；δL 为纬度误差；$\delta\lambda$ 为经度误差；δh 为高度误差。

因为元器件精度较低，忽略其随机常值漂移和尺度因数误差。PIG 运动示意如图 7-14 所示。

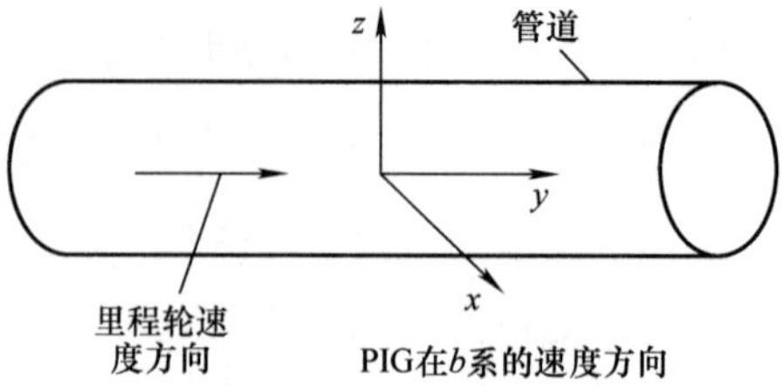

图 7-14 PIG 运动示意

PIG 只能沿管道向前运动，无法向上和沿侧面移动，因此 PIG 在 b 系的速度方向为：PIG 的 y 向速度与里程轮速度相同，而 x 和 z 方向的速度为 0，所以管道中运动的载体在 b 系的速度矢量可以用$[0 \quad v_o \quad 0]^{\mathrm{T}}$ 表示。将里程轮速度转换到 n 系，即

$$\boldsymbol{V}_{no} = \boldsymbol{C}_b^n [0 \quad v_o \quad 0]^{\mathrm{T}} \tag{7-144}$$

式中，v_o 为里程轮速度；$\boldsymbol{V}_{no}$为通过里程轮测得的 n 系下的速度，将其与惯性导航计算的速度之差作为观测值 Z，即

$$\boldsymbol{Z}=\boldsymbol{V}_n-\boldsymbol{V}_{no}=[\Delta v_x \quad \Delta v_y \quad \Delta v_z]^{\mathrm{T}} \tag{7-145}$$

根据状态量和观测值建立卡尔曼滤波微分方程为

$$\dot{\boldsymbol{X}}=\boldsymbol{F}(t)\boldsymbol{X}+\boldsymbol{L}\boldsymbol{W} \tag{7-146}$$

$$\boldsymbol{Z}=\boldsymbol{H}\boldsymbol{X}+\boldsymbol{V} \tag{7-147}$$

式中，$\boldsymbol{F}(t)$为状态微分方程系数矩阵，由式（7-29）、式（7-37）、式（7-42）、式（7-43）和式（7-44）推得；$\boldsymbol{L}$ 为白噪声系数矩阵；$\boldsymbol{H}$ 为观测矩阵，且 $\boldsymbol{H}=[0_{3\times3} \quad \boldsymbol{I}_{3\times3} \quad 0_{3\times3}]$；$\boldsymbol{W}$ 为状态噪声矢量，即元器件的零偏噪声，且 $\boldsymbol{W}=[\varepsilon_{nx} \quad \varepsilon_{ny} \quad \varepsilon_{nz} \quad \nabla_{nx} \quad \nabla_{ny} \quad \nabla_{nz}]$，$\boldsymbol{V}$ 为观测噪声矢量，即里程轮输出的速度误差，且 $\boldsymbol{V}=[\delta v_{onx} \quad \delta v_{ony} \quad \delta v_{onz}]$。

$\boldsymbol{W}$ 和 $\boldsymbol{V}$ 为高斯分布白噪声，它们与 $\boldsymbol{X}$ 之间两两互不相关。将式（7-146）、式（7-147）进行离散化处理得

$$\boldsymbol{\Phi}_{k-1}=\exp\ (\boldsymbol{F}\Delta t) \tag{7-148}$$

$$\begin{pmatrix}\boldsymbol{C}_k\\ \boldsymbol{D}_k\end{pmatrix}=\exp\left\{\begin{pmatrix}\boldsymbol{F} & \boldsymbol{L}\boldsymbol{Q}_c L^{\mathrm{T}}\\ 0 & -\boldsymbol{F}^{\mathrm{T}}\end{pmatrix}\Delta t\right\}\begin{pmatrix}0\\ \boldsymbol{I}\end{pmatrix} \tag{7-149}$$

$$\boldsymbol{Q}_k=\boldsymbol{C}_k\boldsymbol{D}_k^{-1} \tag{7-150}$$

式中，Δt 为卡尔曼滤波的计算周期；$\boldsymbol{Q}_c$ 为 $\boldsymbol{W}$ 的方差矩阵；$\boldsymbol{Q}_k$ 为 $\boldsymbol{W}_k$ 的方差矩阵；$\boldsymbol{C}_k$ 和 $\boldsymbol{D}_k$ 分别为方差矩阵和转置方差矩阵。

因此得到卡尔曼滤波状态方程和观测方程为

$$\boldsymbol{X}_k=\boldsymbol{\Phi}_{k-1}\boldsymbol{X}_{k-1}+\boldsymbol{L}\boldsymbol{W}_k \tag{7-151}$$

$$\boldsymbol{Z}_k=\boldsymbol{H}_k\boldsymbol{X}_k+\boldsymbol{V}_k \tag{7-152}$$

式中，$\boldsymbol{\Phi}_{k-1}$为卡尔曼滤波的状态转移矩阵。

7.2.6　管道地理坐标的终止点校正算法

1. 固定间隔平滑算法的研究

管道铺设的形状经常是未知的，对于长距离且形状复杂的管道，也可以采用离线的二次校正方法，但是在此情况下，输出信号的期望值不是恒等于 0 或接近 0 的某一常数，而是在管道弯转处有非零值。由于管道转弯的位置和大小在检测之前是未知的，因此此时的输出信号属于非平稳过程，需要利用其他校正方法处理。可以利用滑动滤波方法进行离线分析，滑动滤波原理介绍如下。

在给定时刻 1，2，…，j 的观测矢量 $\boldsymbol{Z}(1)$，$\boldsymbol{Z}(2)$，$\boldsymbol{Z}(3)$，…，$\boldsymbol{Z}(j)$的条件下，利用这些观测值估计状态量 $\boldsymbol{X}(k)$。用 $\hat{\boldsymbol{X}}(k|j)$表示利用这些观测值估计 $\boldsymbol{X}(k)$，即

$$\hat{\boldsymbol{X}}(k|j)=g[\boldsymbol{Z}(1),\boldsymbol{Z}(2),\cdots,\boldsymbol{Z}(j)] \tag{7-153}$$

式中，g 为映射函数。

当 $k=j$，为滤波问题；当 $k<j$，为平滑问题。

平滑是用时刻 1 开始到时刻 j 的观测值对系统在 k 时刻的状态进行估计，且 j 的值要大于 k。该估计方法要用到 k 时刻以前和 k 时刻以后的观测值，所以这是一个非因果的过程形式。平滑分为固定点平滑、固定间隔平滑和固定延迟平滑。

固定点平滑：用所有的观测值直到 $N+1$ 时刻，然后直到 $N+2$ 时刻等来对一定的 N 时

刻状态进行估计。

固定延迟平滑：使用直到 $k+L$ 时刻的观测值来对 k 时刻的状态值进行估计。L 为观测值后的时间延迟。

固定间隔平滑：在固定间隔长度 N 下对所有 $k=0$，1，2，…，$N-1$ 时刻的状态进行估计，是一个非实时的过程形式。

在固定间隔平滑中，我们希望对所有时刻 $k=0$，1，…，$N-1$ 的系统状态进行估计，这里 N 是固定时间间隔，所处理的数据就在该范围中。滑动滤波原理如图 7-15 所示。

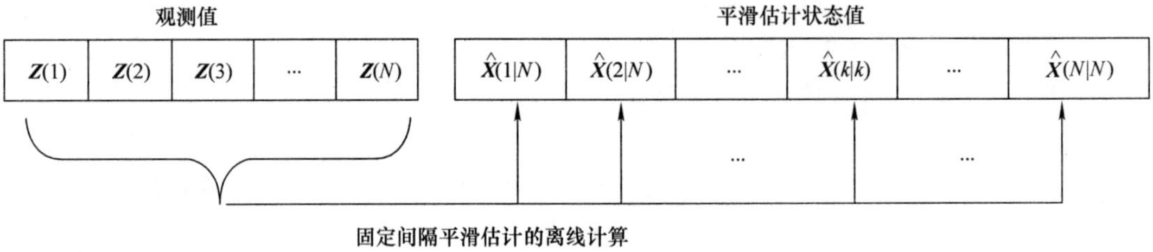

图 7-15 滑动滤波原理

固定间隔平滑算法最早由 Rauch、Tung 和 Striebel 提出，设计的滤波器称为 RTS (Rauch－Tung－Striebel) 滑动滤波器。该滤波器是离散时间最优卡尔曼平滑滤波，可解决状态方程式（7-151）和观测方程式（7-152）的平滑问题。首先求平滑状态均值和方差为

$$\left.\begin{aligned}\boldsymbol{m}_k&=\boldsymbol{E}(x_k)\\\boldsymbol{P}_k&=\boldsymbol{E}(x_k)[\boldsymbol{E}(x_k)]^{\mathrm{T}}\end{aligned}\right\}\tag{7-154}$$

式中，$\boldsymbol{m}_k$ 为状态均值；$\boldsymbol{P}_k$ 为状态方差。将其代入式（7-155）进行迭代计算：

$$\left.\begin{aligned}\boldsymbol{m}_{k+1}^-&=\boldsymbol{\Phi}_k\boldsymbol{m}_k\\\boldsymbol{P}_{k+1}^-&=\boldsymbol{\Phi}_k\boldsymbol{P}_k\boldsymbol{\Phi}_k^{\mathrm{T}}+\boldsymbol{Q}_k\\\boldsymbol{C}_k&=\boldsymbol{P}_k\boldsymbol{\Phi}_k^{\mathrm{T}}(\boldsymbol{P}_{k+1}^-)^{-1}\\\boldsymbol{m}_k^{\mathrm{s}}&=\boldsymbol{m}_k+\boldsymbol{C}_k(\boldsymbol{m}_{k+1}^{\mathrm{s}}-\boldsymbol{m}_{k+1}^-)\\\boldsymbol{P}_k^{\mathrm{s}}&=\boldsymbol{P}_k+\boldsymbol{C}_k(\boldsymbol{P}_{k+1}^{\mathrm{s}}-\boldsymbol{P}_{k+1}^-)\boldsymbol{C}_k^{\mathrm{T}}\end{aligned}\right\}\tag{7-155}$$

式中，$\boldsymbol{m}_k^{\mathrm{s}}$、$\boldsymbol{P}_k^{\mathrm{s}}$ 是 k 时刻状态均值和状态方差的平滑估计；$\boldsymbol{m}_k$、$\boldsymbol{P}_k$ 为 k 时刻状态均值和状态方差的滤波估计；$\boldsymbol{m}_{k+1}^-$、$\boldsymbol{P}_{k+1}^-$ 为 $k+1$ 时刻状态均值和状态方差的预测值，它等于卡尔曼滤波的预测值；$\boldsymbol{C}_k$ 为 k 时刻的平滑增益。

式（7-155）与卡尔曼滤波不同。卡尔曼滤波按时间先后顺序由初始时刻向后递推移动，而平滑滤波由后向前进行递推计算，因此其起点为终止时间，初始值为终止时间计算的均值和方差值。滑动滤波初始值由于是终止点计算的结果，因此实际计算中是未知的，难以直接进行递推计算。Gelb 进一步对其进行改进，提出双向最优滤波器（Two Optimum Filters）平滑滤波算法。该算法的基本思想是：联合两个最优线性滤波器，第一个滤波器从前面第一个观测值开始，按时间先后顺序计算直到最后一个数据；第二个滤波器从后向前扫描计算。将滤波终止点的状态方差值看作无穷大，因此有

$$\lim_{t\to T}[\boldsymbol{P}_2^{-1}\hat{x}_2]=0\tag{7-156}$$

式中，$\boldsymbol{P}_2^{-1}$ 为以终止时间为起点，从后向前线性滤波的方差；$\hat{x}_2$ 为后向滤波器的状态估计值。

基于后向滤波状态似然函数的梯度极限值信息趋于0，这表示在终止时间 T 没有状态分布的信息，这样避免了 RTS 滑动滤波方法状态初值未知的问题。双向最优滤波器滑动滤波方法要求前、后滤波器的模型必须为线性，但是这里的卡尔曼滤波模型为非线性，直接引用误差较大。应用上述滑动滤波算法进行终止点校正需要多个位置或其他辅助定位信息作为滤波观测值，而论文的终止点校正除里程信息外，仅仅已知管道起点和终止点的位置。提出前后双向平滑滤波终止点校正算法，只利用起始和终止点两点位置即可进行校正。

2. 前后双向平滑滤波终止点校正算法的研究

根据状态量和观测值建立卡尔曼滤波微分方程为

$$\dot{\boldsymbol{X}} = \boldsymbol{F}(t)\boldsymbol{X} + \boldsymbol{L}\boldsymbol{W} \tag{7-157}$$

$$\boldsymbol{Z} = \boldsymbol{H}\boldsymbol{X} + \boldsymbol{V} \tag{7-158}$$

式中，$\boldsymbol{F}(t)$为状态微分方程的系数矩阵，由式（7-12）和式（7-13）推得；$\boldsymbol{L}$ 为白噪声系数矩阵；$\boldsymbol{H}$ 为观测矩阵，且 $\boldsymbol{H} = [0_{3\times3} \quad \boldsymbol{I}_{3\times3} \quad 0_{3\times3}]$；$\boldsymbol{W}$ 为状态噪声矢量，即元器件的零偏噪声；$\boldsymbol{V}$ 为观测噪声矢量，即里程轮输出的速度误差。

$\boldsymbol{W}$ 和 $\boldsymbol{V}$ 为高斯分布白噪声，它们与 $\boldsymbol{X}$ 之间两两互不相关。对式（7-157）和式（7-158）离散化，利用卡尔曼滤波估计误差值，在每步 SINS 计算中进行误差补偿，补偿方法为

$$\boldsymbol{S}_t = \boldsymbol{M}_t - \boldsymbol{\Delta}_t \tag{7-159}$$

式中，$\boldsymbol{S}_t$ 为速度和位置的真实值；$\boldsymbol{M}_t$ 为 SINS 的计算值；$\boldsymbol{\Delta}_t$ 为卡尔曼滤波的误差估计值。

通过校正使每步计算的误差不再相互作用，解决了发散问题，但是随着时间的推移，每步计算的位置误差仍不断累积，公式为

$$\begin{aligned}\boldsymbol{W}_t &= \boldsymbol{D}_{t-1} + \boldsymbol{D}_{t-2} + \cdots + \boldsymbol{D}_0 + \boldsymbol{W}_0 + \boldsymbol{D}_t \\ &= \boldsymbol{D}_{t-1} + \boldsymbol{D}_{t-2} + \cdots + \boldsymbol{D}_0 + \boldsymbol{W}_0 + \boldsymbol{V}_t \cdot t_s + 0.5\boldsymbol{A}_t \cdot t_s^2\end{aligned} \tag{7-160}$$

式中，$\boldsymbol{W}_t$ 为当前位置；$\boldsymbol{W}_0$ 为初始位置；$\boldsymbol{D}_t$ 为当前时刻的位移；$\boldsymbol{V}_t$ 为当前初始速度；$\boldsymbol{A}_t$ 为当前加速度。

计算完成后，时间如果较长，终止点位置与实际位置有较大的偏离。在实际测量中，检测的对象为长距离管道，偏离位置非常大，需要进行处理，可以利用离线计算的特点解决这一问题。离线计算可以利用观测点时间前后两部分观测值进行估计。关于此类问题，目前人们常用的算法为固定区间平滑算法，但是其需要的校正信息为每隔一定时间采用其他辅助导航方法测得的姿态与位置信息，而在实际的内检测情况下，除里程轮外目前还没有其他有效的导航方法可以用来作为校正信息，因此采用正反向双向滤波方法，将计算的结果作为校正信息，可以在辅助导航信息不足的情况下实现对终止点误差的校正。

管道上 PIG 进入和取出的位置可得，因此起始点和终止点位置已知，利用系统离线计算的特点，假设按时间先后顺序从前往后计算采样数据，得到的计算结果为 $\boldsymbol{D}_t$：

$$\boldsymbol{W}_t = E(\boldsymbol{W}_t) + \sum_{i=0}^{t}\boldsymbol{\delta}_i \tag{7-161}$$

$$\vec{\boldsymbol{D}}_0 = E(\boldsymbol{D}_0) + \boldsymbol{\delta}_0 \tag{7-162}$$

式中，$E(\boldsymbol{W}_t)$为 t 时刻期望的位置；$\boldsymbol{\delta}_i$ 为位移误差；$E(\boldsymbol{D}_0)$为初始位移；$\boldsymbol{\delta}_0$ 为初始误差。

每步计算的位移误差与计算的位置结果相比很小，位移误差之间的变化更小，可忽略不计。将每步计算的位移误差看作固定值，则式（7-161）可变换为

$$W_t = E(W_t) + t \cdot \boldsymbol{\delta} \tag{7-163}$$

将计算结果保存，接下来将所有传感器输出信号的时间顺序颠倒，反向按同样过程再算一次，这次将终止点位置作为起始点。由于所有数据顺序都相反，因此相当于PIG从终止点向回运动一次，但是由于运动方向相反，误差补偿方法不变，所以后向计算的位移结果为

$$W_\tau = E(W_\tau) - \tau \cdot \boldsymbol{\delta} \tag{7-164}$$

式中，τ为反向计算的时间变量；$\tau = T - t$；T为计算终止时刻。

此时，对同时刻得到前向计算和后向计算两个结果，根据式(7-163)和式(7-164)得

$$E(W_t) = \frac{1}{T}(\tau \cdot W_t + t \cdot W_\tau) \tag{7-165}$$

在终止点，根据式（7-164），$\tau = 0$，$E(W_T) = W_T$，后向计算的起点位置为实际终止点位置，计算位置与实际位置吻合；在起始点，$t = 0$，$E(W_0) = W_0$，前向计算位置正好等于起始点位置，计算位置与实际位置吻合。通过此算法解决了终止点与实际不吻合的问题。

7.2.7 磁标记在长输管道内检测中的应用

大多数管道内检测项目中，管道上间隔若干距离会设置地理磁标记来帮助PIG进行定位。磁标记已经成为管道内检测中的重要辅助定位工具。在磁标记位置，管道的具体地理定位信息是可以通过地上测量获得的。这些信息包括：该处的管道地理位置，即经度φ_k和纬度λ_k，埋地深度h_k，距初始点的航行里程D_k。除此之外，因为磁标记和里程桩多设置在直管段位置，因此，可以通过确定管道的走向来确定经过磁标记位置时，PIG的航向角ψ_k。下标k表示经过的第k个磁标记位置时的数据。

获得了以上数据，就可以对陀螺仪、加速度计和里程轮进行误差建模，实现分段修正的目的。分段修正的过程是先按段对导航数据进行解算，将解算所得到的结果和经过地理磁标记的中间点的时刻进行对准。时间对准后，可以判断出通过该中间点时，地理坐标解算系统计算得到的位置信息。将该信息同磁标记地上测量的位置信息进行比较，得到位置和姿态的偏差。再利用偏差值，对传感器的误差模型中的参数进行估计，得到该段路径内传感器的误差模型参数。最后利用该模型对原始数据进行分段修正。分段修正方法原理如图7-16所示。

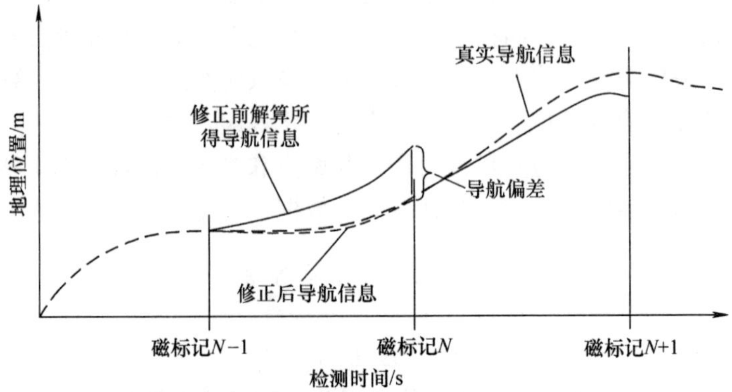

图7-16 定位误差在磁标记处分段修正原理

因为惯性导航的误差具有随时间积累的特点，所以对于累积误差，只能通过外部数据对

其进行纠正和消除。管道深埋于地下，无法应用类似于 GPS 等辅助导航方式进行累积误差消除。因此，应用磁标记处所提供的导航信息进行分段式误差修正对于 PIG 上的捷联惯性导航系统来说，具有实用性和工程上的意义。下面介绍捷联惯性导航系统所应用传感器的误差模型，以及应用磁标记的地理信息进行分段修正的方法。

对导航误差进行修正，必须在获得一定外部辅助信息的情况下才能够对误差模型的参数进行估计。磁标记和里程桩作为管道铺设的基础设施，已经广泛地应用在管道建设中。对于一些建设较早的管道，也通过后期的里程桩维护，在相应地点埋设了磁标记。磁标记的磁场信号会被 PIG 的漏磁传感器检测到，并记录下通过时间。这样就可以应用地面上获取磁标记处的管道地理信息对传感器数学模型进行参数估计，进而应用误差模型，消除惯性导航过程中的误差积累。

1. 利用加速度信息对里程解算速度进行即时修正

加速度计的解算结果可以有效地反映往复运动的运动特性，即对于短时间内的运动特征，其精度是可以应用于速度信息辅助计算的。为此，结合里程轮的测量原理，提出一种不直接利用加速度计进行速度解算，而是按照里程周期，利用加速度信息提高里程速度的实时性的速度解算方法。

因为 PIG 在管道中运行，不存在横向的位移和速度，即速度的方向始终沿着机体坐标系的 y 轴方向，因此该方法只需利用 y 轴轴向的加速度信息，对里程轮所采集信息计算得到的里程距离内的平均速度进行实时处理。里程轮转动一周所经过的时间称为一个里程周期，用 t_0 表示，里程轮的周长称为一个里程距离，用 D 表示。里程轮转过一周只产生一个脉冲。设一个里程周期的起始和终止时刻为 t_1 和 t_2，可以计算 $t_1 \sim t_2$ 时间内的平均速度 v_{A12} 为

$$v_{A12} = \frac{D}{t_2 - t_1} \tag{7-166}$$

应用里程轮取代加速度计进行速度求解，可以抑制加速度计引起的速度误差的累积，但是里程速度的瞬时精度较低。为此在一个里程周期内，利用加速度对平均速度进行修正的公式为

$$v_{12}(t) = v_{A12} - \frac{1}{2}\int_{t_1}^{t_2}(a_y^b - g_y^b)\mathrm{d}t + \int_{t_1}^{t}(a_y^b - g_y^b)\mathrm{d}t \tag{7-167}$$

式中，$v_{12}(t)$ 为 $t_1 \sim t_2$ 时间内 PIG 速度；a_y^b 为机体坐标系 y 轴上加速度值；g_y^b 为重力加速度在机体坐标系 y 轴上的分量。

利用该修正公式在不改变里程周期内平均速度的同时，可应用加速度进行瞬时速度求解。其中只选用 y 轴加速进行计算是由于 PIG 在管道中运行时，只存在 y 方向的直线运动。

2. 利用磁标记处的地理信息对陀螺仪误差模型参数进行估计

在磁标记处，应用里程桩提供的管道地理信息估计模型参数。确定参数后的模型用来修正量测值 $\hat{\omega}$，实现姿态误差的修正。

由于零偏误差 σ_0 具有稳定性，可通过对检测开始时的静止段数据求均值来进行估计。在磁标记位置，地下管线通常为长直段，因此角速度的测量误差以时间相关误差为主。时间相关参数 k_t 的估计可表示为

$$k_t = \frac{\overline{\omega}_{磁} - \overline{\omega}_{磁\_}}{t - t_\_} \tag{7-168}$$

式中，$\overline{\omega}_{磁}$ 为磁标记处角速度平均值；$\overline{\omega}_{磁\_}$ 为经过上一个磁标记位置时的角速度平均值；t、

t_- 分别为 PIG 通过当前磁标记和上一个磁标记的时刻。

由于姿态角与加速度之间有如下关系：

$$\Delta\psi = \int_{t_1}^{t_2}\omega \mathrm{d}t = \int_{t_1}^{t_2}[(1-k_\omega)\hat{\omega}+\omega]\mathrm{d}t = (1-k_\omega)\int_{t_1}^{t_2}\hat{\omega}\mathrm{d}t = (1-k_\omega)\Delta\hat{\psi} \quad (7\text{-}169)$$

式中，$\Delta\psi$ 为通过磁标记 t_1 和 t_2 处管道姿态角变化；ω 为角速度真值；$\hat{\omega}$ 为零偏误差的时间相关误差修正后的陀螺仪输出角速度；$\Delta\hat{\psi}$ 为由检测设备输出角速度解算得到的对应量。由式（7-169）可得

$$k_\omega = \frac{\Delta\hat{\psi}-\Delta\psi}{\Delta\hat{\psi}} \quad (7\text{-}170)$$

通过该标度因数误差参数的估计建立起完整的陀螺仪误差模型，在三维轨迹解算中进行分段误差修正，减小轨迹误差。

3. 对里程轮误差进行修正

对于长输管道内检测作业，里程轮误差的产生主要有两方面因素：一是受管道内运输介质的润滑作用影响而引起的里程轮打滑，通常造成里程数小于实际值；二是由于长输作业引起的里程轮磨损、半径逐渐减小而造成里程数大于真实值。

里程轮在地理磁标记处获得管道的相对里程，以实现在中途的分段里程误差修正。在管道检测结束后，应用测量的里程轮直径变化对里程误差进行估计。此时必须设计里程轮的误差模型。

里程轮打滑通常发生在法兰盘和直焊缝位置。根据管道安装标准，对于长输油气管道而言，法兰和焊缝的分布可以认为是均匀的。因此，以一阶函数为里程轮滑动误差建立模型为

$$\Delta M = k_\mathrm{m}\Delta\hat{M} \quad (7\text{-}171)$$

所以里程轮刻度误差参数表示为

$$k_\mathrm{m} = \frac{\Delta M}{\Delta\hat{M}} \quad (7\text{-}172)$$

式中，ΔM 为经过相邻磁标记之间的里程；$\Delta\hat{M}$ 为由里程轮数据计算得到的两磁标记间的里程距离。

显然，根据磁标计实测距离，ΔM 已知，由此可以求得 k_m，进而修正里程轮误差。

里程轮的磨损主要是由 PIG 在管道中的横滚运动引起的，为了减小里程轮直径对里程和速度解算的影响，分别对检测前后的里程轮直径进行测量，建立基于横滚角速度的误差模型为

$$\overline{D}(t) = (D_\mathrm{end}-D_0)\frac{\sum_{k=0}^{t}\omega_y(k)}{\sum_{k=0}^{\mathrm{end}}\omega_y(k)} + D_0 \quad (7\text{-}173)$$

式中，D 为直径，下标 0 和 end 分别为起始时刻和终止时刻；ω_y 为 y 轴角速度。

该模型确立了里程轮半径与横滚运动的关系，可用横滚角速度对里程轮半径的变化进行估计。

7.2.8 IMU 传感器原始数据去噪效果的评价方法

1. 问题描述

对 IMU 数据进行卡尔曼滤波是去噪的常用方法，但在 $\boldsymbol{Q}$ 和 $\boldsymbol{R}$ 未知的情况下，需要对其进行估计，相关的算法较多，这里不再赘述。滤波的效果一般可以直观地从信噪比体现出来，但在被测信号未知的情况下，其中哪些信号有价值，哪些信号影响测量精度，只能通过信号处理后的效果体现出来。而一旦判定某个滤波处理效果更好，就可以在宏观上大幅度提高后续定位计算的精度。相反，滤波的同时有可能使数据失真，严重影响后续计算的精度。因此，需要对去噪结果进行检验，保证去噪后的数据质量，这是研究的重点。

有一种评价算法，利用静基座惯性导航系统的水平对准精度对加速度计误差敏感，而方位对准精度对陀螺漂移敏感的特性，通过评价初始对准精度，对当前去噪滤波的效果进行检验。而评价初始对准精度有两种方法：一种是按照上文介绍的误差偏角估计和判定方法来处理；另一种是使用对准后计算得到的轨迹与某校验点的距离远近来判定对准的效果。实际上后一种方法可以证明是与前一种方法等价的。

2. 算法使用的条件

评估初始对准的俯仰角和航向角精度，可利用管道发球系统的工艺要求，即发球管道初始段相对平直，静置其中的 IMU 载体 PIG 的姿态可控、可测的特点，使静置时俯仰角 β 和滚转角 γ 为趋于 0 的小量。

3. 算法介绍

令东北天 SINS 地理坐标系（n 系），依次通过三个欧拉角（航向角 α、俯仰角 β 和滚转角 γ）旋转，得到载体坐标系（b 系）。

为评估初始对准方向角的精度，在 b 系之外，引入坐标原点与 b 系重合的 b'系，b'系表示当前 IMU 载体的姿态真值，各坐标轴与 b 系的角度都是小量。采用欧拉角的旋转方式使 b 系与 b'系重合，先使 b 系的 y 轴绕 b'系 x'轴旋转到 b'系的 $x'Oy'$平面，旋转角度 ε_x，再绕 b'系 z'轴旋转到与 b'系 y'轴重合，旋转角度 ε_z，显然 ε_x 和 ε_z 都是小量。

b'系航向角 α'和俯仰角 β'，即当前静置数据对准后航向角和俯仰角的真值，这里定义为常量。由已知条件，在近似状态下，航向角 α'和俯仰角 β'相对于 b 系的对应变量，相差一个旋转角的线性组合。令同一批数据两次滤波之后对准，求得航向角、俯仰角分别是 α_i、α_j、β_i 和 β_j，对应 b 系到 b'系旋转角度分别是 ε_{zi}、ε_{zj}、ε_{xi}和 ε_{xj}，且 $i \neq j$。显然，$\alpha'_i = \alpha'_j = \alpha'$，$\beta'_i = \beta'_j = \beta'$。由前面所述，第 i 和第 j 次滤波效果与这两次对准的精度关联，其中 ε_{zi}、ε_{zj}与陀螺数据精度相关，ε_{xi}和 ε_{xj}与加速度计精度相关，ε_z 和 ε_x 的绝对值体现了两次对准的量化精度水平。不必研究相关性是否是线性的，也不必研究对 ε_z 和 ε_x 估计的误差，只需要利用经典的静基座初始对准算法在同等条件下估计出它们的值，并进行比较，绝对值越大，则对准精度越低。

4. 滤波效果的评价方法

实际操作时取 $\sigma_{ij} = |\varepsilon_{zi}| - |\varepsilon_{zj}|$和 $\tau_{ij} = |\varepsilon_{xi}| - |\varepsilon_{xj}|$。

求得 $\sigma_{ij} > 0$，则第 j 次滤波得到的陀螺仪数据精度更高；$\tau_{ij} > 0$，则第 j 次滤波得到的加速度计数据精度更高。反之精度则更低。此时，就可以得到对原始数据去噪滤波效果的比较，虽然无法确定最优解，但可以得到现有条件下相对最高质量的数据。

7.3 管道惯性测绘内检测典型工程实验

7.3.1 实验系统概述

惯性系统是管道内检测方式的重要单机设备，在管道检测过程中，惯性系统实时存储内部激光陀螺仪、石英挠性加速度计的数据及里程轮数据，结合管道检测工具记录的定点磁标记数据，用于事后离线惯性/里程轮/磁标记组合导航解算，提供高精度的管道运行路线三维地理信息。结合管道检测数据，对管道故障点进行精确定位。

惯性系统实物如图 7-17 所示。惯性系统系统主要包含主机、地面数据后处理单元及通信电缆三部分。其中，主机包括 3 个激光陀螺仪、3 个石英挠性加速度计、3 个里程轮（外置）、高精度 I/F 转换单元、信号处理及存储单元（PC104）、通信接口单元、电源变换单元及结构组件。

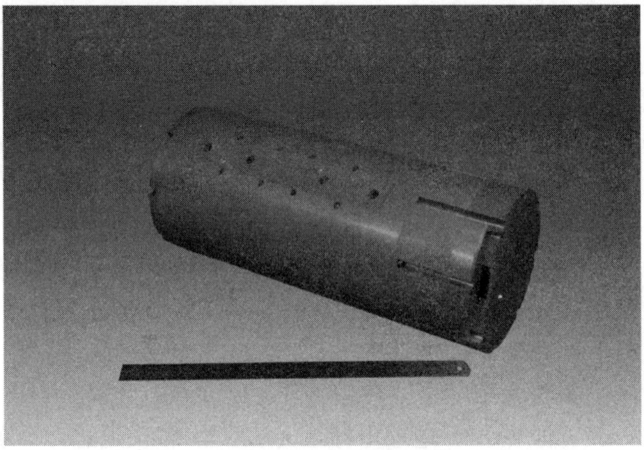

图 7-17 惯性系统实物

惯性系统的核心部件为三轴正交的激光陀螺仪、三轴正交的石英挠性加速度计及相关配套电路，外部辅助信号有里程轮和定距离提供的磁标记信号。陀螺仪测量空间三个互为正交方向的旋转角速率，加速度计测量空间三个互为正交方向的加速度，里程轮测量惯性系统运行方向的里程信息，并且采用 3 个里程轮互为冗余。惯性系统坐标系及仪表安装方向如图 7-18 所示，里程轮安装示意如图7-19所示。

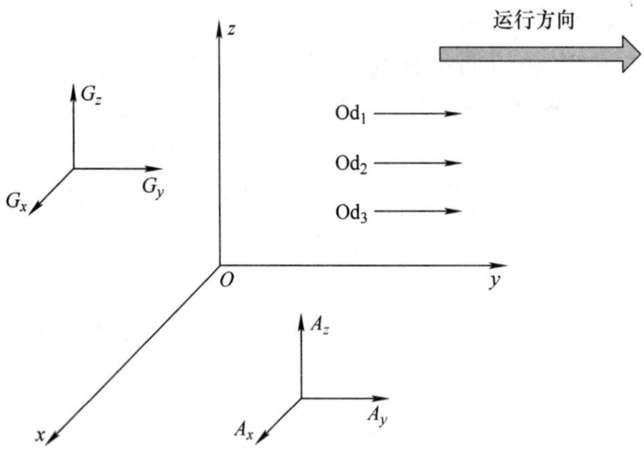

图 7-18 惯性系统坐标系及仪表安装方向

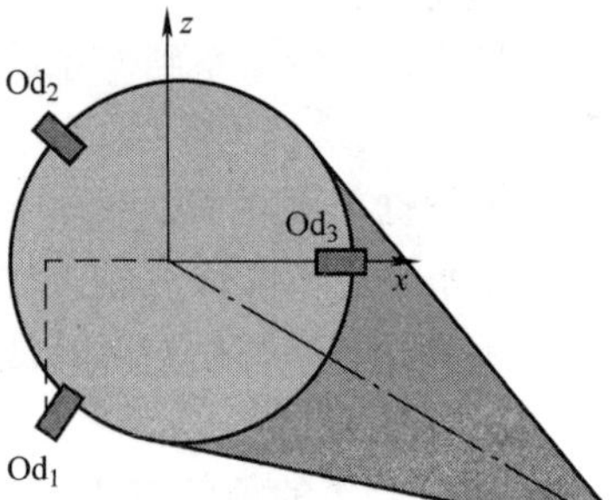

图 7-19 里程轮安装示意

当管道检测工具在管道中运行时，惯性系统以一定的频率采集 3 个陀螺仪、3 个加速度计以及 3 个里程轮数据并保存在存储设备中。当管道检测工具经过磁标处时，检测工具对此时刻数据做出标记。在整条管道检测完后，系统将所有数据下载到地面数据处理中心，结合地面高精度的磁标记信号，利用后处理导航软件进行数据处理及导航解算，得到整条管线的位置数据以及运行轨迹图形。

从 2013 年 05 月开始设计和生产惯性系统，在研制过程中，通过充分利用和借鉴其他同类型产品的成熟技术与经验，大大缩短了研制周期。在此基础上，主要对方案设计中提出的关键技术和难点进行了重点攻关。通过不断的探索和努力，相关问题得以解决。

惯性系统的研制过程根据阶段的不同分为产品研制过程、环境试验过程、总体匹配试验三部分。其中产品研制过程包括方案设计、产品研制；环境试验过程包括环境试验、长时间导航试验、动态跑车试验；总体匹配试验包括动态跑车试验（含里程轮）及后处理软件组合导航算法验证。

惯性系统搭载在管道检测工具 PIG 中，整个系统在油或气的推动下前进。PIG 设计图如图 7-20 所示。

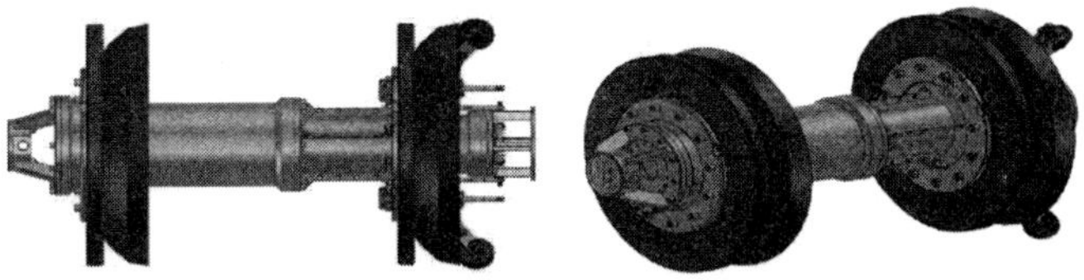

图 7-20　捷联惯性导组合定位系统 PIG 设计图

7.3.2　典型实验及简要分析

1. 中等精度光陀螺的长程曲线实验

实验采用中等精度光陀螺，精度为 0.5°/h。解算所得轨迹用地理经、纬度表示如图 7-21所示，实际轨迹的卫星地图如图 7-22 所示。解算轨迹经过修正后，终点位置的经纬度误差见表 7-4。

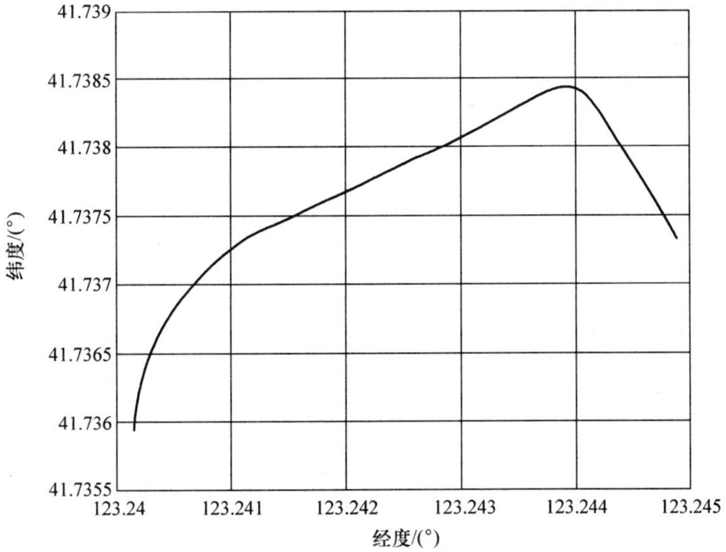

图 7-21　经、纬度表示解算的 600m 轨迹解

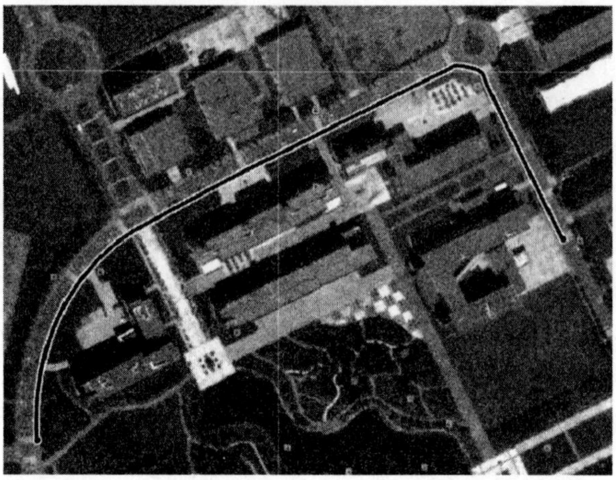

图 7-22 卫星地图上表示的 600m 实验轨迹

表 7-4 终点导航解算信息与误差

导航信息	经度	纬度	里程
结果	123°14′41.574″	41°44′14.40″	610.92m
误差	0.36″	0.03″	0.6457%

由表 7-4 可以看出，对于 600m 的实验轨迹的测量，经、纬度误差均小于 1″，里程误差小于被测量里程的 1%。

对于实验图中绕隔离带位置，其地理坐标为北纬 41.7375°，东经 123.2417°。轨道漂移距离经测量为 0.6m 距离。在导航坐标系下表示如图 7-23 所示。

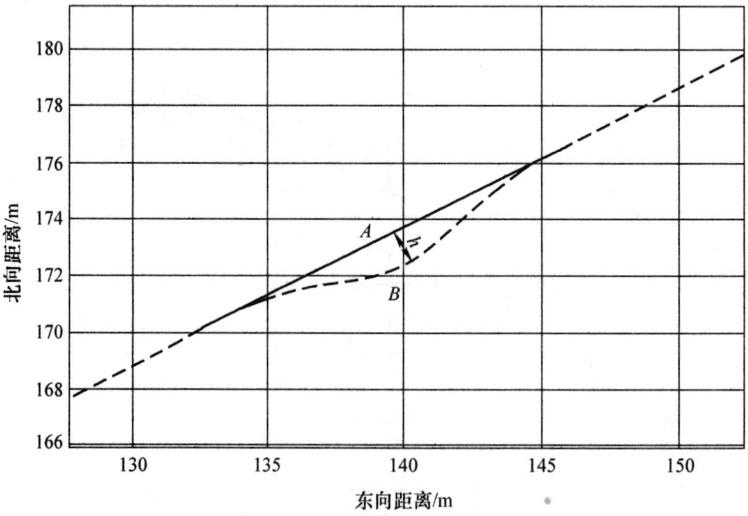

图 7-23 实验中弯折的测量

图中表示的是解算得到的弯折点的轨迹，如虚线所示。A、B 两点间的距离表示弯折的最大幅度。A 点坐标为（139.2580m，173.3326m），B 点坐标为（139.8115m，172.2290m），两点间距离为 0.563m。实际轨迹中的弯折段测量得到的距离为 0.592m。所以在长直轨迹的测量中，该方法依然能够实现对管道弯折等量的测量和定位。

2. 中等精度光陀螺的长程环形轨迹实验

表 7-5 为实验轨迹的地理信息。

表 7-5　实验轨迹地理信息

位置	起点	终点
经度	123°14′21.04″S	123°14′21.04″S
纬度	41°44′11.15″N	41°44′11.15″N
方向角	13.22°	13.22° ±2°
里程	0m	2000m ±6m

利用建立起来的误差模型，对测量误差进行修正。修正后，结合解算得到的姿态信息和里程轮测量得到的里程信息，对行进轨迹进行解算。对于平面运动，主要是对航向误差进行修正。图 7-24 所示为修正前后的航向角。

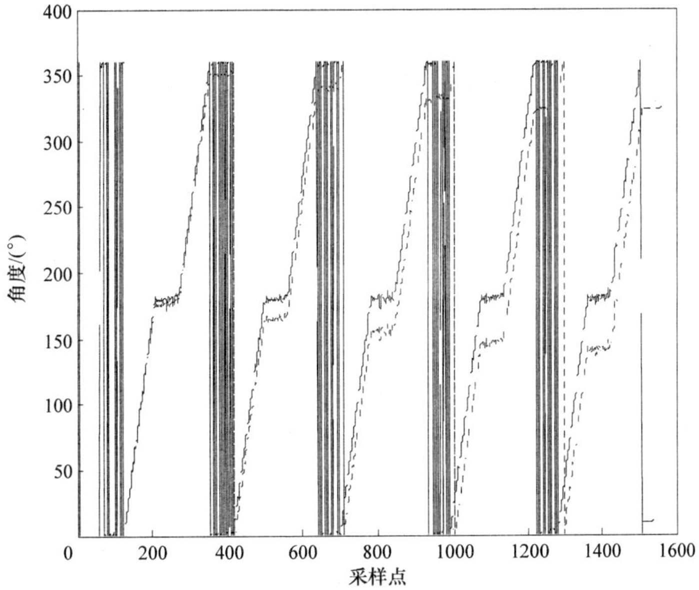

图 7-24　修正前后的航向角

如图 7-24 所示，虚线为未做磁标记处分选修正的航向角解算结果，可以看出在修正前，由于陀螺仪的漂移误差，航向角误差不断增加，对于环形轨迹两直线段轨迹，航向角之差无法达到 180°。修正后所得的环形轨迹的经、纬度表示如图 7-25 所示。

图 7-25 所示对应的卫星地图如图 7-26 所示。修正前后计算所得终点的经、纬度误差见表 7-6 所示。

经过修正，误差比率减小到 0.16%，为修正前误差的 8.2%。

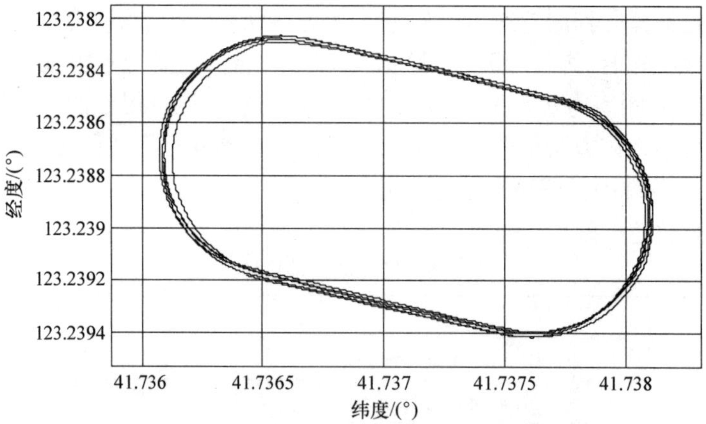

图 7-25　经、纬度表示的修正后的环形轨迹

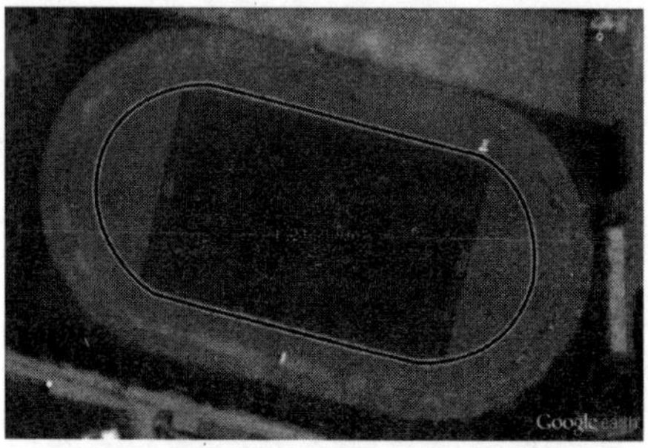

图 7-26　卫星地图上的实验轨迹

表 7-6　经、纬度误差

	东向误差	北向误差	误差比率
修正前	36.5281m	16.7854m	1.94%
修正后	2.3646m	2.1560m	0.16%

3. 高精度光陀螺的长程实验

高精度 IMU 元器件精度达到 0.02°/h，相对于之前的中等精度光纤陀螺 0.5°/h 提高很多，但与公认的高精度 IMU（可以自行指北）的精度 0.005°/h 相比还有不小的差距。

该试验平台依次经过采样点 1 ~25，（采样点 2 ~5 形成一个近似半圆）形成封闭曲线，理想的惯性导航系统解算之后生成的轨迹应封闭，实测采样点 1 和 25 之间的距离为判断算法精度的重要依据，如图 7-27 所示。

实际解算情况如图 7-28 所示。

因为试验最初的经、纬度信息来自于谷歌地图，因此实际解算的经、纬度没有测绘价值，解算轨迹的相对位置信息是主要的考察对象，尤其是封闭点距离（1 点和 25 点之间的解算轨迹图上的距离）体现了整体算法的精度（xy 平面达到 5m 以内）。显然，实验解算图起点与终点基本吻合，里程共计 1854m。俯仰角安装误差暂未考虑。相关技术参数如图 7-29 ~ 图 7-32 所示。

图 7-27　长程管道定位试验载车运行轨迹

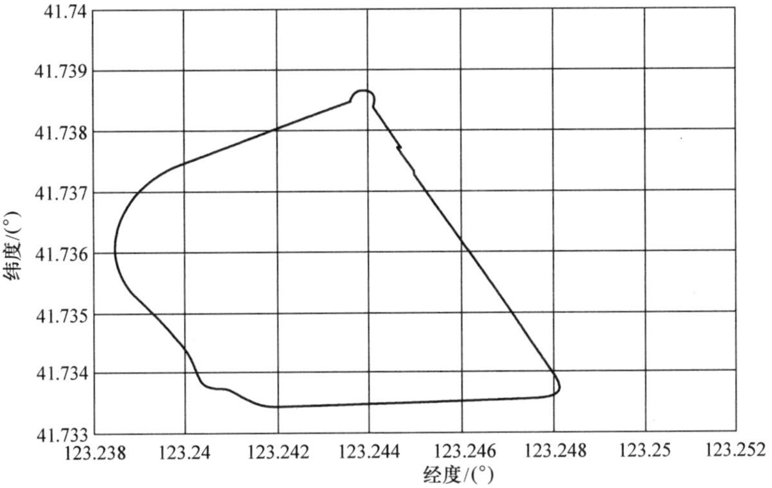

图 7-28　高精度惯性导航系统长程实验解算轨迹图（经、纬度表示，*xy* 平面）

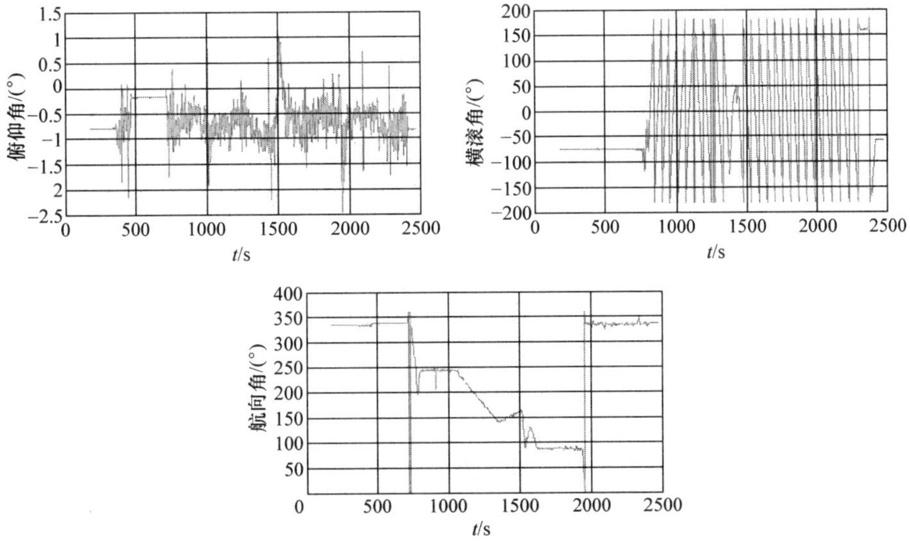

图 7-29　导航全程姿态信息

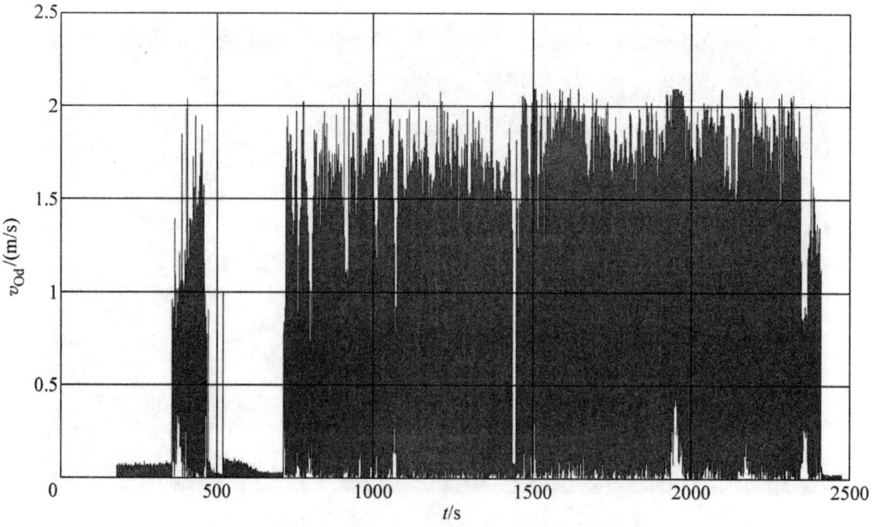

图 7-30 导航全程里程轮速度输出信息

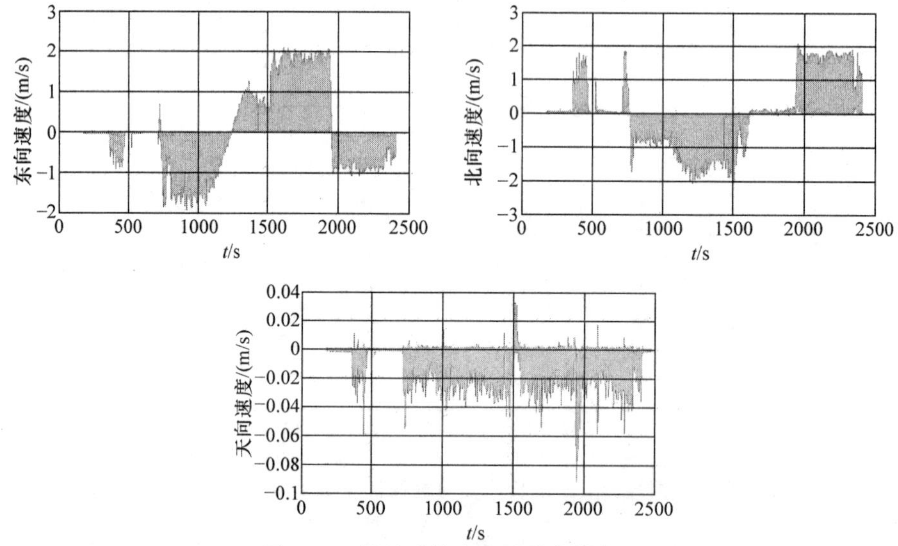

图 7-31 导航系统东北天速度信息

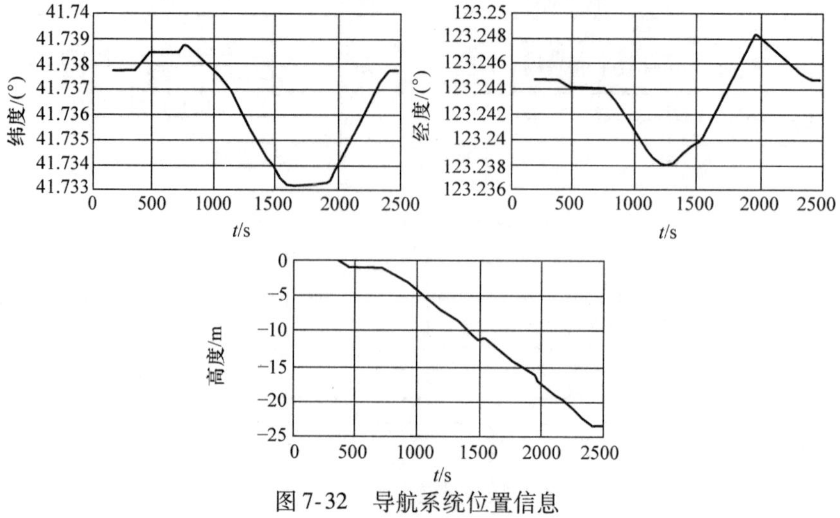

图 7-32 导航系统位置信息

在上述解算中没有考虑系统安装过程中俯仰角的安装误差，而该误差从第一个采样周期开始参与解算和迭代，是造成高度信号误差较大的主要原因。因此在导航解算中人为地加入了 4°俯仰角安装误差（该误差因素必然存在，在不同试验平台有不同的体现，这里人为加入的是估计值，更准确的估计算法还需继续研究），使解算精度得到较大提高，尤其是高度通道数据（俯仰角、天向速度、高度等）产生了明显的收敛，其他指标也得到改善，系统导航结果如图 7-33 ~ 图 7-35 所示，可与图 7-29、图 7-31 和图 7-32 进行对比。

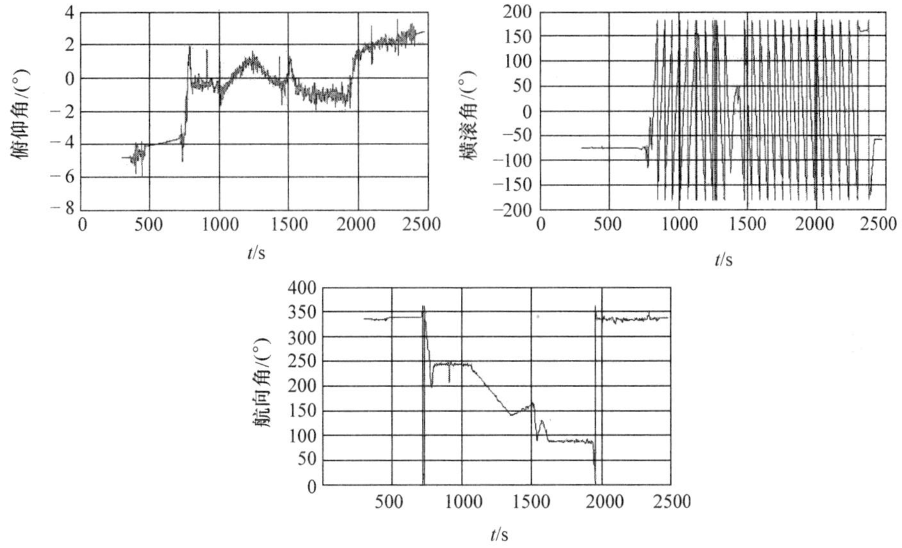

图 7-33　导航全程姿态信息（加入 4°俯仰角安装误差）

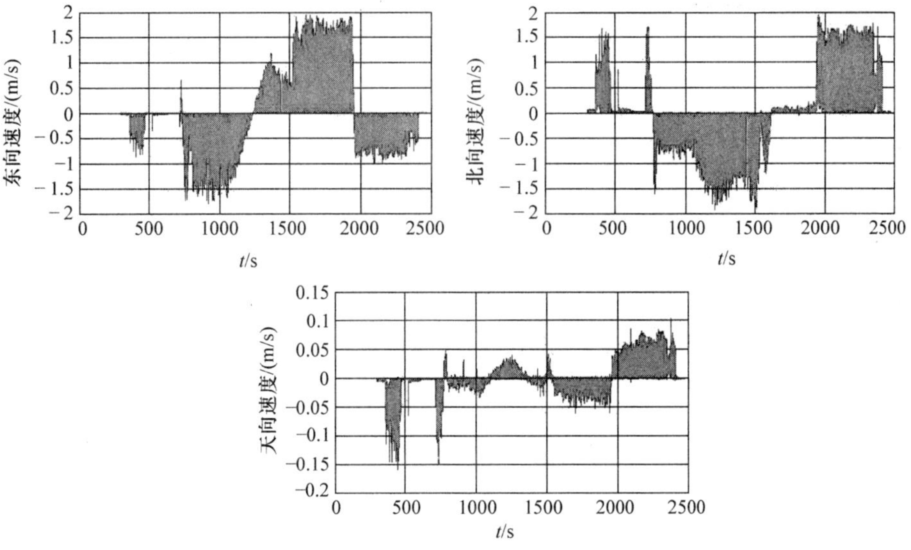

图 7-34　导航系统东北天速度信息（加入 4°俯仰角安装误差）

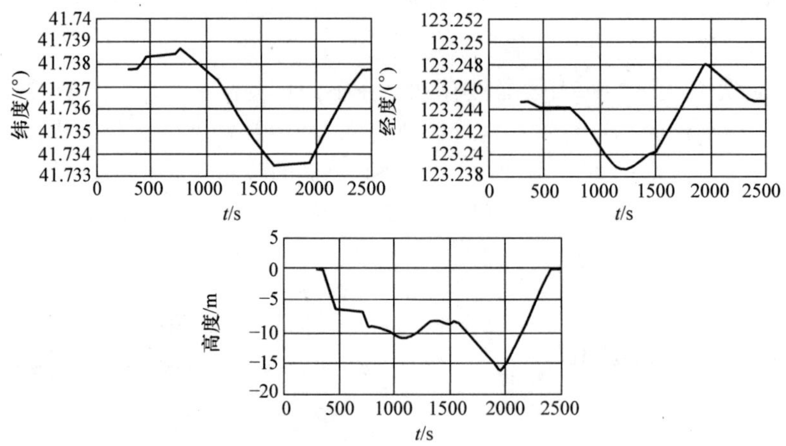

图 7-35 导航系统位置信息（加入 4°俯仰角安装误差）

第 8 章　管道漏磁内检测数据处理方法

8.1　基于 FPGA 的多通道高速数据采集系统

8.1.1　现场可编程逻辑门阵列（FPGA）的特点和设计流程

1. FPGA 概述

在数字化、信息化的时代，数字集成电路应用非常广泛。随着微电子技术与工艺的发展，数字集成电路从电子管、晶体管、中小规模集成电路、超大规模集成电路（very large scale integration circuit，VLSIC）逐步发展到今天的专用集成电路（application specific integration circuit，ASIC）。ASIC 的出现降低了产品的生产成本，提高了系统的可靠性，减少了产品的物理尺寸，推动了社会的数字化进程。但是 ASIC 有设计周期长、改版投资大、灵活性差等缺陷，其应用范围受到制约。人们希望有一种更灵活的设计方法，在实验室就能设计、更改大规模数字逻辑，这就是可编程逻辑器件提出的基本思想。从早期的可编程只读存储器（programmable read - only memory，PROM），到今天已经发展到可以完成超大规模的复杂组合逻辑与时序逻辑的现场可编程门阵列（field programmable gate array，FPGA）和复杂可编程逻辑元器件（complex programmable logic device，CPLD）。随着工艺技术的发展与市场的需要，新一代的 FPGA 甚至集成了中央处理器（central processing unit，CPU）或数字信号处理器（digital signal processing，DSP）内核，在一片 FPGA 上进行软硬件协同设计，它可以为实现片上可编程系统（system on programmable chip，SOPC）提供强大的硬件支持。FPGA 是可编程逻辑器件，它可以替代几十甚至几千块通用 IC 芯片，实际上就是一个子系统部件。

FPGA 的结构主要有 4 部分：输入/输出模块、二维逻辑阵列模块、连线资源和内嵌存储器结构，如图 8-1 所示。输入/输出模块是芯片与外界的接口，可实现不同电气特性下的输入/输出功能要求；二维逻辑阵列模块是可编程逻辑的主体，可以根据设计灵活地改变连接与设置，完成不同的逻辑功能；连线资源连接所有的二维逻辑阵列模块和输入/输出模块，连线长度和工艺决定着信号在连线上的驱动能力和传输速度；内嵌存储器结构可以在芯片内部存储数据。

Spartan - Ⅱ系列的 FPGA 芯片主要包括可配置逻辑块（configurable logic blocks，CLB）、I/O 块、RAM 块和可编程连线。1 个 CLB 包括 2 个薄片（Slice），每个薄片包括 2 个 LUT、2 个触发器和相关逻辑。薄片可以看成是 Spartan - Ⅱ实现逻辑的最基本结构。每个薄片中包括 2 个查找表，查找表（look up table，LUT）本质上就是一个 RAM。目前 FPGA 中多使用 4 输入的 LUT，所以每一个 LUT 可以看成一个有 4 位地址线的 16 ×1 的 RAM。当用户通过原理图或 HDL（hardware description language）描述了一个逻辑电路以后，开发软件会自动计算逻辑电路的所有可能的结果，并把结果事先写入 RAM，这样，每输入一个信号进行逻辑运算就等于输入一个地址进行查表，找出地址对应的内容，然后输出。Spartan - Ⅱ系列 FP-

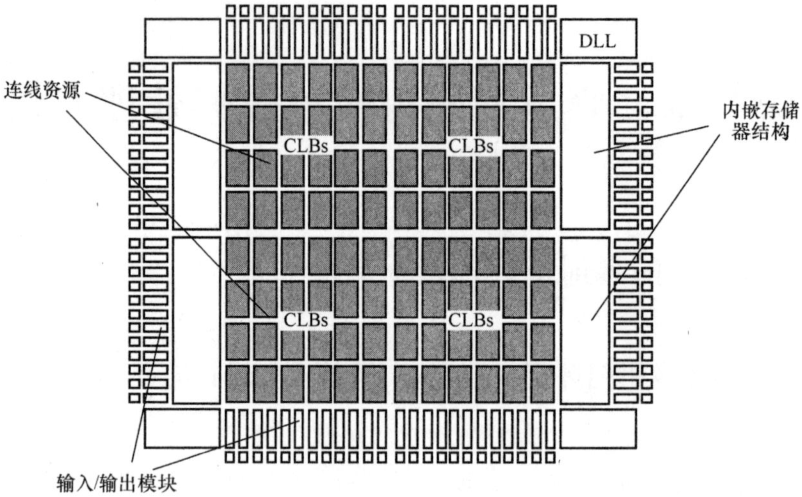

图 8-1 可编程门阵列（FPGA）的结构

GA 芯片典型电路执行时间见表 8-1。

表 8-1 Spartan－Ⅱ系列 FPGA 芯片典型电路执行时间

功能		Spartan－II FPGA 实现的延时/ns
16∶1 数据选择器		5.4
加法器	16 位	5.0
	64 位	7.2
流水线乘法器	8 位×8 位	5.1
	16 位×16 位	6.0
地址解码器	16 位	4.4
	64 位	6.4

FPGA 既继承了 ASIC 的大规模、高集成度、高可靠性的优点，又克服了普通 ASIC 设计周期长、投资大、灵活性差的缺点，逐步成为复杂数字硬件电路设计的首选。FPGA 具有以下特点：

1）规模越来越大。随着 VLSIC 工艺的不断提高，单一芯片内部可以容纳上百万个晶体管。FPGA 芯片的规模也越来越大，单片逻辑门数已达百万级。芯片的规模越大，所能实现的功能就越强，同时也更适于实现片上系统（system on chip，SoC）。

2）开发过程投资小。FPGA 芯片在出厂之前都做过百分之百的测试，而且 FPGA 设计灵活，发现错误时可直接更改设计，减少了投片风险，节省了许多潜在的花费。

3）用户可以反复地编程、擦除、使用，或者在外围电路不动的情况下用不同软件就可实现不同的功能。用 FPGA 试制样片，能以最快的速度占领市场。FPGA 软件包中有各种输入工具和仿真工具，以及版图设计工具和编程器等全线产品，电路设计人员在很短的时间内就可完成电路的输入、编译、优化、仿真，直至最后芯片的制作。当电路有少量改动时，更能显示出 FPGA 的优势。电路设计人员使用 FPGA 进行电路设计时，不需要具备专门的集成电路（integrated circuit，IC）深层次的知识。FPGA 软件易学易用，可以使设计人员更能集中精力进行电路设计，快速将产品推向市场。

4）新型 FPGA 内嵌 CPU 或 DSP 内核，支持软硬件协同设计，可以作为片上可编程系统（SOPC）的硬件平台。

2. VHDL 语言

VHDL 的英文全名是 Very - High - Speed Intergrated Circuit Hardware Description Language，诞生于 1982 年。1987 年底，VHDL 被 IEEE 和美国国防部确认为标准硬件描述语言。自 IEEE 公布了 VHDL 的标准版本 IEEE - 1076（简称 87 版）之后，各 EDA（electronic design automation）公司相继推出了自己的 VHDL 设计环境，或宣布自己的设计工具可以和 VHDL 接口。此后 VHDL 在电子设计领域得到了广泛的应用，并逐步取代了原有的非标准的硬件描述语言。1993 年，IEEE 对 VHDL 进行了修订，从更高的抽象层次和系统描述能力上扩展 VHDL 的内容，公布了新版本的 VHDL，即 IEEE 标准的 1076 - 1993 版本，简称 93 版。现在，VHDL 和 Verilog 作为 IEEE 的工业标准硬件描述语言，又得到众多 EDA 公司的支持，在电子工程领域，已成为事实上的通用硬件描述语言。

VHDL 主要用于描述数字系统的结构、行为、功能和接口。除了包含有许多具有硬件结构特征的语句外，VHDL 的语言形式和描述风格与句法十分类似于一般的计算机高级语言。VHDL 的程序结构特点是将一项工程设计，或称设计实体（可以是一个元件、一个电路模块或一个系统）分成外部（或称可视部分及端口）和内部（或称不可视部分），即涉及实体的内部功能和算法完成部分。在对一个设计实体定义了外部界面后，一旦其内部开发完成后，其他的设计就可以直接调用这个实体。这种将设计实体定义成有内、外部区分的概念是 VHDL 系统设计的基本点。

由于 VHDL 语言的通用性，它已经成为支持不同层次设计者要求的一种标准硬件描述语言。VHDL 语言能够成为标准并且获得广泛的应用，有其自身的优势。

1）与其他的硬件语言相比，VHDL 具有更强的行为描述能力，从而决定了它成为系统设计领域最佳的硬件描述语言。强大的行为描述能力是避开具体的器件结构，从逻辑行为上描述和设计大规模电子系统的重要保证。VHDL 语言具有功能强大的语言结构，可以用简洁明确的程序来描述复杂的逻辑控制。为了有效控制设计的实现，它具有多层次的设计描述功能，支持设计库和可重复使用的元件生成；而且它还支持阶层设计和提供模块设计的创建。同时，VHDL 语言还支持同步电路、异步电路和随机电路的设计，这是其他的硬件描述语言所不能比拟的。

2）VHDL 语句的行为描述能力和程序结构决定了它具有支持大规模设计的分解和已有设计的再利用功能。它的可移植功能是允许设计人员对需要综合的设计描述进行模拟，在综合前对一个数千门的设计描述进行模拟可以节约大量可观的时间。由于 VHDL 语言是一种标准化的硬件描述语言，因此同一个设计的 VHDL 语言描述可以被不同的 EDA 工具支持，从而使得 VHDL 语言程序可以很方便地在不同的模拟、综合工具之间或者工作平台之间移植。

3）VHDL 丰富的仿真语句和库函数，使得在任何大系统设计早期就能查验设计系统的功能可行性，随时可对设计进行仿真模拟。独立于器件的设计和可进行程序移植允许设计人员可以采用不同的器件结构和综合工具来对自己的设计进行模拟。设计人员可以进行一个完整的 VHDL 语言描述，并且可以对它进行综合，生成选定的器件结构的逻辑功能，然后再对设计结果进行仿真模拟，最后选用最适合该设计的逻辑器件。

4）VHDL 对设计的描述具有相对独立性。设计人员采用 VHDL 语言进行设计时，并不需要首先选择完成此项设计的逻辑器件。这样，设计人员就可以集中时间来进行硬件电路系统的具体设计，而不需要考虑其他的问题。当采用 VHDL 语言完成硬件电路系统的功能描述后，可以使用不同的逻辑器件来实现其功能。

5）对于用 VHDL 完成的一个确定的设计，可以利用 EDA 工具进行逻辑综合和优化，并自动地把 VHDL 描述设计转变成门级网表。这样，当设计的产品数量达到相当的规模时，就可以很容易地帮助设计人员实现转成 ASIC 的设计，可以确保 ASIC 厂商生产高质量的器件产品。

3. 设计流程

一个完整的 FPGA 设计流程包括电路设计与输入、功能仿真、综合、综合后仿真、实现等主要步骤，如图 8-2 所示。

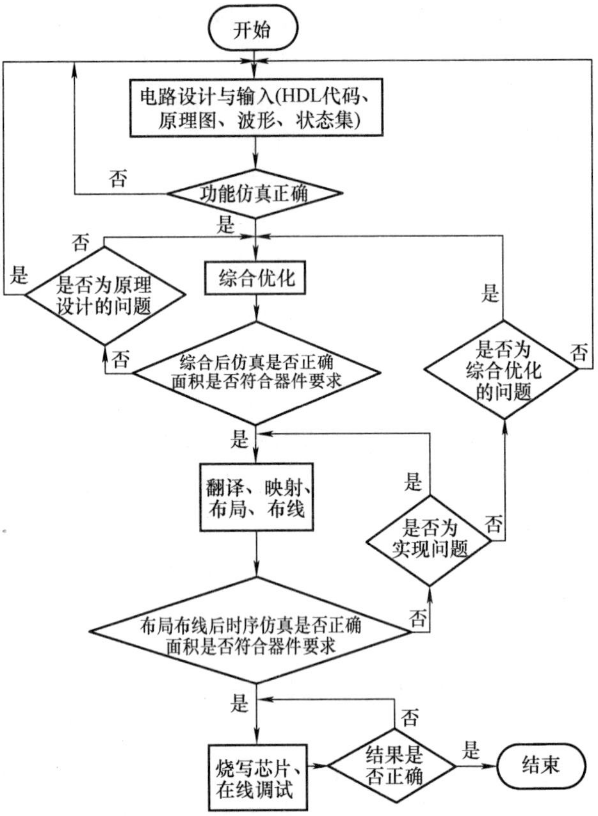

图 8-2 FPGA 设计流程

其中电路设计与输入是根据工程师的设计方法将所设计的功能描述给 EDA 软件。常用的设计输入方法有硬件描述语言（HDL 语言）和原理图设计输入方法。波形输入和状态集输入是两种常用的辅助设计方法，但这两种方法只能在某些特殊情况下用于缓解设计者的工作量，并不适合所有的设计。

电路设计完成后，要用专用的仿真工具对设计进行功能仿真，验证电路功能是否符合设计要求。常用的仿真工具有 Model Tech 公司的 Modelsim、Synopsys 公司的 VCS、Cadence 公司的 NC－VHDL 等。通过仿真能及时发现设计中的错误，加快设计进度，提高设计的可靠性。

综合优化是指将 HDL 语言、原理图等设计输入翻译成由与门、或门、非门、RAM、寄存器等基本逻辑单元组成的连接（网表），并根据目标与要求（约束条件）优化所生成的连接，输出相关配置文件，供 FPGA 厂家的布局布线器进行实现。常用的专业综合优化工具有 Synplicity 公司的 Synplify、Synopsys 公司的 FPGA Compiler II 等。另外，FPGA/CPLD 厂商的集成开发环境也带有一些综合工具，如 XilinxISE 等。

综合完成后需要检查综合结果是否与原设计一致，需要做综合后仿真。在仿真时，把综合生成的延时文件反标到综合仿真模型中去，可估计门延时带来的影响。综合后仿真虽然比功能仿真精确一些，但与布线后的实际情况还有一定差距，并不十分准确。这种仿真的主要目的在于检查综合器的综合结果是否与设计输入一致。

综合结束以后，使用 FPGA 厂商提供的工具软件，根据所选芯片的型号，将综合后输出的逻辑网表适配到 FPGA 器件上，这个过程称为实现过程。以 XILINX 公司的器件为例，它就包括翻译、映射、布局布线 3 个步骤。

布局布线之后为时序仿真。时序仿真中应该将布局布线的延时文件反标到设计中，使仿真既包含门延时，又包含线延时信息。与前面各种仿真相比，这种后仿真包含的延时信息最为全面、准确，能较好地反映芯片的实际工作情况。

设计开发的最后步骤就是在线调试或者将生成的配置文件写入到芯片进行测试。

每个仿真步骤如果出现问题，需要根据错误的定位返回到相应的步骤更改或重新设计。

4. XILINX 公司的 Spartan - II 系列 FPGA

XILINX 公司于 1984 年发明了 FPGA，并连续推出一代又一代集成度高、速度更快的新型器件。从 XC3000、XC4000 到 Spartan 和 VirtexFPGA，XILINX 公司在 FPGA 产品的可编程逻辑性能及使用灵活性方面一直保持着领导地位，因此根据整个系统设计的特点以及数据采集系统所要达到的高速、多通道的功能，选择 XILNX 公司 Spartan - II 系列器件 XS2S100 - PQ208。此系列 FPGA 的一些主要性能特点如下：

1）多标准接口。通过使用不同的参考电压和内部电阻，Spartan - II 系列芯片的 I/O 接口可以支持多种电压标准，便于和众多外部 RAM 及总线标准接口。

2）高性能。Spartan - II 系列器件采用基于 XC4000 系列器件的流水线结构，并且提供高带宽的片内分布式 RAM 和块 RAM，可以方便地配置为 FIFO、双口 RAM 等，特别适合于需要高速存储器而容量要求不高的应用。

3）快速。Spartan - II 系列器件系统速度超过 80MHz，它具有专用的快速进位逻辑，可进行快速的数学运算。

4）在系统可编程。所有的 Spartan - II 系列的器件均含有 JTAG 测试接口电路，具有 5V 或 3.3V 在系统可编程能力，可进行无限次编程/擦除操作，而且具有完全的回读能力，以方便编程校验和观察内部节点。

5）驱动负载能力和抗干扰性能较强。Spatran - II 系列器件的每个输入/输出口负载电流为 12mA，且都具有单独可编程的输出摆率控制，从而减少了噪声。

6）丰富的内部互连资源。Spatran - II 系列 FPGA 具有丰富的内部互连线，支持内部三态。

8.1.2　基于 FPGA 的多通道高速数据采集系统概述

数据采集就是将被测量对象的各种参量通过各种传感器元件做适当转换后，再经信号调整、采样、量化、编码、传输等步骤，最后送到控制器进行数据处理或储存记录的过程。数据采集系统是一种应用极为广泛的模拟量测量设备，其基本任务是把信号送入计算机或相应的信号处理系统，根据不同的需要进行相应的计算和处理。它将模拟量采集、转换成数字量后，再经过计算机处理得出所需的数据。

随着电子信息技术的发展与普及，数字设备正越来越多地取代模拟设备，在生产过程控制和科学研究等领域中，信息技术正发挥着越来越重要的作用。然而，外部世界的大部分信息是以连续变化的物理量形式存在的，要将这些信息送入信息设备中进行处理，就必须先将这些连续的物理量离散化，并进行量化编码，从而使其变成数字量，这个过程就是数据采集。

由于数字硬件的开发和制造技术的发展，数字化处理产生了极大的优越性。数字化处理使处理精度大为提高，并且为处理提供了更大的灵活性，提高了系统的性能；便于对信息进行加密，从而提高信息的安全性；对信息进行信道编码，可以抵御信道干扰和噪声的影响，提高信道质量。在实际应用中，对数字采集系统的主要要求是速度和精度。速度由采样率来反映，而采样率由被采集模拟信号的带宽决定。应用于现代雷达数字信号处理技术和软件无线电技术领域的数据采集系统，其采样率可高达几百 MSPS（mega - symbols per second，兆符号/秒）。

一般情况下，采样系统中采用普通 MCU（micro - controller unit）就可以完成系统的任务，但是当系统中需要采集的信号量特别多、速度要求比较快时，尤其是当各种信号量、状态量特别多时，仅靠普通 MCU 的资源就往往难以完成任务。此时，一般只能采用多 MCU 联机模式，或者是采用其他芯片扩展系统资源来完成系统的任务。管道漏磁内检测系统中要求的高速采样，一般的 MCU 速度达不到，这样做不仅增加了许多外部电路和系统成本，还大大增加了系统的复杂性，使系统的可靠性大大降低。基于 FPGA 的多通道高速采样控制单元，利用 FPGA 的 I/O 端口多且可以自由编程支配、定义其功能以及速度快的特点，再配以 VHDL 编写的软件，很好地解决了多通道数据的高速采样控制问题。

系统以 FPGA 作为多通道高速数据采集单元的核心元件，其结构如图 8-3 所示。以 FPGA 作为整个多通道高速数据采集单元的控制核心。该控制系统由多通道采集控制单元和数据暂存单元构成，其中多通道采集控制单元产生通道选择信号和 A - D 采样控制时序；数据暂存单元用来暂时存放采集到的数据且将其传送到数据处理部分。由于 FPGA 具有丰富的 I/O 和处理资源，数据采集控制、数据暂存和数据传送操作可以并行进行，从而使系统具有更好的数据处理能力。

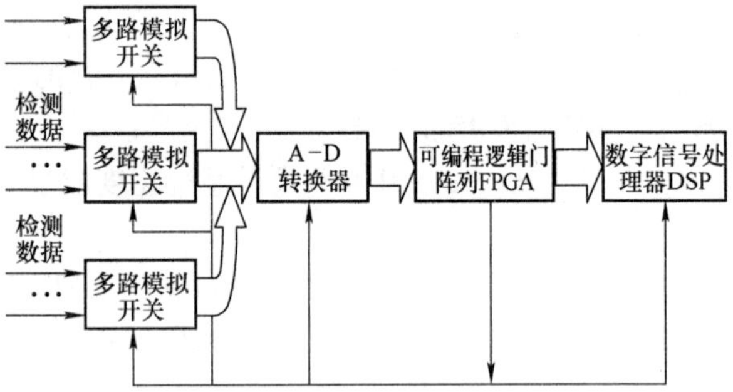

图 8-3 多通道高速数据采集单元结构

系统选用的 FPGA 为 XS2S100 - PQ208。XS2S100 核心电压为 2.5V，I/O 电压为 3.3V，兼容 5V，适应多种接口标准。它有 10 万个系统门，600 个 CLB，2700 个逻辑单元，38400bit 分布式 RAM，40K 块 RAM。

8.1.3 系统硬件设计

硬件电路包括基于 FPGA 的多通道高速采样控制电路和相应的通道选择电路、A - D 转换电路。采样控制单元如图 8-4 所示。

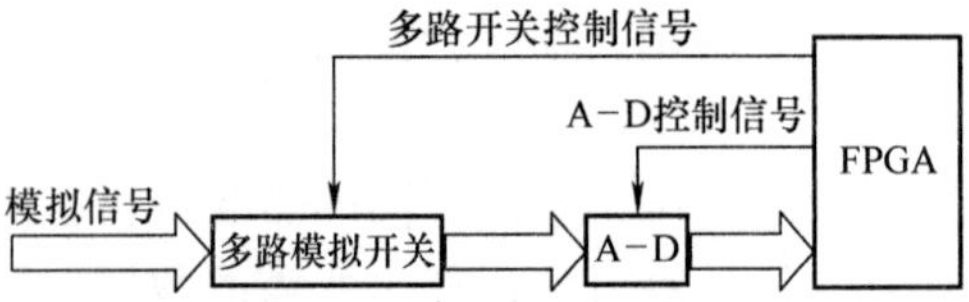

图 8-4 采样控制单元

A - D 和模拟开关在 FPGA 的控制之下对数据进行采集，上电之后由 FPGA 对 A - D 和模拟开关进行初始化配置，然后开始数据采样，采集到的数据传送到 FPGA 中。

1. 通道选择电路

单元设计要求是在0.1～0.2ms内采样200个传感器。本单元选用的多路开关是MAX4638，该芯片是8选1的CMOS型模拟多路开关，可采用+1.8～5V电源或者±2.5V电源供电。当采用单电源+5V供电时，其输入阻抗是3.5Ω，通道打开的时间$t_{on}=18ns$，通道关闭的时间$t_{off}=7ns$。书中选用+5V供电，这样选通一个通道的总时间是25ns，工作频率最高可达40MHz，理论上采样200路通道的时间为5μs，完全满足系统的需求。MAX4638的管脚配置和功能原理如图8-5所示。A0～A2为NO1～NO8八个通道的通道选通信号；EN为通道选通使能信号；COM为该芯片的输出管脚。

2. A－D转换电路

设计中选用的A－D转换器芯片是AD7938，这是一款8通道12位高速低功耗连续逼近的A－D转换器芯片，采用2.7～5.25V单电源供电，其转换速度可达1.5MSPS，功耗最大仅有6～13.5mW。AD7938的8个模拟输入通道可以在程序的控制之下连续地转换，它以极低的功耗实现了频率很高的采样，而且使用者可以在很大的范围内设定它的电源电压，以及模拟输入的电压范围、输出电压等，在使用过程中非常方便，在精度和速度上也完全可以达到对本单元设计的要求。AD7938典型应用电路如图8-6所示。

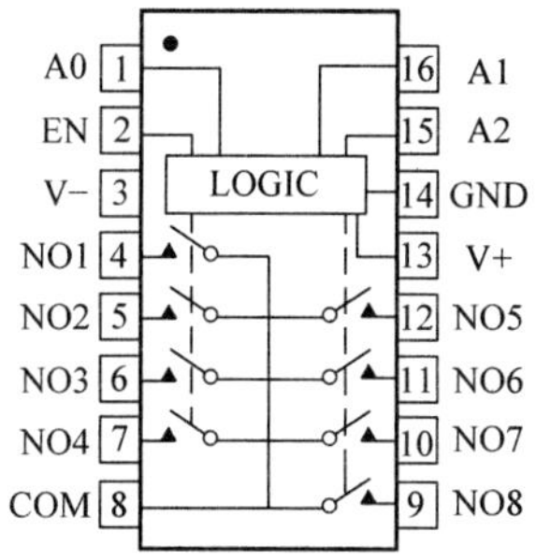

图8-5 MAX4638的管脚配置

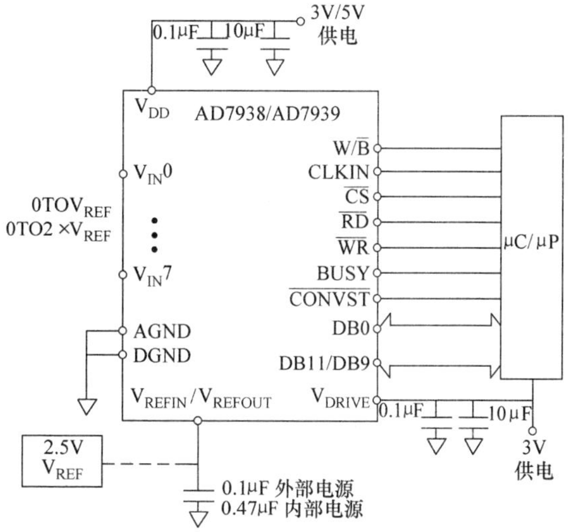

图8-6 AD7938典型应用电路

在本电路的设计中使用5V和3V电源供电，其中5V供AD7938芯片使用，3.3V供数字信号输出的驱动电平。8个模拟输入端分别接8个MAXIM4638的COM端，这样一个A－D转换器可以转换64路模拟信号。

在使用AD7938进行模数转换开始前要对其内部寄存器进行初始化操作，以便其能正常地工作。初始化操作是由FPGA通过DB0～DB11对其内部寄存器进行写操作，这些赋值包括配置电源管理模式、数字输出信号的编码模式、通道选择模式等。具体的写时序如图8-7所示。

CONVST引脚上的下降沿信号标志一次转换的开始，在转换的过程中BUSY引脚上一直是高电平，在CONVST下降沿后的第14个CLKIN的下降沿，BUSY引脚变成低电平，且

CONVST 变成高电平。在此之后可以通过 CS 和 RD 以及 DB0 ~ DB11 将转换后的数据取走，然后再进行下一个循环。这样就实现了数据的模数转换。具体的时序如图 8-8 所示。

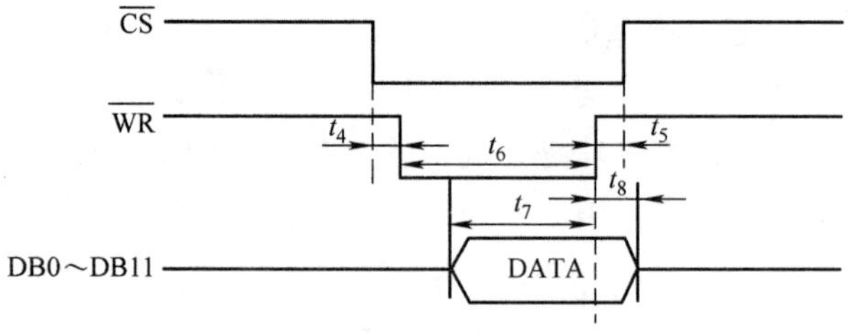

图 8-7　AD7938 内部寄存器写时序

3. A－D 转换器和模拟开关转换控制模块

A－D 转换器和模拟开关转换控制模块采用有限状态机的方法在 FPGA 内部产生 AD7938 和模拟开关 MAX4638 的工作时序。共有 0 ~4 五个工作状态，如图 8-9 所示。其中状态 0 为初始状态，初始状态下使模拟开关和 A－D 转换器无效，输出数据总线为高阻状态，模拟开关的多路选择信号初始化为第一个通道。

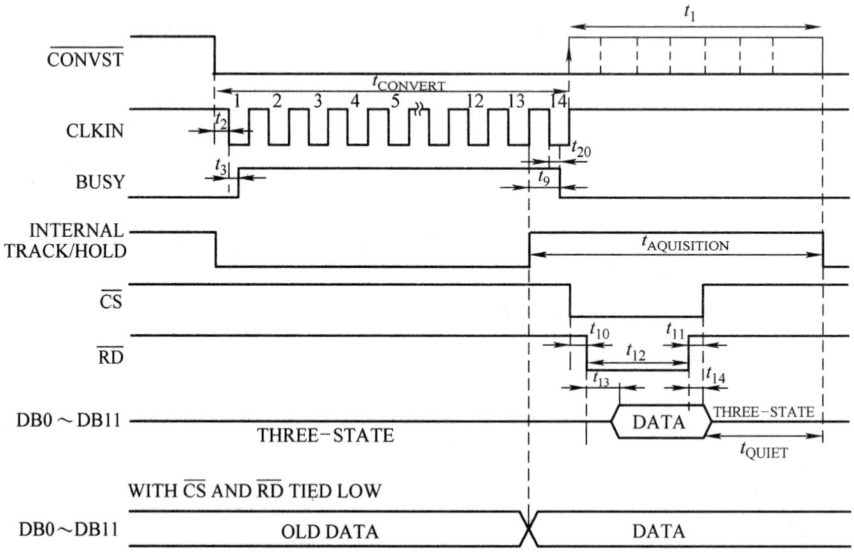

图 8-8　AD7938 转换和读取数据的时序

状态 1 向 A－D 转换器内部寄存器赋初值，设定其工作模式：采用普通的电源管理模式，输出的数字信号采用正常的编码模式，参考电压采用芯片内部提供模式，模拟通道采用单端输入的 8 选 1 模式，采用内部循环依次对 8 个模拟输入端进行采样的模式。然后将 8 个通道全部打开，由 AD7938 进行数据采集。

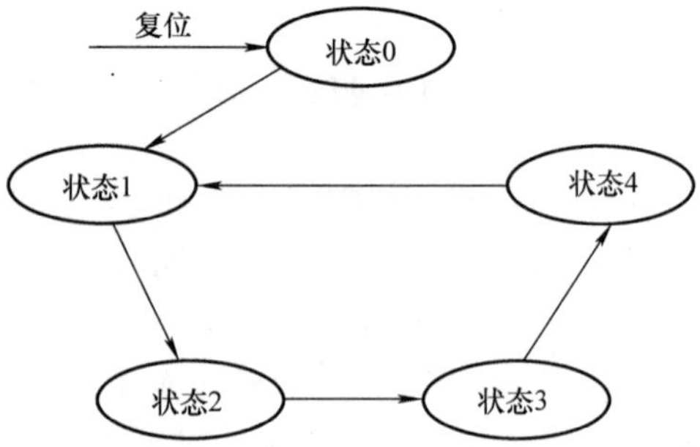

图 8-9　有限状态机工作状态

状态 2 为多通道采集控制状态，对模拟开关 MAX4638 进行初始化，并使其开始工作。状态 3 为 A－D 转换器转换状态，在该状态内将完成模拟信号到数字信号的转换，并将数字信号送到 DB0 ~ DB11 管脚输出。状态 4 为读取数据状态，在该状态内将读出 DB0 ~ DB11 上的信号，并把它们保存到 FPGA 内部的 RAM 中，最后再返回到状态 1。这就完成了一个通道的数据采集，如此周而复始就可以完成全部的数据采集。

8.2　数据压缩方法

8.2.1　数据压缩方法分析

1. 数据压缩的基本理论

数据压缩简单地说就是研究对各种信源，包括数据、声音、视频、静止图像、电影或各种信号的有效数字表达方法。它通过去除信源数据的各种冗余达到压缩的目的。信源数据中的冗余信息主要包括自信息熵冗余、互信息熵冗余和听视觉心理冗余。

（1）自信息熵冗余　自信息熵冗余是指对信源中出现概率相差很大的数据都采用相同的比特数进行编码。由信息论中的有关理论可知，为表示信源中的一个数据，只需要按其信息熵的大小分配相应的比特数即可。然而压缩前信源中的每一个数据一般都用相同的比特数表示，这样必然存在冗余。

（2）互信息熵冗余　这种冗余是指可以从已出现的信源数据减小对未出现的信源数据的不确定性。这种冗余包括：图像内相邻像素间存在空间冗余；运动图像相邻帧存在时间冗余；多光谱图像中，谱间相邻的像素间存在谱间冗余；某些图像存在非常强的纹理结构或是图像的各部分间存在着自相似性，则形成了像素间的结构冗余；在 CAD 文件压缩等特殊应用中，由于数据间存在一些固有的联系，则形成了知识冗余。

（3）听视觉心理冗余　很多情况下，信源数据的最终接受者是人。由于人耳和人眼的分辨能力有限，一些信源信息的损失对人的主观感觉的影响微乎其微，因此可以允许压缩后的数据有一定的失真，这就是听视觉心理冗余。

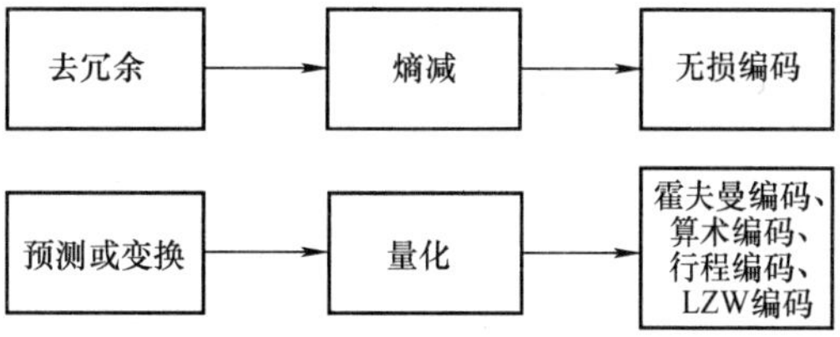

图 8-10　数据压缩的一般步骤

数据压缩的一般步骤如图 8-10 所示。首先信源要经过去冗余阶段，通常由时域预测，频域变换或其他等价变换组成；去冗余后的参数进入熵减阶段，这个阶段通常是一个量化阶段；最后，量化器的输出进行无损编码。对于不同的信源，当采用不同的处理方法时压缩步骤是不同的。例如，对于计算机文件数据仅需要无损编码步骤；而对于初始形态为模拟形式的图像、音频、视频和其他信号则需要首先经过量化采样，获得时间和幅值离散的采样数据。采样数据在去冗余后通常会产生数据分布范围和频率的改变，因此还需要再次量化才能进入无损编码阶段。例如在 JPEG 压缩算法中，对不同频率的变换系数采用不同的量化步长重新量化，以提高压缩比。

2. 数据压缩的主要方法

数据压缩方法可以分为传统编码方法和现代编码方法。

（1）传统编码方法

1）基于字典的方法。基于字典的方法包括行程编码和 LZW 编码。使用此类方法时，从一个空的符号串表开始，每当表中没有的字符串第一次出现时，该串被存于表中，并将分配给它的码字一同保存。当这个串再次出现时则只保存它的代码，这样就去掉了冗余信息。

2）统计编码。统计编码利用消息或消息序列出现概率的分布特性，注重寻找概率与码字长度之间的最优匹配。用较短的码字表示频繁出现的字符，用较长的代码表示不常出现的字符，此类方法包括霍夫曼编码和算术编码方法。

3）量化法。量化是一种最直观的数据压缩方法，分为标量量化和矢量量化。标量量化是把原信源中的数据分布量化成较小的级别。矢量量化是把数据分块，把每个数据块看作矢量进行量化。这两种量化过程都要建立量化查找表，对每一个输入数据在表中查找和它最相近的量化值作为输出。量化是有损压缩方法。

4）预测编码。预测编码就是用已经编码传送的信号来预测实际要传送的信号，从实际传送的信号中减去预测的信号值，传送它们的差值。由于差值一般要小于原数据，因此可以达到数据压缩的目的。根据预测后量化器的不同，预测编码可以是无损的，也可以是有损的。

5）变换编码。变换编码将原始数据“变换”到另一个更为紧凑的表示空间，使数据在变换域上最大限度的不相关。它是先将信号数据分割成一系列子块，然后再对这些子块进行线性正交变换。变换本身并不能带来压缩，但由于变换系数一般具有良好的性质，只要采用合适的量化和熵编码方法就可以获得较好的压缩效果。

（2）现代编码方法　现代编码方法与传统编码方法相比，在同样压缩比的条件下，重建信号的主观质量有显著改进，或者在重建信号质量接近的情况下，用现代编码方法可获得较高的压缩比。现代编码方法主要有以下几种。

1）小波编码。小波编码是一种特殊的子带编码方法。子带编码方法使用不同类型的一维或二维线性数字滤波器，对数据进行整体分解，然后根据信号特性和人类视觉特性对不同频段的数据进行粗细不同的量化处理，以达到更好的压缩效果。由于子带编码是对整个信号进行的，因此不存在方块效应。在此方法中，合理地选择和设计正交镜像滤波器（quadrature mirror filter，QMF）组是实现的关键。小波变换（wavelet transform，WT）和子带分解的根本区别是小波滤波器是正则的，具有一定的光滑性。

2）基于分形的编码。基于分形（fractal）的编码方法是近年来引起很多关注和争议的一种压缩方法，它的主要理论根据是拼贴定理。分形的基本概念是依据自相似性，自然图像能够由分形生成。目前该方法主要应用于图像压缩。

3）基于模型的编码。基于模型的编码（model based coding）方法也是另一种被认为较有前景的编码方法。其编码过程是对信号的分析过程，而其解码过程是对信号的合成过程。基于模型的编码方法是建立在对信号分析、理解、识别基础上的，有望得到可观的压缩效率。此方法成功的关键是建立模型库。如何建立未知物体的模型仍然处于探索和研究之中。

4）基于区域分割的编码。基于区域分割与合并的视频（图像）编码方法，是根据图像的空间域特征将图像分成纹理和轮廓两部分，然后分别对它们进行编码。该方法一般可分为三步来完成，即预处理、编码和滤波。预处理将图像分割成纹理和轮廓两部分。选取分割方法是关键，它直接影响图像编码的效果。分割之后图像成为一系列相连的小区域。对纹理可采用预测编码和变换编码，对轮廓则采用链码方法进行编码。这种方法较好地保存了对人眼十分重要的边缘轮廓信息，因此在压缩比很高时解码图像质量仍然很好。

5）基于神经网络的编码。神经网络法是模仿人脑处理问题的方法，基于神经网络的编码就是通过各种人工神经元网络模型对数据进行非线性压缩。人工神经网络是一个非线性动态网络，工作过程一般分训练和工作两个阶段。训练阶段就是使用一些训练图像和训练算法，调整网络的权重，使重建图像的误差最小。目前直接用于图像压缩编码的神经网络主要有误差反向传播（back propagation，BP）型和自组织映射型（kohonen 型）。

3. 管道漏磁检测数据压缩方法的选择

由于漏磁检测原理的限制，管道漏磁检测得到的结果是非定量化的。在工程实践中，目前一般采用经验的方法，即通过对已知缺陷情况的管道进行检测，建立检测结果和实际缺陷间对应关系的数据库，在评价实际的检测结果时，把检测数据与数据库中类似的数据进行比较，就可以知道对应缺陷的情况。因此在对比分析时，要求缺陷数据曲线的形状保持准确。另一方面，管道漏磁检测的目的是要为管道强度、寿命评价提供所需的参数，所需主要参数是腐蚀区域缺陷的有效长度和最大深度。为了得到缺陷各部分的长度和深度，也需要保持缺陷处检测曲线的精确性。

在利用经验获得缺陷信息以及在管道强度评价时都需要精确的漏磁数据。由于这些检测相关的数据可以通过数据变化率和数据动态范围等特征从总检测数据中被分离出来，因此可以在数据压缩时对这部分数据采用无损压缩方法，而对其他数据采用高压缩比的有损压缩方法，从而在保证检测精度的同时获得满意的压缩效果。

适合于管道漏磁检测数据的数据压缩方法，一方面要能够满足检测结果评价对数据压缩方法的要求，另一方面要便于通过硬件（FPGA）实现，算法复杂度低，实时性好。

在传统编码方法中，行程编码一般用于数据类型较少的场合，如二值传真编码。LZ 编码在编码初期压缩效率很低，一般用于大文件压缩，而且需要一个比较复杂的数据结构，不适合硬件实现；算术编码需要浮点乘法器，在 FPGA 中实现有困难；使用预测编码时，如果设计比较简单的预测器，在运算过程中避免了乘除法运算并且使预测结果为整数，可以实现无损压缩，而且可以方便地用硬件实现；变换编码运算较繁，而且一般是有损压缩；霍夫曼编码是无损的，而且在 FPGA 中，很容易用编码器实现。

在现代编码方法中，基于分形的编码、基于模型的编码、基于区域分割的编码和基于神经网络的编码充分利用了计算机图形学、计算机视觉、人工智能与模式识别等相关学科的研究成果，为视频（图像）压缩编码方法开创了新的领域。但是由于这些编码方法增加了分析的难度，所以大大增加了实现的复杂性。例如，基于分形的编码方法由于图像分割、迭代函数系统代码的获得是非常困难的，因而实现起来时间长，算法非常复杂。基于模型的编码方法则仅限于人头肩像等基本的视频（图像），进一步的发展有赖于新的数学方法和其他相关学科的发展。基于神经网络的编码方法其工作机理至今仍不清楚，硬件研制不成功，所以在视频（图像）编码中的应用研究进展缓慢，目前多与其他方法结合使用。从当前发展情况来看，这几种编码方法仍处于深入研究的阶段。小波编码具有较好的时频局域化特性，可实现对高频信号的短时观察、对低频信号的长时观察，因此该方法非常适用于信号的数据压缩处理。优秀的数据压缩方法多采用混合编码方法，以尽量去处数据中的各种冗余。小波编码由于在量化和编码时利用了小波变换系数的良好特性，具有很好的压缩效果。小波编码为当前视频（图像）编码首选方法，在 JPEG2000 和 MPEG4 等国际标准中，都采用小波编码作为核心。通过选择合适的滤波器组和编码方法，小波编码可以做到无损压缩，并且易于硬件实现。

综上所述，在诸多数据压缩方法中，霍夫曼编码、预测编码、小波编码等方法比较适合于管道漏磁检测数据压缩的要求。

8.2.2 编码的基本理论和实现方法

1. 霍夫曼编码

霍夫曼编码是针对无记忆信源进行压缩的。所谓无记忆信源就是指信源字符的出现是独立的，也就是说连续的信源字符不存在相关性，不能从前面出现的字符推断后续字符的信息，而只是知道字符出现的概率。用 $A:\{a_i,\ i=1,\ 2,\ \cdots,\ N\}$ 表示信源，a_i为信源 A 中的符号。若 a_i的出现概率为 $P(a_i)$，则定义 a_i的信息量为

$$I(a_i) = -\log P(a_i) = \log\left(\frac{1}{P(a_i)}\right) \tag{8-1}$$

将信源 A 中所有可能字符的信息量进行平均，就得到信源的信息熵。信息熵定义了信源的平均信息量，其定义为

$$H(A) = \sum_{i=1}^{N} P(a_i)I(a_i) = -\sum_{i=1}^{N} P(a_i)\log P(a_i) \tag{8-2}$$

由信息熵的定义可知，$0 \leqslant H(A) \leqslant \log N$。当信源字符等概率分布时，信源信息最大。而只要信源字符不是等概率分布，就存在压缩的可能。

霍夫曼编码是一种非常直观、简单的压缩方法。其基本思想可以用一个简单的例子说明。设有一个只包含 4 个字符 A、B、C、D 的信源，它产生这 4 个字符的概率分别为 1/2、1/4、1/8、1/8。直接对这 4 个字符分配 2 位的编码 00、01、10、11，码长为 2。通过对频率高的字符分配较短的编码，对频率低的字符分配较长一些的编码，可以在综合效果上得到一个较短的平均码长。采用霍夫曼二叉树编码的方法，从概率最小的字符开始编码可以得到新的编码：1，01，001，000。此时的平均码长为 $1\times1/2+2\times1/4+3\times1/8\times2=1.75$。采用二叉树编码可以使每个压缩后的编码都不会是别的编码的前缀，这样在解码时就可以唯一地恢复原来的数据。霍夫曼编码是一种立即码，输入端不需要缓冲，编码延时最小。但由于输出为变长码，因此输出端需要缓冲区，将变长码转换为定长码输出。

霍夫曼编码也存在一些缺点。首先是误码扩散问题。与定长编码不同，如果一组经霍夫曼压缩的数据中出现了误码，就会导致其后一大段数据都无法正确译码，而防误码扩散措施又会降低霍夫曼编码本来就不高的压缩率。其次，较大的信源还需要霍夫曼码表。编码 8 位精度的漏磁检测数据，则需要一个长 256，宽 16 位的码表，用硬件实现时需占用较多的硬件资源。因此，在实际应用中，还需要进行针对性的改进。

2. 预测编码

预测编码是通过预测来改变信源字符的分布及其出现概率，从而减小互信息熵冗余的。我们平时所熟悉的 GSM、CDMA 技术等都是采用预测编码作为语音压缩编码核心的；电视信号压缩也采用了二维和三维预测编码。

差分脉冲编码调制（differential pulse code modulation，DPCM）是一种典型的预测编码方法，它输出当前信号的实际值和信号预测值之间的差值，其组成如图 8-11 所示。

预测器可分为线性预测器和非线性预测器两种，由于非线性预测器的设计和实现都比较复杂，实际应用中一般使用线性预测器。t_N时刻的预测值和此前各时刻的采样值的线性预测关系可表达为

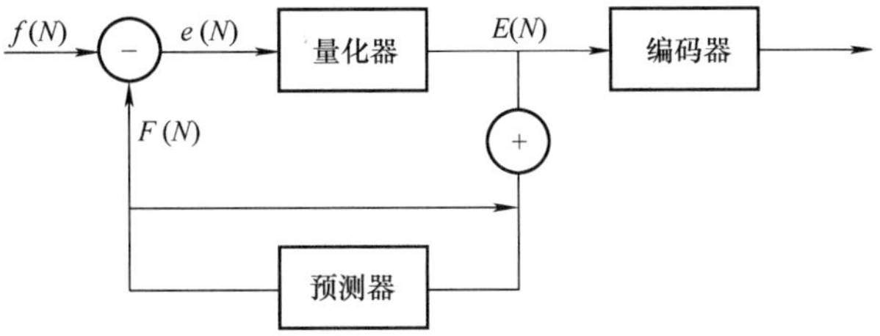

图 8-11　DPCM 预测编码器的组成

$$F(N) = \sum_{i=1}^{N-1} a_i f_i \tag{8-3}$$

图 8-11 中 $f(N)$ 是 t_N 时刻的输入信号，$F(N)$ 是预测器根据某一预测规律从 t_N 以前各时刻数据中得出的预测值，$e(N)$ 是输入值和预测值的差值。式（8-3）中 a_1，a_2，…，a_{N-1} 称为预测系数。由于 $e(N)$ 一般要比原输入数据小，而且 $e(N)$ 的分布要比原数据更为集中，因此可以用较小的比特数进行编码。根据量化器的有无，预测器可以分为有损预测器和无损预测器。一般的 DPCM 系统都采用有损编码。由于需要保留一些数据用来预测，预测编码需要一定的输入缓冲区，编码延时较小；同霍夫曼编码一样，预测编码由于输出为变长码，需要输出缓冲区。

DPCM 的一个缺点是抗误码能力较差，信道噪声或误码可能对整个编码过程产生影响，在实际应用中，需要一定的防误码扩散措施。

3. 小波编码

小波编码既是一种特殊的变换编码方法，也是一种特殊的子带编码方法。

（1）变换编码　变换编码是以字符序列为处理对象，去除字符序列间的相关性。变换系数之间通常只具有较小的相关性，而且原信号的能量一般都集中于较小数目的大系数上，这些大系数的分布符合一定的规律，从而就可以通过后续的量化和编码来获得较大的压缩比。根据变换基函数的不同，有基于特征矢量的 SVD 变换、K－L 变换，基于正弦型基函数的离散傅里叶变换、离散余弦（正弦）变换和基于方波型基函数的哈达玛变换、斜变换、哈尔变换等。基于特征矢量的变换方法具有最好的去相关效果，但其缺点也非常明显：不但计算协方差矩阵、协方差矩阵的特征值和特征矢量都需要很大的运算量，而且对于不同的数据块，会有不同的变换矩阵。在数据压缩中，应用较多的是离散余弦变换。

1）线性变换的基本理论。如果 $\boldsymbol{x}$ 是一个 $N\times1$ 的矢量，$\boldsymbol{T}$ 是一个 $N\times N$ 的矩阵，则 $\boldsymbol{y}=\boldsymbol{Tx}$ 定义了矢量 $\boldsymbol{x}$ 的一个线性变换（这个变换被称为线性变换，是因为 y 由输入元素的一阶和构成）。每个元素 y_i 是 $\boldsymbol{T}$ 的第 i 行和输入矢量 $\boldsymbol{x}$ 的内积。由线性变换的概念可以看出，变换和信号分析是紧密联系在一起的。信号分析就是通过把信号由一个域变换到另一个域，如傅里叶分析就是把信号从时域变换到复频域，来对信号进行分析和处理的。函数的内积定义如下：

$$c_n = \int_a^b \psi_n(t)x(t)\,\mathrm{d}t \tag{8-4}$$

对于二维情况，将一个 $N\times N$ 矩阵 $\boldsymbol{X}$ 变换为另一个 $N\times N$ 矩阵 $\boldsymbol{Y}$ 的线性变换一般形式为

$$\boldsymbol{Y} = \sum_{i=0}^{N-1}\sum_{k=0}^{N-1} \boldsymbol{X}_{i,k}\boldsymbol{T}(i,k,m,n) \tag{8-5}$$

$\boldsymbol{T}(i,\ k,\ m,\ n)$ 可以看作是一个 $N^2\times N^2$ 的块矩阵，每行有 N 个块，共有 N 行，每个块是一个 $N\times N$ 的矩阵。对于式（8-5），可以仿照一维的情况来理解：$N\times N$ 矩阵 $\boldsymbol{X}$ 可以通过行堆积成为一个 N^2 维的矢量，$\boldsymbol{T}(i,\ k,\ m,\ n)$ 则是一个包含 N^2 个 N^2 维空间基矢量的矩阵。如果 $\boldsymbol{T}(i,\ k,\ m,\ n)$ 能被分解为行方向的分量函数和列方向的分量函数的乘积，即如果 $\boldsymbol{T}(i,\ k,\ m,\ n)=\boldsymbol{T}_{\mathrm{r}}(i,\ m)\ \boldsymbol{T}_{\mathrm{c}}(k,\ n)$，则这个变换就是可分离的，即这个变换可以分成两步来完成：先进行行向变换，再进行列向变换（反过来也可）。当这两个分量函数相同时，$\boldsymbol{T}(i,\ k,\ m,\ n)=\boldsymbol{T}(i,\ m)\ \boldsymbol{T}(k,\ n)$，则原变换就可以写为 $\boldsymbol{Y}=\boldsymbol{TXT}$。

2）基于余弦型基函数的变换方法。离散傅里叶变换（discrete fourier transform，DFT）和离散余弦变换（discrete cosine transform，DCT）是最主要的基于余弦型基函数的变换方法。由于 DFT 包含复数运算，在数据压缩领域一般并不采用。DCT 变换在数据压缩领域应用非常广泛，JPEG、MPEG 等国际标准的主要环节都是 DCT 变换。设 $\{x(m),\ m=[0,\ M-1]\}$ 是 M 个有限值的一维实数信号序列集合，一维 DCT 变换的正交归一基函数系为

$$\left.\begin{aligned} a_{0m}&=\frac{1}{\sqrt{M}}\\ a_{km}&=\sqrt{\frac{2}{M}}\cos\frac{(2m+1)k\pi}{2M},\ k=1,2,\cdots,M-1;m=0,1,\cdots,M-1 \end{aligned}\right\}\tag{8-6}$$

一维 DCT 的形式为

$$\begin{pmatrix} y_0\\ y_1\\ y_2\\ \vdots\\ y_{M-1} \end{pmatrix}=\sqrt{\frac{2}{M}}\begin{pmatrix} \frac{1}{\sqrt{2}} & \frac{1}{\sqrt{2}} & \cdots & \frac{1}{\sqrt{2}}\\ \cos\frac{\pi}{2M} & \cos\frac{3\pi}{2M} & \cdots & \cos\frac{(2M-1)\pi}{2M}\\ \cos\frac{(2\pi)}{2M} & \cos\frac{3(2\pi)}{2M} & \cdots & \cos\frac{(2M-1)(2\pi)}{2M}\\ \cdots & \cdots & \cdots & \cdots\\ \cos\frac{(M-1)\pi}{2M} & \cos\frac{3(M-1)\pi}{2M} & \cdots & \cos\frac{(2M-1)(M-1)\pi}{2M} \end{pmatrix}\begin{pmatrix} x_0\\ x_1\\ x_2\\ \vdots\\ x_{M-1} \end{pmatrix}\tag{8-7}$$

当被变换的序列接近于某一余弦成分时，会在与对应频率的变换基函数相内积时得到最大的变换系数。由于基函数都是正交的，这个序列与其他基函数的内积结果就会是些小得多的量。逆变换时是对以变换系数为权重的基函数加权求和来重构原信号，如原信号由少量与基函数相似的分量组成，则只需对较大的项求和，其他较小的量在变换后可以忽略而不再存储，这样信号在变换域就得到了压缩。

DFT 和 DCT 使用正弦类的曲线波作为它们的基函数，这些基函数在整个变换域中非零。但在很多情况下，被变换的信号含有一些瞬态成分，如图像中的很多重要信息（例如边缘、纹理等）就是在空间位置中高度局部化的。由于这些瞬态信号并不类似于任何正弦成分的变换基函数，因此得到的变换系数不是呈紧凑分布。例如对单周期信号的傅里叶变换，它把一个瞬态信号分解成无数正弦信号的和，但是，这是通过错综复杂的安排，以相互抵消的方式消去一些正弦波，从而构造出在大部分区间都为零的瞬态函数，因此，瞬态信号的傅里叶变换的频谱呈现一幅相当复杂的构成。也就是说，对于瞬态成分，使用 DFT、DCT 等变换是

得不到最佳表示的。如果使用有限宽度的基函数进行变换，这种问题就可以得到很好的解决。这些有限宽度的基函数不但在频率上而且在位置上都是变化的，基于它们的变换称为小波变换。

（2）子带编码　子带编码（sub - band coding，SBC）是设法用一组带通滤波器（band pass filter，BPF）将输入信号分割成若干个“波段”（称为子频带或子带）信号，这样就可望在这些子带内分别针对所要求的频率特性进行更加有效的处理。子带编码的一般原理功能图如图 8-12 所示。

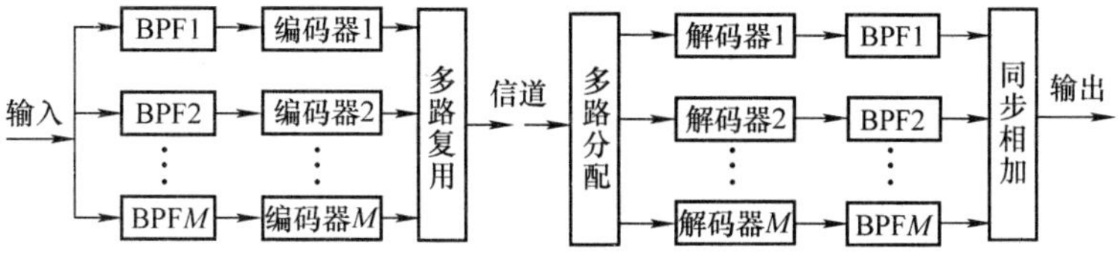

图 8-12　子带编码的一般原理功能图

子带编码的主要特点是：利用 M 个带通滤波器把信号频带分解成若干子带，通过移频将各子带信号转到基带后按奈奎斯特速率重新取样，再对取样值进行通常的数字编码并复合成一个统一的传输码流。接收端首先将总码流分解成子带码流，然后解码并将信号从基带重新“搬移”回原来的子带频率位置，再将所有子带的滤波输出相加就可合成接近于原始信号的重建信号。

整数半带数字滤波器组分析与综合系统的原理功能图如图 8-13 所示。一维信号 $x(n)$ 分别通过两个冲击响应为 $h_0(n)$ 和 $h_1(n)$ 的半带滤波器，分解成低频分量 $x_0(n)$ 和高频分量 $x_1(n)$ 后，都经 2∶1 抽取器重新取样，使得抽样后两个子带信号 $x_0(n)$ 和 $x_1(n)$ 的总数据量与原全带信号 $x(n)$ 的相同。这意味着将这上、下（或高、低）两个子带信号频谱 H_0 和 H_1 均以全带信号频谱 2 倍的重复率进行周期重复。综合端 1∶2 内插器的作用是在其输入的每个取样件都插入 1 个零值，使每个子带信号都能与全带信号同长，频谱的重复周期也和全带信号一致，而最终的子带信号插值和频谱搬移则分别由综合滤波器 $g_0(n)$ 和 $g_1(n)$ 完成。将综合滤波器组的输出相加，便得到最后的重建信号 $y(n)$。

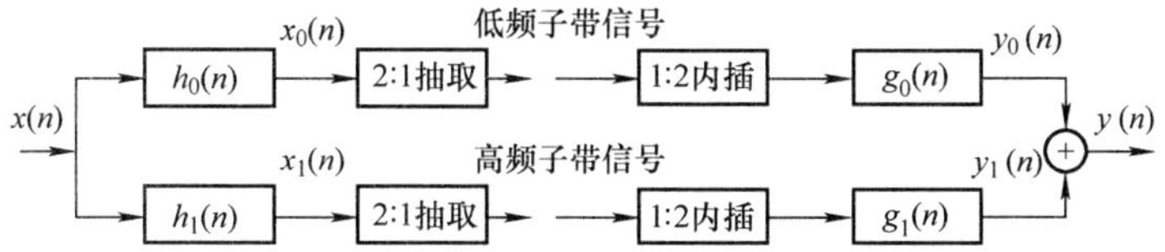

图 8-13　整数半带数字滤波组分析与综合系统的原理功能图

由图 8-13 不难想象，利用整数半带分析滤波器组的级联，可以构成一个二叉树子带分解结构，其中以下两种情形较为典型：如果在每个子带的输出端都添加一个滤波器组形成新的一级，则利用 L 级总共 2^L-1 个半带滤波器组，可实现 $M=2^L$ 个等宽子带的分解；如果只在每个低频子带的输出端添加新的一级，则利用 L 级共 L 个半带滤波器组可实现 L 个倍频程子带的分解。

利用子带编码具有很大的灵活性，其优点如下：

① 码位分配灵活。由于信号的非平坦性，如果对不同子带合理分配编码位数，就有可能分别控制各子带的量化电平数及相应的重建方差，使码字更精确地与各子带的信源统计特性相匹配。

② 噪声限制在带内。各子带的量化噪声都局限在本子带内，即使某子带内的信号能量较小，也不会被其他子带的量化噪声掩盖掉。

③ 复杂度不高。

④ 便于渐进编码。可先重建低频子带信号，再逐步添加高频子带信号，使恢复信号渐渐逼真。由于高频子带数据的丢失一般不至于严重影响对信号内容的本质理解，因此 SBC 具有“可丢包”的结构。

⑤ 适宜于“多分辨率”设备与系统。

(3) 连续小波变换　连续小波变换（continuous wavelet transform，CWT）定义为

$$W_f(a,\ b) = \langle f,\ \psi(a,\ b)\rangle = \int_{-\infty}^{\infty} f(t)\psi_{a,\ b}(t)\mathrm{d}t \tag{8-8}$$

其中，函数系

$$\psi_{a,\ b}(t) = \frac{1}{\sqrt{a}}\psi\left(\frac{t-b}{a}\right) \tag{8-9}$$

称为小波函数（Wavelet Function）或称为小波（Wavelet），它是由函数 $\psi(t)$ 经过不同的时间尺度伸缩（Time Scale Dilation）和不同的时间平移（Time Translation）得到的。$\psi(t)$ 是小波原型（Wavelet Prototype），并称为母小波（Mother Wavelet）或基本小波（Basic Wavelet）。a 为时间轴尺度伸缩参数，大的 a 值对应于小的尺度，相应的小波 $\psi_{a,b}(t)$ 伸展较宽；反之，小的 a 值对应的小波在时间轴上受到压缩。b 为时间平移参数，不同 b 值的小波沿时间轴移动到不同位置。系数 $1/\sqrt{a}$ 为归一化因子，它的引入是为了使不同尺度的小波保持相等的能量。值得注意的是，对于不同的母小波，同一信号的连续小波变换是不同的。

连续小波变换定量地表示了信号与小波函数系中的每个小波相关或接近的程度。如果把小波看成是 $L^2(R)$ 空间的基函数系，那么连续小波变换就是信号在基函数系上的分解或投影。

一个函数 $\psi(t)\in L^2(R)$ 能够作为母小波，必须满足允许条件：

$$C_{\psi} = \int_{-\infty}^{\infty} \frac{|\psi(s)|^2}{|s|}\mathrm{d}s < \infty \tag{8-10}$$

式中，$\psi(s)$ 为 $\psi(t)$ 的傅里叶变换。如果 $\psi(t)$ 是一个合格的窗函数，则 $\psi(s)$ 是连续函数。因此，允许条件意味着：

$$\psi(0) = \int_{-\infty}^{\infty}\psi(t)\mathrm{d}t = 0 \tag{8-11}$$

式（8-11）的物理意义是 $\psi(t)$ 为一个振幅衰减很快的“波”，小波由此得名。

如图 8-14 所示，如果把小波 $\psi_{a,\ b}(t)$ 看成是宽度随 a 改变、位置随 b 变动的时域窗，那么，连续小波变换可以看成是连续变化的一组短时傅里叶变换的汇集，这些短时傅里叶变换对不同的信号频率使用了宽度不同的窗函数，具体来说，即高频用窄时域窗，低频用宽时域窗。小波变换具有的这一性质称为“变焦距”性质。

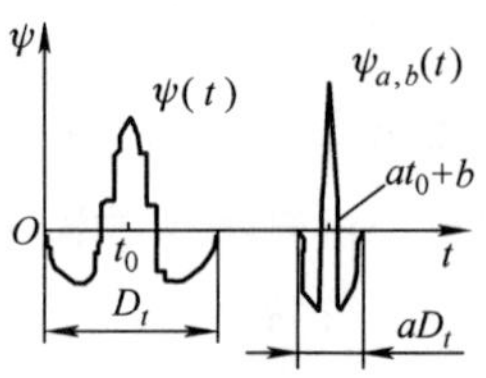

图 8-14　小波与母小波

分析窗口的宽度 aD_t 决定了时间分辨率和时间定位能力。a 越小（对应于越高的频率），时间分辨率越高。因此，分析高频应采用窄的分析窗口。由于分析窗口面积恒定，当窗口变窄时，窗口高度相应增加，即频域分辨

率和频率定位能力要降低。图 8-15 所示为从另一角度观察到的连续小波变换的“变焦距”性质。

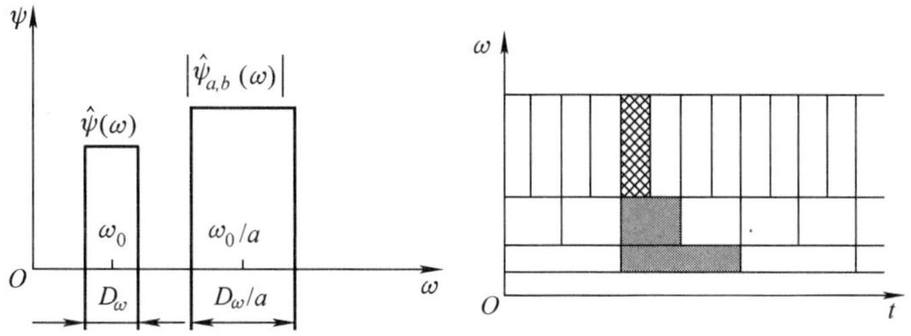

图 8-15　小波变换的分析窗宽度随频率升高（尺度减小）而变窄

连续小波变换的重要性质如下：

性质 1（线性）：一个多分量信号的小波变换等于各个分量的小波变换之和。

性质 2（平移不变性）：若 $f(t)\leftrightarrow WT_f(a,\ b)$，则 $f(t-\tau)\leftrightarrow WT_f(a,\ b-\tau)$。

性质 3（伸缩共变性）：若 $f(t)\leftrightarrow WT_f(a,\ b)$，则 $f(ct)\leftrightarrow \frac{1}{\sqrt{c}}WT_f(ca,\ cb)$，其中 $c>0$。

性质 4（自相似性）：对应于不同的尺度参数 a 和不同的平移参数 b 的连续小波变换之间是自相似的。

性质 5（冗余性）：连续小波变换中存在信息表述的冗余度。

（4）离散小波变换　信号的连续小波变换是超完备的，一个一维信号 $f(t)$ 的小波变换是二维函数，它代表的信息量和要求的存储量都大大增加了。在实际的数字信号处理过程中，为了计算简便，也为了减少不必要的冗余信息，可以对 a、b 的取值离散化，只利用离散化后保留下来的部分系数来分析信号。在大多数应用中，人们主要对二进制抽样感兴趣。二进制抽样是指利用形如 $a=2^{-j}$，$b=k/2^j$（j、k 为整数）的离散参数对信号进行分析和重构。类似于 $\psi_{a,b}(x)$，可以定义小波族为

$$\psi_{j,\ k}(t)=2^{j/2}\psi(2^jt-k)\ (\ j,\ k\in \mathbf{Z}) \tag{8-12}$$

此时的小波变换称为小波级数展开，其变换系数为

$$c_{j,\ k}=\langle f,\ \psi_{j,\ k}(t)\rangle=2^{-j/2}\int_{-\infty}^{\infty}f(t)\psi(2^jt-k)\mathrm{d}t \tag{8-13}$$

由连续小波变换的离散化还引出了用系数 $c_{j,k}$ 是否能够完全重构原信号的问题，这时的基小波在容许条件之外要有更多的限制。信号离散表示的完备性和冗余性是通过逼近论中的框架理论来描述的。满足如下条件的小波称为框架：

$$A\,\|f(t)\|^2\leqslant\sum_{j,\ k}|\langle f(t),\ \psi_{j,\ k}(t)\rangle|^2\leqslant B\,\|f(t)\|^2(0<A\leqslant B<\infty,f(t)\in L^2(R)) \tag{8-14}$$

式中，A、B 为框架界。

框架界的比 B/A 为小波表示的冗余测度，如果 $B/A=1$，称 $\psi_{j,\ k}(t)$ 为紧框架，紧框架的小波表示的冗余度小，具有良好的重建特性；当 B/A 远大于 1 时，称小波框架为松框架，此时的小波基也可以称为 Riesz 基。

如果 $\psi_{j,\ k}(t)$ 是 $L^2(R)$ 的一个 Riesz 基，则存在 $L^2(R)$ 中的唯一一个 Riesz 基 $\tilde{\psi}_{j,\ k}$

(t)，它的意义是$\langle \psi_{j,k}, \tilde{\psi}_{l,m} \rangle = \delta_{jl}\delta_{k,m}(j, k, l, m \in \mathbf{Z})$上$\psi_{j,k}(t)$的对偶基，$\tilde{\psi}_{j,k}(t)$称为对偶小波。

为了减小小波变换系数的冗余度，应尽量减小小波函数间的线性相关，因此希望小波族$\psi_{j,k}(t)$具有线性独立性，甚至是相互正交的。从信号重构的精度考虑，正交基又是信号重构的最理想的基函数，所以更希望小波是正交小波。根据各尺度间小波基及其对应的对偶小波基间的正交关系，小波可以分为正交小波、双正交小波、半正交小波和非正交小波。正交小波是指$\langle \psi_{j,k}, \psi_{l,m} \rangle = \delta_{jl}\delta_{k,m}(j, k, l, m \in \mathbf{Z})$。对于正交小波，显然有$\psi_{j,k} \equiv \tilde{\psi}_{l,m}$。正交小波一定是稳定的，因此获得了广泛的应用；半正交小波是指$\langle \psi_{j,k}, \psi_{l,m} \rangle = 0(j, k, l, m \in \mathbf{Z}, j \neq l)$，它满足跨尺度的正交性。如果一个 Reisz 基小波不是半正交小波，则称非正交小波。双正交小波是指$\langle \psi_{j,k}, \tilde{\psi}_{l,m} \rangle = \delta_{jl}\delta_{k,m}(j, k, l, m \in \mathbf{Z})$。正交小波一定是双正交小波，反之则一般不成立。双正交小波由于具有正交小波所不具有的良好对称性等特点，常用于图像压缩等应用。

（5）多分辨率分析与 Mallat 算法　离散的小波框架其信息量仍是冗余的，因此从数据压缩的角度，仍希望减小它们的冗余度，直至得到一组正交基。解决这个问题的方法是多分辨率分析的方法。

多分辨率分析（multi - resolution analysis，MRA）又称为多尺度分析，它是建立在函数空间概念上的理论，但其思想的形成来源于工程。MRA 不仅为正交小波基的构造提供了一种简单的方法，而且为正交小波变换的快速算法提供了理论依据。其思想又同多采样率滤波器组不谋而合，使小波理论同数字滤波器的理论结合起来。

1）多分辨率分析。设$L^2(R)$内一个嵌套的闭子空间序列$\{V_j\}$由函数ϕ生成，即

$$V_j = clos_{L^2(R)} \langle \phi_{j,k} : k \in \mathbf{Z} \rangle \quad (j \in \mathbf{Z}) \tag{8-15}$$

式（8-15）表示V_j是$\phi_{j,k}$在平方可积空间$L^2(R)$内线性张成的闭子空间，其中：

$$\phi_{j,k} = 2^{-j/2}\phi(2^{-j}t - k) \tag{8-16}$$

空间$L^2(R)$的多分辨率分析是指函数$\phi(t) \in L^2(R)$在式（8-16）意义上生成的闭子空间序列$V_j(j \in \mathbf{Z})$，并且具有以下性质：

① 单调性：

$$V_j \subseteq V_{j-1} \quad \forall j \in \mathbf{Z} \tag{8-17}$$

② 逼近性：

$$clos_{L^2(R)} \left(\bigcup_{j=-\infty}^{\infty} V_j \right) = L^2(R)$$
$$\bigcap_{j=-\infty}^{\infty} V_j = \{0\} \tag{8-18}$$

③ 伸缩性：

$$f(t) \in V_j \Leftrightarrow f(2t) \in V_{j-1} \tag{8-19}$$

④ 平移不变性：

$$f(t) \in V_j \Leftrightarrow f(t - 2^{-j}k) \in V_j \tag{8-20}$$

⑤ Riesz 基存在性：存在$\phi(t) \in V_0$，使得$\{\phi(t-k), k \in \mathbf{Z}\}$构成$V_0$的 Reisz 基。

从物理意义上讲，性质①描述了$f(t)$在分辨率$2j-1$上的分析包括了其在分辨率$2j$上分

析得到的信息和更多的细节信息；性质②前半部分描述了函数$f(t)$能够用它在 V_j 上的近似f_j非常接近地逼近，而后半部分保证了通过减小 j，逼近 f_j 能够具有任意小的能量；性质③和④表明了多分辨率分析具有和小波变换性质相对应的伸缩性和平移不变性；性质⑤保证了多分辨率分析和它对应的小波分析的稳定性，在 Riesz 基的意义上，称 ϕ 为 V_j 空间的多分辨率的生成元或尺度函数。

引入多分辨率分析的目的是建立小波分析。设小波函数 ψ 生成 $L_2(R)$空间中的小波子空间序列 $\{W_j\}$，即 $W_j = \text{clos}_{L^2(R)}\langle \psi_{j,k}: k\in \mathbf{Z}\rangle (j\in\mathbf{Z})$。这个序列给出 $L^2(R)$的一种直接和分解为

$$L^2(R) = \sum_{j\in\mathbf{Z}} W_j = \cdots \dot{+} W_{-1} \dot{+} W_0 \dot{+} W_1 \dot{+} \cdots \tag{8-21}$$

如果用 $g_j \in W_j$ 表示$f(t)$在 W_j 上的投影，则每个$f(t)\in L^2(R)$可唯一分解为

$$f(t) = \cdots + g_{-1}(t) + g_0(t) + g_1(t) + \cdots \tag{8-22}$$

为了建立多分辨率分析与小波分析的联系，W_j 要满足

$$V_{j-1} = V_j \dot{+} W_j \tag{8-23}$$

式中，$\dot{+}$表示直接和。

式（8-23）也就是说 W_j 是 V_j 在 V_{j-1}中的补空间，同时说明$f(t)$在相邻分辨率上的近似 f_j 和f_{j-1}之间相差的细节信息是包含在空间 W_j 里的，即为 g_j。由式（8-23）还可以推出：

$$V_{j-1} = W_j \dot{+} W_{j+1} \dot{+} W_{j+2} \dot{+} \cdots \tag{8-24}$$

由式（8-21）和式（8-24）可得

$$L^2(R) = V_N \dot{+} W_N \dot{+} W_{N+1} \dot{+} W_{N+2} \dot{+} \cdots \tag{8-25}$$

若$f_j \in V_j$ 代表了函数f在分辨率 $2j$ 上的近似（也称为模糊成分或粗糙成分），那么 $g_j \in W_j$ 就代表了逼近的误差（也称为细节成分），则式（8-23）和（8-25）就表示为

$$f_{j-1} = f_j + g_j \quad (j\in\mathbf{Z}) \tag{8-26}$$

$$f = f_N + g_N + g_{N+1} + \cdots = f_N + \sum_{j=0}^{+\infty} g_{N+j} \quad (\mathrm{N}\in\mathbf{Z}) \tag{8-27}$$

这表明，任何函数$f(t)\in L^2(R)$都可根据它在分辨率 $2N$ 上的粗糙信号和它在分辨率 $2^{N+j}(j\geqslant 0)$上的细节信号完全重构，这也就是 Mallat 算法的基本思想。

2）Mallat 算法。因为尺度函数 $\phi\in V_0$ 和小波函数 $\psi \in W_0$ 都属于 V_{-1}，而且 V_{-1}是由 $\phi_{-1,k} = 2^{1/2}\phi(2t-k)$生成的，所以存在 $L^2(R)$空间中的两个序列$\{h_1(n)\}$和$\{g_1(n)\}$，使

$$\phi(t) = \sum_k h_1(k) 2^{1/2}\phi(2t-k) \tag{8-28}$$

$$\psi(t) = \sum_k g_1(k) 2^{1/2}\phi(2t-k) \tag{8-29}$$

成立。式（8-28）和式（8-29）称为尺度函数和小波函数的双尺度关系。又由于 $V_{-1} = V_0 \dot{+} W_0$，则 V_{-1}也可以由 $\phi_{0,k} = \phi(t-k)$和 $\psi_{0,k} = \psi(t-k)$共同生成，因此对 $\phi_{-1,l}\in V_{-1}$也存在 $L^2(R)$空间中的两个序列$\{h_0(n)\}$和$\{g_0(n)\}$，使

$$2^{1/2}\phi(2t-l) = \sum_k [h_0(2k-l)\phi(t-k) + g_0(2k-l)\psi(t-k)] \tag{8-30}$$

成立。与双尺度关系对应，式（8-30）称为尺度函数和小波函数的分解关系。对于一个小

波函数和与它对应的尺度函数，它们之间的双尺度关系和分解关系是唯一确定的。

由于$f_j \in V_j$、$f_{j-1} \in V_{j-1}$和$g_{j-1} \in W_{j-1}$，且$\phi_{j,k}$、$\phi_{j-1,k}$和$\psi_{j-1,k}$分别是V_j、V_{j-1}和W_{j-1}的基函数，所以有

$$\left.\begin{aligned} f_j(t) &= \sum_{k=-\infty}^{\infty} c_{j,k}\phi_{j,k} \\ f_{j-1}(t) &= \sum_{m=-\infty}^{\infty} c_{j-1,m}\phi_{j-1,m}\ (j,k,m \in \mathbf{Z}) \\ g_{j-1}(t) &= \sum_{m=-\infty}^{\infty} d_{j-1,m}\phi_{j-1,k} \end{aligned}\right\} \tag{8-31}$$

根据以上公式，可以推出$\{c_{j,k}\}$、$\{c_{j-1,m}\}$和$\{d_{j-1,m}\}$的分解关系式为

$$\left.\begin{aligned} c_{j-1,m} &= \sum_{k=-\infty}^{\infty} h_0(2m-k)c_{j,k} \\ d_{j-1,m} &= \sum_{k=-\infty}^{\infty} g_0(2m-k)c_{j,k} \end{aligned}\right\} \tag{8-32}$$

重构关系式为

$$c_{j,k} = \sum_{m=-\infty}^{+\infty} h_1(k-2m)c_{j-1,m} + \sum_{m=-\infty}^{+\infty} g_1(k-2m)d_{j-1,m} \tag{8-33}$$

式（8-32）和式（8-33）就是离散小波变换的分解和重构关系式，也就是著名的 Mallat 算法。从信号处理和子带编码的角度看，Mallat 分解算法的基本思想是把信号分别与一个处理信号高半带的高通滤波器g_0和一个处理信号低半带的低通滤波器h_0卷积后再抽样。由于低通滤波后信号频率减半，因此采样频率也可以减半；对于高通滤波后的信号，由于其带宽减半，虽然采样频率减半后会发生卷积，但此时的卷积不会造成频谱混叠。由此就可以得到一个描述原信号细节的高频成分和一个描述原信号的模糊的低频成分。重构算法是将高分辨率下的细节信号和模糊信号经补零后与重构滤波器g_1和h_1卷积后再求和，就得到了低分辨率下的模糊信号。

8.2.3 管道漏磁检测数据的检测无损压缩方法

1. 检测无损压缩

传统的无损编码方法，如霍夫曼编码、算术编码等熵编码以及无损预测编码可以实现完全无损的压缩，但压缩比很低（一般在3∶1 左右）；有损预测编码及变换编码具有较大的压缩比。检测无损压缩是一种能够保留所有检测重要信息的有损数据压缩方法。它通过对重要的检测相关数据采用无损压缩而对不能提供检测相关信息的非重要数据进行大压缩比的有损压缩，从而在保证检测精度的同时获得较好的总体压缩效果。在很多检测应用中，只有某些特殊幅值、频率、纹理或形状所对应的数据才是与检测相关的，而其他部分的数据则只具有很小的检测重要性。检测无损压缩的关键就是要根据检测的原理和要求识别出感兴趣区域（Regions of Interest，RoI），从而实现对不同重要程度的数据采用不同的压缩方法。例如，在一维的超声检测数据中，我们通常只对超过某一阈值的数据感兴趣，因此可以采用较小的比

特数表示小于阈值的数据或者只记录这些数据的数目，而对超过阈值的数据则使用较多的比特数表示。对于图像或视频检测数据的检测无损压缩，则要使用图像分割算法从原数据中分离出感兴趣区域和感兴趣帧。

在管道漏磁检测数据中，与管道缺陷和管道特征物对应的数据是检测结果分析时的重要数据，而管道“健康”区域所对应的数据在数据处理时则是不重要的。由于缺陷和特征物在管道中仅占较小的部分，而且这部分数据具有较大的动态范围和较大的变化率等特性，因此可以从全部数据中分离出这些数据并对它们采用无损压缩方法或失真度较小的有损压缩方法压缩，而对其余数据采用大压缩比的有损压缩方法，从而在保证管道评价质量的基础上获得满意的压缩效果。

2. 检测重要区域的分割

（1）一阶差分处理　一阶差分处理是在许多压缩方法中都得到应用的无损预处理方法。通过计算差分，可以提高数据的可压缩性。由于每个探头检测到的相邻数据间有较强的相关性，相邻数据间的差值就会比较小，而且差值数据的分布范围要比原始数据更加集中。原始数据如图 8-16 所示，对各通道数据进行一阶差分处理后数据的灰度图如图 8-17 所示（差分后的数据都加上了 128，以符合灰度图像数据的范围），原始数据及差分数据的灰度直方图分别如图 8-18 和图 8-19 所示。可以看出，经过差分处理后，图像的灰度范围缩小了，数据可压缩性得到了增强。

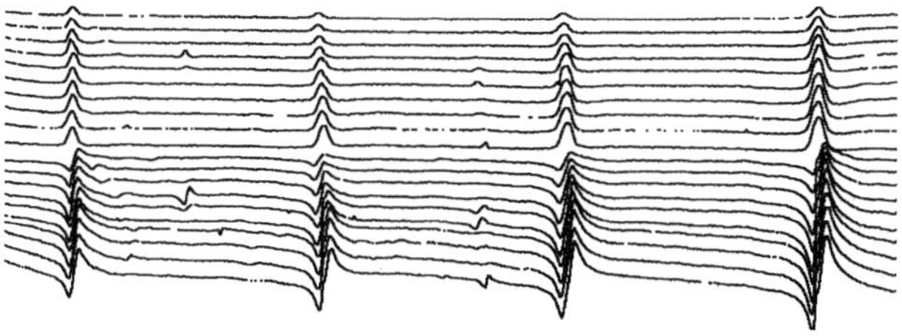

图 8-16　原始的漏磁检测数据

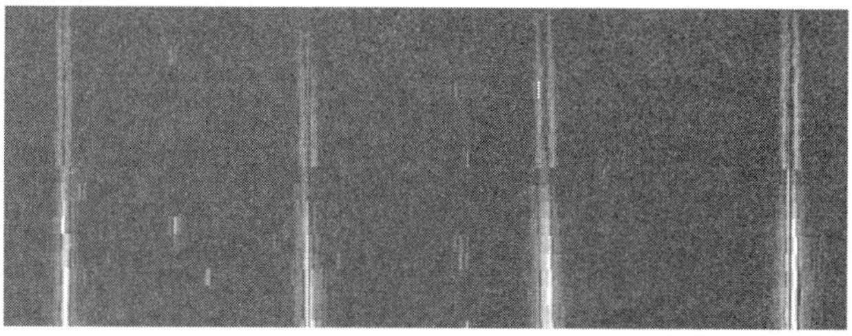

图 8-17　经过一阶差分处理后数据的灰度图

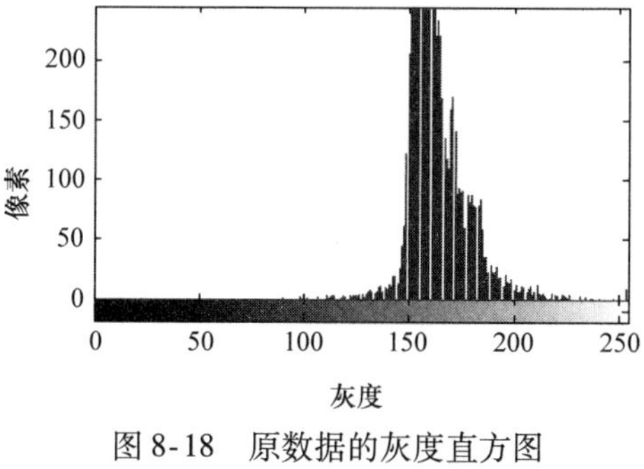

图 8-18　原数据的灰度直方图

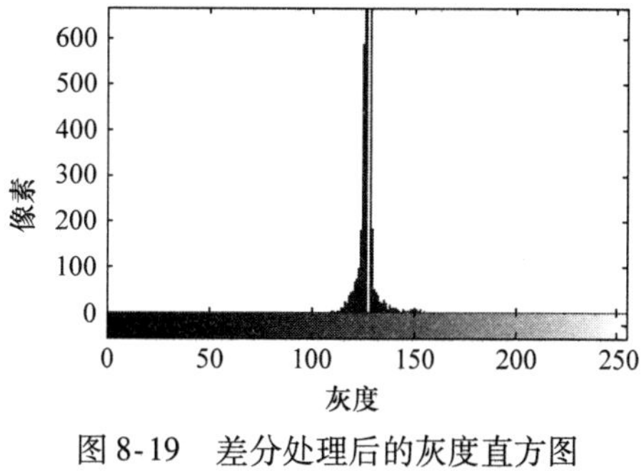

图 8-19　差分处理后的灰度直方图

如前所述，在缺陷处以及管道特征物处的漏磁信号都具有较大的变化率。一阶差分值也就是信号的变化率，因此差分计算的结果还可以用来分割检测重要区域。

一阶差分实际上就是DPCM编码中最简单的前值预测法。由于实际上并不是所有的数据都需要无损压缩，因此可以对非重要区域的差分数据采用一定的量化策略进行有损压缩，从而获得更大的压缩比。

差分处理也带来了一个问题，即误码扩散。如果差分处理后的数据在编码时产生误码，则此后所有的数据在恢复时就都会产生错误。

（2）重要区域分割的差分阈值方法 为了实现数据的检测无损压缩，需要从漏磁图像中分割出重要区域，并对这些区域使用无损压缩方法。首先把漏磁数据分成较小的数据块，再在数据块内计算各通道数据的差分，并判断差分值是否大于某一阈值，如果是就认为这个数据块是重要的。这种方法的一个关键点是确定数据块的大小。如果数据块太大，由于重要数据的分布具有不规则性，会导致太多的重要块而影响压缩效率；如果数据块太小，当采用霍夫曼编码时，由于编码器必须保存一些块初值，会导致压缩比较低；而采用提升小波变换和SPIHT编码（见后文介绍）时，也会影响压缩效果。具体分块的大小，要依据采样间隔等条件通过试验的方法确定。对检测出的重要数据块加以标识后，后续的压缩步骤就可以根据标识选择对此区域的压缩方法。

通过数据分块不仅可以保证发生误码时误码被限制在块范围内，而且还可以降低后续处理过程中存储量要求。在利用硬件实现时，就可以仅使用FPGA内部的RAM，而不必扩展外部RAM，从而提高运算速度并减小块面积。选取一段原始检测曲线，如图8-20所示。对图8-20中数据采用10×10分块、差分阈值为3时得到的重要数据块分布，得出的检测重要区域如图8-21所示。图中亮色区域是分割出的重要区域，它很好地覆盖了缺陷部分。

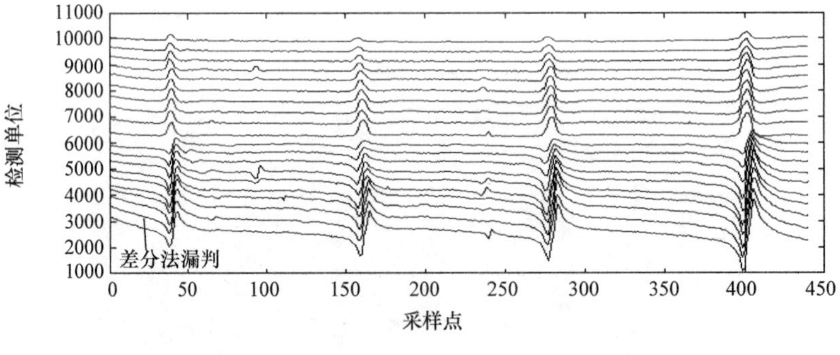

图8-20 原始检测曲线

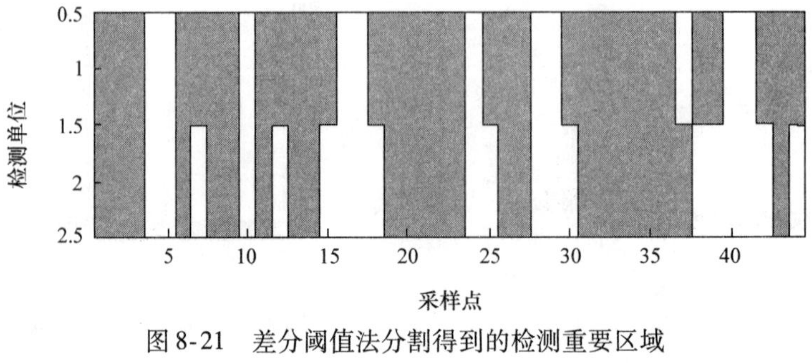

图8-21 差分阈值法分割得到的检测重要区域

（3）重要区域分割的动态范围阈值方法　使用差分阈值法分割重要区域存在一个缺点。图 8-20 中引线所指的区域也是重要的，但由于此范围内曲线呈缓慢变化的线性，差分值较小而没有被分割出来。因此在进行差分阈值分割的同时，还需要采用数据动态范围法分割。动态范围即一个数据块内每通道数据中最大值与最小值的差值。重要的漏磁信号具有较大的动态范围。表 8-2 为一些典型检测区域原始数据和差分数据的动态范围。

表 8-2　原始数据和差分数据的动态范围

区域	无损区	多点腐蚀	槽状腐蚀 1	面状腐蚀	槽状腐蚀 2	壁厚变化
原始数据的动态范围	1207	1303	1415	1250	1492	3539
差分数据的动态范围	45	56	56	129	137	242

因此，如果块内各通道数据的动态范围大于一定的动态范围阈值，则这个数据块也是重要的。同时采用差分阈值法和动态范围阈值法得到的检测重要区域如图 8-22 所示，此时的分割更为准确。

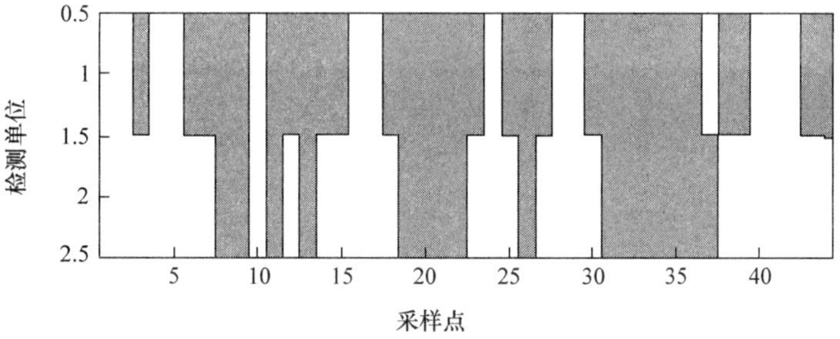

图 8-22　同时采用差分阈值法和动态范围阈值法分割得到的检测重要区域

在重要区域分割时，没有使用更为简单常见的幅度阈值，其主要原因是：由于各通道励磁强度、探头提离值及安装精度的不同，各通道的数据基线经常存在较大的差异。表 8-3 为图 8-20 中平坦区域内非重要数据块中 10 个通道的数据平均值，可见各通道的数据基线差值是很大的，因此不能采用幅度阈值法。

表 8-3　非重要数据块中各通道的数据平均值

通道号	1	2	3	4	5	6	7	8	9	10
数据均值	161	165	168	168	159	159	153	154	150	144

3. 基于霍夫曼编码的压缩方法

经过重要性判断后，原始数据块被分成重要数据块和非重要数据块。非重要块内数据的主要特点是数据分布比较集中，反映在检测曲线上则是比较平坦，因此可以用一段直线代替。直接保存首列数据压缩率较低，采用的方法是对首列数据的差分值进行霍夫曼编码。首先保存数据块左上角即首行首列数据的值，然后计算首列数据的差分值，再对这些差分值采用改进的霍夫曼编码方法编码。其码字结构为 C = （SSSS，附加位）。其中码字 SSSS 将差分值的幅度范围分为 9 类，幅度值类型设为 B。附加位用以唯一地规定该类中一个具体的差值幅度。如果具体的差分值为 *DIF*，则对 *DIF* 的编码规则为：若 $DIF \geqslant 0$，附加位为 *DIF* 的最低 B 位；若 $DIF < 0$，附加位为 *DIF* 补码的最低 B 位。这样，虽然不传 *DIF* 的符号位，但从

附加位的最高位可以判断出数值的正负。这种编码方法的好处是：如果直接对差分值进行霍夫曼编码，则码表就有512项，而且表中的编码字长可达几十位以上。在硬件实现时，这样巨大的编码表甚至会耗尽FPGA中的查找表资源，而且也会给变长编码的凑整存储带来极大的困难。当然，节省资源的好处也有代价：相对于直接编码，这种方法的压缩比要低一些。

对于重要数据块，与上面的方法类似，在保存首列数据的基础上，对每行数据的差分值也进行霍夫曼编码。这样，可以实现对重要数据块的无损压缩。

对实测漏磁数据，采用上述方法可以达到10:1以上的平均压缩比。其优点是算法的硬件实现比较简单，实时性好；不足之处是由于需要保存块初值因而压缩比不高。

4. 基于小波变换编码的压缩方法

（1）提升小波变换　虽然基于Mallat算法的小波变换相对于离散内积的方法已经得到了很大的简化，但Mallat算法中的卷积累加等运算还是比较复杂的。提升小波变换的实现过程更为简单，在变换时需要的存储空间更小。所有用Mallat算法实现的小波变换都可以转用提升格式来实现，而且可以用提升格式来构造新的小波。提升算法如图8-23所示。

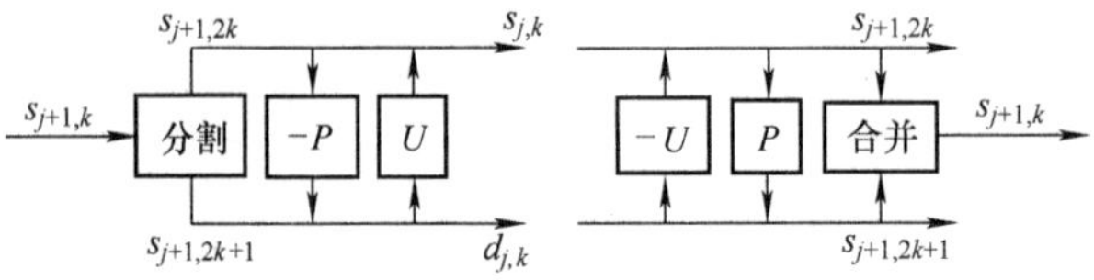

图8-23　提升算法

提升小波格式包括三个步骤：

1）分割/合并。分割即通过Lazy小波把信号分割成两个子集：奇数子集和偶数子集。合并则为分割的逆过程。

2）预测。所谓预测，就是用偶数部分来预测奇数部分，P表示预测算子，预测误差作为高通小波系数。预测过程是可逆的。

3）更新。更新就是用预测误差来更新偶数部分，U代表更新算子，更新的结果作为低通尺度函数系数。更新过程也是可逆的。

采用JPEG2000标准推荐的Le Gall 5/3滤波器组对漏磁数据进行变换，分解滤波器系数列于表8-4中。使用5/3滤波器组有两个优点。首先，5/3小波变换是完全可逆的整数操作，这样可以对重要区域进行完全无损地压缩；其次，5/3小波变换中不用乘法操作，而只需要移位及加法操作，这样可以节约大量的硬件面积和运算时间。

表8-4　5/3小波分解滤波器系数

滤波器系数	0	±1	±2
低通系数	6/8	2/8	-1/8
高通系数	1	-1/2	

（2）提升小波变化的处理流程

1）DC平移。在变换前首先将数据块中的每个数据都减去相同的值2^m，这样可以使小波变换时得到的系数较小，易于量化编码。由于漏磁采样数据精度为8位，此时m取7。

$$I(x,\ y) \leftarrow I(x,\ y) - 2^m \tag{8-34}$$

2）边界延拓。为避免边界效应，要对小波变换前的数据进行周期对称延拓，其程序流程如图 8-24 所示。

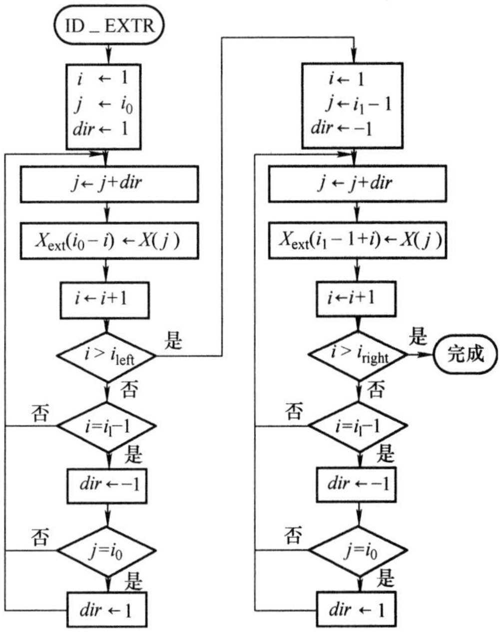

图 8-24　边界延拓程序流程

3）一维提升变换。一维提升变换程序的流程如图 8-25 所示，数据经边界延拓后，进行提升处理。5/3 小波的提升处理公式为

$$y(2n+1)=x_{ext}(2n+1)-floor\left(\frac{x_{ext}(2n)+x_{ext}(2n+2)}{2}\right)$$

$$y(2n)=x_{ext}(2n)+floor\left(\frac{y(2n-1)+y(2n+1)+2}{4}\right) \tag{8-35}$$

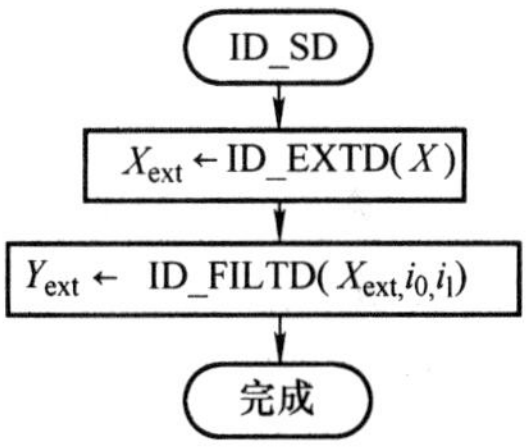

图 8-25　一维提升变换程序流程

4）重排变换系数。提升小波变换后的变换系数是按原位存储在对应的奇偶位置上的，为了进行后续的变换和编码，需要把变换系数重排。重排变换系数程序流程如图 8-26 所示。

5）多级变换。对重排后的低频分量按上述顺序重复进行处理，就完成了多级的提升小波变换。

（3）SPIHT 编码　分级树中的集合分裂（set partitioning in hierarchical trees，SPIHT）是一种非常优越的小波变换后系数的量化编码方法。它的主要特点是：运算复杂度低，编码效率高，能够实现嵌入式渐进编码。所谓分级树是指记录非重要系数的零树集合；非重要系数是指在量化过程中，小于某一量化阈值的系数。对于不同的量化误差级别，零树的结构是不同的。所谓集合分裂是指在量化误差由大减小的过程中，不断有重要系数从非重要系数的集合中分裂出来。SPIHT 方法的基本要素包括：

1）依据系数幅值对非重要系数集合进行分裂的分类算法。

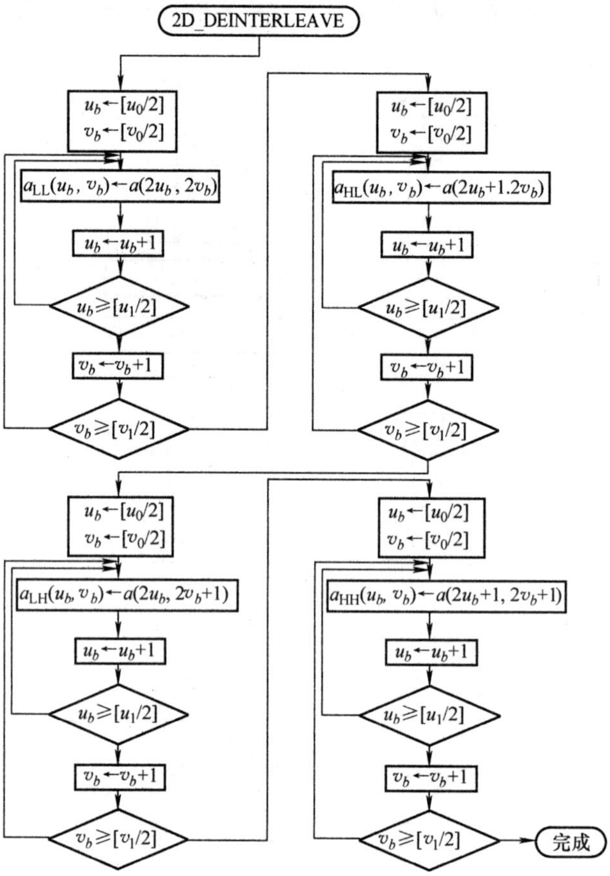

图 8-26　变换系数重排程序流程

2）位平面的渐进有序发送。

3）利用频带间的自相似结构构造零树。

SPIHT 算法的关键之处在于集合和系数重要性的判定，对集合和系数进行检测的顺序非常重要。算法中用三个列表来记录有关检测顺序的信息，它们是非重要集合列表（LIS），非重要像素列表（LIP），重要像素列表（LSP）。在两个像素列表中用坐标（I，j）记录像素位置；在集合列表中坐标（I，j）表示集合，并且记集合 $D(I, j)$ 为 A 型，集合 $L(I, j)$ 为 B 型。

通过控制 SPIHT 算法的量化层次可以方便地实现有损压缩和无损压缩。对于非重要数据块，量化到 $n=4$ 时，压缩比可达 20∶1 以上；对于重要数据块则完全量化，压缩比为 2∶1 左右。

采用提升小波变换和 SPIHT 编码方法压缩漏磁检测数据，算法相对于霍夫曼编码方法要复杂得多，但 SPIHT 编码可以控制量化失真度，如果允许重要数据块压缩时存在微小失真，可以得到更大的压缩比，因而算法的扩展性更好。

8.2.4　压缩算法的 FPGA 实现

1. 硬件电路的总体结构和工作流程

霍夫曼编码压缩方式下硬件电路的结构如图 8-27 所示。图中的粗箭头代表数据信号，细箭头代表控制、状态标志及地址信号。

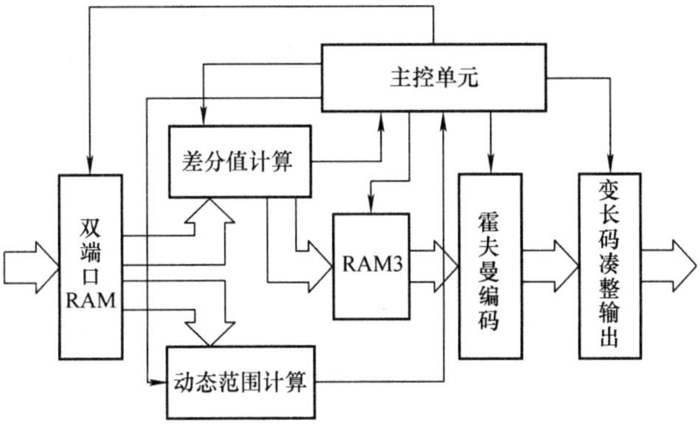

图 8-27　硬件电路结构

XILINX 公司 FPGA 中的双端口 RAM 可以同时进行读写操作，但同时写入或读取同一地址会发生错误。其结构图如图 8-28 所示。

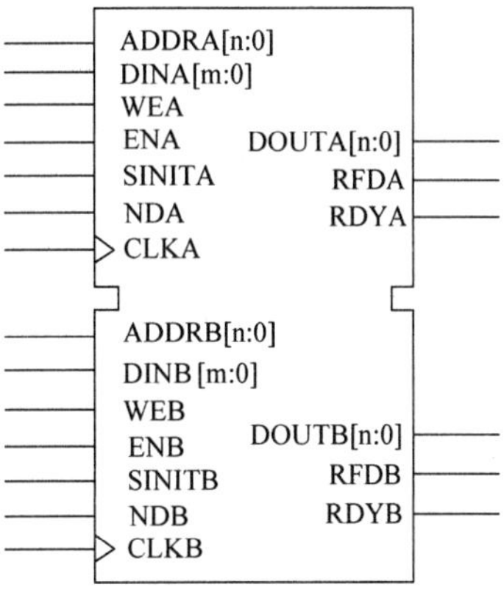

图 8-28　FPGA 中的双端口 RAM

控制单元负责所有的 RAM 读写操作及各单元的协同，其功能由相应的状态机实现。系统工作时，双端口 RAM 作为乒乓式缓冲，数据首先存储于 RAM 的上半区，存满后，在数据存入下半区的同时，由于上下半区 RAM 的端口是独立的，控制单元开始读取上半区中的数据到差分计算单元和动态范围计算单元。控制器按行顺序读取 RAM 并设置读取计数器，每读完一行后行使首列数据读取信号有效。差分计算单元内设置 3 个寄存器，分别保存行首值、前值和现值。差分单元复位后，输出首行数据的首值和其后的各个差分值，在首列数据读取信号有效时，输出为两个相邻首列值的差分。得到的差分数据存于 RAM3 中。在输出差分值的同时，差分计算单元还判断差分值是否大于差分重要性阈值，如果有大于阈值的差分值，就设置差分重要信号有效。动态范围计算单元内也设置 3 个寄存器，分别保存每行数据的最大值、最小值和动态范围，当首列数据读取信号有效时，复位 3 个寄存器为零。动态范围重要性的判断流程与差分重要性的判断流程一致。当 RAM3 存满后，控制器开始读取 RAM3 中的数据，并使能霍夫曼编码单元和变长码凑整存储单元，这两个单元是电路的核心部分。

2. 霍夫曼编码单元和变长码凑整存储单元

霍夫曼编码单元的功能是根据输入差分值的范围，输出对应的编码。编码分为两个部分：幅度码和附加码。每读取一次数据，编码单元需要完成两次输出操作。由于霍夫曼编码单元输出为非定长码，因此需要从 8 位输出的数据中去处冗余的部分，把有效码字拼接成定长码字输出，才能最终达到压缩的效果。采用变长的拼接电路结构完成这一功能，如图8-29所示。

电路中累加器对码长求和，其输出由累加和译码器译码，生成 D 触发器与 8 选 1 多路选择器的锁存信号 L*n* 和选择信号 Sel*n*（0:2）。当累加结果大于或等于 8 时，多路选择输出阵列 A 或 B 中的定长字。D 触发器与 8 选 1 多路选择器对的结构如图 8-30 所示。阵列 A 和 B

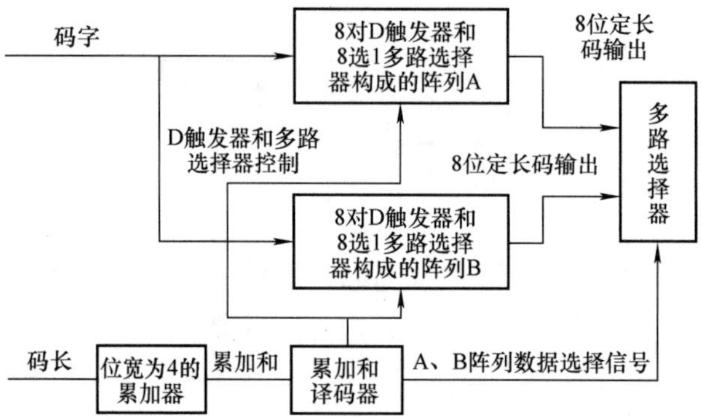

图 8-29 变长码拼接电路结构

各由 8 对图 8-30 所示的 D 触发器与 8 选 1 多路选择器对构成，D 触发器暂存码字某一特定位。累加和译码器模块对累加器的输出进行译码，其输出接到阵列 A 和 B 中 16 个 8 选 1 多路选择器的选择信号端、D 触发器的锁存信号端以及多路选择器的选择信号端。多路选择器模块由 8 个 2 选 1 的多路选择器构成。当累加器中的码长和大于或等于 8 时，该多路选择器输出阵列 A 或 B 中的定长字。

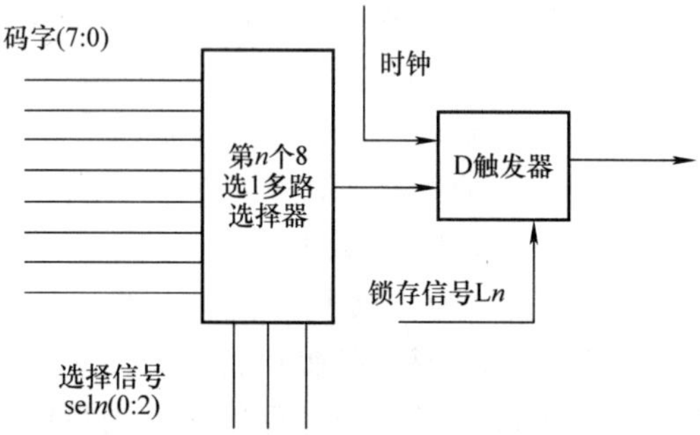

图 8-30 D 触发器与 8 选 1 多路选择器对的结构

电路工作原理为：时钟发生有效跳变，累加器读入码长，并与原有数据累加。若累加器第 4 位由“0”跳变为“1”，则多路选择器将在下个周期输出阵列 A 的定长字；由“1”跳变为“0”，则输出阵列 B 的定长字；若没有跳变，不产生输出，阵列 A、B 读入码字。累加器中原有数据由累加和译码器译码，产生阵列 A、B 中相应 D 触发器的锁存信号 L*n* 和 8 选 1 多路选择器的选择信号 Sel*n*（0:2），这两个信号把码字的全部 8 位存入 D 触发器，为下一个周期做好数据准备。

对 4 位累加器的输出进行解释的累加和译码器，是整个电路的控制核心。它有 4 位输入，64 位输出，其中 16 位输出 L0 ~ L16，控制 D 触发器的锁存；其他 48 位 Sel0（0:2）~ Sel15（0:2）控制 16 个 8 选 1 多路选择器。其功能的实现方法如下：当累加器为 C 时，说明阵列 A 或 B 的前 C 位 D［7:7 - C + 1］已是有效码字，当连接下个码字时，这些位的锁存信号为无效态，其他位允许锁存；此时第 C + 1 个 8 选 1 多路选择器输出当前码字最高位，存储在第 C + 1 个 D 触发器中，第 C + 2 个 8 选 1 多路选择器输出码字次高位，存储在第 C + 2 个 D 触发器中，余下以此类推，全部码字存储在 8 个 D 触发器内。当累加器大于或等于 8 时（即最高位由 0 到 1 跳变），此时 A 内已经拼接凑整了一个 8 位定长字，多路选择器输出该值。当累加器再次小于 8 时，此时 B 内已经拼接凑整一个 8 位定长字，多路选择器输出该值。

第 9 章　管道漏磁内检测缺陷量化方法

9.1　漏磁内检测中的正问题和反问题

缺陷的定量检测主要是要分析、求解缺陷漏磁场的正问题（从给定的激励源和已知参数的缺陷来计算所对应的漏磁场），以及其反问题（从给定的缺陷漏磁场来估计对应的缺陷参数和轮廓）。漏磁内检测信号的量化过程，即根据漏磁内检测信号确定出对应缺陷的长、宽、深等参数的过程，称为对漏磁内检测信号的反问题。

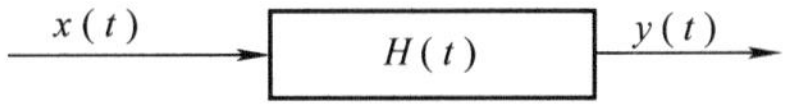

图 9-1　系统结构模型

在分析信号与系统的关系时，使用图 9-1 所示的模型，$x(t)$作为输入的激励信号，$y(t)$作为输出的响应信号，$H(t)$作为系统函数。考虑到信号与系统之间的关系和漏磁检测的过程相似，提出一种解释漏磁检测问题的系统模型。一个普通的漏磁检测系统可以用图 9-1 所示的线性模型表示，它包括激励源 $x(t)$、探头测量值 $y(t)$以及漏磁场和缺陷相互作用的变换函数 $H(t)$。

在漏磁检测系统中，$x(t)$为激励源以及缺陷的参数，缺陷参数可以简单地等同为长度、宽度、深度或完整的三维（3D）轮廓，作为系统的输入；$y(t)$可等效为包含缺陷参数信息的漏磁检测信号，作为系统的输出；$H(t)$就是对应地将 $x(t)$映射到 $y(t)$的函数。

通过图 9-1 所示的模型可以这样分析漏磁内检测系统的正问题和反问题：在已知输入 $x(t)$和系统 $H(t)$的情况下，确定输出 $y(t)$，这就是漏磁检测的正问题；已知输入 $x(t)$和输出 $y(t)$，确定 $H(t)$的系统识别问题和已知系统 $H(t)$和输出 $y(t)$，确定输入 $x(t)$的反卷积问题的情况，都可以归为漏磁检测的反问题。漏磁检测中，正问题包括使用输入激励，估计缺陷产生的检测信号；而反问题包括使用包含在检测信号中的信息，估计缺陷参数（即缺陷的等价长度、宽度和深度）或缺陷轮廓。这样的反问题也可以归结为麦克斯韦方程的反问题，即已知空间（或局部）电磁场分布，求激励源或媒质分布。

电磁场的反问题从应用的角度可以分为两类：优化设计问题和参数识辨问题。其中优化设计问题又称为综合问题。这两类反问题的求解对象可以完全一样，不同的是，优化设计问题一般不要求求解的唯一性但要求解的存在性，而参数识辨问题却需要给出和客观实际吻合的唯一解。优化设计问题按求解对象的不同大致可分为源综合、边界条件综合、材料性质综合和形状综合问题；参数识辨问题则可分为位置识辨、形状识辨和媒质参数识辨等。漏磁内检测缺陷量化问题就属于其中的形状识辨问题。

电磁场的正问题通常是良态的，解决正问题的方法有解析法和数值计算法，在很长一段时间被广泛应用。但反问题一般是病态的，既缺乏唯一性，又缺乏检测信号对缺陷的连续性。从电磁场中反问题的数学模型来看，优化设计问题的数学模型通常表现为无约束或有约束的多目标优化问题，本质上就是一个极值问题；而参数识辨问题则表现为线性或非线性算子方程，有时可以直接求解该方程，但更多的时候是利用最小二乘原理将其转化为极小值问题（优化问题），由此引来的一个问题是“第二极值点”的出现。

一个优化问题通常表述为

$$\min_{x \in \mathbf{R}^n} F(x)$$

式中，x 为待优化的参数组；$F \geqslant 0$ 为目标函数。

要找出使 F 取值最小的 x（最优解）。一般情况下，很难直接求解该问题，而是转而通过迭代过程，即多次计算不同 x 所对应的目标函数值，来逐步逼近最优解。优化问题的求解方法分为两类：确定性方法和随机性方法。

确定性方法是指在迭代过程中根据每步迭代所确定的搜索方向与步长而一步一步地进行搜索，当前步迭代解所对应的目标函数值一定比前一次迭代解对应的目标函数值小。不同的确定性方法主要是指搜索方向不同，如最速下降法、拟牛顿法、共轭梯度法等。确定性方法是靠当前搜索位置的邻域的特点来确定下一步的搜索位置（同时也实现了非线性问题的局部线性化），所以本质上是一种局部寻优，它们寻找局部最优解的效率很高，但在多极值问题中几乎不具备寻找全局最优解的能力。

随机性方法又称为蒙特卡罗（Monte Carlo）法，是指每步迭代中都有（伪）随机数参与了当前迭代解的生成，或者说搜索方向和步长具有随机性。蒙特卡罗法又分为传统蒙特卡罗法和现代蒙特卡罗法。传统蒙特卡罗法进行完全随机的“盲目”搜索，即认为所有可能解都等概率出现，其列举量较穷举法小，但代价是无法保证找到最优解，只能找出满足给定条件的部分解集。现代蒙特卡罗法则是有指导性地进行随机搜索，它使不同的可能解具有不同的出现概率，是启发式的，是对传统蒙特卡罗法的发展。现代蒙特卡罗法的典型代表是遗传算法、人工神经元网络法、模拟退火法等。对比确定性方法，蒙特卡罗法的优点在于：普遍性强，不需要区分待求问题是线性的还是非线性的，是病态的还是良态的；可以处理正算子非常复杂或无法用解析式表示的问题；具有较强的全局寻优能力。其缺点是计算量通常较大，且随问题阶数剧烈增长。

9.2 多变量统计分析方法

9.2.1 曲线拟合基本理论

曲线拟合是利用两个或多个变量的多个离散数据点，然后运用平滑的曲线或曲面来拟合它们之间的关系。曲线拟合问题不同于插值计算，所选择的曲线或曲面不是全部通过离散的数据点，而是最接近这些数据点但不全部通过它们。曲线拟合的基本思想就是将变量的离散数据点的变化趋势表达出来。曲线拟合是数据分析和处理最常见的方法之一，其中最常用的为最小二乘法，即选择曲线或曲面，使得变量的离散数据点的误差平方和最小。

1. 最小二乘法的基本原理

最小二乘法的基本原理是对于变量 x 和变量 y 的一组数据$(x_i, y_i)(i=1, 2,\cdots, m)$，根据实际数据以及研究情况的需要，建立一个关于自变量 x 和因变量 y 的 n 次拟合多项式 $P(x)=a_0+a_1x+\cdots+a_nx^n(n<m)$，并且求解出系数 $a_j(j=0, 1, \cdots, n)$的最佳值，使函数 $F(a_0, a_1, \cdots, a_n)$取得最小值。

建立函数 $F(a_0, a_1, \cdots, a_n)$，其中 $a_j(j=0, 1, \cdots, n)$ 为拟合系数，使得

$$F(a_0, a_1, \cdots, a_n) = \sum_{i=1}^{m}[P(x_i) - y_i]^2 = \sum_{i=1}^{m}\left(\sum_{j=0}^{n}a_jx_i^j - y_i\right)^2 \tag{9-1}$$

式中，$P(x_i)$ 为 x_i 所对应的拟合多项式的值；y_i 为 x_i 所对应的原始数据的值。

要求得当 F 最小时，拟合系数的值。对 $a_k(k=0, 1, \cdots, n)$ 求偏导数，得 $n+1$ 个方程：

$$\frac{\partial F}{\partial a_k} = 2\sum_{i=1}^{m}\left(\sum_{j=0}^{n}a_jx_i^j - y_i\right)x_i^k = 2\left(\sum_{i=1}^{m}\sum_{j=0}^{n}a_jx_i^{j+k} - \sum_{i=1}^{m}y_ix_i^k\right) = 0 \tag{9-2}$$

将式（9-2）整理可得

$$\sum_{j=0}^{n}a_j\sum_{i=1}^{m}x_i^{j+k} = \sum_{i=1}^{m}y_ix_i^k \tag{9-3}$$

式（9-3）是以系数 a_0，a_1，…，a_n 为未知数的 $n+1$ 阶线性方程组，可以将其写成矩阵形式，即

$$\begin{pmatrix} m+1 & \sum\limits_{i=0}^{m}x_i & \cdots & \sum\limits_{i=0}^{m}x_i^n \\ \sum\limits_{i=0}^{m}x_i & \sum\limits_{i=0}^{m}x_i^2 & \cdots & \sum\limits_{i=0}^{m}x_i^{n+1} \\ \vdots & \vdots & & \vdots \\ \sum\limits_{i=0}^{m}x_i^n & \sum\limits_{i=0}^{m}x_i^{n+1} & \cdots & \sum\limits_{i=0}^{m}x_i^2n \end{pmatrix}\begin{pmatrix} a_0 \\ a_1 \\ \vdots \\ a_n \end{pmatrix} = \begin{pmatrix} \sum\limits_{i=0}^{m}y_i \\ \sum\limits_{i=1}^{m}x_iy_i \\ \vdots \\ \sum\limits_{i=0}^{m}x_i^ny_i \end{pmatrix} \tag{9-4}$$

根据式（9-4），便可以求解出系数矢量，将求解结果代入之前建立的拟合多项式，即可得到所要求解的拟合多项式 $P(x)$。

2. 二元函数最小二乘曲线拟合

二元函数即存在两个自变量、一个因变量的函数，最小二乘法对二元函数的曲线拟合同样适用，其基本原理和基本思路与一元函数的曲线拟合基本相同。针对实际情况的不同，对曲线拟合的要求也不同，可以选取不同次数的二元函数方程作为拟合模型进行拟合，以适应不同的实际需求。虽然曲线拟合函数方程的次数越高，拟合效果越好，但是随着拟合次数的增加，拟合方程求解的计算量也会增加。因此，在保证拟合结果符合要求的前提下，要尽量降低拟合函数方程的次数，使得计算量得以减少，便于拟合方程的求解和应用。在一些对拟合结果要求不是很高、很精确的实际应用中，为了计算的方便，一般选取一次方程拟合或二次方程拟合。

（1）二元一次函数曲线拟合　设二元一次拟合函数方程为 $P(s, t) = a_0s + a_1t + a_2$，其中 s 和 t 为自变量，a_0、a_1、a_2 为拟合系数，运用最小二乘法求解二元一次拟合函数的拟合系数。设各数据点的权值为 1，令：

$$F(a_0, a_1, a_2) = \sum_{i=1}^{n}[y_i - P(s_i, t_i)]^2 = \sum_{i=1}^{n}[y_i - (a_0s_i + a_1t_i + a_2)]^2 \tag{9-5}$$

式中，y_i、s_i、t_i 为第 i 个数据点，$i=1, \cdots, n$。

要使函数 $F(a_0, a_1, a_2)$ 的值最小，求解拟合系数 a_0、a_1、a_2。

由 $\dfrac{\partial F}{\partial a_0} = \dfrac{\partial F}{\partial a_1} = \dfrac{\partial F}{\partial a_2} = 0$，可得

$$\left.\begin{aligned}&\sum_{i=1}^{n}[y_i-(a_0s_i+a_1t_i+a_2)]s_i=0\\&\sum_{i=1}^{n}[y_i-(a_0s_i+a_1t_i+a_2)]t_i=0\\&\sum_{i=1}^{n}[y_i-(a_0s_i+a_1t_i+a_2)]=0\end{aligned}\right\} \tag{9-6}$$

经整理可得

$$\left.\begin{aligned}&\sum_{i=1}^{n}y_is_i-a_0\sum_{i=1}^{n}s_i^2-a_1\sum_{i=1}^{n}s_it_i-a_2\sum_{i=1}^{n}s_i=0\\&\sum_{i=1}^{n}y_it_i-a_0\sum_{i=1}^{n}s_it_i-a_1\sum_{i=1}^{n}t_i^2-a_2\sum_{i=1}^{n}t_i=0\\&\sum_{i=1}^{n}y_i-a_0\sum_{i=1}^{n}s_i-a_1\sum_{i=1}^{n}t_i-na_2=0\end{aligned}\right\} \tag{9-7}$$

在式（9-7）中，拟合系数 a_0、a_1、a_2 为未知数，通过三个方程联立，便可以求解出拟合系数 a_0、a_1、a_2。然后将这三个系数代入所建立的二元一次拟合函数 $P(s, t)=a_0s+a_1t+a_2$，进而得到拟合函数 $P(s, t)$。

（2）二元二次函数曲线拟合　将自变量的次数增加一次，在进行二元二次函数曲线拟合时，将拟合函数多项式设定为 $Q(s, t)=a_0s^2+a_1s+a_2st+a_3t+a_4t^2+a_5$，其中 s 和 t 为自变量，运用最小二乘法求解二元二次函数的拟合系数 a_0，a_1，a_2，a_3，a_4，a_5。设各数据点的权值为1，令：

$$\begin{aligned}F(a_0, a_1, a_2, a_3, a_4, a_5)&=\sum_{i=1}^{n}[y_i-Q(s, t)]^2\\&=\sum_{i=1}^{n}[y_i-(a_0s_i^2+a_1s_i+a_2s_it_i+a_3t_i+a_4t_i^2+a_5)]^2\end{aligned} \tag{9-8}$$

由 $\dfrac{\partial F}{\partial a_0}=\dfrac{\partial F}{\partial a_1}=\dfrac{\partial F}{\partial a_2}=\dfrac{\partial F}{\partial a_3}=\dfrac{\partial F}{\partial a_4}=\dfrac{\partial F}{\partial a_5}=0$，可得

$$\left.\begin{aligned}&\sum_{i=1}^{n}[y_i-Q(s_i, t_i)]s_i^2=0\\&\sum_{i=1}^{n}[y_i-Q(s_i, t_i)]s_i=0\\&\sum_{i=1}^{n}[y_i-Q(s_i, t_i)]s_it_i=0\\&\sum_{i=1}^{n}[y_i-Q(s_i, t_i)]t_i=0\\&\sum_{i=1}^{n}[y_i-Q(s_i, t_i)]t_i^2=0\\&\sum_{i=1}^{n}[y_i-Q(s_i, t_i)]=0\end{aligned}\right\} \tag{9-9}$$

经整理可得

$$\left.\begin{aligned}
&\sum_{i=1}^{n} y_i s_i^2 - a_0 \sum_{i=1}^{n} s_i^4 - a_1 \sum_{i=1}^{n} s_i^3 - a_2 \sum_{i=1}^{n} s_i^3 t_i - a_3 \sum_{i=1}^{n} s_i^2 t_i - a_4 \sum_{i=1}^{n} s_i^2 t_i^2 - a_5 \sum_{i=1}^{n} s_i^2 = 0 \\
&\sum_{i=1}^{n} y_i s_i - a_0 \sum_{i=1}^{n} s_i^3 - a_1 \sum_{i=1}^{n} s_i^2 - a_2 \sum_{i=1}^{n} s_i^2 t_i - a_3 \sum_{i=1}^{n} s_i t_i - a_4 \sum_{i=1}^{n} s_i t_i^2 - a_5 \sum_{i=1}^{n} s_i = 0 \\
&\sum_{i=1}^{n} y_i s_i t_i - a_0 \sum_{i=1}^{n} s_i^3 t_i - a_1 \sum_{i=1}^{n} s_i^2 t_i - a_2 \sum_{i=1}^{n} s_i^2 t_i^2 - a_3 \sum_{i=1}^{n} s_i t_i^2 - a_4 \sum_{i=1}^{n} s_i t_i^3 - a_5 \sum_{i=1}^{n} s_i t_i = 0 \\
&\sum_{i=1}^{n} y_i t_i - a_0 \sum_{i=1}^{n} s_i^2 t_i - a_1 \sum_{i=1}^{n} s_i t_i - a_2 \sum_{i=1}^{n} s_i t_i^2 - a_3 \sum_{i=1}^{n} t_i^2 - a_4 \sum_{i=1}^{n} t_i^3 - a_5 \sum_{i=1}^{n} t_i = 0 \\
&\sum_{i=1}^{n} y_i t_i^2 - a_0 \sum_{i=1}^{n} s_i^2 t_i^2 - a_1 \sum_{i=1}^{n} s_i t_i^2 - a_2 \sum_{i=1}^{n} s_i t_i^3 - a_3 \sum_{i=1}^{n} t_i^3 - a_4 \sum_{i=1}^{n} t_i^4 - a_5 \sum_{i=1}^{n} t_i^2 = 0 \\
&\sum_{i=1}^{n} y_i - a_0 \sum_{i=1}^{n} s_i^2 - a_1 \sum_{i=1}^{n} s_i - a_2 \sum_{i=1}^{n} s_i t_i - a_3 \sum_{i=1}^{n} t_i - a_4 \sum_{i=1}^{n} t_i^2 - n a_5 = 0
\end{aligned}\right\} \tag{9-10}$$

式（9-10）为得到的一个以拟合系数 a_0、a_1、a_2、a_3、a_4、a_5 为未知数的方程组，其他的求和式都是可求解得到的已知方程组的系数，将待拟合的原始数据代入其中，就可以求解出拟合系数 a_0、a_1、a_2、a_3、a_4、a_5，最终得到二元二次拟合函数 $Q(s, t)$。

9.2.2　管道漏磁曲线拟合的 MATLAB 实现

1. 拟合数据的提取

利用 ANSYS 有限元分析软件，选取半椭圆形缺陷模型。它可以近似地表征出腐蚀缺陷的形态特征，与矩形缺陷模型相比其更接近实际腐蚀缺陷的形状。在建立二维仿真实体模型时，设置不同的缺陷几何参数，半椭圆形缺陷模型可以用半椭圆的长轴和短轴的值来表述缺陷的几何参数，其中，半椭圆的长轴为缺陷的长，半椭圆的短半轴为缺陷的深，如图 9-2 所示。

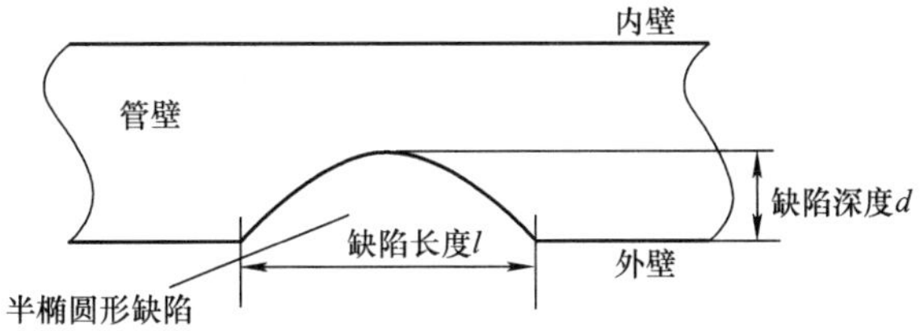

图 9-2　缺陷的几何参数

图 9-2 中半椭圆形缺陷的几何参数为缺陷的长度 l 和缺陷的深度 d。由于在 ANSYS 有限元分析中建立实体模型时，管道壁模型的厚度设置为 10mm，因此缺陷的几何参数时是有一定的取值范围的，半椭圆形缺陷的深度的取值范围为 1 ~ 9mm，长度的取值范围为 1 ~ 10mm，取值间隔均为 1mm，这样就有不同深度和长度的缺陷模型共 90 个。分别对这 90 个

模型进行管道漏磁内检测二维有限元仿真分析，共得到 90 组缺陷漏磁场磁通密度径向分量 B_x 的数据，这就为下一步缺陷漏磁信号径向分量 B_x 特征量的提取提供了基础数据。

然后，利用 MATLAB 软件编写程序，将这 90 组数据导入 MATLAB，以待对其进行数据的处理和分析。编写算法程序，求出这 90 组缺陷漏磁信号径向分量 B_x 数据中的特征量 B_x 峰峰值 y 和 B_x 峰峰间距 z，分别存入数组 y（k）和 z（k），$k=1$，2，…，90。再将半椭圆形缺陷的几何参数即缺陷的深度 d 和长度 l，与这 90 组漏磁信号径向分量 B_x 特征数据相对应，也分别存入数组 $d(k)$ 和 $l(k)$。缺陷的几何参数数据 $d(k)$ 和 $l(k)$，与漏磁信号径向分量 B_x 特征数据 $y(k)$ 和 $z(k)$，共同组成待拟合数据，截取其中的 13 组，见表 9-1。

表 9-1　拟合数据

序号	缺陷深度（%）	缺陷长度/mm	B_x 峰峰值 y/T	B_x 峰峰间距 z/mm
1	70	6.0	0.28250	9.0
2	70	7.0	0.29310	9.0
3	70	8.0	0.30275	9.0
4	70	9.0	0.31082	12.0
5	70	10.0	0.31538	10.0
6	60	1.0	0.12642	7.0
7	60	2.0	0.21950	7.0
8	60	3.0	0.27162	7.0
9	60	6.0	0.34384	10.0
10	60	7.0	0.36586	10.0
11	60	8.0	0.39480	10.0
12	60	9.0	0.39578	11.0
13	60	10.0	0.42342	11.0

2. 拟合方程的建立

在进行管道漏磁内检测二维有限元仿真数据的最小二乘曲线拟合之前，要根据实际要求建立拟合模型，即建立关于缺陷深度 d 和长度 l 的二元函数方程。由于拟合出来的方程要为缺陷量化分析提供数学模型，因此要在符合精度要求的前提下，尽量减少计算量。根据管道漏磁内检测缺陷量化的要求，以及二元函数最小二乘曲线拟合原理，分别建立漏磁信号径向分量 B_x 特征量的二元一次拟合方程和二元二次拟合方程。

（1）建立一次拟合方程

径向分量 B_x 峰峰值 P_1 为

$$P_1=\alpha_0 d+\alpha_1 l+\alpha_2 \tag{9-11}$$

径向分量 B_x 峰峰间距 Q_1 为

$$Q_1=\beta_0 d+\beta_1 l+\beta_2 \tag{9-12}$$

（2）建立二次拟合方程

径向分量 B_x 峰峰值 P_2 为

$$P_2=a_0 d^2+a_1 d+a_2 dl+a_3 l+a_4 l^2+a_5 \tag{9-13}$$

径向分量 B_x 峰峰间距 Q_2 为

$$Q_2 = b_0 d^2 + b_1 d + b_2 dl + b_3 l + b_4 l^2 + b_5 \tag{9-14}$$

式中，$\alpha_0 \sim \alpha_2$、$\beta_0 \sim \beta_2$、$a_0 \sim a_5$、$b_0 \sim b_5$ 为待求的拟合系数。

3. 拟合方程的求解

根据二元函数最小二乘法曲线拟合的基本原理，对管道漏磁内检测二维有限元仿真得到的径向分量 B_x 特征数据与缺陷几何参数数据进行曲线拟合，利用 MATLAB 软件编写程序，实现拟合系数的求解。将求得的拟合系数代入所建立的拟合函数方程，得到径向分量 B_x 特征的拟合函数方程。因为自变量为两个，即缺陷的深度 d 和长度 l，所以，径向分量 B_x 峰峰值和径向分量 B_x 峰峰间距的差值经过最小二乘曲线拟合得到的拟合方程的图形均应为三维图形。

用 MATLAB 实现二元函数最小二乘曲线拟合的具体步骤如下：

（1）输入待拟合数据　缺陷的深度 $d(k)$、长度 $l(k)$、径向分量 B_x 峰峰值 $y(k)$、径向分量 B_x 峰峰间距 $z(k)$，均为 1 行 90 列的矢量，将其输入 MATLAB 软件以待拟合。

（2）编写算法子程序　将待拟合数据分别代入方程组（9-7）、式（9-10）中，形成三元一次方程组和六元一次方程组，利用 MATLAB 软件中的 solve 函数求解这两个方程组，经过计算得到拟合方程的系数。

（3）绘制拟合曲面　在主程序中调用（2）中的算法子程序，将求解出的各系数代入到相对应的拟合方程中，绘制出径向分量 B_x 特征方程的三维拟合曲面。

求得的径向分量 B_x 特征的二元一次拟合方程组为

$$\left.\begin{aligned} P_1 &= 81.21d + 28.46l - 0.2083 \\ Q_1 &= -0.5933d + 0.4296l + 0.009115 \end{aligned}\right\} \tag{9-15}$$

式中，求解出的各系数均取四位有效数字。

在 MATLAB 软件中，根据方程组（9-15）绘制出径向分量 B_x 特征的一次函数方程组的三维拟合曲面，如图 9-3 所示。

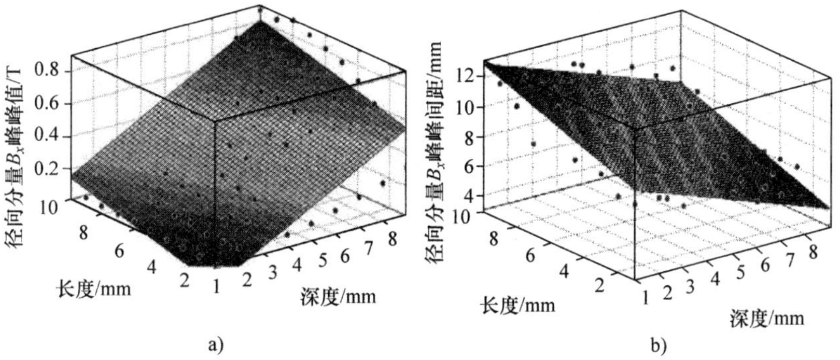

图 9-3　漏磁信号径向分量 B_x 特征的一次函数三维拟合曲面

a）径向分量 B_x 峰峰值的拟合曲面　b）径向分量 B_x 峰峰间距的拟合曲面

其中，图 9-3a 所示为漏磁信号径向分量 B_x 峰峰值的拟合曲面，图 9-3b 所示为漏磁信号径向分量 B_x 峰峰间距的拟合曲面。图中的散点为原始的待拟合数据点。因为漏磁信号径向分量 B_x 特征的二元一次拟合方程组（9-15）中的自变量 d 和 l 均为一次，所以拟合的结果均为平面。

根据图 9-3 漏磁信号径向分量 B_x 特征的二元一次三维拟合曲面可以看出，二元一次函数拟合具有一定的局限性，拟合结果不够精确，根据一次拟合方程组所绘制出的平面的拟合效果较差，很多原始数据点都离拟合的曲面较远，只能大致地描绘出原始数据点的分布情况。

根据 MATLAB 实现二元函数最小二乘曲线拟合的具体步骤，求得的漏磁信号径向分量 B_x 特征的二元二次拟合方程组为

$$\left.\begin{aligned} P_2 &= 3971d^2 + 7.867d + 6115dl + 50.63l - 4795l^2 - 0.07278 \\ Q_2 &= -15.15d^2 - 0.5107d + 12.53dl + 0.4550l - 7.997l^2 + 0.009006 \end{aligned}\right\} \tag{9-16}$$

式中，求解出的各系数均取四位有效数字；d 为缺陷的深度；l 为缺陷的长度；P_2 为二次拟合方程的漏磁信号径向分量 B_x 峰峰值；Q_2 为二次拟合方程的峰峰间距的差值。

在 MATLAB 软件中，根据方程组（9-16）绘制出漏磁信号径向分量 B_x 特征的二次函数方程组的三维拟合曲面，如图 9-4 所示。

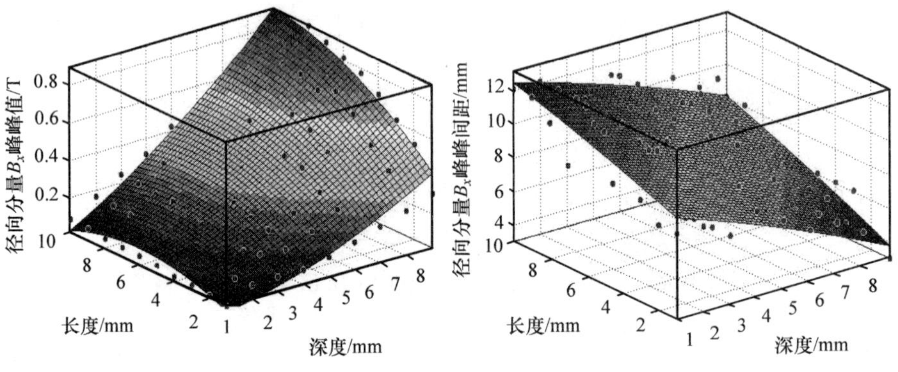

图 9-4　漏磁信号径向分量 B_x 特征的二元二次三维拟合曲面

a）径向分量 B_x 峰峰值的拟合曲面　b）径向分量 B_x 峰峰间距的拟合曲面

其中，图 9-4a 所示为漏磁信号径向分量 B_x 峰峰值的拟合曲面，图 9-4b 所示为漏磁信号径向分量 B_x 峰峰间距的拟合曲面。图中的散点为原始的待拟合数据点。因为漏磁信号径向分量 B_x 特征（峰峰值和峰峰间距）的二元二次拟合方程组（9-16）中的自变量 d 和 l 均为二次，所以拟合结果为二次曲面。

根据图 9-4 漏磁信号径向分量 B_x 特征的二元二次三维拟合曲面可以看出，二元二次函数拟合的局限性较小，原始数据点都比较贴合二次拟合的曲面，尤其是漏磁信号径向分量 B_x 峰峰值的三维拟合曲面，少许离开曲面的散点与拟合曲面也都十分接近，更能准确地描绘出原始数据点的分布情况。因此，根据二元二次拟合方程组（9-16）所绘制出的漏磁信号径向分量 B_x 特征曲面的拟合效果较好。

通过对图 9-3 所示二元一次三维拟合曲面和图 9-4 所示二元二次三维拟合曲面进行对比，可以得知，二元二次函数曲线拟合比二元一次函数曲线拟合的拟合效果更好，能更准确地描绘出原始拟合数据点的分布情况。这与最小二乘法曲线拟合原理中的曲线拟合函数方程的次数越高、拟合效果越好的特性是一致的。

4. 拟合误差的分析

针对管道漏磁内检测二维有限元仿真的缺陷处漏磁信号径向分量 B_x 特征的二元一次函数拟合结果和二元二次函数拟合结果，进行拟合误差的分析，从误差数值的角度进一步对拟合结果进行比较和分析。

采用误差分析中的 *SSE* 和 *RMSE* 来对拟合结果进行拟合误差的分析。

SSE（和方差）是拟合结果数据和原始拟合数据对应点误差的平方和，其计算公式为

$$SSE = \sum_{i=1}^{n} (y_i - \hat{y}_i)^2 \tag{9-17}$$

式中，y_i 和 $\hat{y}_i$ 分别为拟合结果数据和原始拟合数据。

SSE 越接近于0，说明所建立的模型拟合效果越好。

RMSE（均方根）是拟合结果数据和原始拟合数据对应点误差平方和均值的平方根，也称为拟合标准差，其计算公式为

$$RMSE = \sqrt{\frac{SSE}{n}} = \sqrt{\frac{1}{n}\sum_{i=1}^{n} (y_i - \hat{y}_i)^2} \tag{9-18}$$

根据管道漏磁内检测半椭圆形缺陷二维有限元仿真分析所得到的漏磁信号径向分量 B_x 特征值数据，可以知道，漏磁信号径向分量 B_x 峰峰值和峰峰间距值的原始拟合数据点均为90个。因此，在进行误差分析的计算时，式（9-17）和式（9-18）中的 $n=90$。

根据式（9-17）和式（9-18），对管道漏磁内检测半椭圆形缺陷二维有限元仿真分析所得到的漏磁信号径向分量 B_x 特征拟合进行误差分析，分析结果见表9-2。

表9-2　拟合结果数据和原始拟合数据的误差

	B_x 峰峰值的 *SSE*	B_x 峰峰值的 *RMSE*	B_x 峰峰间距的 *SSE*	B_x 峰峰间距的 *RMSE*
一次拟合	0.4443	0.07146	0.0001002	0.001073
二次拟合	0.1014	0.03474	0.0000984	0.001082

由误差分析结果可以明显地看出：二元二次函数拟合结果的误差比二元一次函数拟合结果的误差要小，*SSE* 值和 *RMSE* 值都更接近于0。二元二次函数曲线拟合模型的拟合效果比较好，拟合模型可靠，能够得到很好的拟合结果，可以满足二维缺陷量化分析的要求。

9.2.3　共轭梯度迭代法在管道漏磁内检测缺陷量化中的应用

1. 共轭梯度迭代法基本原理

在20世纪50年代初期，为了求解具有正定系数矩阵的线性方程组，计算数学家Hestenes和几何学家Stiefel首次提出了一个新的求解线性方程组的迭代方法——共轭梯度（Conjugate Gradient）法。共轭梯度法又称为共轭斜量法。而后，科学家Fletcher和Reeves将此方法进一步推广到非线性优化领域中，得到了求解一般函数极小值问题的共轭梯度法（也称FR法）。

共轭梯度迭代法的基本迭代思想是：寻找一组两两共轭的线性无关的矢量，以这组向量作为迭代法的迭代方向，设置在定义域内的任意矢量为初始矢量，依次迭代，每次迭代后，根据每步得到的计算结果不断地改变迭代方向和迭代步长，经过有限次迭代后便可得到最优解。

针对求解无约束优化问题：$\min\{f(x),\ x\in\mathbf{R}^n\}$，一般采用共轭梯度迭代法来寻求$f(x)$在定义域内的最小值。其中，$f(x)$是$\mathbf{R}^n\to\mathbf{R}$的连续可微函数。特别是将其运用在求解大规模优化计算问题时，该算法的收敛迅速和存储量小的优点就展现出来了，因此得到广泛的应用。

每一种迭代方法都有其固定的迭代格式，共轭梯度迭代法的主要迭代格式为

$$\boldsymbol{x}_{k+1}=\boldsymbol{x}_k+\alpha_k\boldsymbol{d}_k \quad k\in N \tag{9-19}$$

$$\boldsymbol{d}_k=\begin{cases}-\boldsymbol{g}_1, & k=1\\ -\boldsymbol{g}_k+\beta_k\boldsymbol{d}_{k-1}, & k\geqslant 2\end{cases} \tag{9-20}$$

式中，$\boldsymbol{d}_k$为$f(x)$在$\boldsymbol{x}_k$点的搜索方向；α_k为该搜索方向上的搜索步长；$\boldsymbol{g}_k=\nabla f(\boldsymbol{x}_k)$；$\beta_k$为一个标量参数，当$\beta_k$取不同的公式时就会得到不同的共轭梯度法，常见的$\beta_k$形式有$\beta_k^{\mathrm{PRP}}$，$\beta_k^{\mathrm{CD}}$，$\beta_k^{\mathrm{HS}}$，$\beta_K^{\mathrm{FR}}$等，计算公式分别为

$$\beta_k^{\mathrm{PRP}}=\frac{\boldsymbol{g}_k^{\mathrm{T}}(\boldsymbol{g}_k-\boldsymbol{g}_{k-1})}{\|\boldsymbol{g}_{k-1}\|^2} \tag{9-21}$$

$$\beta_k^{\mathrm{CD}}=\frac{\|\boldsymbol{g}_k\|^2}{-\boldsymbol{g}_{k-1}^{\mathrm{T}}\boldsymbol{d}_{k-1}} \tag{9-22}$$

$$\beta_k^{\mathrm{HS}}=\frac{\boldsymbol{g}_k^{\mathrm{T}}(\boldsymbol{g}_k-\boldsymbol{g}_{k-1})}{\boldsymbol{d}_{k-1}^{\mathrm{T}}(\boldsymbol{g}_k-\boldsymbol{g}_{k-1})} \tag{9-23}$$

$$\beta_k^{\mathrm{FR}}=\frac{\|\boldsymbol{g}_k\|^2}{\|\boldsymbol{g}_{k-1}\|^2} \tag{9-24}$$

式中，$\|\ \|$为取欧几里得范数。

当计算得到β_k和g_k后，就可以确定出搜索方向$\boldsymbol{d}_k$。在确定搜索方向上的搜索步长α_k时，还需要用到以下几种搜索方法。

（1）精确线搜索　搜寻$\alpha_k>0$，且满足条件：

$$f(x_k+\alpha_k\boldsymbol{d}_k)=\min_{\alpha>0}f(\boldsymbol{x}_k+\alpha\boldsymbol{d}_k) \tag{9-25}$$

从理论分析的角度来说，运用精确的线搜索，可以得到使目标函数得到最大下降值的搜索步长。由于该方法具有步长搜索精确和搜索计算速度快等特点，因此成为线搜索方法中最理想的一种方法。但是，从运算效率的角度来说，该方法具有计算复杂、计算量大的缺点，采用精确线搜索方法来确定搜索步长要付出较高的代价。因此，精确线搜索方法从运算效率的角度出发不能说是一种理想的方法。在实际确定搜索步长的运算中，通常采取折中的方法，既可以减少计算量，又可以达到确定搜索步长的目的。

在共轭梯度迭代法中，通常采用下面两种非精确线搜索的方法来确定搜索方向上的搜索步长。

（2）Wolfe线搜索　搜寻$\alpha_k>0$，且满足条件：

$$f(\boldsymbol{x}_k+\alpha_k\boldsymbol{d}_k)\leqslant f(\boldsymbol{x}_k)+\delta\alpha_k\boldsymbol{d}_k^{\mathrm{T}}\boldsymbol{g}_k \tag{9-26}$$

$$\boldsymbol{d}_k^{\mathrm{T}}g(\boldsymbol{x}_k+\alpha_k\boldsymbol{d}_k)\geqslant\sigma\boldsymbol{d}_k\boldsymbol{g}_k \tag{9-27}$$

式中，$\boldsymbol{g}_k=\nabla f(\boldsymbol{x}_k)$；$\delta$ 和 σ 为常数项，且满足 $\delta\in(0,\ 1/2)$，$\sigma\in(\delta,\ 1)$。

式（9-27）的作用为使得目标函数值的下降量至少与其切线方向的下降量成正比。式（9-27）的作用为在确保目标函数的函数值拥有充分的下降量的同时，防止搜索步长过小。

（3）强 Wolfe 线搜索　搜寻 $\alpha_k>0$，且满足式（9-27）和

$$|\boldsymbol{d}_k g(\boldsymbol{x}_k+\alpha_k\boldsymbol{d}_k)|\leqslant\sigma|\boldsymbol{d}_k^{\mathrm{T}}\boldsymbol{g}_k| \tag{9-28}$$

式中，δ 和 σ 为常数项，且满足 $\delta\in(0,\ 1/2)$，$\sigma\in(\delta,\ 1)$。

当 $\sigma=0$ 时，式（9-28）的右边项为零，则一定有 $g(\boldsymbol{x}_k+\alpha_k\boldsymbol{d}_k)^{\mathrm{T}}\boldsymbol{d}_k=0$。因此当 σ 的值趋近于零时，强 Wolfe 线搜索的计算结果就趋近于精确线搜索的计算结果。

对于一般的非线性函数，FR 共轭梯度迭代方法具有良好的全局收敛性，因此一直都受到研究人员的关注，应用于不同的领域。

2. 缺陷量化模型的建立

建立电磁场反问题的数学模型为 $f_j(x_1,\ x_2,\ \cdots,\ x_n)$，其中 $j=1,\ 2,\ \cdots,\ n$，该模型是 n 元二次连续可微函数，这 n 个函数均定义在 n 维空间区域 D 上，并且这 n 个函数的值域也包含在 n 维空间区域 D 内。建立非线性方程组 $f_j(x_1,\ x_2,\ \cdots,\ x_n)=0$，通过求解该方程组，得到电磁场反问题的计算结果。

管道漏磁内检测缺陷量化问题是建立在二维空间上的，因此选取相应电磁场反问题的数学模型中的 $n=2$，则建立的缺陷量化模型是由 f_1 和 f_2 组成的方程组。

根据解决电磁场正问题的管道漏磁内检测二维有限元仿真分析和二元函数最小二乘法曲线拟合方法，已经得到了管道漏磁内检测二维实体模型有限元分析的缺陷处漏磁信号径向分量 B_x 特征量（峰峰值和峰峰间距）的非线性拟合方程组。在电磁场正问题的基础上，构建出管道漏磁内检测信号重构问题的数学模型，即缺陷处漏磁信号径向分量 B_x 特征量的非线性方程组，即

$$\left.\begin{aligned} f_1&=3971d^2+7.867d+6115dl+50.63l-4795l^2-0.07278-p=0\\ f_2&=-15.15d^2-0.5107d+12.53dl+0.4550l-7.997l^2+0.009006-q=0\end{aligned}\right\} \tag{9-29}$$

式中，d 为待重构的缺陷深度；l 为待重构的缺陷长度；p 为检测到的漏磁信号径向分量 B_x 的峰峰值；q 为检测到的漏磁信号径向分量 B_x 的峰峰间距。

在管道漏磁内检测缺陷量化分析问题中，p、q 为已知检测到的信号数据，而 d、l 为所要反演的缺陷几何参数，即要求解的未知数值。

3. 共轭梯度迭代算法的实现

（1）非线性方程组求解的基本理论　采用 FR 共轭梯度迭代算法求解管道漏磁内检测缺陷量化分析问题的非线性方程组（9-30）。该算法具有不需要选取任何迭代参数和收敛速度快的特点，只要计算出搜索方向和该方向上的搜索步长，每迭代一次，都要重新计算一次搜索方向和搜索步长，并且依次沿着求解出的 n 个非零的共轭搜索方向进行搜索，就可以得到比较理想的数值解，即可以得到较准确的重构结果。

求解非线性方程组要用到函数 f_1、f_2 对未知数 d、l 的雅可比（Jacobian）矩阵，即

$$\boldsymbol{J}(d,\ l)=\begin{pmatrix}\dfrac{\partial f_1}{\partial d} & \dfrac{\partial f_1}{\partial l}\\[2ex] \dfrac{\partial f_2}{\partial d} & \dfrac{\partial f_2}{\partial l}\end{pmatrix} \tag{9-30}$$

由于在求解矩阵 $\boldsymbol{J}$ 时先要求出它的 4 个元素，计算量较大，因此为了减少每一次迭代的计算量，通常以求解差商的方法来代替求解矩阵 $\boldsymbol{J}$ 中方程的偏导数，如式（9-31）和式（9-32）所示。

$$\frac{\partial f_j}{\partial d} \approx \frac{f_j(d+h,\ l)-f_j(d,\ l)}{h} \tag{9-31}$$

$$\frac{\partial f_j}{\partial l} \approx \frac{f_j(d,\ l+h)-f_j(d,\ l)}{h} \tag{9-32}$$

式中，j 为方程组中方程的标号，本文中取 $j=1$，2；h 为与 j 无关的常数。

（2）算法程序流程　共轭梯度迭代算法的程序流程如图 9-5 所示。

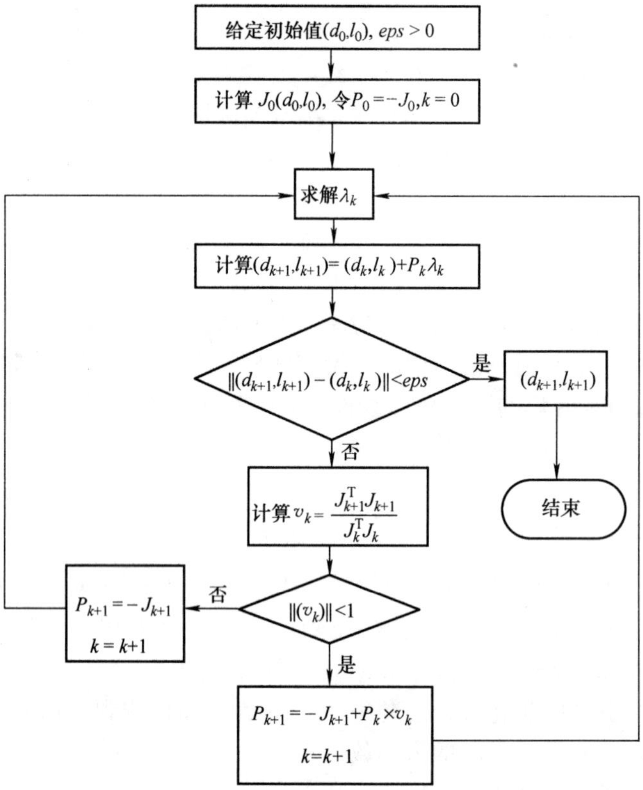

图 9-5　程序流程

（3）算法实现步骤

① 给定初始点（d_0，l_0）及精度 $eps>0$。

② 计算 $\boldsymbol{J}_0(d_0,\ l_0)$，令 $\boldsymbol{P}_0=-\boldsymbol{J}_0(d_0,\ l_0)$，$k=0$。

③ 求搜索步长 λ_k，计算$(d_{k+1},\ l_{k+1})=(d_k,\ l_k)+\boldsymbol{P}_k\lambda_k$，$\boldsymbol{J}_k(d_k,\ l_k)$。

④ 若 $\|(d_{k+1},\ l_{k+1})-(d_k,\ l_k)\|<eps$，迭代结束，否则转⑤。

⑤ 计算$v_k=\dfrac{\boldsymbol{J}_{k+1}^{\mathrm{T}}\boldsymbol{J}_{k+1}}{\boldsymbol{J}_k^{\mathrm{T}}\boldsymbol{J}_k}$。

⑥ 确定 $\boldsymbol{P}_k$ 为搜索方向。若 $|v_k|<1$，则 $\boldsymbol{P}_{k+1}=-\boldsymbol{J}_{k+1}+\boldsymbol{P}_k\times v_k$；否则 $\boldsymbol{P}_{k+1}=-\boldsymbol{J}_{k+1}$，

令 $k=k+1$，转回③。

4. 缺陷量化仿真实验与结果分析

管道的壁厚为 10mm；电磁场正问题为 ANSYS 有限元分析软件对管道漏磁内检测二维仿真，建立半椭圆形缺陷模型，并且将缺陷模型建立在管壁外侧；缺陷的几何参数为缺陷的长度和深度；在电磁场反问题中，通过 ANSYS 有限元分析软件的路径操作功能，采样得到缺陷处漏磁信号径向分量 B_x 数据，利用 MATLAB 编写的程序提取出漏磁信号径向分量 B_x 特征值，即漏磁信号径向分量 B_x 峰峰值和漏磁信号径向分量 B_x 峰峰间距；将提取出的特征值作为已知，输入到编写好的迭代算法中，便可求解出缺陷几何参数的最优解。

(1) 管道漏磁内检测二维缺陷量化仿真实验的流程如图 9-6 所示。

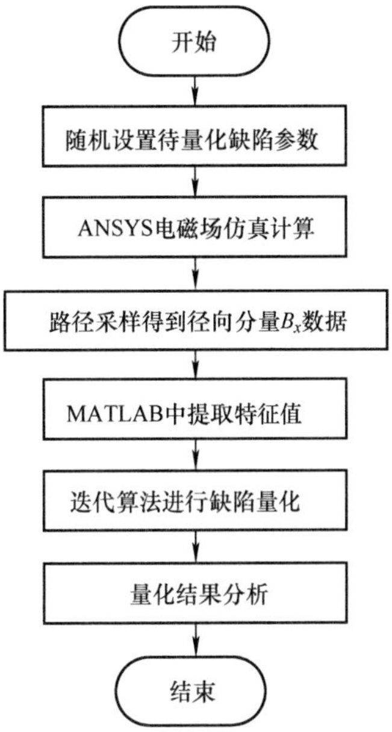

图 9-6　量化仿真实验流程

(2) 管道漏磁内检测二维缺陷量化仿真实验的步骤

① 随机设置缺陷的几何参数（缺陷的深度和长度），即待求缺陷量化结果。

② 利用 ANSYS 有限元分析软件建立管道漏磁内检测实体模型，并进行电磁场二维仿真计算。

③ 利用 ANSYS 有限元分析软件的路径操作功能，设定一条路径（路径长 80mm、提离值取 1mm），通过采样得到该路径上采样点的漏磁信号径向分量 B_x。

④ 将 ANSYS 有限元分析软件生成的缺陷处漏磁信号径向分量 B_x 数据导入 MATLAB 软件，从中提取漏磁信号径向分量 B_x 的特征值。

⑤ 将第④步中得到的特征值作为已知，代入共轭梯度迭代算法中，得到相对应的缺陷量化结果。

5. 管道漏磁内检测缺陷量化仿真实验结果分析

按照管道漏磁内检测缺陷量化仿真实验的步骤完成仿真实验，并且选取 3 组缺陷量化的仿真实验结果，见表 9-3。

表 9-3　缺陷量化仿真实验结果

缺陷参数	共轭梯度法量化反演结果
（深（%），长/mm）	（深（%），长/mm）
(30, 7.0)	(27, 7.1)
(70, 3.0)	(68, 3.1)
(70, 7.0)	(46, 7.4)

从表中缺陷量化仿真实验结果的数据可以明显看出：三组共轭梯度迭代算法的缺陷量化的结果误差均在 10% 以内，准确地反演出了缺陷的几何参数，效果较好。

9.3 神经网络量化方法

9.3.1 BP神经网络的结构及算法

BP（back propagation）神经网络通常是指基于误差反向传播算法的多层前向神经网络，它是D. E. Rumelhart和McCelland及其研究小组在1986年研究并设计出来的。BP算法已成为目前应用最为广泛的神经网络算法，据统计，有90%的神经网络应用是基于BP算法演化而来的。

BP神经网络是一种具有三层或三层以上节点的单向传播的多层前馈网络。上下层之间各神经元实现全连接。BP神经网络的神经元采用的传递函数通常是Sigmoid型可微函数，它的输出神经元采用的是线性传递函数，一个最简单的多层多神经元的BP神经网络如图9-7所示。理论上已经证明，这样的BP神经网络，只要有足够的神经元数目，就可以以任意精度逼近任何一个非线性的映射函数。

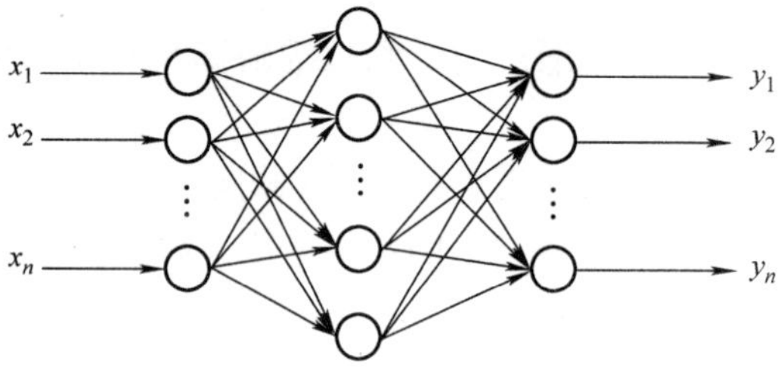

图9-7　BP神经网络

1. 误差反向传播算法

误差反向传播算法，即BP算法的基本思想是最小二乘法。它采用梯度搜索技术，以期使网络的实际输出值与期望输出值的误差均方值为最小。BP算法的学习过程由正向传播和反向传播组成。在正向传播过程中，输入信息从输入层经隐含层逐层处理，并传向输出层，每层神经元（节点）的状态只影响下一层的神经元的状态。如果在输出层得不到期望的输出，则转入反向传播，将误差信号沿原来的连接通路返回，通过修改各层神经元的权值，使误差信号最小。

设BP神经网络的结构如图9-7所示，有n个输入节点。输出层有n个输出节点，网络的隐含层有l个节点，w_{ij}是输入层和隐含层之间的连接权值，w_{jk}是隐含层和输出层节点之间的连接权值，隐含层和输出层节点的输入是前一层节点的输出的加权和。令某一输入样本$X=\{x_1, x_2, \cdots, x_m\}$，相应的网络目标量为$Y_s=\{y_{s1}, y_{s2}, \cdots, y_{sn}\}$。

（1）信息的正向传播过程

隐含层第j个神经元的输出为

$$O_j = f_1\left(\sum_{i=1}^{m} w_{1ij}O_i + b_{1j}\right) \quad (j = 1, 2, \cdots, l) \tag{9-33}$$

输出层第k个神经元的输出为

$$Y_k = f_2\left(\sum_{j=1}^{l} w_{2jk}O_j + b_{2k}\right) \quad (k = 1, 2, \cdots, n) \tag{9-34}$$

输出层第k个神经元的输出误差为

$$E = \frac{1}{2}\sum_{k=1}^{n}(y_{sk} - y_k)^2 \tag{9-35}$$

（2）权值变化与误差的反向传播过程

权系数的修正公式为

$$\Delta w = -\eta \frac{\partial E}{\partial w} \tag{9-36}$$

式中，η 为学习速率，且 $\eta > 0$。

权值改变为

$$w(t+1) = w(t) + \Delta w = w(t) - \eta \frac{\partial E}{\partial w} \tag{9-37}$$

（3）输出层的权值变化　对于第 j 个输入到第 k 个输出的权值调整量为

$$\Delta w_{2jk} = -\eta \frac{\partial E}{\partial w_{2jk}} = -\eta \frac{\partial E}{\partial y_k} \frac{\partial y_k}{\partial w_{2jk}} = \eta (y_{sk} - y_k) f'_2 O_j = \eta \delta_{jk} O_j \tag{9-38}$$

式中，$\delta_{jk} = (y_{sk} - y_k) f'_2 = e_k f'_2, e_k = y_{sk} - y_k$。

同理输出层阈值改变量 Δb_{2k} 为

$$\Delta b_{2k} = -\eta \frac{\partial E}{\partial b_{2k}} = -\eta \frac{\partial E}{\partial y_k} \frac{\partial y_k}{\partial b_{2k}} = \eta (y_{sk} - y_k) f'_2 = \eta \delta_{jk} \tag{9-39}$$

（4）隐层权值变化　对于从第 i 个输入到第 j 个输出的权值调整量为

$$\Delta w_{1jk} = -\eta \frac{\partial E}{\partial w_{1jk}} = -\eta \frac{\partial E}{\partial y_k} \frac{\partial y_k}{\partial O_j} \frac{\partial O_j}{\partial w_{1jk}} = \eta \sum_{k=1}^{n} (y_{sk} - y_k) f'_2 w_{2jk} f'_1 x_i = \eta \delta_{ij} x_i \tag{9-40}$$

式中，$\delta_{ij} = e_i f'_1, e_i = \sum_{k=1}^{n} \delta_{jk} w_{2jk}$。

同理可得

$$\Delta b_{1j} = \eta \delta_{ij} \tag{9-41}$$

基本 BP 算法是一种最简单通常也是收敛速度最慢的算法，它只能用于解决一些简单的问题，很难用于工程实际问题，因此必须对基本 BP 算法进行改进。

2. LM 算法的基本原理

LM 算法是 BP 神经网络的一种优化算法，它是牛顿法和保证收敛的最速下降法之间的一个折中，所以在实际应用中得到较广泛的推广。LM 算法的思想是根据迭代结果动态地调整阻尼因子来改变收敛方向，从而达到使误差下降的目的。其优点在于网络权值较少时收敛非常迅速，可以使学习时间较短。设 $\boldsymbol{x}_k$ 表示第 k 次迭代的权值和阈值所组成的矢量，新的权值和阈值组成的矢量 $\boldsymbol{x}_{k+1}$ 可由下面表达式求得：

$$\boldsymbol{x}_{k+1} = \boldsymbol{x}_k - [\boldsymbol{J}^{\mathrm{T}}(\boldsymbol{x}_k)\boldsymbol{J}(\boldsymbol{x}_k) + \mu_k \boldsymbol{I}]^{-1} \boldsymbol{J}^{\mathrm{T}}(\boldsymbol{x}_k) v(\boldsymbol{x}_k) \tag{9-42}$$

其中设 $E(x)$ 是误差平方函数 $v(x)$ 的和，即

$$E(x) = \sum_{i=1}^{N} v_i^2(x) = \boldsymbol{V}^{\mathrm{T}}(x)\boldsymbol{V}(x) \tag{9-43}$$

所以梯度为

$$\nabla E(x) = 2\boldsymbol{J}^{\mathrm{T}}(x) v(x) \tag{9-44}$$

式中，$\boldsymbol{J}(x)$ 为雅可比矩阵，可表示为

$$J(x)=\begin{pmatrix}\frac{\partial v_1(x)}{\partial x_1} & \frac{\partial v_1(x)}{\partial x_2} & \cdots & \frac{\partial v_1(x)}{\partial x_n}\\ \frac{\partial v_2(x)}{\partial x_1} & \frac{\partial v_2(x)}{\partial x_2} & \cdots & \frac{\partial v_2(x)}{\partial x_n}\\ \vdots & \vdots & \vdots & \\ \frac{\partial v_N(x)}{\partial x_1} & \frac{\partial v_N(x)}{\partial x_2} & \cdots & \frac{\partial v_N(x)}{\partial x_n}\end{pmatrix} \tag{9-45}$$

LM 算法的一个非常有用的特点是：当 μ_k 增加时，它接近于有小的学习速度的最速下降法：

$$\boldsymbol{x}_{k+1}\cong\boldsymbol{x}_k-\frac{1}{\mu_k}\boldsymbol{J}^{\mathrm{T}}(\boldsymbol{x}_k)v(\boldsymbol{x}_k)=\boldsymbol{x}_k-\frac{1}{2\mu_k}\nabla E(x) \tag{9-46}$$

对于小的 μ_k，当 μ_k 下降到 0 的时候，LM 算法变为

$$\boldsymbol{x}_{k+1}=\boldsymbol{x}_k-[\boldsymbol{J}^{\mathrm{T}}(\boldsymbol{x}_k)\boldsymbol{J}(\boldsymbol{x}_k)]^{-1}\boldsymbol{J}^{\mathrm{T}}(\boldsymbol{x}_k)v(\boldsymbol{x}_k) \tag{9-47}$$

式（9-47）的数学表达式也是牛顿算法的另一种变形，即高斯－牛顿算法，它的优点是不需要计算二阶导数。

9.3.2 基于 BP 神经网络的缺陷量化

使用 BP 神经网络由漏磁检测数据的曲线来确定缺陷的较精确的长度和深度，由各曲线得到的识别结果综合起来就可得到较为完整的缺陷形状信息。

缺陷参数识别的实验中选用 3 层 BP 神经网络，使用 LM 算法，神经元传递函数是 Sigmoid 型可微函数，输出神经元采用线性传递函数。实验中分别使用仿真数据曲线和实际检测数据曲线作为样本，对相应的仿真缺陷和人工制作的实际缺陷的参数进行识别。

1. 仿真缺陷的参数识别结果

实验中以缺陷的轴向漏磁仿真数据曲线（共 900 个点）作为样本，仿真数据曲线由 ANSYS 软件仿真得到。共制作样本 150 个；神经网络的输入层节点为 900 个；隐含层节点为 50 个；输出层节点为 2 个，即缺陷的长度和深度。量化结果见表 9-4。

表 9-4 仿真缺陷参数量化结果

缺陷参数/mm		缺陷参数量化结果/mm	
深度	长度	深度	长度
1.000	6.000	0.999	7.998
4.000	4.000	4.007	4.009
4.000	7.000	4.033	7.003
7.000	10.000	7.000	9.997
7.000	7.000	7.032	7.001

由表 9-4 可见，由于仿真数据较为理想，样本较充分，由仿真数据得到的缺陷参数量化结果也非常理想。

2. 实际缺陷的参数量化结果

实验中以人工缺陷漏磁检测数据曲线（共 140 个点）作为样本。共制作了 125 个样本。人工缺陷的形状为矩形和圆形，其外形如图 9-8 所示。这样形状的缺陷形成的漏磁信号特征

明显，易于分析。缺陷的几何参数设计成不同的长度系列（3cm、5cm、7cm、9cm、10cm）和宽度系列（3cm、6cm、9cm、12cm）及深度系列（10%、20%、35%、50%），各系列之间互相匹配，便于对比分析。

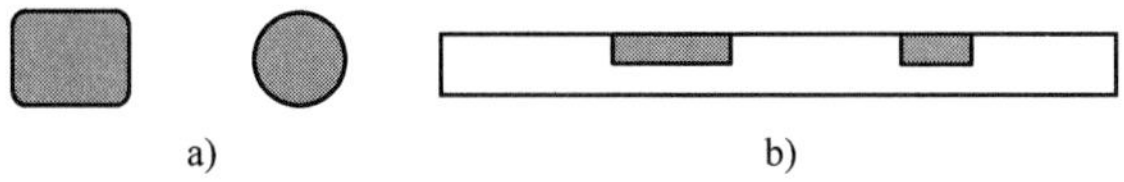

图9-8　人工缺陷外形

a）俯视图　b）侧视图

相对于样本数据，神经网络的输入层节点为140个；隐含层节点为50个；输出层节点为2个，即缺陷的深度和长度。分别用一组径向漏磁信号和轴向漏磁信号训练BP神经网络，网络训练次数都为3000次。对一组待识别信号得到实际缺陷参数的量化结果见表9-5。

表9-5　实际缺陷参数的量化结果

缺陷序号	缺陷参数		漏磁信号径向分量		漏磁信号轴向分量	
			量化结果	相对误差	量化结果	相对误差
1	长度/cm	8.5	9.0887	6.93%	7.9821	-6.09%
	深度/mm	4.5	4.8417	7.59%	4.2014	-6.64%
2	长度/cm	10	9.4779	-5.22%	11.444	14.44%
	深度/mm	5	4.6718	-6.56%	5.3536	7.07%
3	长度/cm	4.5	4.1358	-8.09%	4.4777	-0.5%
	深度/mm	4.5	4.51	0.22%	4.7151	4.78%
4	长度/cm	4.5	4.4117	-1.96%	4.3695	-2.9%
	深度/mm	2	1.298	-35.1%	2.6183	30.89%
5	长度/cm	7.5	6.2606	-16.53%	7.1906	-4.13%
	深度/mm	2	2.9525	47.63%	1.9809	-0.96%

由表9-5可见，相对于仿真缺陷，实际缺陷参数的量化结果误差较大。原因主要有两方面：一是缺陷样本不够充分；二是缺陷制作时相互距离较近，漏磁场互相干扰，导致很多检测数据不够理想。虽然如此，量化结果的相对误差绝大部分在10%以内，少数识别结果（如5号缺陷的深度）的相对误差较大，但绝对误差很小，在1mm左右，这也基本符合实际检测的要求。

9.4　支持向量机量化方法

9.4.1　支持向量机基础理论

1. 支持向量机的产生

支持向量机（support vector machine，SVM）是一种新兴的机器学习方法，由Vapnik等人在1995年提出。支持向量机基于统计学习理论，具有严格的理论分析和坚实的数学理论基础，具有理论完备、泛化性好、适应性强等优点，解决了过学习和高维数等问题，在机器学习领域中的是一种新方法和新研究方向。它不但综合了结构风险最小化原则、统计学习等方面的技术，而且在最小化经验风险的同时保证了算法的泛化能力。

2. 支持向量机的数学模型

SVM想法最初是从线性可分的情况下的最优分类面提出的。在三维空间中，给定一组训练样本，如果每个样本点均能被某个平面划分到正确的类别中，并且与平面的距离最大，则该平面为最优平面。在三维以上的高维空间中，称这个最优分类平面为最优分类超平面。

二类分类中的最优分类平面如图9-9所示。

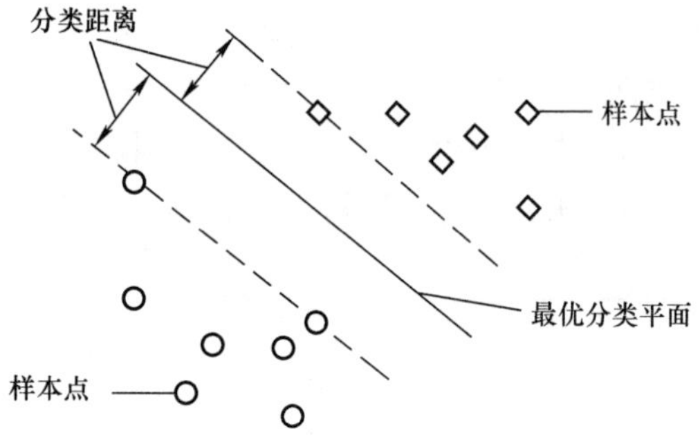

图9-9 最优分类平面

二类分类问题，即样本的种类只有两类。将这两类样本正确划分开的平面不唯一，根据支持向量机的基本思想，要使分类距离最大，这样的平面只有一个，这个平面就是最优分类平面。

假定一组样本集（x_i，y_i），$i=1$，2，…l，$x_i \in \mathbf{R}^n$，$y_i=\pm 1$，其中x_i是n维空间中样本集的一个样本点，y表示x相应的类别。由于y的取值范围是$+1$或-1，因此属于二类分类问题。这个分类问题就是要利用这些给定的训练点推算出一个决策函数（超平面），学习的目标是将所有的样本点尽量正确地划分类别，并且使分类距离最大。首先考虑线性可分的情况。

分类超平面为

$$\boldsymbol{\omega} \cdot \boldsymbol{x} + b = 0 \tag{9-48}$$

$$\boldsymbol{\omega} \cdot \boldsymbol{x}_i + b \geqslant +1,\ y_i = +1 \tag{9-49}$$

$$\boldsymbol{\omega} \cdot \boldsymbol{x}_i + b \leqslant +1,\ y_i = -1 \tag{9-50}$$

式中，$\boldsymbol{\omega}$为超平面的法向矢量，即垂直于超平面的矢量；b为远点到超平面的距离。

超平面$\boldsymbol{\omega} \cdot \boldsymbol{x}_i + b = 1$和$\boldsymbol{\omega} \cdot \boldsymbol{x}_i + b = -1$之间没有样本点，这种情况就是线性可分的。这两个超平面之间的距离为$2/\|\boldsymbol{\omega}\|$。因此分类距离最大就是最大化$2/\|\boldsymbol{\omega}\|$，这也等价于最小化：

$$\phi(\boldsymbol{\omega}) = \frac{1}{2}(\boldsymbol{\omega} \cdot \boldsymbol{\omega}) \tag{9-51}$$

因此，线性可分情况下构建最优分类超平面可以归结为式（9-52）的数学优化模型：

$$\min \frac{1}{2}(\boldsymbol{\omega}^{\mathrm{T}} \cdot \boldsymbol{\omega})$$

$$\text{s. t. } y_i((\boldsymbol{\omega}^{\mathrm{T}} \cdot \boldsymbol{x}_i) + b) \geqslant 1 \tag{9-52}$$

式（9-52）的最优解为式（9-53）的Lagrange函数鞍点：

$$L = \frac{1}{2}(\boldsymbol{\omega}^{\mathrm{T}} \cdot \boldsymbol{\omega}) - \sum_{i=1}^{l} \alpha_i \{\boldsymbol{y}_i[(\boldsymbol{\omega} \cdot \boldsymbol{x}_i) + b] - 1\} \tag{9-53}$$

式中，$\alpha_i \geqslant 0$为Lagrange乘数；（$\boldsymbol{x}_i$，$\boldsymbol{y}_i$）为训练样本点数据。

令$\boldsymbol{\omega}$和b的偏导数为零，有

$$\begin{cases} \dfrac{\partial L}{\partial \boldsymbol{\omega}} = \boldsymbol{\omega} - \sum\limits_{i=1}^{l} \alpha_i \boldsymbol{y}_i \cdot \boldsymbol{x}_i = 0 \\ \dfrac{\partial L}{\partial \boldsymbol{\omega}} = \sum\limits_{i=1}^{l} \alpha_i \cdot \boldsymbol{y}_i = 0 \end{cases} \tag{9-54}$$

即

$$\begin{cases} \boldsymbol{\omega} = \sum\limits_{i=1}^{l} \alpha_i \boldsymbol{y}_i \cdot \boldsymbol{x}_i \\ \sum\limits_{i=1}^{l} \boldsymbol{\alpha}_i \cdot \boldsymbol{y}_i = 0 \end{cases} \tag{9-55}$$

最优解还应该满足：

$$\alpha_i[y_i(\boldsymbol{\omega} \cdot \boldsymbol{x}_i + b) - 1] = 0 \tag{9-56}$$

由式（9-56）可以看出，大多数样本点对应的 α_i 为零，而只有非零的 α_i 对最优解才有意义，把 α_i 不等于零的训练点称为支持向量，支持向量机也是由此得名的。

式（9-52）整理后的最后形式为

$$\begin{aligned} &\min \frac{1}{2} \sum_{i,j=1}^{l} \alpha_i \alpha_j \boldsymbol{y}_i \boldsymbol{y}_j \boldsymbol{x}_i^{\mathrm{T}} \boldsymbol{x}_j - \sum_{i=1}^{l} \alpha_i \\ &\text{s. t.} \sum_{i=1}^{l} \alpha_i \boldsymbol{y}_i = 0,\ \alpha_i \geqslant 0 \quad (i = 1, \cdots, l) \end{aligned} \tag{9-57}$$

实际上，大多数情况下训练点并非线性可分，即使是线性可分也难免有一些错误样本点的存在，这种情况可以看成是近似线性可分。与线性可分相似，需要引进两个新的变量 C 和 ξ。近似线性可分的优化模型为

$$\begin{aligned} &\min \frac{1}{2}(\boldsymbol{\omega}^{\mathrm{T}} \cdot \boldsymbol{\omega}) + C\left(\sum_{i=1}^{l} \xi_i\right) \\ &\text{s. t. } y_i[(\boldsymbol{\omega} \cdot \boldsymbol{x}_i) + b] \geqslant 1 - \xi_i \quad (i = 1, \cdots, l) \end{aligned} \tag{9-58}$$

式中，C 为惩罚因子；ξ 为松弛因子。

线性近似可分的情况将分类的限制放宽，即引入了松弛因子 ξ 的作用。但对于只有放宽限制才能够被正确分类的点加以惩罚，即引入了惩罚因子 C 作用。同样，研究式（9-58）的 Lagrange 对偶问题：

$$\begin{aligned} &\min \frac{1}{2} \sum_{i,j=1}^{l} \alpha_i \alpha_j \boldsymbol{y}_i \boldsymbol{y}_j (\boldsymbol{x}_i \cdot \boldsymbol{x}_j) - \sum_{i=1}^{l} \alpha_i \\ &\text{s. t.} \sum_{i=1}^{l} \boldsymbol{y}_i \alpha_i = 0,\ 0 \leqslant \alpha_i \leqslant C \quad (i = 1, \cdots, l) \end{aligned} \tag{9-59}$$

核理论是支持向量机的核心理论。在非线性情况，核函数的引入可以把样本点从输入空间转换到某一高维空间，而在此高维空间中样本点是线性可分的。因此核函数的引进将非线性问题转化成了线性问题来解决。非线性的最优分类超平面的模型为

$$\min \frac{1}{2} \sum_{i,j=1}^{l} \alpha_i \alpha_j \boldsymbol{y}_i \boldsymbol{y}_j K(\boldsymbol{x}_i, \boldsymbol{x}_j) - \sum_{i=1}^{l} \alpha_i$$

$$\text{s. t.} \sum_{i=1}^{l} y_i \alpha_i = 0, 0 \leqslant \alpha_i \leqslant C \quad (i = 1, \cdots, l) \tag{9-60}$$

式中，$K(x, y)$为核函数，应用最为广泛的是高斯核函数：

$$K(x, y) = \exp\{ -\gamma |x - y|^2 \} \tag{9-61}$$

式中，γ 为核半径。

3. 支持向量机的参数选择

支持向量机的应用主要有分类和回归两种方法，但无论是分类还是回归，参数的选择都是至关重要的，参数选择的好坏将直接影响预测的结果。这里的参数主要是指惩罚因子 C 和高斯核半径 γ。常用的算法由 k - 折交叉确认是验证算法和 LOO 误差算法。

k - 折交叉确认是验证评价一个参数确定算法的有力工具。它的主要思想是：首先把所有的训练点分成 k 个互不相交的集合（所以称作 k - 折交叉确认），即 L_1，L_2，…，L_n，这些集合中数据样本的个数不需要严格相等，只要大致相等就可以。然后进行 k 次数据训练与数据测试，即对 $i=1$，…，k 进行 k 次迭代。其中，第 i 次的算法是，选择 L_i 作为测试数据集合，其余的 $n-1$ 个集合，即 L_1，L_2，…，L_{i-1}，L_{i+1}，L_{i+2}，…，L_n 为算法中的训练数据集合。与普通的支持向量机训练和测试一样，算法根据训练数据样本集合进行训练和得到支持向量机的决策函数模型后，对 L_i 进行测试。测试后将会得到本次测试错误分类点的个数 M_i。k 次迭代后，每次都会得到一个测试中错误分类样本点的个数，即得到了 M_1，M_2，…，M_n，那么 k 次所有错误分类样本数据点的个数的和为

$$\sum_{i=1}^{k} M_i \tag{9-62}$$

所有错误分类样本数据点的个数和与总样本训练点的个数之比为

$$\sum_{i=1}^{k} \frac{M_i}{n} \tag{9-63}$$

以这个比值或者说是错误率来评价这个算法的优劣程度。这个比值称为 k - 折交叉确认误差。

在实际的应用情况中，确定 k 值的方法有两种。一种是令 $k=10$，这样得到的是 10 - 折交叉确认和 10 - 折交叉确认误差。另一种是令 $k=n$，这样也就意味着每次用 $n-1$ 个数据样本进行训练，留一个数据样本进行测试。因此此算法称为留一法（leave - one - out），即常用的 LOO 算法。所以定义 n - 折交叉确认误差称为 LOO 误差。从以上两种方法来看，都可以最为参数选择的一个评价标准，以评价某一个参数选择的优劣程度。

4. 结构风险最小化原则

从分类问题来看，分类问题的统计学理论是想办法找到一个使其实际风险达到最小或者期望风险达到最小的决策函数。然而，对于实际情况而言，我们知道的只是有限个样本点所组成的数据样本集合，而并不知道所有数据的分布情况，这样期望风险或实际风险就无法计算。

既然期望风险无法计算，可以将问题转化，用经验风险来代替期望风险。所谓经验风险就是指用已知的有限个样本点来代替整个数据集合的分布，也就是说，如果已知的样本点全部正确分类，那么就可以认为期望风险为零，也就是认为可以将所有的包括未知的数据样本进行正确划分。设给定的训练集为

$$T=\{(x_1, y_1), \cdots, (x_l, y_l)\} \in (\mathbf{R}^n \times Y) \tag{9-64}$$

式中：

$$x_i \in \mathbf{R}^n, Y=(-1,1) \quad (i=1, \cdots, l) \tag{9-65}$$

则决策函数的经验风险为

$$R_{\text{emp}} = \frac{1}{l}\sum_{i=1}^{l} c[x_i, y_i, f(x_i)] \tag{9-66}$$

式中，l 为错误分类样本点的个数。

经验风险最小化原则属于传统的统计学习理论的范畴。当样本点个数很大时效果是非常理想的，理论上当样本个数趋于无穷大时，所得到的决策函数是理想的决策函数，经验风险大体上能够代表期望风险，也就是这个决策函数对所有的数据都能够正确分类。但是这只是一个理论上的情况，实际情况中，对于一个问题，我们不可能得到一个无穷大的样本，通常情况下所得到的都是小样本，这样经验风险就不能够代表期望风险，导致经验风险与期望风险有很大差别。

由经验风险最小化的分析可以看出，完全由经验风险来代替期望风险并不是十分合理的。因此引入结构风险最小化。结构风险的数学描述为

$$R \leqslant R_{\text{emp}} + \sqrt{\frac{8}{l}\left[h\left(\ln\frac{2l}{h}+1\right)+\ln\frac{4}{\zeta}\right]} \tag{9-67}$$

式中，R 为期望风险。

不等式右边的第一项为前面分析过的经验风险。而不等式右边的第二项是一个新的概念，称为置信区间。由式（9-67）可以看出，期望风险与经验风险和置信区间的和有关，经验风险和置信区间的和就是结构风险。可见，结构风险是期望风险的上界。在分析经验风险时阐述过，期望风险往往是不可计算的，因此想要最小化期望风险也是十分困难的。结构风险最小化示意如图9-10所示。

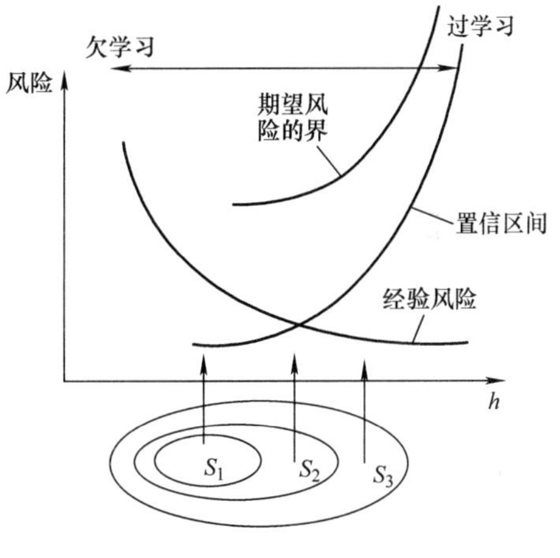

图9-10　结构风险最小化示意

置信区间描述了经验风险与期望风险之间差距。从图9-10中可以看出，它是与样本训练点个数成反比的，样本训练点个数越多置信区间越大，经验风险就越小，训练后的决策函数或者分类超平面就越不可靠，期望风险与经验风险的误差值就越大，支持向量机趋近于过学习状态。当训练样本点个数越小时，置信区间越小，训练后的决策函数越可靠。但是训练样本点个数少就意味着经验风险大，同样与实际风险有很大的误差。这时支持向量机趋于欠学习状态。

结构风险最小化综合考虑了经验风险与置信区间，并不是单独考虑最小化经验风险或单独考虑最小化结构风险。结构风险最小化在最小化经验风险和最小化置信区间之间找到了一个平衡点，使得经验风险和置信区间之和最小，这也就期望风险的上界使最小化，进而使得

实际风险最小化。

5. 支持向量机优化算法

在前文已经分析过，支持向量机的数学模型可以归纳为一个优化算法问题，这个优化算法应该属于一个凸二次规划问题。从理论上讲，普通的能求解凸二次规划的优化算法都可以使用。但是，求解支持向量机的凸二次规划问题还有一定的特殊性。

当在实际情况中处理的问题很大时，相对应的样本点的数量也十分庞大，因此，在计算与存储空间的要求就十分高。例如，存储支持向量机中核矩阵就与训练样本点的个数相关，核矩阵在内存中的存储空间与训练点个数的平方正相关。当训练样本点的个数达到 4000 时，在内存中就需要 128M 的空间来存放核矩阵数据。并且，这些核矩阵还需要进行计算，计算中的中间结果也需要保存，因此对求解支持向量机算法的时间复杂度和空间复杂度都十分苛刻。因此，一些普通的求解支持向量机的算法就难以胜任。

从式（9-60）可以看出，支持向量机的数学优化模型是比较完美的，它有许多特殊性质。例如，具有求解的稀疏性和凸优化算法的性质，这使得我们利用更少的内存空间设计出速度更快的算法成为可能。因此出现了一些专门求解支持向量机的优化算法，比较著名的支持向量机特殊优化算法有块选算法、分解算法、序列最小优化算法等。这些优化算法的基本思想是：将大规模的原问题分解成为一系列的小规模的子问题，进而将问题简化，逐个求解每一个子问题。这样求解的结果将逐渐逼近原问题的结果，逐步提高求解的精确度。这些算法的主要不同就是求解子问题的求解方法和迭代规则不同。

（1）块选算法　支持向量机的基本思想中提到，在支持向量机各众多训练样本点中，只有一少部分是起作用的，以及在分类线边缘上的那些训练点，它们对分类超平面也就是决策函数起着决定性的作用，这些训练点称为支持向量。如果能得到支持向量，那么剩下的就是非支持向量，这样就可以仅保存支持向量所对应的训练样本点，舍掉非支持向量对应的训练样本点，将会节省大量的内存空间，进而达到降低算法时间复杂度与空间复杂度的目的。

对于大规模的支持向量机问题，这个想法是十分必要的。因为在大规模的问题中支持向量的个数占总训练样本个数的比例是十分小的。因此算法效率的提高是十分可观的。如何确定哪些训练样本点是支持向量哪些不是，是块选算法和核心问题。

块选算法是一种较为简单的启发式算法。块选算法中的块指的是训练集中的子集。块选算法就是通过某种迭代方法逐步排除块中非支持向量的训练样本点，并把支持向量选入块中。首先任选一个块，在该块之中应用标准的支持向量机算法进行求解，得到α，然后调整当前块为新的块。保留块中的支持向量机α为零的矢量，舍掉其他训练点。块选算法的具体算法如下：

① 随机选择参数，记作M，确定ε为终止条件，初始化：

$$\boldsymbol{\alpha}^0 = [\alpha_1^0 \cdots \alpha_l^0]^{\mathrm{T}} = 0 \tag{9-68}$$

在工作集中选取初始块，记作W_0，令$K=0$。

② 取出J_k中的分量，构建成$\boldsymbol{\alpha}^k$。求解如下子集的凸二次规划子问题：

$$\begin{aligned} \min W(\boldsymbol{\alpha}) &= \frac{1}{2}\sum_{i\in J_k}\sum_{j\in J_k}\alpha_i\alpha_j h_{ij} - \sum_{i\in J_k}\alpha_i \\ \text{s.t.} \sum_{i\in J_k} y_i\alpha_i &= 0,\ 0 \leqslant \alpha_i \leqslant C,\ i \in J_k \end{aligned} \tag{9-69}$$

解得 α^j。

③ 由 α^j 选取

$$\boldsymbol{\alpha}^{k+1}=[\alpha_1^{k+1}\cdots\alpha_l^{k+1}]^{\mathrm{T}} \tag{9-70}$$

当 $J=J_k$ 时，$\boldsymbol{\alpha}^{k+1}$ 取为 $\boldsymbol{\alpha}^k$ 的相应分量；当 $J\neq J_k$ 时，$\boldsymbol{\alpha}^k=\boldsymbol{\alpha}^{k+1}$，判断 $\boldsymbol{\alpha}^{k+1}$ 是否在精度 ε 内，如果满足，则认为近似解 $\boldsymbol{\alpha}*=\boldsymbol{\alpha}^{k+1}$，迭代终止，否则转④。

④ 根据 α^j 构造支持向量对应的训练点组成的集合 S_k，同时在集合中找出最不符合计算准则的点：

$$\sum_{i=1}^{l}\alpha_i^{k+1}h_{ij}+by_j\begin{cases}\geqslant 1 & j\in\{j\,|\,\alpha_j^{k+1}=0\}\\ =1 & j\in\{j\,|\,0<\alpha_j^{k+1}<C\}\\ \leqslant 1 & j\in\{j\,|\,\alpha_j^{k+1}=C\}\end{cases} \tag{9-71}$$

然后用被选择的训练点和 S_k 中的点对块进行更新，共同组成新的块 W_{k+1}，记相应的下标集为 J_{k+1}。

⑤ 令 $k=k+1$，转②。

块选算法更加适用于支持向量所对应的数据样本点的数量与总样本点的数量之比很小的情况，这样能大幅度地提高算法的运算速度。然而，当支持向量所对应的数据样本点的数量与总样本点的数量之比很大的情况下，算法的效率提高就不是很明显了，算法的收敛速度也就比较缓慢。

（2）分解算法　从块选算法过程可以看出，块选算法仍然要存储由所有支持向量所对应的数据样本点组成的块，以及这些样本点的核矩阵数据。如果支持向量很多时，块选算法需要存储的数据依然十分多，这是块选算法中需要改进的地方。与块选算法不同，分解算法的特点是每次更换部分 $\boldsymbol{\alpha}$，同时保持其他 α 值不变。要更新的 $\boldsymbol{\alpha}$ 所组成的集合就是当前工作集。这样每次更新几个新的训练点到工作集中，就必须从工作集中去除相同数量的训练点。迭代过程中只是将当前工作集之外满足条件的样本点与工作集中的同等数量的训练点进行更新，工作集的规模及工作集中训练样本点的个数是不变的。因此，分解算法的工作集不断变化，迭代求解从而达到逼近 $\boldsymbol{\alpha}*$ 的目的。

记下标 B 为工作集包含的训练点的下标的集合，将 $\boldsymbol{\alpha}$ 的次序进行调整，则有

$$\boldsymbol{\alpha}=\begin{pmatrix}\boldsymbol{\alpha}_B\\ \boldsymbol{\alpha}_N\end{pmatrix} \tag{9-72}$$

其中 N 与 B 互余，把 $\boldsymbol{y}$ 和 $\boldsymbol{H}$ 表示为

$$\boldsymbol{y}=\begin{pmatrix}\boldsymbol{y}_B\\ \boldsymbol{y}_N\end{pmatrix} \tag{9-73}$$

$$\boldsymbol{H}=\begin{pmatrix}\boldsymbol{H}_{BB} & \boldsymbol{H}_{BN}\\ \boldsymbol{H}_{NB} & \boldsymbol{H}_{NN}\end{pmatrix} \tag{9-74}$$

在工作集中，我们更新的目标是训练点 $\boldsymbol{\alpha}_B$，固定的是 $\boldsymbol{\alpha}_N$。由于 $\boldsymbol{H}$ 是对称的，即 $\boldsymbol{H}=\boldsymbol{H}^{\mathrm{T}}$，所以有

$$\left.\begin{aligned}&\min W(\boldsymbol{\alpha})=\frac{1}{2}\boldsymbol{\alpha}_B^{\mathrm{T}}\boldsymbol{H}_{BB}\boldsymbol{\alpha}_B+\frac{1}{2}\boldsymbol{\alpha}_N^{\mathrm{T}}\boldsymbol{H}_{NN}\boldsymbol{\alpha}_N-\boldsymbol{\alpha}_N^{\mathrm{T}}\boldsymbol{e}-\boldsymbol{\alpha}_B^{\mathrm{T}}(\boldsymbol{e}-\boldsymbol{H}_{BN}\boldsymbol{\alpha}_N)\\ &\text{s. t. }\boldsymbol{\alpha}_B^{\mathrm{T}}\boldsymbol{y}_B+\boldsymbol{\alpha}_N^{\mathrm{T}}\boldsymbol{y}_N=0\quad 0\leqslant\alpha\leqslant C\boldsymbol{e}\end{aligned}\right\} \tag{9-75}$$

由于 $\boldsymbol{\alpha}_N$ 是固定不变的，可知：

$$\frac{1}{2}\boldsymbol{\alpha}_N^{\mathrm{T}}\boldsymbol{H}_{NN}\boldsymbol{\alpha}_N-\boldsymbol{\alpha}_N^{\mathrm{T}}\boldsymbol{e} \tag{9-76}$$

为常数，所以该优化模型等价于：

$$\left.\begin{aligned}&\min W(\boldsymbol{\alpha})=\frac{1}{2}\boldsymbol{\alpha}_B^{\mathrm{T}}\boldsymbol{H}_{BB}\boldsymbol{\alpha}_B-\boldsymbol{\alpha}_B^{\mathrm{T}}(\boldsymbol{e}-\boldsymbol{H}_{BN}\boldsymbol{\alpha}_N)\\&\text{s. t. } \boldsymbol{\alpha}_B^{\mathrm{T}}\boldsymbol{y}_B+\boldsymbol{\alpha}_N^{\mathrm{T}}\boldsymbol{y}_N=0\quad 0\leqslant\boldsymbol{\alpha}_B\leqslant C_{\mathrm{e}}\end{aligned}\right\} \tag{9-77}$$

可以看出，式（9-77）表示的优化模型只需存储样本点阶数矩阵，存储量远比原来要少得多。分解算法的具体算法如下：

① 确定 B 及终止条件 ε，初始化：

$$\boldsymbol{\alpha}^0=\begin{pmatrix}\boldsymbol{\alpha}_B^0\\\boldsymbol{\alpha}_N^0\end{pmatrix} \tag{9-78}$$

令 $k=0$。

② 根据初始解，求解 B。

③ 求解子规划，将工作集更新为

$$\boldsymbol{\alpha}^{k+1}=\begin{pmatrix}\boldsymbol{\alpha}_B^{k+1}\\\boldsymbol{\alpha}_N^{k}\end{pmatrix} \tag{9-79}$$

④ 若 $\boldsymbol{\alpha}^{k+1}$ 满足终止条件，则取解为 $\boldsymbol{\alpha}^*=\boldsymbol{\alpha}^{k+1}$，终止迭代。否则令 $k=k+1$，转第②步。

（3）序列最小最优化算法（SMO）　从本质上讲，序列最小最优化算法是分解算法的一个特例。序列最小最优化算法的工作集容量为 2，因此只需要更新两个样本点。这个算法中，工作集的容量最小，但子问题的规模和整个算法所要迭代的次数是一对矛盾。若子问题规模较小，那么要迭代的次数就会相应地较多。反之，子问题规模较大，那么要迭代的次数就会相应地较少。序列最小最优化算法属于前者。

由于工作集中只有两个训练样本点，因此所建立的优化问题比较简单，可适合用解析法进行求解。与普通的分解算法相比，序列最小最优化算法可能需要更多的迭代次数，但是每次迭代的计算量十分小。序列最小最优化算法的优点主要体现在其快速收敛性质上。除此之外，序列最小最优化算法还有其他重要的优点，如不需要存储核矩阵、不需要进行矩阵运算、算法实现容易等。后面提到的常用支持向量机工具 LIBSVM 就是基于序列最小最优化算法的。

序列最小最优化算法如下：

① 设定求解精度 ε，随机初始化最优解：

$$\boldsymbol{\alpha}^0=[\alpha_1^0\cdots\alpha_l^0]^{\mathrm{T}}=0 \tag{9-80}$$

令 $k=0$。

② 根据当前可行的近似解 $\boldsymbol{\alpha}^k$，从集合 $\{1, 2, \cdots, l\}$ 中选取的两个样本点组成集合 $\{i, j\}$ 作为当前工作集。

③ 求解对应的优化问题，得到解：

$$\boldsymbol{\alpha}_B^*=[\alpha_i^{k+1}\alpha_j^{k+1}] \tag{9-81}$$

据此更新两个分量，得到新的近似解 $\boldsymbol{\alpha}^{k+1}$。

④ 若 $\boldsymbol{\alpha}^{k+1}$ 在精度范围之内，则得近似解 $\boldsymbol{\alpha}^{*}=\boldsymbol{\alpha}^{k+1}$，停止计算；否则，令 $k=k+1$，转第②步。

9.4.2　LIBSVM 支持向量机工具

1. LIBSVM 工具

随着支持向量机的发展，相关研究人员开发出了一些支持向量机工具软件，其中比较有代表性的是 LIBSVM。林智仁（Lin Chih - Jen）是台湾大学的副教授，研究支持向量机多年，他所开发的 LIBSVM 支持向量机工具包不但简单易用而且性能良好。工具包提供了多种支持向量机回归与分类的用法，包括 C - SVM 分类、γ - SVM 分类、ε - SVM 回归和 γ - SVM 回归等。在解决多类分类问题中，提供了一对一和一对多两种算法。无论是使用分类算法还是使用回归算法，都可以对惩罚因子 C 和高斯核半径 γ 等参数进行交叉验证，搜索最优参数。在核函数的选择中，支持向量机工具包提供了多种供选择，包括最为常用的高斯核函数、多项式核函数等。

2. LIBSVM 分类与回归流程

LIBSVM 进行分类与回归的流程如图 9-11 所示。

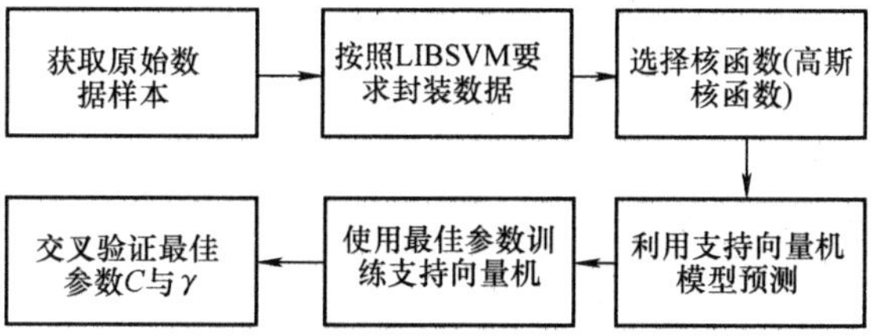

图 9-11　LIBSVM 分类与回归流程

C—惩罚因子　γ—高斯核半径

3. LIBSVM 样本数据格式

LIBSVM 的样本数据格式为：

[label1] [index1]:[value1] [index2]:[value2]…

[label2] [index1]:[value1] [index2]:[value2]…

[labeln] [index1]:[value1] [index2]:[value2]…

其中每行都是一个训练数据样本，[label] 是训练数据集的目标值，对于分类，它是标识某类的整数（支持多个类）；对于回归，是任意实数。[index] 是以 1 开始的整数，可以是不连续的，代表某个自变量的序号或是索引，必须按升序排列；[value] 为实数，也就是我们常说的自变量或特征值。检验数据文件中的 label 只用于计算准确度或误差，如果它是未知的，只需用一个数填写这一栏，也可以空着不填。每对特征序号与特征值用空格隔开。

9.4.3　支持向量机缺陷量化

1. 缺陷量化流程

漏磁检测缺陷量化流程如图 9-12 所示。

从图 9-12 可以看出，整个漏磁检测缺陷量化的流程是以支持向量机量化平台为核心的，主要分为支持向量机训练与测试数据的制作和应用支持向量机进行量化两大部分。支持向量机训练数据的来源是 ANSYS 的仿真数据。

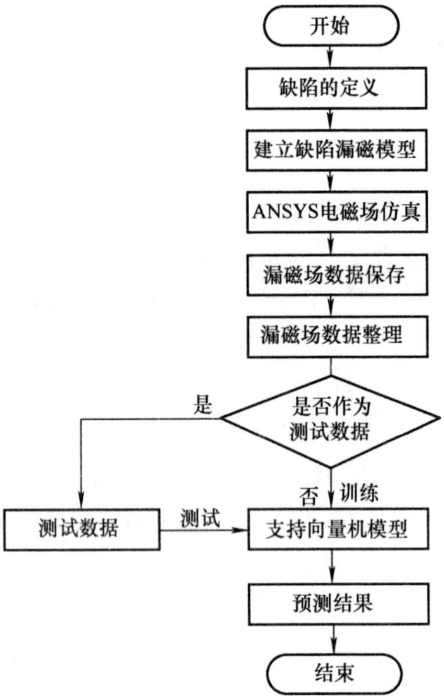

图 9-12 漏磁检测缺陷量化流程

2. 缺陷量化数值实验结果

在用支持向量机进行缺陷量化的实验中，总共做了两组。下面分别做出实验说明和实验结果。

(1) 第一组实验的设置与结果 第一组实验的基本情况见表 9-6 所示。

第一组实验的检测对象是一个面积为 460mm×46mm、厚度为 8mm 的钢板。缺陷的类型为半球形缺陷，因此缺陷未知参数只有一个，即缺陷的半径，将要量化的参数为缺陷的半径。缺陷半径的范围为 1～7mm，以步长为 0.2mm 进行多组缺陷仿真。所以缺陷半径分别取 1mm，1.2mm，1.4mm，…，7mm，共 31 组，即训练数据为 31 组。另外又制作了三组数据的支持向量机回归，结果见表 9-7。

从训练数据和测试数据的数量上来说，这组实验的规模较小，缺陷的类型也比较简单。量化的误差最大在 10% 左右。

表 9-6 第一组实验的基本情况

实验基本情况	参数
材料	钢
厚度	8mm
量化方式	支持向量机回归
缺陷类型	半球形
仿真维度	三维
数据类型	B_y
缺陷半径范围	1～7mm
训练数据组数	31
测试数据组数	3

表 9-7 第一组实验预测结果

仿真缺陷半径/mm	预测缺陷半径/mm	识别误差
2.1	2.31887	10.42%
2.5	2.43143	2.74%
2.9	2.58893	10.72%

（2）第二组实验的设置与结果 第二组实验的基本情况见表 9-8。

表 9-8 第二组实验基本情况

实验基本情况	参数
材料	钢
厚度	10mm
量化方式	支持向量机分类
类别数量	8 类
缺陷类型	半椭球形
仿真维度	三维
数据类型	B_x、B_y
缺陷半径范围	1 ~ 8mm
训练数据组数	413
测试数据组数	32

第二组实验的检测对象是大小为 460mm × 460mm、厚度为 10mm 的钢板。缺陷类型为半椭球形，因此缺陷参数有 3 个，缺陷的长度、宽度和深度。缺陷的长度、宽度和深度的变化范围分别取 1 ~ 8mm 之间的整数值，这样排列组合之后共有 512 组缺陷。但是有些缺陷的长度、宽度和深度的比值差距很大，如长度、宽度和深度分别为 8mm、1mm、8mm，这样的缺陷更像是一个裂纹，而不是腐蚀缺陷。将长度、宽度和深度的比值差距大的缺陷排除之后，仿真 445 组作为支持向量机的训练和测试数据。在 445 组数据中，随机选取 10 组作为测试数据。实验预测结果见表 9-9。

表 9-9 第二组实验预测结果

实际长度/mm	测试长度/mm	实际宽度/mm	测试宽度/mm	实际深度/mm	测试深度/mm
1	2	1	1	3	5
1	1	3	3	2	2
1	1	6	7	6	6
2	2	6	6	4	3
3	4	2	2	3	4
4	4	1	2	2	4
5	5	5	5	2	2
6	5	7	7	7	7
8	8	4	5	3	2
8	7	4	4	5	7

第 10 章　管道漏磁内检测工程项目的实施

10.1　内检测器检测作业

10.1.1　检测前的准备工作

1）编制管道检测方案并报送审批。

2）由于该条管线所处地理环境复杂，有多种地形地貌，故应编制具体跟踪设标，调配人员车辆，对所选择的定位点进行设标点统一编号，并做好详细记录，选择设标点应有明显标记。

3）检测前，按方案对全体参加检测人员进行安全技术交底，说明施工作业的内容、方法、程序、组织机构、人员分配及其职责、安全责任、安全事项、事故预案，使所有的作业人员做到心中有数，任务落实，自觉遵守纪律，坚守岗位，尽职尽责地把检测工作和安全工作做好。

4）检测作业必须做到有具体可行的施工方案、严密的组织指挥、严格遵守检测安全技术操作规程。

5）对收发球设备、仪表要进行详细检查，球筒要经严密性试验合格，快开盲板上的放松楔块要保持完好，放空及排污系统应畅通。

6）准备好抢修所需的机具、人员，随时处理意外情况。

7）检测作业的通信必须满足施工要求，与相关部门等保持不间断的通信联系。

8）需生产调度协调，满足检测的需要。

9）检测前应组织有关人员沿线巡检，并做好记录，向指挥组报告。

10）由生产科牵头，系统地检查收发球的输油工艺设施，有问题及时整改。

11）做好检测器收发及检测过程的监督工作，沿线各站应密切配合并按要求定时向调度室汇报。

12）检测工艺流程切换由调度室统一指挥，未经调度室同意任何人不得擅自改变操作流程。

10.1.2　内检测器现场调试

内检测器现场调试主要包括内检测器运行前的工况检验工作，判断其是否正常工作，通过调试软件验证全部检测单元是否正常工作。

10.1.3　检测器的投放

1. 检测器的组装

1）检查探头及主机工作是否正常。

2）按顺序组装检测器，组装过程中一定要注意对密封面的保护，并对腔体进行密封，密封前通电检查检测器工作是否正常。

3）把检测器固定在托盘上，做好投放前的准备工作。

2. 检测器投放前的准备工作

1）全面检查收发球筒、快开盲板是否完好、严密，开关是否灵活。

2）全面检查与清管有关的阀门是否完好、严密，开关是否完好。

3）检查收发筒放空、排污系统是否完好、畅通。

4）检查全线通信系统是否完好，并处于在用状态。

5）检查全线各站压力表、温度计，通过指示器调试是否合格。

6）开、关盲板前必须确认压力表示值归零，开、关盲板过程中操作人员严禁站在盲板和靠近盲板转轴一侧，关闭盲板后必须上锁紧楔铁。

3. 检测器的发送（发球）

一切操作流程，均应遵照“先开后关”的原则，发球示意如图 10-1 所示。

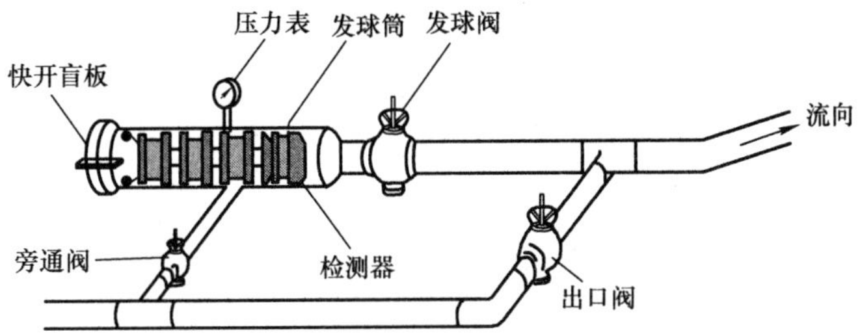

图 10-1　发球示意

1）打开旁通阀，使原油充进发球筒；打开发球筒的发球阀，等待检测器的发送；关闭出口阀，使发球筒的原油排量加大，压力升高，使检测器起动，向前运动；检测器通过发球阀后，用跟踪器检查，证实检测器通过发球阀，方可确定检测器已进入干线，然后恢复正常输送流程。

2）打开快开盲板，将筒内清理干净；关闭快开盲板，待下次使用。

3）投放检测器时，各中间阀池也应有观察压力的人员，并且每半小时向调度室汇报一次压力。调度室应有检测现场指挥人员专门收集各点汇报来的信息，分析管线运行情况，做好调度指挥工作。检测过程中要保证通信联络正常，不中断，调度室与各站及各点的电台应保证不关机。

10.1.4　检测器的跟踪

1. 跟踪设标

检测期间跟踪设标的目的是为检测数据提供地面参考点，提高里程定位精度。跟踪人员随时掌握检测器的运行位置，有利于管道的安全运行。跟踪设标点的间隔一般小于 2km。该项工作需要 5 组（每组最少 2 人）来完成，每组配备越野车或同类车辆配合。

2. 跟踪过程

① 投放检测器后，各站值守人员应随时观察运行参数，发现异常情况应立即向调度室

汇报。

② 检测器投放后，跟踪人员必须进行定点跟踪探测，并要及时向生产指挥中心汇报情况。

③ 跟踪人员的通信工具要携带足够、好用，性能应满足需要。跟踪组最好配备 5 辆以上越野车。跟踪人员要有一定的跟踪经验且身体素质较好，能胜任工作，最好懂工艺流程及有相关专业知识。对穿越公路、铁路、河流的管线应更加注意。

④ 人员分组、定点跟踪，不得跟踪过程脱节、漏位，并做好跟踪记录。

⑤ 检测器投放后，必须沿线定点跟踪探测，两组跟踪人员间隔不超过 1km，漏位、漏跟或发现异常情况应及时向指挥中心汇报。

10.1.5 检测器的接收

检测器到达收球筒前 4h，为收球流程。打开收球筒和旁通阀，缓慢关闭进口阀，等待检测器进收球筒。收球示意如图 10-2 所示。

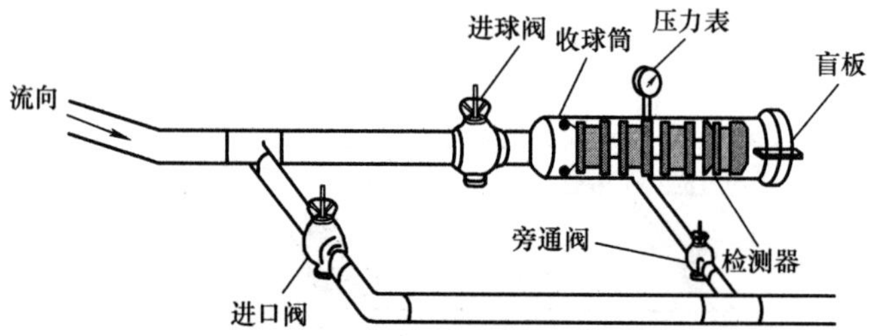

图 10-2 收球示意

当收球筒通过指示器动作后，用跟踪仪确定检测器已进入收球筒后，立刻打开进球阀，关闭收球阀和旁通阀，泄掉收球筒的压力，打开排污阀，排净收球筒的杂物。打开快开盲板，清除筒内的机械杂物，取出检测器，切断电源。

将收球筒清洗干净，关闭快开盲板和排污阀。

10.1.6 检测器的检查和维修

检测器取出后，要及时进行清洗，检查各部分有无损坏情况。对一次性部件进行更换，清洗其余各部件并妥善保管。

取出数据记录仪并妥善保管，以便进行后续数据的分析与判读。

10.2 检测数据预处理

10.2.1 检测数据备份与分析

1）转储并备份检测数据。

2）分析检测数据的完整性。应包括：①各通道信号应清晰、完整；②地面标记数据应健全；③若数据不完整，应及时分析原因，重新检测。

10.2.2　检测数据预处理

通常检测过程中所得到的数据量都非常大，而且很不规整，数据分析的任务繁重，适当的数据处理方法可以提高结果判断的速度；检测过程中不可避免地会受到噪声、设备测量误差等因素的影响，采用适当的数据处理方法可以使其影响降至最低，从而提高检测的准确度。因此，高效、可靠的数据处理方法在管道缺陷检测和识别系统中处于十分重要的地位，在很大程度上决定了检测技术的应用效果。

管道缺陷检测中的数据处理方法主要包括传统的数据处理方法，如谱分析、统计分析，以及后来发展起来并广泛应用的小波分析、自适应滤波处理、支持向量机、人工神经网络、模式识别、数据融合等新方法。

10.3　检测数据的分析与判读

10.3.1　管道连接焊缝的判别

两根钢管连接焊缝处的测量波形如图 10-3 所示。图 10-3a 中列举了 4 个探头的漏磁信

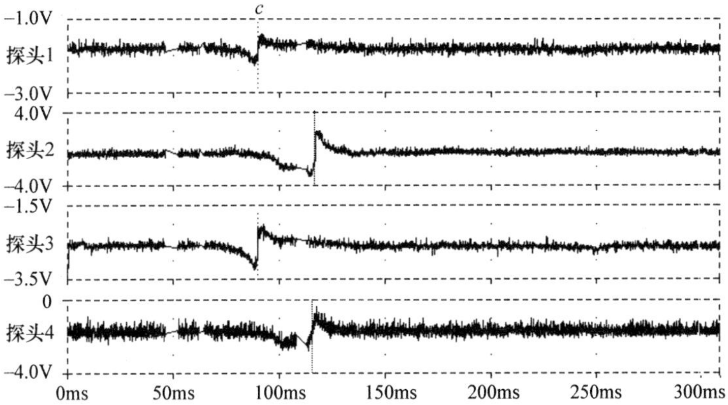

a)

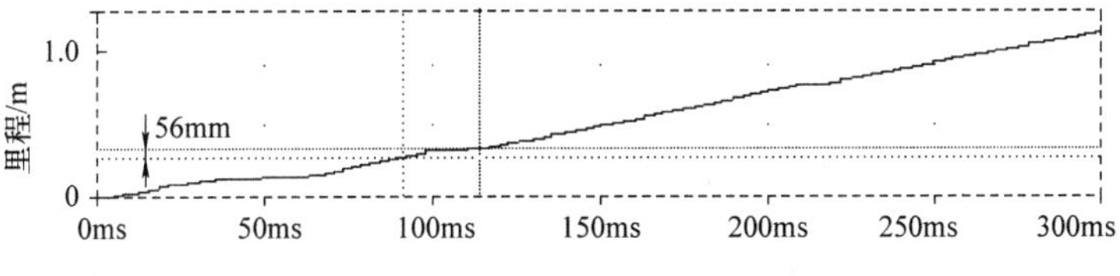

b)

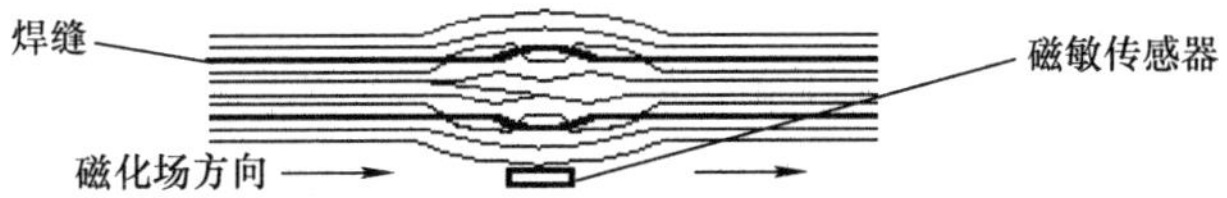

c)

图 10-3　焊缝测量波形

a）漏磁信号时间曲线　b）里程时间曲线　c）漏磁分布示意图

号电压相对时间变量的波形，其中探头 1、3 为探头节前排探头，探头 2、4 为后排探头。两者在里程上的距离 56mm 可从图 10-3b 读出，即两组探头的前后距离。图中沿管壁垂直向外的磁通为负，向内的磁通为正。连接焊缝处的漏磁场分布如图 10-3c 所示，由于焊缝处凸出，产生向外扩散的漏磁信号，其方向先负后正。图 10-3a 的 c 点处也是连接焊缝。从图中还可以看出，在焊缝处无论有无缺陷，都会产生漏磁信号，因此漏磁法对焊缝处缺陷的判别是极不敏感的。这是该方法的不足之处。

10.3.2 管道缺陷补疤的判别

管道维修时补焊的半圆柱形补疤的模拟试样实测波形如图 10-4 所示。图 10-4a 中 a 点处为入疤时的波形，b 点处为出疤时的波形。图 10-4b 为补疤处的漏磁场分布示意图，由图可见，由于补疤处的管壁加厚，管壁处于欠饱和状态，管壁内外的磁场都从补疤处绕行，造成管内磁场在该处向管壁方向凹陷，形成图 10-4a 中 a、b 处波形。

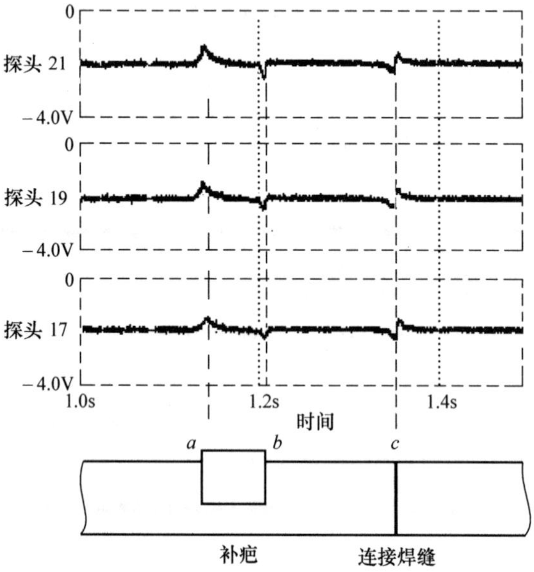

a)

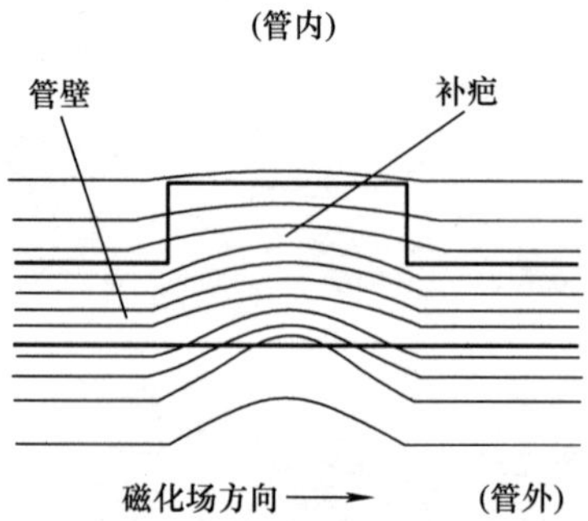

b)

图 10-4 补疤试样实测波形

a）补疤处漏磁信号波形 b）补疤处漏磁场分布

10.3.3　管道缺陷的判别

宽度为 14mm 的矩形人工缺陷在不同深度时的漏磁信号波形，如图 10-5 所示。缺陷深度分别为 1.1mm、2.8mm、6.2mm。从波形来看，各种深度缺陷的边缘基本对应波形的正负峰值点，与前面的理论推导一致。漏磁信号的大小随缺陷加深而增大。绘出三点缺陷深度与漏磁信号测量数据的拟合曲线，如图 10-6 所示，该曲线近似呈线性。

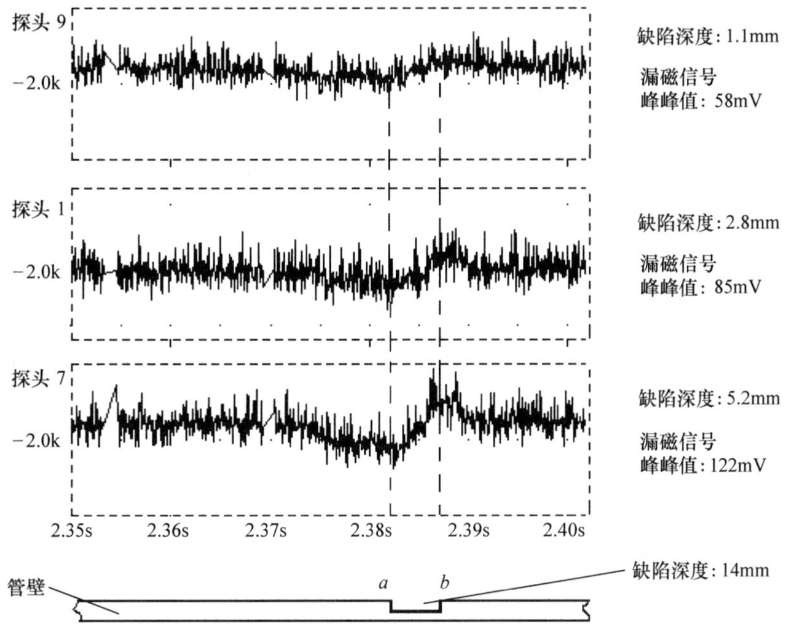

图 10-5　矩形人工缺陷在不同深度时的漏磁信号波形

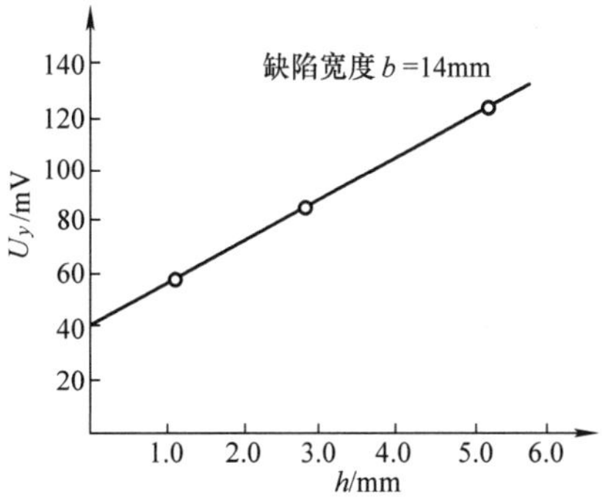

图 10-6　缺陷深度与漏磁信号测量数据拟合曲线

10.4　缺陷所在位置的确定

测得的数据经分析存在缺陷时，需要确定缺陷在管道上所处的位置，以便对管道进行维护和更换。

缺陷位置主要依靠里程轮来确定，即从缺陷数据对应的里程值就可以知道缺陷距离起始地点的位置。但是，由于里程轮的周长只有350mm，如果制造时和轮子在管道中行走时磨损造成的周长误差为千分之一，那么走100km，造成的误差将是

$$100\text{km} \times 1/1000 = 100\text{m}$$

这个误差使测量者无法确定缺陷的位置所在。因此需采用其他方法对里程轮的值定时进行修正。主要方法有如下两种：

（1）采用识别管道连接焊缝修正里程　从前面所述的实验结论看，管道连接焊缝处的波形变化很明显，即该处的每个探头上都会有漏磁信号产生，那么只要能识别管道连接焊缝，就能确定缺陷在管线的第几根钢管上，从正规的管道施工图（早期老管线除外）中就可以找到这根钢管，在这根钢管上（通常为12m），再通过里程轮确定缺陷的位置，就可以非常定位准确了。

（2）采用低频发射接收装置修正里程　连接焊缝的方法定位虽然很准，但对一些早期建造管线，尤其是我国，由于早期管理不完善、数次维修等原因，施工图已不完备，无法确知每根钢管所处的位置。这时，可采用低频发射接收定位装置进行里程修正。事先调整低频接收器和检测装置的时钟，使两者时间一致。使用接收器时，当检测装置经过接收器正下方时，接收器收到发射器信号的同时存储当前时间，而检测装置每测量和存储一组数据时，也存储当前的时间。这样，将接收器收到发射信号时记录的时间和存储数据的时间对照，就能确定地面接收器所在位置对应数据的位置，以该位置为零值，修正里程轮的值，如果每2km放置一台接收器，则2km就可以修正一次里程值，该距离内的最大里程误差为

$$2\text{km} \times 1/1000 = 2\text{m}$$

在该误差范围内，可以通过挖掘的方法找到缺陷。

10.5 开挖验证

检测完毕后，为了验证检测结果的准确性和符合率，依检测报告提供的数据，对具有代表性的腐蚀点进行开挖验证，给出验证报告。

验证报告应包括：①验证点的全面描述；②验证点现场实测结果；③检测结果与实测结果之间的误差及分项可信度。检测与现场开挖验证结果见表10-1。

表10-1　检测与开挖验证结果

编号	腐蚀类型	轴向位置	周向位置	实测腐蚀最大深度及现状描述	腐蚀形状
S	严重	6号桩 +12.4m	05:30	3.5mm	点状腐蚀
M	中度	6号桩 +16.7m	09:00	2.6mm	点状腐蚀

（续）

编号	腐蚀类型	轴向位置	周向位置	实测腐蚀最大深度及现状描述	腐蚀形状
M	中度	6 号桩 +17.2m	05:30	2.6mm	点状腐蚀
S	大面积且严重	2 号阀室墙外上游 10.74m	环管一周	因腐蚀过度密集，无基准面，无法测量	大片膏药状腐蚀
S	严重	50 号桩 -446.14m	05:00	因腐蚀过度密集，无基准面，无法测量	大片膏药状腐蚀
S	严重	50 号桩 -447.28m	05:00	因腐蚀过度密集，无基准面，无法测量	大片膏药状腐蚀

第 11 章　基于漏磁内检测的长输油气管道评价技术

11.1　长输油气管道评价技术

利用管道漏磁内检测技术虽能有效地检测出管壁上存在的各种缺陷，并给出相应尺寸，但是不能对管道的剩余强度给出确切的评价。一般情况下，检测出管壁上的缺陷短期内并不会造成管道穿孔、泄漏等情况，如果盲目地进行开挖、修理和维护将造成经济浪费。并且随着在役长输油气管道的使用年限增加，管道腐蚀现象越来越严重，管壁日益减薄，造成管道的承压能力下降，穿孔、泄漏、破裂等事故也会相继产生。预测管道的腐蚀状况，评价管道的剩余强度，能够保证在役管道运行的安全性。采用漏磁内检测技术对管道进行检测时发现管道管壁存在腐蚀，就要对受腐蚀的管道进行剩余强度评价。剩余强度评价是管道安全性、适用性评估的重要组成部分；研究在某种特定压力下腐蚀管道是否可以安全运行，并评估出在此运行压力下允许管道存在的缺陷最大尺寸；通过以上评价结果，可以制订出一系列的管道维修计划及安全管理方法。

从 1960 年开始，一些西方国家就已经着手对含有缺陷的长输油气管道评价问题进行探讨，以美国、英国及加拿大为首，到目前为止共出台和发布了 ASME B31G 标准、RSTRENG 标准、DNV RP - F101 标准、API 579 标准、弹性极限准则、塑性失效准则、有限元方法、AGA NG - 18 方法、PRORRC 方法、极限荷载解析法、可靠性理论等管道完整性评价标准和方法，这些方法有各自的适用范围和保守性。

对于 ASME B31G 标准而言，到目前为止共颁布了 3 个版本，分别为 ASME B31G—1984 标准、ASME B31G—1991 标准、ASME B31G—2009 标准和 ASME B31G—2012 标准。其中 ASME B31G—1984 标准又名腐蚀管道剩余强度的简明评价方法，是目前为止在欧美国家应用最为广泛的标准之一，ASME B31G—1991 标准中对 ASME B31G—1984 标准进行了部分修正和完善，而 ASME B31G—2009 标准中则在大量实验数据的基础上对 ASME B31G—1991 标准进行了较大的改动，ASME B31G—2012 标准在 ASME B31G—2001 的基础上又更进一步完善。希望能够通过此次修正，克服 ASME B31G—1991 标准的保守性。但是，加拿大阿尔伯塔的诺瓦公司和英国管道公司随后通过爆破实验等研究方法，先后证明了 ASME B31G 标准对于腐蚀缺陷管道的评价仍然具有保守性，并提出 ASME B31G 标准具有保守性的原因之一是对单个腐蚀缺陷、双腐蚀缺陷及相互作用的腐蚀缺陷和具有螺旋角的腐蚀缺陷均按照同一种评价方法进行评价。针对这一问题，ARCO 阿拉斯加公司根据以往经验和对腐蚀缺陷的试评价结果，提出了将不连续的多个腐蚀缺陷看作一个腐蚀缺陷的极近似的条件。

RSTRENG 标准分为 RSTRENG 0. 85dL 标准和 RSTRENG 有效面积法。该标准的理论依据与 ASME B31G 标准相同，只是对材料流变应力的定义和腐蚀缺陷的剖面面积做了部分修正，在一定程度上克服了 ASME B31G 标准的保守性。但采用 RSTRENG 有效面积法在对腐蚀缺陷管道进行评价时，需要对腐蚀缺陷尺寸进行多次测量，评价过程较为烦琐，不适用于大范围评价。RSTRENG 有效面积法的评价结果比 RSTRENG 0.85dL 标准的评价结果更加精确。

DNV RP－F101 标准主要包括分项安全系数法和许用应力法，对于不同类型的腐蚀缺陷有相对应的评价方法，能够评价独立的腐蚀、相互影响的腐蚀以及形状复杂的腐蚀缺陷，能够评价只有内压载荷作用的纵向腐蚀缺陷管道、内压与纵向压应力叠加作用的纵向腐蚀缺陷以及内压与纵向压应力叠加作用的环向腐蚀缺陷，适用范围比较广泛。但是采用分项安全系数法对腐蚀缺陷管道进行评价时，需要更为详细的管道和腐蚀缺陷参数，对于管道信息缺失的部分老管道的评价具有局限性。

API 579 标准由美国石油协会制定并颁布，中文名称为《服役适用性评价推荐做法》，该标准在 1997 年首次颁布，于 2007 年进行了修正，并颁布了修正后的版本。API 579 标准与 ASME B31G 标准的主要区别在于它在 ASME B31G 标准的基础上，兼顾了腐蚀缺陷形状、腐蚀的相互作用和附加载荷对管道安全运行压力的影响。对于腐蚀缺陷形状的区分，API 579 标准认为腐蚀共分为三类，对于每一种腐蚀缺陷形状，API 579 标准共提供三级评价方法，随着评价级别的增高，评价结果的准确性逐渐提高，但是在评价时需要提供的腐蚀缺陷参数及管道参数更多，而在有些情况下，这些数据不能被准确提供，所以对于三级评价，应用范围不是很广泛。总体来讲，API 579 标准比 ASME B31G 标准考虑的腐蚀缺陷参数及管道参数更加全面，但评价结果并不能在全部区间克服 ASME B31G 标准的保守性。在应用范围上，API 579 标准的一级和二级评价比 ASME B31G 标准的应用范围更加广泛，在不能使用 ASME B31G 标准进行评价的情况时，可以考虑采用 API 579 标准进行评价。

弹性极限准则由 Wang 于 1991 年提出，是一种以材料的弹性极限作为判定标准的分析方法。该准则认为，当管道的等效应力不大于管道的屈服强度时，管道处于安全运行状态；反之，管道失效。管道失效时的运行压力称为失效运行压力。该准则将等效应力限制在管道材质的弹性范围内，判定结果与实验结果相比较为保守，但比 ASME B31G 标准更加准确。

塑性失效准则由 Bin Fu 和 M. G. Kirkwood 提出，是一种以材料的抗拉强度作为判定标准的分析方法。当管道的等效应力不大于管道的抗拉强度时，管道处于安全运行状态；反之，管道失效。管道材质为铁磁性材料，具有较好的韧性，抗拉强度较大。该准则能够克服弹性极限准则的保守性，但当等效应力达到材料的屈服极限时，管道易发生泄漏等事故，判定结果与实验结果相比较为冒险。

有限元仿真方法主要分为线性有限元分析和非线性有限元分析两种，可用于分析单个腐蚀缺陷和相互影响的腐蚀缺陷等多种情况。该方法主要以弹性极限准则和塑性失效准则为理论依据，采用 ANSYS、COMSOL 等有限元仿真软件，建立腐蚀缺陷管道实体模型，对模型进行网格划分、加载和求解，通过通用后处理功能查看管道等效应力云图，得出腐蚀缺陷管道等效应力的大小，与弹性极限准则和塑性失效准则中的相应参数相比较，评价腐蚀缺陷管道。相比较而言，有限元仿真方法能够准确描述长输油气管道以及腐蚀缺陷的实际运行状况，评价结果相对比较准确。但是用有限元方法进行管道评价时，过程比较烦琐，计算量较大，故该方法不适用于大范围评价。

可靠性评价的主要理论依据为可靠性理论，它是通过建立与管道实际情况相符的可靠性模型，将腐蚀缺陷的尺寸和管道载荷等变量作为随机变量加入到模型之中，从而实现对管道的可靠性分析。这种方法主要由英国的 D. G. Dawson 和 S. J. Dawson 等提出，相对于其他评价方法，可靠性理论能够计算出腐蚀缺陷管道的失效压力和失效时间。

我国对于管道腐蚀缺陷的研究起源于20世纪80年代。自从中国腐蚀与防护学会组会以来，我国对管道腐蚀缺陷的研究开始了新的发展阶段，到目前为止出台了很多适用于国内长输油气管道的国家标准和行业标准，如：SY 6186—2007《石油天然气管道安全规程》、SY/T 6151—2009《钢质管道管体腐蚀损伤评价方法》、SY/T 10048—2003《腐蚀管道评估的推荐作法》、SY/T 0087—2006《钢质管道及储罐腐蚀评价标准 埋地钢质管道外腐蚀直接评价》、SY/T 0087. 2—2012《钢质管道及储罐腐蚀评价标准 埋地钢质管道内腐蚀直接评价》、Q/GDSJ0023—1990《管道干线腐蚀调查技术规范》、SY/T 6477—2014《含缺陷油气输送管道剩余强度评价方法》、1989年的Q/GDS J 0003—1989《管道防腐层大修技术规定》、CV-DA—1984《压力容器评定缺陷规范》、SAPV—1995《压力容器安全评定》、SY/T 0087. 3—2010《钢制管道及储罐腐蚀评价标准钢质储罐直接评价》等。国内学者对ASME B31G标准的部分参数进行修正，得出更加接近爆破压力的修正方法。其中，SY/T 6151—2009《钢质管道体腐蚀损伤评价方法》主要是参照ASME B31G标准修订，SY/T 6477—2014《含缺陷油气输送管道剩余强度评价方法》主要是参照API 579标准修订，2003年出版的SY/T 10048—2003《腐蚀管道评估的推荐作法》主要是参照DNV RF－101标准修订。目前我国自主研发和出台的标准还比较少，主要是参照国外的标准。

长输油气管道是网络式的运输工具，部分管道发生腐蚀、泄漏、爆炸事故会对全部管线的安全造成威胁，导致管道网络全线停输，对人民的生命财产安全和社会经济的发展造成巨大影响，对事故现场周围的环境造成严重破坏，导致事故管道的维修和事故善后工作投入巨大的资金。所以，能够准确地检测长输油气管道当前的腐蚀情况，预测腐蚀缺陷未来的发展趋势和速度，计算出在目前的腐蚀状况下可以输送的最大安全运行压力，预测出管道可以安全运行的使用年限，针对目前管道的腐蚀情况，确定不同管段的维修先后顺序，采用合适的维修方法，合理地制定长输油气管道的维修和维护计划，是保证管道按照预定要求运行，减少长输油气管道发生破裂等问题发生的首要任务。

11.2 管道完整性评价标准

长输油气管道用途广泛，种类众多，根据管道的输送介质不同可以分为输油管道、输气管道以及油气混输管道。在输油管道中，根据输送的油品不同可以分为原油管道和成品油管道；根据管道的输送能力的不同，又有ϕ1219mm、ϕ1016mm、ϕ610mm、ϕ273mm等多种管径；根据管道材质不同又可以分为X80、X70、X65、X60等多种管材的管道；根据设计压力不同又可分为10MPa、8MPa、6. 4MPa等压力管道。在进行管道设计和建设时，需要根据不同的输送介质、不同的运行环境、不同的输送能力要求，选择合适的管道类型。在管道的建设和焊接过程中会产生划痕、机械损伤、凹陷、热应力集中区域等管道缺陷，最终诱发腐蚀。管道在长期运行中，会因为地形变化、土壤腐蚀以及输送介质的腐蚀而产生内、外管壁腐蚀，不同的诱发条件所产生的腐蚀类型也会有所差别。因此，在进行腐蚀缺陷管道的完整性评价之前，需要明确各评价标准的基本理论和各自的适用范围。

11.2.1 ASME B31G 标准

1. ASME B31G 标准理论基础

ASME B31G—1984标准、ASME B31G—1991标准和ASME B31G—2009标准以半经验

公式和断裂力学 NG－18 表面缺陷计算公式为理论依据，计算方法为

$$S_F = S_{flow}\frac{1 - A/A_0}{1 - A/A_0/M} \tag{11-1}$$

式中，S_F为预测的环向失效应力；A_0为缺陷处管壁面积；A 为缺陷剖面投影面积；M 为膨胀系数；S_{flow}为材料的流变应力。

该标准认为，当 S_F大于或等于管道的安全系数 SF 与操作压力下的环向应力 S_0的乘积时，缺陷可以接受，其中：

$$S_0 = \frac{(MAOP \times D)}{2t} \tag{11-2}$$

式中，$MAOP$ 为最大许可压力；D 为管道外径；t 为管道壁厚。

为简化评价步骤，方便实现软件编程，得到可以直接与最大许可压力 $MAOP$ 进行比较的安全运行压力 p_{SW}：

$$p_{SW} = \frac{S_F \times 2t}{SF \times D} = \frac{1 - A/A_0}{1 - A/A_0/M} \times \frac{2tS_{flow}}{SF \times D} \tag{11-3}$$

令：

$$R_S = \frac{1 - A/A_0}{1 - A/A_0/M} \tag{11-4}$$

$$p_0 = \frac{2tS_{flow}}{D} \tag{11-5}$$

则：

$$p_{SW} = \frac{p_0 R_S}{SF} \tag{11-6}$$

式中，p_{SW}为安全运行压力，即剩余强度，当 p_{SW}大于或等于 $MAOP$ 时，认为缺陷可以在规定的压力下安全运行；R_S为剩余强度系数；p_0为预测的普通管道的破坏压力。在评价时将腐蚀缺陷的参数和管道参数代入式（11-6）中，即可得到该腐蚀缺陷的安全运行压力。

在实际的评价过程中发现，ASME B31G—1984 标准具有较大的保守性，评价得出的安全运行压力小于实际值，这样的评价结果虽然能够保证腐蚀缺陷管道的安全运行，但是按照该标准给出的安全压力运行，会造成长输油气管道的输送能力下降，影响管道输送效率，按照该标准给出的维修和更换结论，会造成管道重复维修和不必要的维修，最终造成资源和维修费用的极大浪费。针对这种现象，美国燃气协会根据 86 个不同形状的腐蚀缺陷管道的评价结果，根据实验数据结果对式（11-3）中的 3 个参数进行了修正，分别为材料的流变应力 S_{flow}、膨胀系数 M 和剩余强度系数 R_S。在此后对于该标准的修订，也主要围绕着三个参数展开。

2. ASME B31G—1984 标准

ASME B31G—1984 标准是目前为止出现时间最早、应用最为广泛的管道完整性评价标准之一。该标准将缺陷剖面投影近似地看作为抛物线，将缺陷处管壁 A_0 近似为矩形，所以缺陷剖面投影面积 A 可以表达为

$$A = \frac{2}{3}Ld \tag{11-7}$$

式中，L 为腐蚀缺陷的轴向长度（mm）；d 为腐蚀缺陷的深度（mm）。

缺陷处管壁面积 A_0 可以表达为

$$A_0 = Lt \tag{11-8}$$

式中，t 为管道的公称壁厚（mm）。

ASME B31G—1984 标准中，将材料的流变应力 S_{flow} 定义为 1.1 倍的最小屈服极限 $SMYS$，所以材料的流变应力 S_{flow} 可以表达为

$$S_{flow} = 1.1SMYS \tag{11-9}$$

式中，$SMYS$ 为管道材质的最小屈服极限（MPa）。

ASME B31G—1984 标准中定义膨胀系数 M 为

$$M = \left(1 + 0.8\frac{L^2}{Dt}\right)^{1/2} \tag{11-10}$$

ASME B31G—1984 标准中定义剩余强度系数 R_S 的取值为：

当 $\frac{L^2}{Dt} \leqslant 20$ 时

$$R_S = \frac{1 - \frac{2}{3}(d/t)}{1 - \frac{2}{3}(d/t) \Big/ \left(1 + 0.8\frac{L^2}{Dt}\right)^{1/2}} \tag{11-11}$$

当 $\frac{L^2}{Dt} > 20$ 时

$$R_S = \left(1 - \frac{d}{t}\right) \tag{11-12}$$

将 L、d、t、D、$SMYS$、SF 代入式（11-4）~式（11-10）、式（11-11）或式（11-12）中，可得到由 ASME B31G—1984 标准计算得到的管道安全运行压力。

3. ASME B31G—2009 标准

ASME B31G—2009 标准中对缺陷剖面投影面积 A 进行了修正，定义缺陷剖面投影面积 A 为矩形和抛物形面积的平均值，可以表达为

$$A = 0.85dL \tag{11-13}$$

ASME B31G—2009 标准中对于缺陷处管道壁面积 A_0 和材料流变应力 S_{flow} 的定义与 ASME B31G—1984 标准中相同。

ASME B31G—2009 标准定义剩余强度系数 R_S 的取值为

$$R_S = \frac{1 - 0.85(d/t)}{1 - 0.85(d/t)/M} \tag{11-14}$$

ASME B31G—2009 标准中定义膨胀系数 M 为：

当 $\frac{L^2}{Dt} \leqslant 50$ 时

$$M = \left[1 + 0.6275\frac{L^2}{Dt} - 0.003375\left(\frac{L^2}{Dt}\right)^2\right]^{1/2} \tag{11-15}$$

当 $\frac{L^2}{Dt} > 50$ 时

$$M = \left(0.032\frac{L^2}{Dt} + 3.3\right)^{1/2} \tag{11-16}$$

将 L、d、t、D、$SMYS$、SF 代入式（11-4）、式（11-5）、式（11-6）、式（11-8）、式（11-13）、式（11-14）、式（11-15）或式（11-16）中，可得到由 ASME B31G—1984 标准计算得到的管道剩余强度。

4. ASME B31G 标准的适用范围

ASME B31G 标准主要适用于评价管道材质等级较低、管道服役时间长的老管道。此类管道运行压力较低，且影响因素较多，在一定程度上能够克服 ASME B31G 标准的保守性，保证安全运行。ASME B31G 标准不适用于评价管道材质等级较高的管道，如 X70、X80 管道。

ASME B31G 标准主要适用于缺陷深度小于实际壁厚 80% 的孤立的、外形平滑的、低应力集中的腐蚀缺陷；对于非孤立的多个腐蚀缺陷，ASME B31G 标准将这些缺陷视为同一个腐蚀缺陷进行评价，取多个腐蚀缺陷中的最大深度作为腐蚀缺陷深度，取多个腐蚀缺陷的总长度作为腐蚀缺陷长度，并将其代入到评价标准中进行评价。所以，对于非孤立腐蚀缺陷，采用 ASME B31G 标准的评价结果比采用独立缺陷的评价结果更加保守。

ASME B31G 标准不适用于评价焊缝及由于管道焊接引起的热影响区域；不适用于评价长度较长的腐蚀缺陷和非均匀腐蚀；不适用于特殊类型和位置的缺陷，如裂纹、折皱、轧头、疤痕、夹层等处以及机械损伤引起的缺陷。ASME B31G 标准曾在我国的长输油气管道发展中得到广泛应用，如东黄老线的重启动。

11.2.2　RSTRENG 标准

ASME B31G 标准应用范围广泛，但是存在着难以避免的保守性。RSTRENG 标准是在 ASME B31G 标准原有理论依据的基础上，经过对大量的实验数据的分析和研究，对 ASME B31G 标准进行进一步修订而成的。它最大限度地克服了 ASME B31G 标准的保守性。如前所述，RSTRENG 标准有 RSTRENG 0.85dL 标准和 RSTRENG 有效面积法两种。

1. RSTRENG 0.85dL 标准

RSTRENG 0.85dL 标准中对于缺陷剖面投影面积 A、缺陷处管壁面积 A_0 的定义与 ASME B31G—2009 标准中的定义相同。

RSTRENG 0.85dL 标准中对材料的流变应力进行了修正，定义材料的流变应力为

$$S_{\text{flow}} = SMYS + 68.94 \tag{11-17}$$

定义剩余强度系数 R_S 为

$$R_S = \frac{1-0.85(d/t)}{1-0.85(d/t)/M} \tag{11-18}$$

定义膨胀系数 M 为：

当 $\frac{L^2}{Dt} \leqslant 50$ 时

$$M = \left(1+0.6275\frac{L^2}{Dt} - 0.003375\left(\frac{L^2}{Dt}\right)^2\right)^{1/2} \tag{11-19}$$

当 $\frac{L^2}{Dt} > 50$ 时

$$M = \left(0.032\frac{L^2}{Dt} + 3.3\right)^{1/2} \tag{11-20}$$

将 L、d、t、D、$SMYS$、SF 代入式（11-4）、式（11-5）、式（11-6）、式（11-8）、式（11-13）、式（11-17）、式（11-18）、式（11-19）或式（11-20）中，可得到由 RSTRENG 0.85dL 标准计算得到的管道安全运行压力。

2. RSTRENG 有效面积法

RSTRENG 有效面积法中对于缺陷处管壁面积 A_0、材料的流变应力 S_{flow} 的定义与 RSTRENG 0.85dL 标准中的定义相同。

RSTRENG 有效面积法中主要对缺陷剖面投影面积 A 的计算方法进行了修正。在 RSTRENG 有效面积法中，将缺陷剖面投影面积 A 近似为多个梯形面积的总和。在采用 RSTRENG 有效面积法对腐蚀缺陷进行评价时，需要对腐蚀缺陷的深度以及测试点与起始点的距离进行多次测量。RTESRNG 有效面积法在评价时所需要的数据主要有腐蚀缺陷长度、深度、沿腐蚀轴向方向的参数以及沿腐蚀环向方向的参数。RSTRENG 有效面积法中缺陷处管壁面积 A_0 的测量原理如图 11-1 所示。

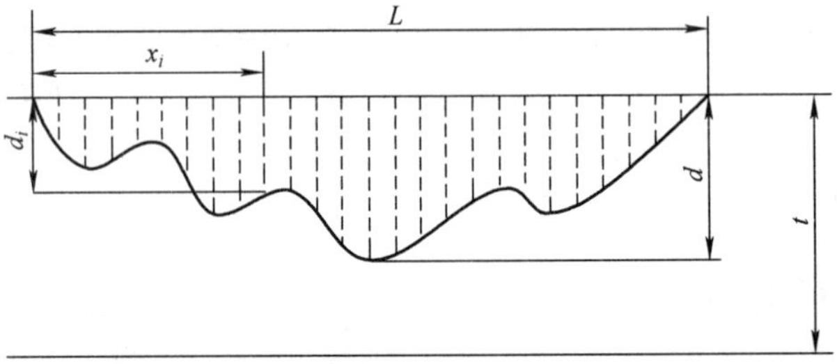

图 11-1　RSTRENG 有效面积法中缺陷处管壁面积的测量原理

对腐蚀缺陷长度和深度进行 i 次测量后，得到缺陷剖面投影面积 A 的表达式为

$$A=\sum_{i=1}^{n}\frac{1}{2}(d_{i-1}+d_i)(x_i-x_{i-1}) \tag{11-21}$$

式中，d_{i-1} 为第 $i-1$ 次测量得到的腐蚀缺陷深度；d_i 为第 i 次测量得到的腐蚀缺陷深度；x_i 为第 i 次测量时测试点与缺陷开始测量端的距离；x_{i-1} 为第 $i-1$ 次测量时测试点与缺陷开始测量端的距离。

将式（11-21）代入式（11-4）中，得到第 i 次测量的剩余强度系数 $R_{s,i}$ 为

$$R_{s,i}=\frac{1-A_i/A_{0,i}}{1-(A_i/A_{0,i})M_i^{-1}} \tag{11-22}$$

经过多次测量后，管道的剩余强度系数 R_S 为

$$R_S=\min\{R_{s,i}\}\ (i=1,2,3,\cdots,n) \tag{11-23}$$

式中，n 为测量的总次数。

使用 RSTRENG 有效面积法对腐蚀管道进行评价时，对于缺陷剖面投影面积 A 的计算不是使用 ASME B31G—1984 标准、ASME B31G—1991 标准中的近似值，而是经过多次测量并按照梯形面积进行计算的，计算结果相对比较准确，因此其评价结果能够在一定程度上克服 ASME B31G—1984 标准、ASME B31G—1991 标准的保守性。

3. RSTRENG 标准的适用范围

RSTRENG 标准主要适用于深度小于 80% 壁厚的腐蚀缺陷，其中 RSTRENG 0.85dL 标准

中假设腐蚀缺陷的剖面投影面积为 0.85dL，RSTRENG 有效面积法中没有对腐蚀缺陷的剖面投影面积进行假设而是采用精确方法进行测量计算的。

RSTRENG 有效面积法建立在真实的腐蚀缺陷面积、真实的腐蚀缺陷长度的基础上，可用于评估任意的腐蚀缺陷，该腐蚀缺陷可以是孤立的腐蚀缺陷也可以是相互影响的腐蚀缺陷。在测量腐蚀缺陷的形状时，必须沿着管道轴向（长度）方向进行多次的间距相等或不等的深度测量，以掌握腐蚀缺陷底部的形态面貌；在测量时需借助专业的分析工具对测量数据进行分析并获取真实面积，故其实际应用性较差。RSTRENG 有效面积法操作烦琐，适用于其他方法不能评价的特殊形状和相互作用的腐蚀缺陷，但当两个腐蚀缺陷的轴向间距大于 2.54mm 时，认为两缺陷间无相互作用，当两个腐蚀缺陷的环向间距超过 $6t$ 时，认为缺陷为独立腐蚀。

11.2.3　DNV RP－F101 标准

DNV RP－F101 标准主要包括分项安全系数法和许用应力法，对于不同类型的腐蚀缺陷采用相对应的评价方法。但是，采用分项安全系数法对腐蚀缺陷管道进行评价时，需要更为详细的管道参数、腐蚀缺陷参数以及检测参数，对于管道信息缺失的部分老管道的评价具有局限性。

1. 分项安全系数法

分项安全系数法以 DNV OS－F101 标准和海底管道系统标准为安全准则，给出了用于确定腐蚀管道剩余强度的概率校准方程，即分项安全系数、分项安全因数和分位数值；能够用于评价独立的腐蚀、相互影响的腐蚀以及形状复杂的腐蚀缺陷，能够用于评价只有内压载荷作用的纵向腐蚀缺陷管道、内压与纵向压应力叠加作用的纵向腐蚀缺陷以及内压与纵向压应力叠加作用的环向腐蚀缺陷，适用范围比较广泛。由于 ASME B31G—1984 标准、ASME B31G—2009 标准、RSTRENG 0.85dL 标准比较适宜评价单个的孤立腐蚀缺陷，为了方便将 DNV RP－F101 标准的评价结果与采用上述标准评价结果进行比较，对 DNV RP－F101 标准分项安全系数法对于单个腐蚀缺陷的评价方法加以介绍，并且对于单个腐蚀缺陷的定义，DNV RP－F101 标准中给出了明确的条件。

① 相邻缺陷的环向角 Φ

$$\Phi > 360\sqrt{\frac{t}{D}} \tag{11-24}$$

② 相邻缺陷的纵向间距 s

$$s > 2.0\sqrt{Dt} \tag{11-25}$$

当相邻两个腐蚀缺陷参数满足式（11-23）和式（11-24）中任意一个条件时，可以将此腐蚀缺陷作为一个独立的腐蚀缺陷进行评价。对于只有内压作用的纵向独立的腐蚀缺陷，分项安全系数法认为：

当 $\gamma_d\,(d/t)^* < 1$ 时

$$p_{SW} = \gamma_m \times \frac{2t \times SMTS}{(D-t)} \times \frac{1-\gamma_d\,(d/t)^*}{1-\dfrac{\gamma_d\,(d/t)^*}{Q}} \tag{11-26}$$

当 $\gamma_d\,(d/t)^* \geqslant 1$ 时

$$p_{SW}=0 \tag{11-27}$$

式中，p_{SW}为独立纵向腐蚀缺陷的长输油气管道的最大安全运行压力，当最大安全运行压力大于或等于最大许可压力时，认为缺陷可以在规定的压力下安全运行，当最大安全运行压力小于最大许可压力时，则认为缺陷不可以在规定的压力下安全运行；γ_m为预测模型的分项安全系数，其取值与管道的安全等级有关；$SMTS$ 为管道材质的最小拉伸强度；γ_d为腐蚀深度的分项安全系数，取值由检测器的精度和管道安全等级决定；Q 为长度校正系数。在设计管道时，通常根据管道所在地域、输送介质的类型和管道失效时造成后果的严重程度，将其定义为低、正常、高安全等级。一般而言，油气管道如位于人类活动不频繁区域，通常被划分为正常的安全等级，立管和靠近平台的管道和人员活动频繁区使用的管道属于高安全等级，水管道属低安全等级。极限状态的安全等级与目标年度的失效率的关系见表 11-1。

表 11-1 极限状态的安全等级与目标年度的失效率的关系

安全等级	目标年度的失效率
高	$<10^{-5}$
正常	$<10^{-4}$
低	$<10^{-3}$

由表 11-1 可见，对于管道安全等级高的地区，目标年度的管道的失效率较低，因为管道安全等级高的地区，往往是人类活动较为频繁的地区，一旦发生管道失效，将造成更严重的后果。

式（11-26）中 Q 的表达式为

$$Q=\sqrt{1+0.31\left(\frac{L}{\sqrt{Dt}}\right)^2} \tag{11-28}$$

式中，t 为管道的公称壁厚；D 为管道的公称外径；L 为腐蚀缺陷的轴向长度；d 为腐蚀缺陷的最大深度。

式（11-26）中$(d/t)^*$的取值为

$$(d/t)^*=(d/t)_{\text{means}}+\varepsilon_d \text{StD}(d/t) \tag{11-29}$$

式中，$\text{StD}(d/t)$ 为随机变量 d/t 的标准偏差，与检测器的检测精度和置信度相关；$(d/t)_{\text{means}}$为检测得到的腐蚀区相对深度；ε_d为腐蚀深度的分位数值，与检测器的检测精度有关。

各参数的数值可根据腐蚀缺陷深度的测量方法、管道参数和腐蚀参数的实际情况在 DNV 标准中查表和（或）计算获得。按照腐蚀缺陷深度的测量方法不同，各参数的取值有所不同，腐蚀缺陷深度的测量方法主要分为相对深度测量方法和绝对深度测量方法。

（1）相对深度测量方法　分项安全系数 γ_m 的取值主要与管道的安全等级有关，当腐蚀缺陷的参数采用相对深度测量方法时，分项安全系数 γ_m 的取值见表 11-2。

表 11-2 分项安全系数 γ_m 的取值

规定的补充要求“U”	安全等级		
	低	正常	高
否	0.79	0.74	0.7
是	0.82	0.77	0.73

由表 11-2 可见，当地区的安全等级逐渐升高时，采用相对深度测量时的分项安全系数 γ_m 的取值逐渐降低，以保证高安全等级地区的管道能够安全运行。随机变量 d/t 的标准偏差 $StD(d/t)$ 的取值见表 11-3。

表 11-3　随机变量标准偏差的取值

相对检测精度	置信度	
	80%	90%
精确	0	0
±5%t	0.04	0.03
±10%t	0.08	0.06
±20%t	0.16	0.12

由表 11-3 可见，当相对检测精度较高时，$StD(d/t)$ 的取值较小；当相对检测精度较低时，$StD(d/t)$ 的取值较大，为尚未检测出的腐蚀缺陷留有安全余量。腐蚀深度的分位数值 ε_d、腐蚀深度的分项安全系数 γ_d 的取值见表 11-4。

表 11-4　分位数值 ε_d 和分项安全系数 γ_d 的取值

$StD(d/t)$	ε_d	安全系数 γ_d		
		低	正常	高
0	0	1	1	1
0.04	0	1.16	1.16	1.16
0.08	1	1.2	1.28	1.32
0.16	2	1.2	1.38	1.58

表 11-4 中的腐蚀深度的分位数值 ε_d、腐蚀深度的分项安全系数 γ_d 为给定的标准数值，在评价精度要求比较高时，可以根据相应的计算方法自行计算，保留合适的计算精度。分项安全系数 γ_d、腐蚀深度的分位数值 ε_d 的计算方法见表 11-5 和表 11-6。

表 11-5　分项安全系数 γ_d 的计算方法

安全等级	γ_d	范围
高	$\gamma_d=1.0+4.0StD(d/t)$	$StD(d/t)<0.04$
	$\gamma_d=1+5.5StD(d/t)-37.5StD(d/t)^2$	$0.04\leqslant StD(d/t)<0.08$
	$\gamma_d=1.2$	$0.08\leqslant StD(d/t)\leqslant 0.16$
正常	$\gamma_d=1+4.6StD(d/t)-13.9StD(d/t)^2$	$StD(d/t)\leqslant 0.16$
低	$\gamma_d=1+4.3StD(d/t)-4.1StD(d/t)^2$	$StD(d/t)\leqslant 0.16$

表 11-6　分位数值 ε_d 的计算方法

ε_d	范围
0	$StD(d/t)\leqslant 0.04$
$-1.33+37.5StD(d/t)-104.2StD(d/t)^2$	$0.04<StD(d/t)\leqslant 0.16$

由表 11-5 可见，对于不同的安全等级，分项安全系数 γ_d 采用不同的计算方式，对于每一种安全等级，将 $StD(d/t)$ 划分为不同的取值范围，在不同的取值范围内采用不同的多项

式。由表 11-6 可见，分位数值 ε_d 的取值只与 StD(d/t) 有关，对于不同的取值范围采用不同的多项式计算。

（2）绝对深度测量方法　当腐蚀缺陷的参数采用绝对测量方法测量时，分项安全系数 γ_d 和分位数值 ε_d 与相对深度测量的值相同，分项安全系数 γ_m 的取值见表 11-7。

表 11-7　分项安全系数 γ_m 的取值

规定的补充要求“U”	安全等级		
	低	正常	高
否	0.82	0.77	0.72
是	0.85	0.70	0.75

与相对深度测量方法的规律相同，在采用绝对深度测量方法对深度进行测量时，分项安全系数 γ_m 随着地区安全等级的升高，取值逐渐降低，为安全等级高的地区留有安全余量，保证该地区管道安全运行。分项安全系数 γ_d、分位数值 ε_d 和标准偏差 StD(d/t) 的关系如图 11-2、图 11-3 所示。

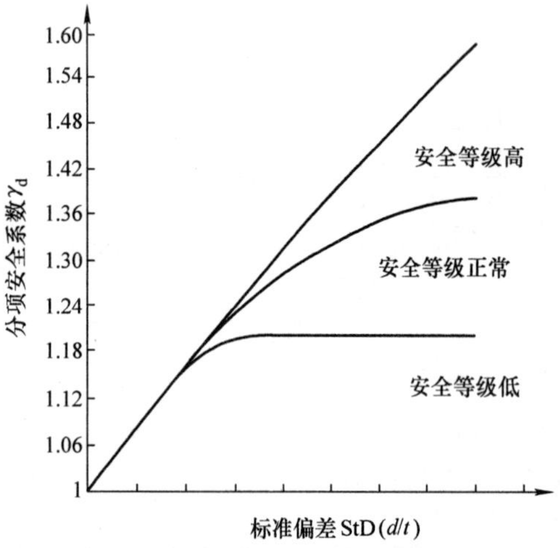

图 11-2　分项安全系数 γ_d 和标准偏差 StD(d/t)

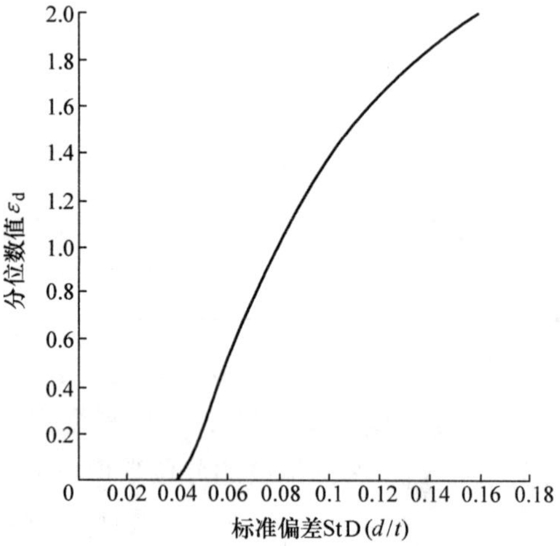

图 11-3　分位数值 ε_d 和标准偏差 StD(d/t)

由图 11-2 可见，采用绝对深度测量时，分项安全系数 γ_d 不再使用固定的运算公式进行计算，而是与标准偏差 StD(d/t) 成非线性关系，地区安全等级越高，分项安全系数 γ_d 取值越大。由图 11-3 可见，分位数值 ε_d 随标准偏差 StD(d/t) 的增大而逐渐增大。在绝对深度测量方法中，标准偏差 StD(d/t) 的计算有两种方式：一种为测量剩余带厚度和管壁厚度，一种为测量腐蚀深度和管壁厚度。

将 L、d、t、D、$SMTS$、γ_d、γ_m、ε_d 代入式（11-26）或式（11-27）、式（11-28）、式（11-29）中，可得到由分项安全系数法计算得到的管道剩余强度。

2. 许用应力法

许用应力法以许用应力设计（allowable stress design，ASD）标准为理论基础。该方法首先评价出腐蚀缺陷管道的失效压力 p_f，以失效压力 p_f 为基准乘以使用因数 F 得出安全运行压力，在评估腐蚀缺陷时，对缺陷尺寸和管道集合形状测量的不确定性应给予合理的考虑。只受内压载荷作用的单个缺陷的腐蚀管道的许用工作压力，可根据以下方程确定：

$$p_{SW} = p_f F \tag{11-30}$$

式中，p_{SW}为安全运行压力；F 为使用因数，可以表达为

$$F = F_1 F_2 \tag{11-31}$$

式（11-29）中 p_f可以表达为

$$p_f = \frac{2tUTS\left(1 - \frac{d}{t}\right)}{(D-t)\left(1 - \frac{d}{tQ}\right)} \tag{11-32}$$

式中，UTS 为极限拉伸强度，此参数不易获得，在实际评价中，可使用 $SMTS$ 代替，材料的弹塑性参数是影响管道强度的主要参数；Q 为长度校正系数，表达式为

$$Q = \sqrt{1 + 0.31\left(\frac{l}{Dt}\right)^2} \tag{11-33}$$

将 L、d、t、D、UTS、F_1、F_2 代入式（11-30）、式（11-31）、式（11-32）、式（11-33）中，可得到由许用应力法计算得到的管道剩余强度。

3. DNV RP－F101 标准适用范围

DNV RP－F101 标准是根据含机械缺陷的管道的爆破数据库和管材特性数据库，并通过非线性有限元仿真得到更为庞大的数据库，预测腐蚀缺陷管道安全运行压力的标准。

DNV RP－F101 标准能够用于评价多种腐蚀缺陷类型，包括独立的腐蚀缺陷、相互影响的腐蚀缺陷以及形状复杂的腐蚀缺陷，能够用于评价只有内压载荷作用的纵向腐蚀缺陷管道、内压与纵向压应力叠加作用的纵向腐蚀缺陷、环向腐蚀缺陷，还可以用于母材内外表面腐蚀缺陷的评价、焊缝和环焊缝腐蚀缺陷的评价，以及由于打磨修理引起的金属损失。该标准对中高强度钢材评价结果相对比较准确，但是对使用年限较长的老管道的评价结果相对比较冒险。在选择 DNV RP－F101 标准对其评价时，如果评价结果为不能被接受，应该选取更加精确的评价标准再次进行评价。

11.2.4　评价管道完整性的主要参数

对腐蚀缺陷管道当前情况下的完整性进行评价时，主要通过 2 个参数判定管道目前是否处于安全状态，它们分别为安全运行压力和预估维修比（estimated repair factor，ERF）。其中安全运行压力可以根据各评价标准计算得出。为了清晰直观地显示腐蚀缺陷管道的完整性情况，一般采用压力图来表示其安全程度。在压力图中，当腐蚀缺陷管道的安全运行压力位于最大许可压力线的上方时，认为腐蚀缺陷管道可以在规定的运行压力下安全运行；当腐蚀缺陷管道的安全运行压力位于最大许可压力线的下方时，认为腐蚀缺陷管道不可以在规定的运行压力下安全运行。

预估维修比是管道最大许可压力 $MAOP$ 与计算得到的缺陷处管道的最大安全压力 p_{SW}的比值，即

$$ERF = MAOP/p_{SW} \tag{11-34}$$

当 $ERF<1$ 时，认为腐蚀缺陷管道可以在规定的压力下安全运行；当 $ERF>1$ 时，认为腐蚀缺陷管道不可以在规定的压力下安全运行。预估维修比图可以清晰地显示腐蚀缺陷管道

的安全情况，当腐蚀缺陷位于预估维修比为 1 的曲线下方时，认为腐蚀缺陷管道可以在规定的压力下安全运行，当腐蚀缺陷位于预估维修比为 1 的曲线上方时，认为腐蚀缺陷管道不可以在规定的压力下安全运行。

11.2.5 腐蚀缺陷的修复时限

在对腐蚀缺陷管道进行完整性评价时，除了需要给出各腐蚀缺陷的安全情况以外，还要对需要维修的腐蚀缺陷给出维修时限。根据目前国际上广泛使用的腐蚀缺陷评价规则以及缺陷深度对管道运行安全的影响，按照如下规则对腐蚀缺陷进行等级划分，给出修复建议：

1）缺陷尺寸超过 1.39*MAOP* 允许的尺寸，立即修复。

2）缺陷最大深度达到或超过壁厚的 70% 时，立即修复。

3）以平均腐蚀增长率增长时，腐蚀缺陷的尺寸超过 1.39*MAOP* 允许的尺寸，计划修复。

4）以最大腐蚀增长率增长时，腐蚀缺陷的尺寸超过 *MAOP* 允许的尺寸，计划修复。

5）最大深度达到或超过壁厚的 60%，1 年内修复。

6）最大深度达到或超过壁厚的 50%，2 年内修复。

7）最大深度达到或超过壁厚的 40%，3 年内修复。

8）最大深度达到或超过壁厚的 30%，4 年内修复。

9）最大深度达到或超过壁厚的 20%，5 年内修复。

根据 9 种修复时限准则，可以对应待评价腐蚀缺陷的具体情况提出维修意见。

11.2.6 管道维护维修方法

根据腐蚀缺陷当前及将来的完整性评价结果，确定立即维修及计划维修的腐蚀缺陷个数和位置，并制定维修计划。对于海底管道和陆地管道、位于管道内壁和外壁的腐蚀缺陷，所采用的维护维修方法不同。对于外壁的腐蚀缺陷，目前应用较为广泛的维修方法主要有补焊、补板、A 型套管、环氧树脂套管、B 型套管、复合材料套管、机械螺栓紧固夹具、开孔封堵（管道替换）等；对于内壁的腐蚀缺陷，维修方法主要有 A 型套管、环氧树脂套管、B 型套管、复合材料套管、机械螺栓紧固夹具、开孔封堵（管道替换）等。每种维护维修方法都有其各自的优点和适用范围，根据各自方法的适用范围，合理选取维护维修方法是保证管道安全运行的有力手段之一。

1. 补焊

补焊可以修复因管道腐蚀缺陷引起的金属损失，一般为面积比较小的腐蚀缺陷。在进行补焊时，应使用低氢焊条，并在焊接前去除腐蚀缺陷周围的防腐层、污染物以及不规则边缘；完成补焊之后，采用适当的无损检测方法对补焊情况进行检测。采用补焊方法对腐蚀缺陷进行修复时，易产生明火而发生危险，所以补焊方法对于操作人员的技术水平要求较高，且补焊方法不适用于存在于内壁和焊缝上的腐蚀缺陷、划痕等金属损失的修复。

2. 补板

补板可以修复位于外壁的腐蚀缺陷，不适用于内壁和焊缝上腐蚀缺陷、划痕等金属损失的修复。从腐蚀缺陷的面积方面比较，补板能修复的腐蚀缺陷面积大于补焊。补板材质的等级应该大于或等于管材等级，补板的厚度尽量与管道公称壁厚相似，在焊接前应打磨为圆角，在焊接时与管体用角焊方式进行焊接。在焊接补板前，应使用超声波检测仪对焊接处的管体进行检测，确保该处管体不存在夹层；在补板焊接过程中，应尽量减小应力集中。补板在焊接时不适用于跨越环焊缝，补板之间的距离、补板和环焊缝的距离要大于 50mm。

3. A 型套管

A 型套管也叫加强套管，由两个半圆柱形的表面或者两个围绕着管道腐蚀缺陷的弧形平面组成，由一个完整的穿透性凹槽焊接或通过一个单角缝焊接，但末端不焊接到管道上，管道和 A 型套管之间完全密封，且不存在压力。为了更好地起到维修作用，必须对 A 型套管所在的腐蚀缺陷处加固，尽最大努力防止腐蚀缺陷处呈放射状膨胀。当使用 A 型套管对腐蚀缺陷进行修复时，要降低输送压力。

A 型套管的优点是不用焊接到输送管道上，适用于相对较短的非泄漏缺陷，即 $L \leq \sqrt{20Dt}$，A 型管套所起的作用只限于防止缺陷面积扩展，而且缺陷较短时，管套无须承受太大的周向应力，所以套管的厚度只需要管道壁厚的 2/3；当 $L > \sqrt{20Dt}$时，A 型管套的厚度至少应该达到管道的壁厚。A 型管套不需要与管道完全配合就能有效地运行，安装方便并且不需要严格的无损伤检测确保其有效性。缺点是不适合环形缺陷并且不能维修任何泄漏缺陷或最终泄漏缺陷。

4. 环氧树脂套管

环氧树脂套管是一种典型的 A 型套管。环氧钢壳复合套管即环氧套管是为了保证腐蚀缺陷管道安全运行而研制的，使用时，环氧钢壳不需要焊接在管道上而是套在油气管道的腐蚀缺陷处，在钢壳和管道之间的环隙内灌注环氧树脂，两端用胶密封，与管道构成复合套管。相对于传统的维护维修方法，环氧树脂套管的优点较多：环氧树脂套管在操作过程中不焊接，无明火，无须像传统工艺一样，在焊接前对管道壁在焊接时的温度场进行复杂的仿真和计算；使用环氧树脂套管，可以在管道不停输的状态下进行无热操作，相对于其他需要焊接才能完成的维修和维护方法比较安全；因为环氧树脂套管的可调整空间大，能够适用于弯管等不规则形状管段的维修和维护，且环氧树脂有较好的耐蚀性，能够有效地抑制腐蚀的进一步发展。

5. B 型套管

B 型套管的末端采用角焊方式固定在输送管道上，由两个半圆柱形的表面或围绕在长输油气管道缺陷处的两个弧形平面组成，采用和 A 型套管相同的安装方式，设计时要求承压能力不低于输送管道，直径应稍大于输送管道，套管的长度应该超过缺陷两端至少 50.8mm，一个管套角焊缝末端和另一个管套角焊缝末端的距离不能小于管道直径的一半，在焊缝处必须通过熔深焊接。它的优点是可以承受由于横向载荷存在而作用在管道上的纵向压力，并强化环向缺陷，既可以修复泄漏型缺陷，也可以修复非泄漏型缺陷。缺点是对装配质量要求非常高，比 A 型套管更容易发生装配问题，如果配合不良，会削弱管套的承压能力。套管的末端角焊缝也易引发问题，所以在选择选择 B 型套管作为维修维护方法时，一定要制定合适的焊接规范。

6. 复合材料套管

复合材料套管既可以用作临时修复件，也可以用作永久修复件，并在修复期内，保持加强部分的强度和刚性。安装复合材料套管之前，必须将缺陷区域清理干净并保持干燥。修复工作应该由训练有素并且有资格的工作人员按照供应商的建议完成。修复完之后，整个管道可以再次恢复正常工作压力。复合材料套管的修复方式有预成型法、湿缠绕法两种。

预成型法使用的复合修复套管是根据管道直径在工厂中制造的成品，在制造过程中，严格控制玻璃纤维和树脂的比例以及所有可变因素。现场安装时只需要把成品带到现场用粘结剂粘在管道上即可。为了确保压力能够传递到复合修复层，在复合修复层与管壁之间填充具有极高抗压强度的填料。

湿缠绕法复合套管修复技术的修复层为柔性玻璃纤维布，在施工现场注入环氧树脂成分，玻璃纤维成分使修复层有足够的强度，而树脂成分能够保证修复层不会偏离预定位置，还能够确保玻璃纤维成分不受内外因素影响。湿缠绕法通过柔性玻璃纤维布达到预定层数和强度，保证修复工作的有效性。复合材料修复层性能受安装过程影响较大，因其采用柔性安装，且宽度可调，可用于管道弯头、三通等不规则部位修复，以及低压管道修复。

复合材料套管的强度和刚度会随着使用时间增长而衰减，衰减的速度和外力、温度及环境因素有关。复合材料套管作为一种经济的结构，成本低，安装便捷，技术要求低，更容易控制，在短期爆破实验中一般表现得都比较好，它们的存在迫使失效发生在远离修复部位的位置。

7. 机械螺栓紧固夹具

机械螺栓紧固夹具主要分为螺栓夹具和泄漏夹具。螺栓夹具在修护缺陷方面应用广泛，因为需要大量的大螺栓确保其具有充分的夹紧力。典型的螺栓夹具很厚重。如果缺陷是泄漏性的，在使用夹具时都需要配备橡胶密封圈以防止泄漏、保持压力。螺栓夹具一般有两种基本的安装方法：仅使用橡胶密封圈进行弹性密封和使用弹性密封圈密封并焊接密封。弹性密封的设计应能够承受缺陷泄漏产生的压力，焊接选择设计成备用设施，如果弹性密封失败时，焊接夹具的设计能够封住泄漏部位继续承受压力。

泄漏夹具主要用于正在泄漏的外部腐蚀孔的临时修补。与螺栓夹具相比，泄漏夹具带有单独的接合螺栓，用于将泄漏夹具紧固在管道上，重量较轻。只有在泄漏周围不可能发生腐蚀断裂、压力水平保持很低时才可采用。该夹具不允许用于修补电阻焊缝或闪焊周向焊缝处发生的腐蚀。

8. 开孔封堵（管道替换）

开孔封堵是指不停产快速带压开孔封堵，简称开孔封堵。即通过一系列专业技术，切除带缺陷的管段，更换新管道，从而消除在役管道的缺陷。更换的新管道的设计强度应不低于被替换管道的设计强度。在开孔封堵过程中需要动用明火，所以在执行该项技术时，应雇佣正规开孔封堵公司，保证安全。

11.3 管道完整性评价软件

明确了 ASME B31G—1984 标准、ASME B31G—2009 标准、RSTRENG 0.85dL 标准、RSTRENG 有效面积法及 DNV RP－F101 标准中分项安全系数法和许用应力法的计算方法和流程，以及利用各评价方法在对单个独立腐蚀缺陷进行评价时所需要的腐蚀缺陷参数和管道参数，就可以计算出存在腐蚀缺陷的管道所能承受的最大安全运行压力。但是，各评价标准的计算过程比较烦琐，而且使用漏磁内检测器对长输油气管道进行漏磁内检测后，会得到大量的腐蚀缺陷信息，利用传统的方式逐一进行评价将会浪费很大的人力和物力，影响管道评价的效率，甚至直接关系到管道是否能够获得及时维修，及时有效地避免油气管道泄漏和爆炸事故的发生。因此，应用管道完整性评价软件，提高管道完整性评价效率。

11.3.1　管道完整性评价软件简介

管道完整性评价软件采用 LabVIEW 编程软件编写，能够实现对单个腐蚀缺陷点的评价以及对漏磁内检测数据分析软件导出的腐蚀缺陷表内多个腐蚀缺陷点进行评价，并将评价结果直接输送至漏磁缺陷表中。该软件可以实现目前广泛应用的多种评价方法的完整性评价，实现了管道完整性评价的工程化。

LabVIEW 软件的英文全称为 laboratory virtual instrument engineering workbench，是一个可以应用于数据采集和仪器控制的标准软件。LabVIEW 编程语言是一种图形化的编程语言，它利用新型的编程元素代替传统编程语言，可以适用于没有太高编程基础的工程语言，将编写软件这项工作从传统的只有程序员可以完成转变为对编程语言不是很精通，但是对软件功能和算法更为了解的工程人员可以完成。因此，LabVIEW 是一个面向最终用户的编程工具。

利用 LabVIEW 编程软件具有界面简洁、编程方便、编写后的程序可以生成可执行文件在其他计算机中安装和应用的优势，按照 ASME B31G—1984 标准、ASME B31G—2009 标准、RSTRENG 0.85dL 标准及 DNV RP－F101 标准中分项安全系数法和许用应力法的算法，编写管道完整性评价软件，该软件可以安装至任何计算机中运行，方便、灵活、高效。管道完整性评价软件界面如图 11-4 所示。

由图 11-4 可见，管道完整性评价软件主要包括逐点分析评价和漏磁缺陷表导入评价两部分功能。在打开评价界面时，首先应该在评价类型中选择逐点分析评价或漏磁缺陷表导入评价。选择完评价类型后，需要选择评价方法，在软件中共包含 ASME B31G—1984 标准、ASME B31G—2009 标准、RSTRENG 0.85dL 标准、DNV RP－F101 标准中分项安全系数法和许用应力法 5 种评价方法。单击程序运行按钮，软件界面会自动切换至不同评价类型或标准的输入界面，在未输入参数类型时，逐点分析评价的结果输出区域的安全运行压力、预估维修比（ERF）、深度比显示为“NaN”，维修意见中按无腐蚀缺陷处理，输出结果为“轻微缺陷，五年内无需维修”；漏磁缺陷表导入评价的结果栏内无输出参数，漏磁缺陷表内无变化。

对于逐点分析评价，当选择不同的评价方法时，软件会自动切换为不同评价标准的界面，在界面中有的对应于该评价标准需要输入的腐蚀缺陷参数和管道参数，其他评价标准的输入参数将会被自动隐藏，避免用户多次重复输入参数或者遗漏部分参数而导致评价不准确。用户根据管道和缺陷的实际情况，输入相应的参数后，单击程序运行按钮，软件自动计算所选标准的评价结果，并将评价结果输出至相应的显示控件进行显示。

对于漏磁缺陷表导入评价，由于计算机中可能存在多个同样文件名的 Excel 文件，所以在选定评价方法之后，需要打开待评价的腐蚀缺陷所在的漏磁缺陷表，在软件界面的相应位置输入待评价的腐蚀缺陷的个数，软件自动从打开的漏磁缺陷表中读取相应数量的腐蚀缺陷参数和管道参数，对这些腐蚀缺陷进行评价后，将评价结果输出至漏磁缺陷表的相应位置。

无论是选择逐点分析评价还是选择漏磁缺陷表导入评价，在评价完成时，软件都会自动绘制压力图和 ERF 曲线图，清晰直观地显示管道目前的安全状况。

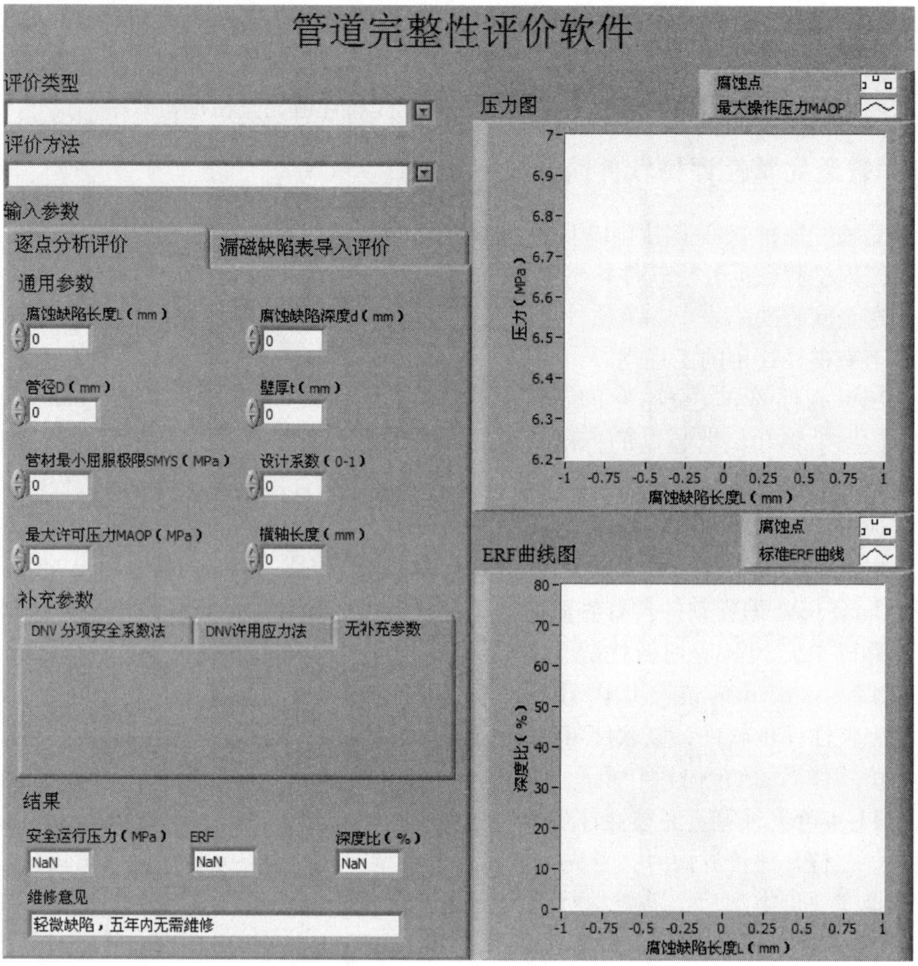

图 11-4 管道完整性评价软件界面

11.3.2 逐点分析评价

逐点分析评价主要应用于对少量腐蚀缺陷点的完整性评价，用户在软件界面上手动输入腐蚀缺陷参数和管道参数，软件经过计算后，会在界面上输出腐蚀深度比、安全运行压力、预估维修比和维修意见 4 项参数，并绘制预压力图和估维修比图，评价结果清晰易懂。

1. 逐点分析评价软件界面

利用不同的完整性评价标准在对腐蚀缺陷管道进行评价时需要的腐蚀缺陷参数及管道参数有所不同，所以在设计完整性评价软件时，需要根据不同的评价方法，设置相应的软件界面。

（1）ASME B31G—1984 标准软件界面　ASME B31G—1984 标准的管道完整性评价软件界面如图 11-5 所示。

由图 11-5 可见，ASME B31G—1984 标准的输入参数主要有：腐蚀缺陷长度 L，单位为 mm；腐蚀缺陷深度 d，单位为 mm；管径 D，单位为 mm；壁厚 t，单位为 mm；管材最小屈服极限 *SMYS*，单位为 MPa；最大许可压力 *MAOP*，单位为 MPa。输出参数主要有：*ERF*

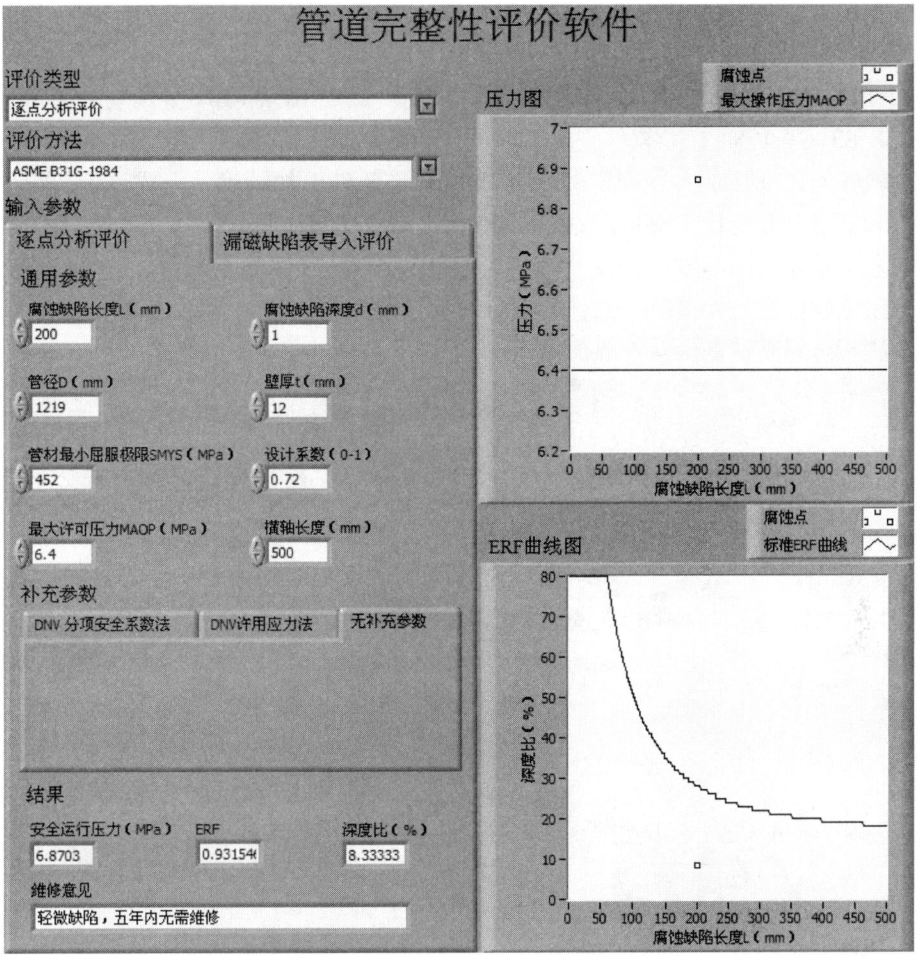

图 11-5　ASME B31G—1984 标准的管道完整性软件界面

（即预估维修比）、安全运行压力、深度比以及维修意见。这些参数是 4 种评价方法的通用参数。关于补充参数，ASME B31G—1984 标准软件没有需要补充的参数，在选择 ASME B31G—1984 标准作为腐蚀缺陷的评价标准时，系统自动将补充参数栏切换至无补充参数选项，避免用户输入不必要的参数，简化评价步骤。

在软件界面的右侧，软件根据评价结果绘制压力图和 *ERF* 曲线图（即预估维修比图）。

从压力图和预估维修比图可以清晰地看出腐蚀缺陷的评价结果。图中腐蚀缺陷的安全运行压力为 6.4599MPa，大于最大安全运行压力 6.4MPa，认为缺陷可以接受。从压力图可以看出，腐蚀缺陷位于最大许可压力线的上方，缺陷可以接受。从预估维修比图可以看出，腐蚀缺陷位于预估维修比为 1 的曲线下方，缺陷可以接受。由此可见，压力图和预估维修比图的评价结果与直接用安全运行压力比较的结果一致，但比直接用安全运行压力比较的结果更加直观。

（2）ASME B31G—2009 标准软件界面　ASME B31G—2009 标准软件的输入参数和输出参数与 ASME B31G—1984 标准软件相同，但是算法不同，评价结果也有所不同，软件界面的分布相同。

（3）RSTRENG 0.85dL 标准软件界面　RSTRENG 0.85dL 标准软件的输入参数和输出参

数与 ASME B31G—1984 标准软件相同，但是算法不同，评价结果也有所不同，软件界面的分布相同。

（4）DNV RP - F101 分项安全系数法软件界面　DNV RP - F101 分项安全系数法软件采用与 ASME B31G—1984 标准软件完全不同的评价算法。一般来说，DNV RP - F101 分项安全系数法软件的评价结果比 ASME B31G—1984 标准软件更加精确，完成评价所需要的腐蚀缺陷参数和管道参数也比 ASME B31G—1984 标准软件更多。可以将 ASME B31G—1984 标准软件的输入参数作为基本输入参数 DNV RP - F101 分项安全系数法软件，再额外补充输入参数。在选用该软件进行评价时，软件界面自动切换至相应的补充参数。DNV RP - F101 分项安全系数法管道完整性评价软件界面如图 11-6 所示。

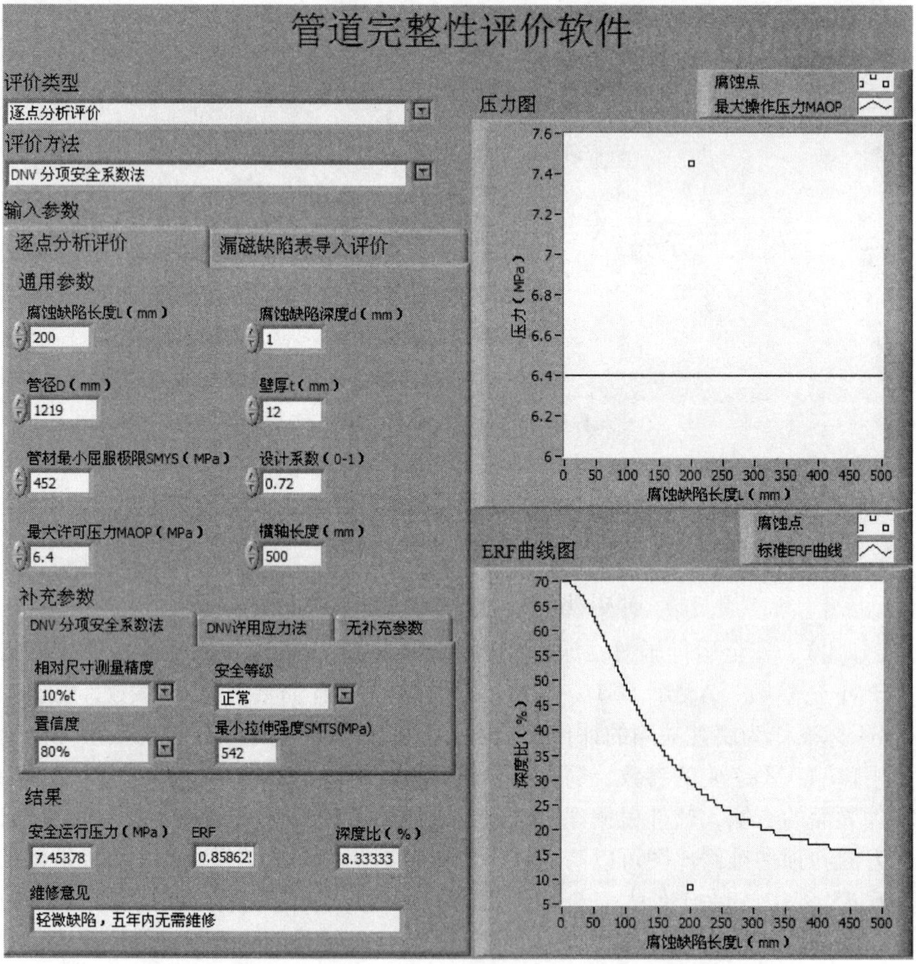

图 11-6　DNV RP - F101 分项安全系数法管道完整性评价软件界面

由图 11-6 可见，DNV RP - F101 分项安全系数法软件的输入参数有：腐蚀缺陷长度 L，单位为 mm；腐蚀缺陷深度 d，单位为 mm；管径 D，单位为 mm；壁厚 t，单位为 mm；最大许可压力 *MAOP*，单位为 MPa 等通用参数。除此之外，还要输入：管材最小屈服极限 *SMYS*，单位为 MPa；相对尺寸测量精度；置信度；地区安全等级；检测器的检测精度等补充参数。输出参数主要有：安全运行压力、*ERF*（即预估维修比）、腐蚀缺陷深度比以及维修意见。在选择 DNV RP - F101 分项安全系数法作为腐蚀缺陷的评价标准时，系统自动将补充参数栏切换至 DNV RP－F101 分项安全系数法，避免用户遗漏补充参数的输入，导致评价失败或者评价结果不准确。

（5）DNV RP－F101 许用应力法软件界面　DNV RP－F101 许用应力法软件管道完整性评价软件界面如图 11-7 所示。

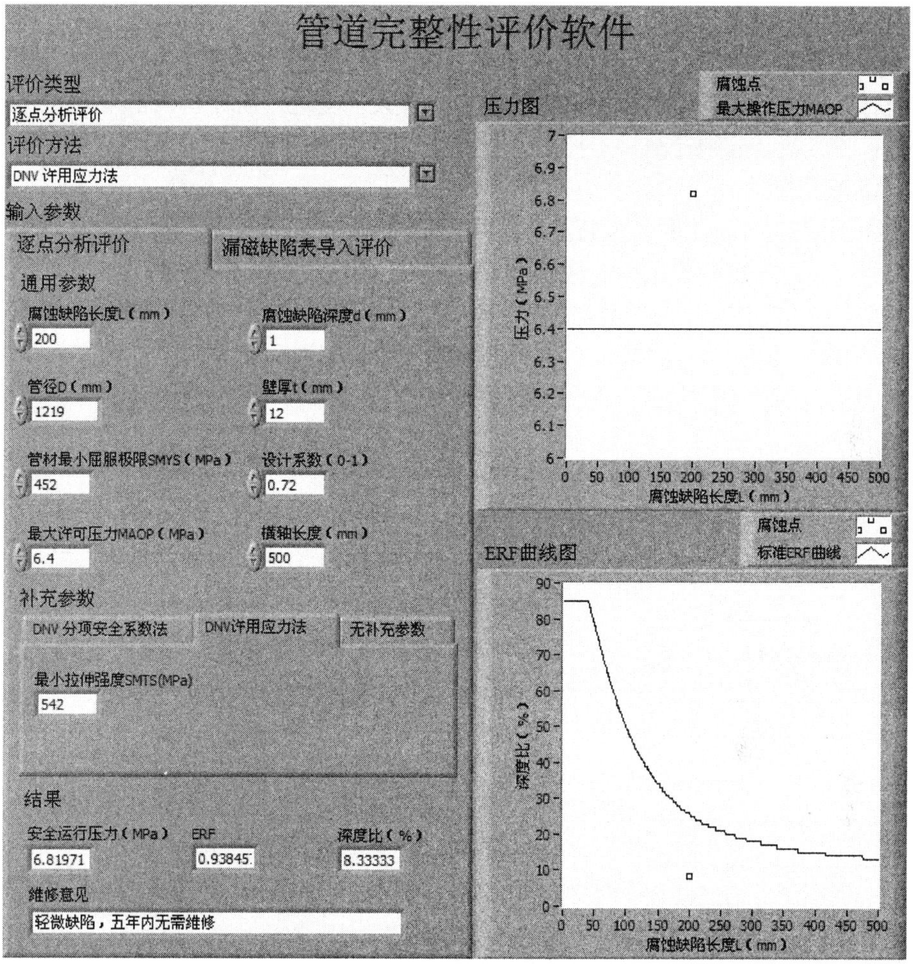

图 11-7　DNV RP－F101 许用应力法软件管道完整性评价软件界面

DNV RP－F101 许用应力法软件的输入参数主要有：腐蚀缺陷长度 L，单位为 mm；腐蚀缺陷深度 d，单位为 mm；最大许可压力 $MAOP$，单位为 MPa；管径 D，单位为 mm；壁厚 t，单位为 mm 等通用参数。除此之外，还要输入管材最小屈服极限 $SMYS$，单位为 MPa 等补充参数。输出参数主要有 ERF（即预估维修比）、安全运行压力、腐蚀缺陷深度比以及维修意见。在选择 DNV RP－F101 许用应力法作为腐蚀缺陷的评价标准时，系统自动将补充参数栏切换至 DNV RP－F101 许用应力法，避免用户遗漏补充参数的输入，导致评价失败或者评价结果不准确。

2. 逐点分析评价程序流程

逐点分析评价中主要包含 ASME B31G—1984 标准、ASME B31G—2009 标准、RSTRENG 0.85dL 标准、DNV RP－F101 标准中分项安全系数法和许用应力法这 5 种评价标准，其程序流程如图 11-8 所示。

由图 11-8 可见，在程序开始执行时，用户需要根据待评价管道的腐蚀缺陷情况选择合适的评价标准。由于利用每种评价方法对长输油气管道进行评价时所需要的管道参数及缺陷参数有所不同，所以在选择某一种评价方法以后，需要隐藏其他评价方法的输入参数，切换不同方法的前面板。若在同一个界面上显示所有评价方法的输入参数，将会使用户难以区分，漏输或重复输入管道参数和腐蚀缺陷参数，导致评价无法进行或者评价结果不准确，影响管道的评价效率。用户输入管道参数和腐蚀缺陷参数后，由软件自动读取，并调用相应的评价标准对腐蚀缺陷进行评价，得出腐蚀缺陷的最大安全运行压力、预估维修比、深度比及维修建议 4 项参数，分别送至显示控件进行显示，并绘制压力图，调用预估维修比计算子，绘制预估维修比图。

（1）ASME B31G 标准评价流程　ASME B31G—1984 标准和 ASME B31G—2009 标准的基本原理相同，所需要的管道和腐蚀缺陷参数及评价流程一致，主要差别在于部分参数的取值不同。采用 ASME B31G 标准对腐蚀缺陷管道进行完整性评价的程序流程如图 11-9 所示。

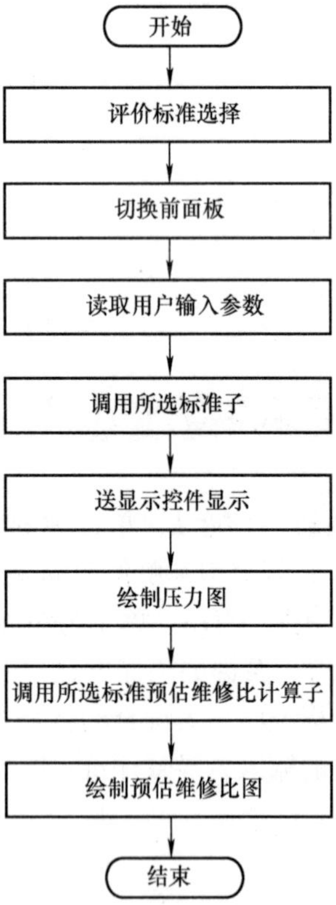

图 11-8　逐点分析评价程序流程

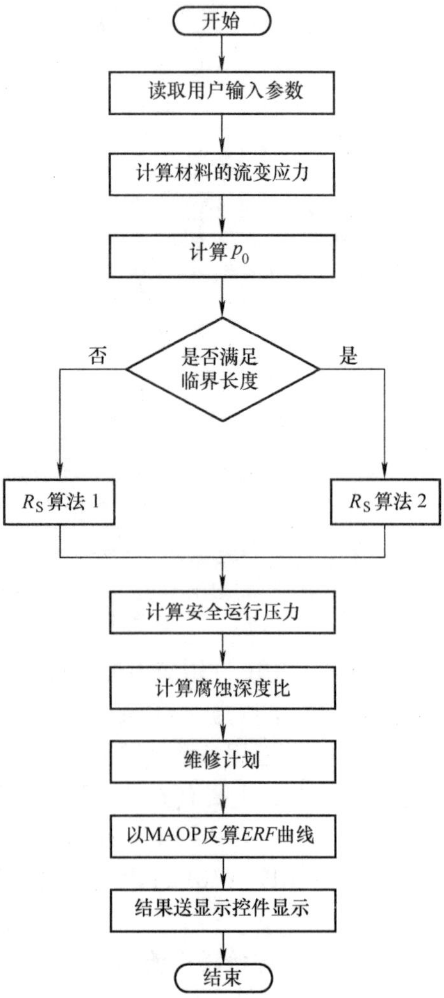

图 11-9　采用 ASME B31G 标准对腐蚀缺陷管道进行完整性评价的程序流程

1）ASME B31G—1984 标准评价流程。采用 ASME B31G—1984 标准对腐蚀缺陷进行评价时，首先用户需要输入 ASME B31G—1984 标准所需要的腐蚀缺陷参数和管道参数。参数输入之后，软件自动读取用户输入的腐蚀缺陷长度 L、管道直径 D 和管道壁厚 t，利用 3 个参数对腐蚀缺陷的临界长度进行计算；针对 $L^2/Dt \leqslant 20$ 和 $L^2/Dt > 20$ 这两种情况，采用不同的管道剩余强度系数 R_S 计算方法；根据管材最小屈服极限 $SMYS$ 计算材料的流变应力，最终计算出安全运行压力、预估维修比、腐蚀深度比；根据腐蚀缺陷深度的所在范围，提出合理的维修计划，并送显示控件显示。

2）ASME B31G—2009 标准评价流程。ASME B31G—2009 标准的评价流程与 ASME B31G—1984 标准大致相同，主要的差别在于缺陷剖面投影面积 A 的取值不是（2/3）dL 而是 0.85dL，临界长度的取值不是 $L^2/Dt \leqslant 20$ 和 $L^2/Dt > 20$ 这两种情况，而是 $L^2/Dt \leqslant 50$ 和 $L^2/Dt > 50$。这两个长度区间所对应的管道剩余强度系数 R_S 的计算方法也与 ASME B31G—1984 标准不同，采用式（11-14）~式（11-16）进行计算。

（2）RSTRENG 0.85dL 标准计算程序流程　RSTRENG 0.85dL 标准的评价流程与 ASME B31G—1984 标准大致相同，主要的差别在于缺陷横截面投影面积 A 的取值不是（2/3）dL 而是 0.85dL，临界长度的取值不是 $L^2/Dt \leqslant 20$ 和 $L^2/Dt > 20$ 这两种情况，而是 $L^2/Dt \leqslant 50$ 和 $L^2/Dt > 50$。这两个长度区间所对应的管道剩余强度系数 R_S 也是采用式（11-14）~式（11-16）进行计算；材料的流变应力的计算方法由 1.1$SMYS$ 改为 $SMYS$ + 68.94。

（3）DNV RP－F101 分项安全系数法计算程序流程　DNV RP－F101 分项安全系数法需要输入的腐蚀缺陷参数和管道参数比 ASME B31G—1984 标准、ASME B31G—2009 标准、RSTRENG 0.85dL 标准所需要的参数多。对于不同类型的管道、不同的管道运行环境、不同参数的腐蚀缺陷，DNV RP－F101 分项安全系数法中的安全因数具有不同的运算方法，在对 DNV RP－F101 分项安全系数法进行编程之前，需要根据安全因数的不同取值方法定义不同的数据表，以便在界面中输入腐蚀缺陷参数和管道参数时，能够根据用户输入内容，通过查表的方式计算安全因数。以管道漏磁内检测器检测得到待评价腐蚀缺陷为例，采用的检测方法为相对深度测量，采用 DNV RP－F101 分项安全系数法对该腐蚀缺陷管道进行完整性评价的程序流程如图 11-10 所示。

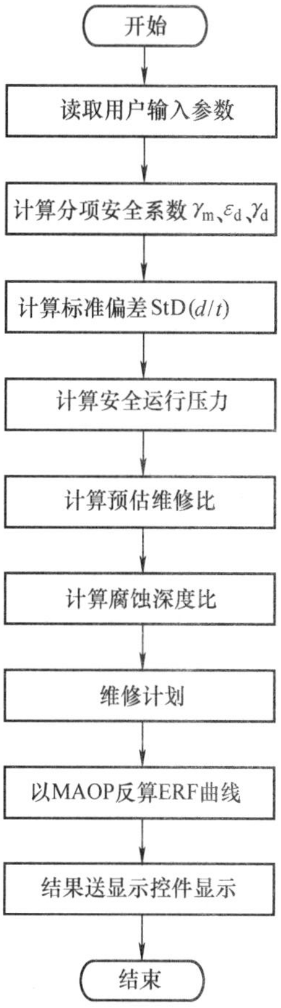

图 11-10　采用 DNV RP－F101 分项安全系数法对腐蚀管道进行完整性评价的程序流程

采用 DNV RP－F101 分项安全系数法对腐蚀缺陷进行评价时，当用户按照软件界面上的提示输入腐蚀缺陷参数和管道参数后，软件自动读取用户输入参数，根据用户输入的管道所在地区的安全等级、检测器精度、置信度等参数，在已经嵌套各项安全因数取值表格的程序流程图中，通过查表的方式得出分项安全因数 γ_m、ε_d、γ_d的取值，并计算标准偏差 StD(d/t) 的大小。确定这些参数的取值后，根据 DNV RP－F101 分项安全系数法的计算公式，将该方法所需的其他参数依次代入公式中，计算出安全运行压力的大小。通过将安全运行压力与最大操作压力进行对比，得到预估维修比；通过读取管道公称壁厚和腐蚀缺陷深度，计算腐蚀深度比；根据腐蚀深度比的取值范围，推导出该腐蚀缺陷的维修计划；根据最大许可压力的取值，反算出管道允许的腐蚀缺陷尺寸，绘制预估维修比曲线。最后，将此次评价得出的所有结果送显示控件显示，包括安全运行压力、预估维修比、腐蚀缺陷深度比、维修计划、压力图及预估维修比图等。

（4）DNV RP－F101 许用应力法计算程序流程　DNV RP－F101 许用应力法相对于 DNV RP－F101 分项安全系数法，在对腐蚀缺陷管道进行评价时所需要的参数较少，步骤略微简单；它与 ASME B31G—1984 标准、ASME B31G—2009 标准在输入参数上的差别在于 DNV RP－F101 许用应力法需要输入管道材质的最小屈服极限。采用 DNV RP－F101 许用应力法对腐蚀缺陷管道进行完整性评价的程序流程如图 11-11所示。

采用 DNV RP－F101 许用应力法对腐蚀缺陷管道进行评价时，首先用户需要输入 DNV RP－F101 许用应力法所需要的腐蚀缺陷参数和管道参数，参数输入之后，软件自动读取，计算失效压力 p_f的取值；再根据管道的设计系数，最终计算出安全运行压力、预估维修比、腐蚀深度比，根据腐蚀深度比的取值范围，推导出该腐蚀缺陷的维修计划，根据最大许可压力的取值，反算出管道允许的腐蚀缺陷尺寸，绘制预估维修比曲线；最后，将此次评价得出的所有结果送显示控件显示。

（5）维修意见程序流程　在对腐蚀缺陷进行评价之后，需要根据腐蚀缺陷的严重情况制定合理的维修计划，在维修计划中需要明确腐蚀缺陷的修复时限，主要是根据腐蚀缺陷深度的所在范围确定维修时限。维修意见程序流程如图 11-12所示。

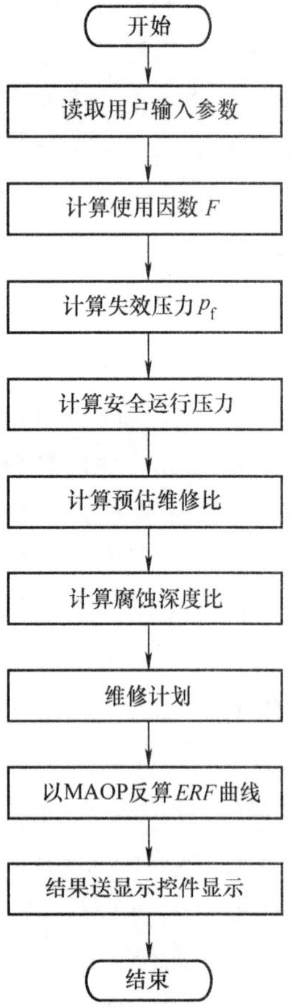

图 11-11　采用 DNV RP－F101 许用应力法对腐蚀缺陷管道进行完整性评价的程序流程

由图 11-12 可见，在执行维修意见程序时，首先利用 1.39*MAOP* 作为最大允许操作压力反算腐蚀缺陷的允许尺寸，然后计算腐蚀缺陷尺寸的真实值并进行比较。如果腐蚀缺陷尺寸的真实值较小，则在维修意见中输出“轻微缺陷，无须维修字样”；如果腐蚀缺陷尺寸的真实值较大，则需要将腐蚀缺陷深度比与 60% 进行比较。如果腐蚀缺陷深度比大于 60%，则在维修意见中输出“缺陷严重，1 年内维修”字样；如果腐蚀缺陷深度比小于 60%，则需要将腐蚀缺陷深度比与 50% 进行比较。如果腐蚀缺陷深度比大于 50%，则在维修意见中输出“缺陷严重，2 年内维修”字样；如果腐蚀缺陷深度比小于 50%，则需要将腐蚀缺陷深度比与 40% 进行比较。

如果腐蚀缺陷深度比大于 40%，则在维修意见中输出“缺陷严重，3 年内维修”字样，以此类推。

11.3.3 漏磁缺陷表导入评价

管道漏磁内检测技术是目前国内外长输油气管道检测的主要技术之一。漏磁内检测的主要工作过程是将管道漏磁内检测器放入长输油气管道中，检测器以输送介质为动力在管道中运行，在运行的过程中对管道进行漏磁检测，并将检测结果存储在漏磁内检测器的硬盘中。检测任务完成后，将漏磁内检测器取出，对检测数据进行处理和分析，得到腐蚀缺陷的长度、深度、宽度等尺寸参数，以及腐蚀缺陷的地理坐标等重要信息。腐蚀缺陷的尺寸参数主要用于管道的完整性评价。漏磁内检测的检测精度很高，且能够进行长距离的检测，但是每次检测结束后，由于各管段使用年限以及管道各内外因素的不同，会得到大量的腐蚀缺陷信息，如果使用手工计算的方式对这些腐蚀缺陷进行完整性评价，将会浪费大量的人力和物力。采用管道完整性评价软件对漏磁内检测数据分析软件导出的漏磁缺陷表进行集中评价，并将评价结果直接输出至漏磁缺陷表中，是提高管道完整性评价效率的必要手段。

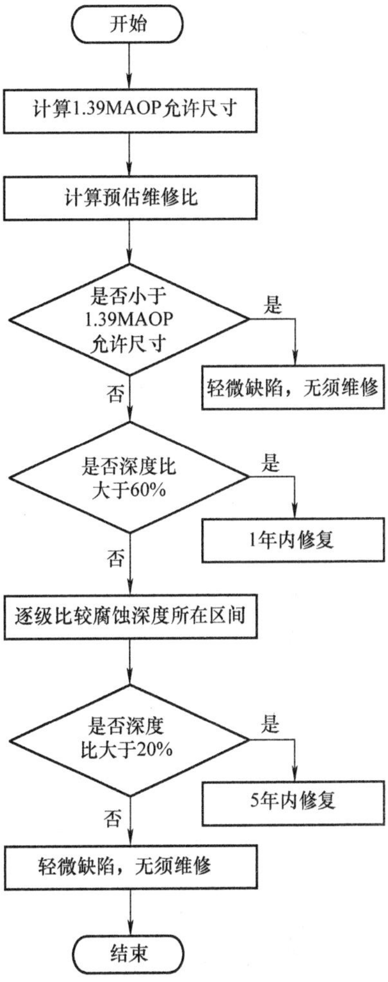

图 11-12 维修意见程序流程

1. 漏磁缺陷表导入评价软件界面

采用漏磁缺陷表导入评价，可以对管道漏磁检测数据分析软件导出的腐蚀缺陷进行集中评价，实现管道漏磁检测和管道完整性评价的完美结合，并且由软件自动评价代替传统的手动计算，减小了时间和人力耗费，在很大程度上提高了管道完整性评价的效率，真正实现管道完整性评价自动化、工程化。漏磁缺陷表导入评价界面如图 11-13 所示。

由图 11-13 可见，在对腐蚀缺陷进行评价之前，用户首先要选定评价类型为漏磁缺陷表导入评价，再选定本次评价所用的评价方法。漏磁缺陷表导入评价中的评价方法主要包含 ASME B31G—1984 标准、ASME B31G—2009 标准、RSTRENG 0.85dL 标准、DNV RP－F101 标准中分项安全系数法和许用应力法共 5 种。评价方法选定以后，由于评价所需要的腐蚀缺陷参数和管道参数均由漏磁缺陷表导入，所以漏磁缺陷表导入评价的软件界面比较简洁，只包含待评价的腐蚀缺陷个数这个输入参数。用户可以根据每次漏磁检测得出的腐蚀缺陷个数，输入待评价的腐蚀缺陷个数，软件即根据用户的需要，读取漏磁缺陷表中一定数量的腐蚀缺陷参数和管道参数，根据这些参数对腐蚀缺陷进行集中评价，将评价结果在软件界面中的压力图和 *EFR* 曲线图（预估维修比图）中显示，并将腐蚀缺陷深度比、安全运行压力、预估维修比以及维修意见输出至指定的文件中的相应位置，实现与 Excel 文件的数据交换。

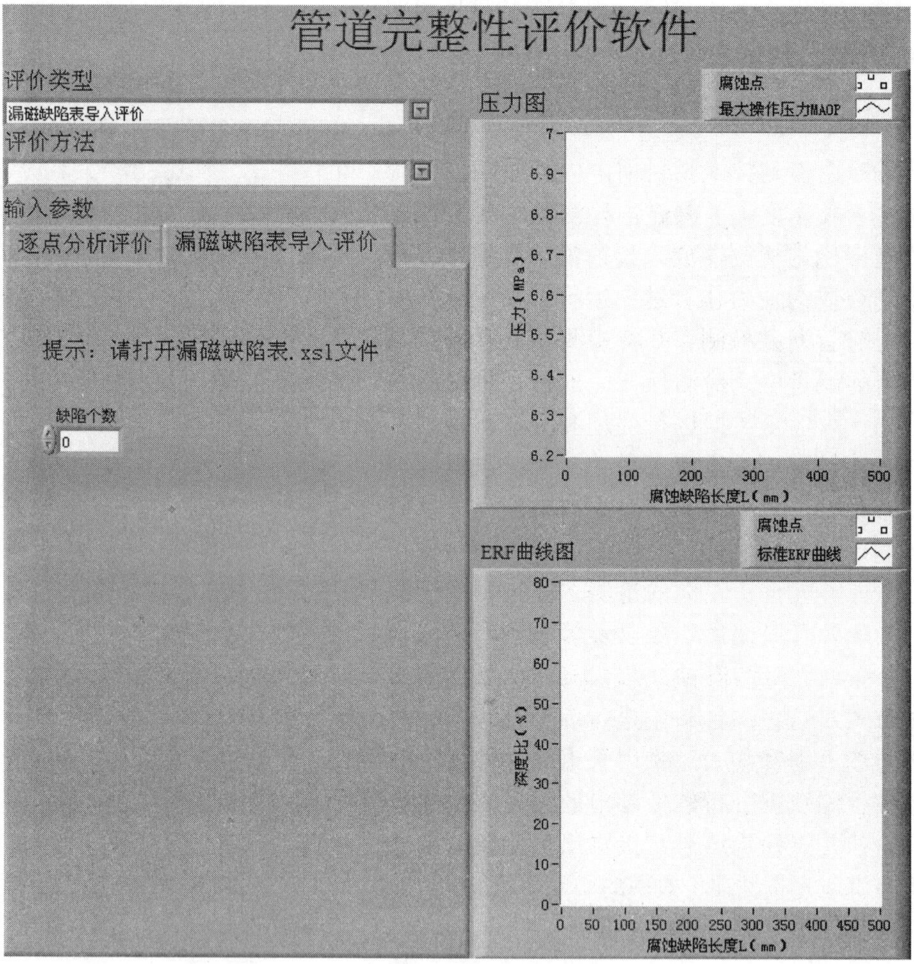

图 11-13　漏磁缺陷表导入评价界面

为了方便将大量评价结果与最大允许操作压力进行比较，得出腐蚀缺陷的安全状况，将所有腐蚀缺陷的评价结果全部显示在压力图和预估维修比图中，使管道的完整性情况清晰可见。

计算机中可能存在多个文件名同为“漏磁缺陷表”的文件，所以在评价时，需要将待评价的腐蚀缺陷所在的 Excel 表格文件打开，软件界面上有提示信息，内容为“请打开漏磁缺陷表 . xsl 文件”，以避免因用户忘记打开表格而导致漏磁缺陷表导入评价失败。漏磁缺陷表中 5 种评价方法所需的全部腐蚀缺陷参数和管道参数见表 11-8。

表 11-8　腐蚀缺陷参数和管道参数

参数 / 序号	D /mm	t /mm	$SMYS$ /MPa	设计系数	$MAOP$ /MPa	L /mm	d /mm	$SMTS$ /MPa	测量精度	置信度	安全等级
1	610	8	425	0.72	6.4	230	2.1	542	10% t	80%	正常
2	610	8	425	0.72	6.4	110	4	542	10% t	80%	正常
3	610	8	425	0.72	6.4	270	3	542	10% t	80%	正常
4	610	8	425	0.72	6.4	130	0.9	542	10% t	80%	正常

（续）

参数 序号	D /mm	t /mm	SMYS /MPa	设计 系数	MAOP /MPa	L /mm	d /mm	SMTS /MPa	测量 精度	置信度	安全 等级
5	610	8	425	0.72	6.4	150	1.7	542	10%t	80%	正常
6	610	8	425	0.72	6.4	50	1.1	542	10%t	80%	正常
7	610	8	425	0.72	6.4	160	2.3	542	10%t	80%	正常
8	610	8	425	0.72	6.4	300	5	542	10%t	80%	正常
9	610	8	425	0.72	6.4	180	2.5	542	10%t	80%	正常
10	610	8	425	0.72	6.4	190	1.6	542	10%t	80%	正常

由表 11-8 可见，表中共包含 11 个参数。单击程序运行按钮，软件自动读取腐蚀缺陷参数和管道参数，完成评价。完成评价后的漏磁缺陷表导入评价软件界面如图 11-14 所示。

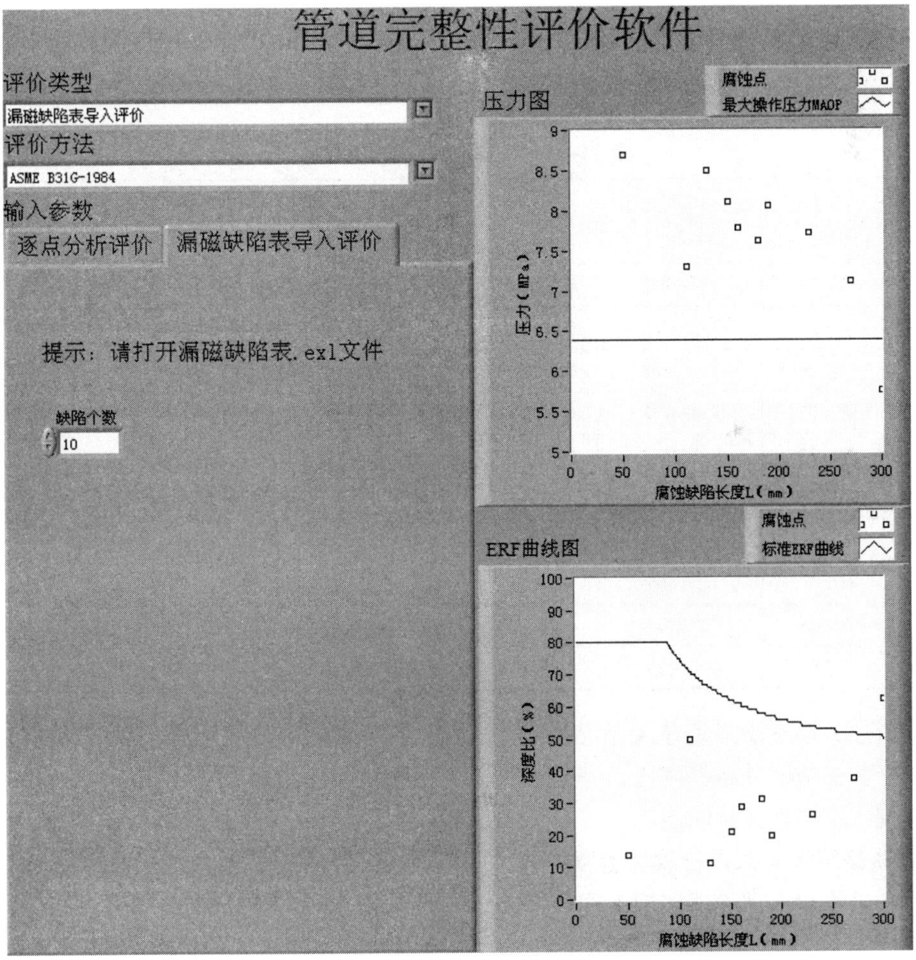

图 11-14　评价完成后漏磁缺陷表导入评价软件界面

由图 11-14 可见，用户选择的评价方法为 ASME B31G—1984 标准，输入的腐蚀缺陷个数为 10，评价完成后的压力图和预估维修比图中显示了 10 个腐蚀缺陷的评价结果，与用户需要评价的腐蚀缺陷个数相符。在压力图显示的 10 个腐蚀缺陷中，1 个腐蚀缺陷位于最大许可压力线的下方，表示该腐蚀缺陷不可以在规定的安全压力下安全运行，9 个腐蚀缺陷位于最大许可压力线的上方，表示该腐蚀缺陷可以在规定的安全压力下安全运行。在预估维修比图显示的 10 个腐蚀缺陷中，1 个腐蚀缺陷位于预估维修比为 1 的曲线上方，认为腐蚀缺陷不可以在规定的压力下安全运行，9 个腐蚀缺陷位于预估维修比为 1 的曲线下方，表示该腐蚀缺陷可以在规定的安全压力下安全运行，压力图和预估维修比图显示的评价结论一致。

评价完成后，评价结果除了显示在软件界面上以外，还会输出至漏磁缺陷表中。漏磁缺陷表的输出结果见表 11-9。

由表 11-9 可见，漏磁缺陷表内共包含 10 个腐蚀缺陷的结果，与用户输入的腐蚀缺陷个数和漏磁缺陷表导入评价的软件界面上的显示的腐蚀缺陷结果数量相同，输出至漏磁缺陷表的参数主要有腐蚀深度比、安全运行压力、预估维修比和维修计划。由安全运行压力和预估维修比两项参数可以看出，1 个腐蚀缺陷的安全运行压力小于最大许可压力，9 个腐蚀缺陷的安全运行压力大于最大许可压力，与漏磁缺陷表导入评价软件界面上压力图和预估维修比图的评价结果相同。在维修计划一栏中，软件根据腐蚀缺陷的深度比，按照腐蚀缺陷维修时限准则，提出了腐蚀缺陷需要进行维修的时间限制。

表 11-9 漏磁缺陷表的输出结果

参数 序号	深度比（%）	安全运行压力/MPa	*ERF*	维修计划
1	26.25	7.718042	0.829226	缺陷深度超过 20% 壁厚，建议五年内维修
2	50	7.293265	0.877522	缺陷深度超过 50% 壁厚，建议两年内维修
3	37.5	7.115888	0.899396	缺陷深度超过 30% 壁厚，建议四年内维修
4	11.25	8.494778	0.753404	轻微缺陷，五年内无须维修
5	21.25	8.108573	0.789288	缺陷深度超过 20% 壁厚，建议五年内维修
6	13.75	8.690452	0.73644	轻微缺陷，五年内无须维修
7	28.75	7.791715	0.821385	缺陷深度超过 20% 壁厚，建议五年内维修
8	62.5	6.75405	1.11226	缺陷严重，需立即维修
9	31.25	7.62147	0.839733	缺陷深度超过 30% 壁厚，建议四年内维修
10	20	8.06023	0.794022	缺陷深度超过 20% 壁厚，建议五年内维修

综上所述，漏磁缺陷表导入评价软件完成了对各个腐蚀缺陷的评价，得出了完整性评价所要求的全部参数，并将深度比、安全运行压力、预估维修比及维修计划写入表格中的对应位置，实现了完整性评价功能。

2. 漏磁缺陷表导入评价软件流程

漏磁缺陷表导入评价能够根据用户需要，选择采用 5 种评价方法对腐蚀缺陷进行评价，并将结果输出至 Excel 表格。漏磁缺陷表导入评价程序流程如图 11-15 所示。

由图 11-15 可见，选择采用漏磁缺陷表导入评价后，首先要在 5 种评价方法中选择本次腐蚀缺陷评价要使用的评价标准，之后，软件自动切换界面至漏磁缺陷表导入评价，用户在界面中输入腐蚀缺陷个数后，软件自动读取漏磁缺陷表相应数量的腐蚀缺陷参数和管道参数，然后调用相应的评价标准子进行评价，并将评价结果写入漏磁缺陷表，绘制压力图，调用所选评价标准预估维修比计算子，绘制预估维修比图，评价结束。

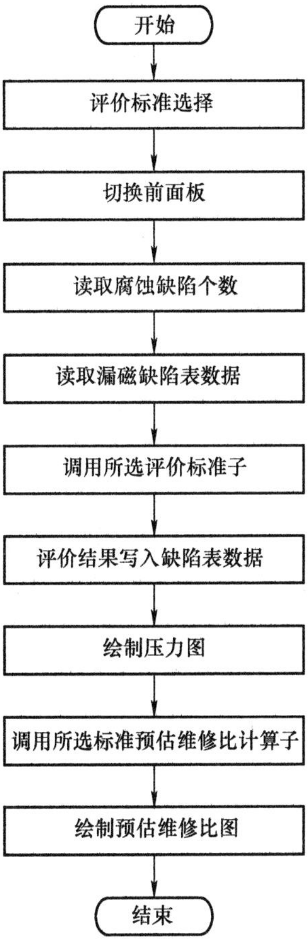

图 11-15　漏磁缺陷表导入评价程序流程

11.4　腐蚀缺陷参数对评价标准的影响

ASME B31G—2009 标准在 ASME B31G—1984 标准的基础上修正了腐蚀缺陷剖面投影面积和腐蚀缺陷临界长度的取值，RSTRENG 0.85dL 标准在 ASME B31G—2009 标准的基础上修正了材料的流变应力。ASME B31G—2009 标准和 RSTRENG 0.85dL 标准通过对参数进行修正，克服了 ASME B31G—1984 标准的保守性。DNV RP - F101 标准采用不同的评价理论对腐蚀缺陷进行评价，该标准共分为分项安全系数法和许用应力法。明确了 ASME B31G—1984 标准、ASME B31G—2009 标准、RSTRENG 0.85dL 标准、DNV RP - F101 标准中分项安全系数法和许用应力法各自的评价原理和适用范围，5 种标准对于同一个腐蚀缺陷的评价结果之间的差异性以及腐蚀缺陷参数对于不同评价方法的影响成为合理选择完整性评价标准的关键问题。

11.4.1　不同评价标准的评价结果

为了准确地验证 ASME B31G—1984 标准、ASME B31G—2009 标准、RSTRENG 0.85dL

标准、DNV RP - F101 分项安全系数法、DNV RP - F101 许用应力法的保守性，以及对于同一腐蚀缺陷评价结果的差异性，采用5 种评价标准对同一个腐蚀缺陷进行评价。腐蚀缺陷参数及管道参数见表 11-10。

表 11-10 腐蚀缺陷参数和管道参数

名称	数值	名称	数值
管道材质	X65	屈服强度	452MPa
管道直径	ϕ812. 8mm	抗拉强度	542MPa
管道壁厚	19. 1mm	测量精度	10%t
最大许可压力	15MPa	置信度	80%
缺陷轴向长度	200mm	安全等级	正常
缺陷最大深度	7. 775mm	检测方法	漏磁内检测
设计系数	0. 72	深度测量方式	相对深度测量

利用管道完整性评价软件中的逐点分析评价功能，分别采用 ASME B31G—1984 标准、ASME B31G—2009 标准、RSTRENG 0. 85dL 标准、DNV RP - F101 分项安全系数法、DNV RP - F101 许用应力法对表 11-10 中的腐蚀缺陷进行评价，评价结果见表 11-11。

表 11-11 采用不同评价标准得到的评价结果

评价标准	深度比	安全运行压力	预估维修比
ASME B31G—1984 标准	25%	17. 5709MPa	1. 03
ASME B31G—2009 标准	25%	17. 3512MPa	1. 05
RSTRENG 0. 85dL 标准	25%	16. 1629MPa	0. 99
DNV RP - F101 分项安全系数法	25%	16. 9424MPa	0. 94
DNV RP - F101 许用应力法	25%	16. 2633MPa	0. 98

由表 11-11 可见，采用 ASME B31G—1984 标准和 ASME B31G—2009 标准得到的评价结果中，腐蚀缺陷的安全运行压力分别 17. 5709MPa 和 17. 3512MPa，小于最大许可压力，预估维修比分别为 1. 03 和 1. 05，大于 1，即腐蚀缺陷不可以在规定的管道压力下安全运行；采用 RSTRENG 0. 85dL 标准、DNV RP - F101 分项安全系数法、DNV RP - F101 许用应力法的评价结果中，腐蚀缺陷的安全运行压力分别 16. 1629MPa、16. 9424MPa、16. 2633MPa，小于最大许可压力，预估维修比分别为 0. 99、0. 94、0. 98，小于 1，即腐蚀缺陷可以在规定的管道压力下安全运行。

5 种评价标准中，采用 ASME B31G—2009 标准的评价结果最小，但相对于采用 ASME B31G—1984 标准，该结果更接近于水压试验结果。以 ASME B31G—2009 标准为参考基准，则 ASME B31G—1984 标准、RSTRENG 0. 85dL 标准、DNV RP - F101 分项安全系数法、DNV RP - F101 许用应力法的误差分别为 1. 531%、6. 656%、11. 088%、6. 356%。由此可见，对于同一腐蚀缺陷，采用不同标准得到的评价结果之间存在误差，对于腐蚀缺陷需要立即维修或是继续进行监测或是可以在规定的管道压力下安全运行也将会提出不同的建议。在完整性评价中，为了清楚地判断腐蚀缺陷是否可以在规定的管道压力下安全运行，通常采用安全运行压力和预估维修比 2 个参数。

1. 安全运行压力

主要通过压力图来判断安全运行压力是否满足管道当前运行条件。压力图描述的是每一个腐蚀缺陷处的安全运行压力与最大许可压力之间的关系，能够直观地显示腐蚀缺陷在不同压力下的安全程度，其横坐标轴表示腐蚀缺陷的长度，纵坐标轴表示该腐蚀缺陷的安全运行压力，如果腐蚀缺陷的安全运行压力位于最大许可压力线上方，说明该腐蚀缺陷可以在规定的管道压力下安全运行；如果腐蚀缺陷的安全运行压力位于最大许可压力线下方，说明该腐蚀缺陷不可以在规定的管道压力下安全运行。表 11-10 所描述的腐蚀缺陷压力图如图 11-16 所示。

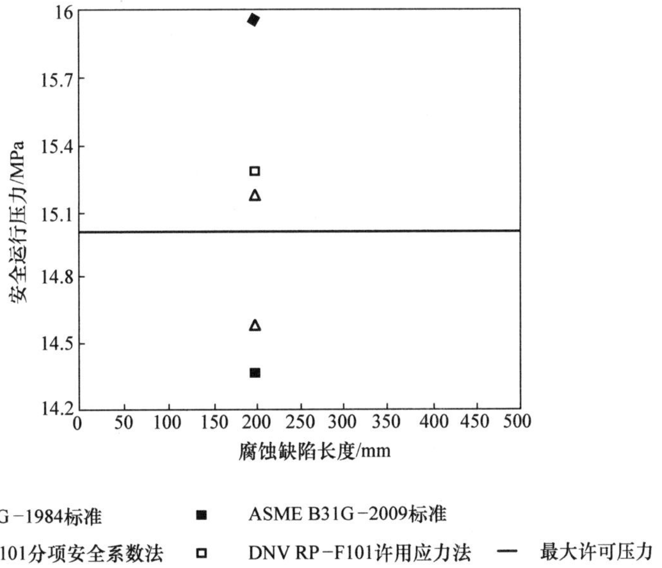

图 11-16　腐蚀缺陷压力图

由图 11-16 可见，对于表 11-10 所示腐蚀缺陷，采用 ASME B31G—1984 标准和 ASME B31G—2009 标准评价得出的安全运行压力在最大许可压力线的下方，即该缺陷不可以在规定的管道压力下安全运行；而采用 RSTRENG 0.85dL 标准、DNV RP－F101 分项安全系数法、DNV RP－F101 许用应力法评价出的安全运行压力在最大许可压力线的上方，即该缺陷可以在规定的管道压力下安全运行，与表 11-11 得出的结论一致，但压力图的结果显示更加直观和清晰。

从评价结果来看，对于表 11-10 所示腐蚀缺陷，采用 ASME B31G—2009 标准的评价结果最保守，依次为 ASME B31G—1984 标准、DNV RP－F101 许用应力法、DNV RP－F101 分项安全系数法，但是各评价标准在全部腐蚀缺陷尺寸区间的保守性排序不能通过某一个腐蚀缺陷的评价结果一概而论，还需要根据预估维修比判断。

2. 预估维修比

预估维修比是否满足管道当前运行条件，主要通过预估维修比曲线图判断。预估维修比曲线图的横坐标轴表示腐蚀缺陷长度，纵坐标轴表示腐蚀缺陷深度与壁厚的百分比，曲线所在位置表示管道在最大许可压力下腐蚀缺陷参数的临界值。当腐蚀缺陷位于预估维修比曲线上方时，表示缺陷可以在规定的管道压力下安全运行，需要立即维修；当腐蚀缺陷位于预估维修比曲线下方时，表示缺陷不可以在规定的管道压力下安全运行，应考虑维修或进行监控处理。从预估维修比曲线图可以清晰地看出各评价标准在不同腐蚀缺陷长度区间的适用性，为管道评价人员合理选择评价标准提供参考。对于表 11-10 所示的腐蚀缺陷，采用各评价标准得到的预估维修比曲线图如图 11-17 所示。

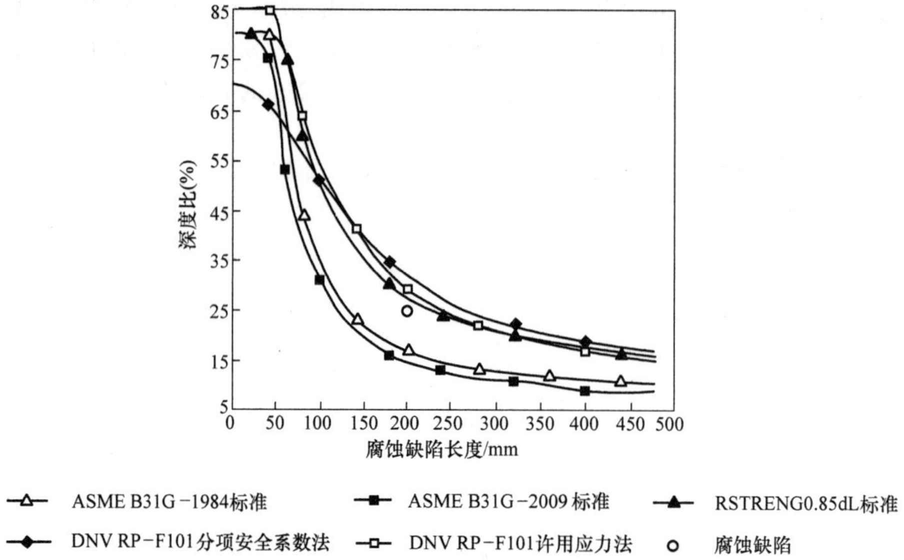

图 11-17 预估维修比曲线图

由图 11-17 可见，腐蚀缺陷在 ASME B31G—1984 标准、ASME B31G—2009 标准的预估维修比曲线上方，即认为此腐蚀缺陷不可以在规定的管道压力下安全运行；相反，该腐蚀缺陷在 RSTRENG 0. 85dL 标准、DNV RP - F101 分项安全系数法、DNV RP - F101 许用应力法的预估维修比曲线下方，即认为此腐蚀缺陷可以在规定的管道压力下安全运行，与表 11-11 得出的结论和安全运行压力图所得结论一致，但相比较表 11-11 而言，预估维修比曲线图的结果更加清晰和直观。

图 11-17 中不同评价标准的预估维修比曲线之间存在交点，说明各评价标准的临界深度排序发生改变，即保守性排序随腐蚀缺陷长度发生变化。在（1，60）区间内，临界深度最大的方法是 DNV RP - F101 许用应力法，最小的方法是 DNV RP - F101 分项安全系数法，即在此长度区间内 DNV RP - F101 许用应力法最冒险，DNV RP - F101 分项安全系数法最保守；在（60，130）区间内，最冒险的方法为 DNV RP - F101 许用应力法，最保守方法为 ASME B31G—2009 标准；在（130，500）区间内，最冒险的方法为 DNV RP - F101 分项安全系数法，最保守方法为 ASME B31G—2009 标准。确定了各区间内最冒险及最保守的评价标准，评价人员可根据该管段腐蚀缺陷尺寸的分布情况、管道运行环境、使用年限及管材性质等信息选择合适的评价标准。

腐蚀缺陷尺寸影响评价标准的保守性排序，所以腐蚀缺陷尺寸对各评价标准的评价结果的影响程度也是合理选取评价标准的关键。

11.4.2 腐蚀缺陷长度对安全运行压力的影响

ASME B31G—1984 标准、ASME B31G—2009 标准、RSTRENG 0. 85dL 标准、DNV RP -

F101 分项安全系数法、DNV RP－F101 许用应力法适用于不同的腐蚀缺陷长度，为了验证 5 种评价标准的适用长度区间，以及腐蚀缺陷长度对各标准评价结果的影响情况，对 ϕ610mm 库鄯线原油管道进行漏磁检测。该管段所在地区安全等级为正常，检测器精度为 10%t，置信度为 80%，采用相对深度测量方法，得到长度为 140mm、160mm、180mm、200mm、220mm、240mm、260mm、280mm、300mm、320mm 的 10 个腐蚀缺陷，该管段的管道材质为 API5LX65，材料屈服强度为 452MPa，抗拉强度为 542MPa，壁厚为 8mm，最大许可压力为 8MPa，设计系数为 0.72，腐蚀缺陷深度为 2mm。应用 ASME B31G—1984 标准、ASME B31G—2009 标准、RSTRENG 0.85dL 标准、DNV RP－F101 分项安全系数法和 DNV RP－F101 许用应力法对 10 种不同长度的腐蚀缺陷进行评价，可得腐蚀缺陷长度对各评价标准的影响情况。腐蚀缺陷参数和管道参数见表 11-12。

表 11-12　腐蚀缺陷参数和管道参数

名称	数值	名称	数值
管道材质	X65	屈服强度	452MPa
管道直径	ϕ610mm	抗拉强度	542MPa
管道壁厚	8mm	测量精度	10%t
最大许可压力	8MPa	置信度	80%
设计系数	0.72	安全等级	正常
缺陷深度	2mm	检测方法	漏磁内检测
缺陷长度	变量	深度测量方式	相对深度测量

利用管道完整性评价软件的漏磁缺陷表导入评价功能，分别采用 ASME B31G 标准、RSTRENG 0.85dL 标准、DNV RP－F101 标准中的分项安全系数法和许用应力法对 10 种不同长度的腐蚀缺陷进行评价，结果见表 11-13。

表 11-13　不同长度腐蚀缺陷评价结果评价

缺陷长度/mm	ASME B31G—1984 标准	ASME B31G—2009 标准	RSTRENG 0.85dL 标准	DNV RP－F101 分项安全系数法	DNV RP－F101 许用应力法
140	8.00	7.85	8.29	8.40	8.23
160	7.94	7.76	8.20	8.16	8.11
180	7.88	7.68	8.12	7.95	8.00
200	7.83	7.62	8.05	7.78	7.91
220	7.79	7.57	7.99	7.63	7.83
240	7.76	7.52	7.95	7.50	7.76
260	7.73	7.48	7.90	7.39	7.69
280	7.70	7.45	7.87	7.29	7.64
300	7.68	7.42	7.84	7.20	7.59
320	6.62	7.39	7.81	7.13	7.55

由表 11-13 可见，根据 ASME B31G—1984 标准、ASME B31G—2009 标准，可以认为 10 种长度的腐蚀缺陷均不可以在 8MPa 的最大许可压力下安全运行；根据 RSTRENG 0.85dL 标

准，认为长为140mm、160mm、180mm、200mm的4个腐蚀缺陷可以在8MPa的最大许可压力下安全运行，其余6个腐蚀缺陷不可以在8MPa的最大许可压力下安全运行；根据DNV RP－F101分项安全系数法和DNV RP－F101许用应力法，认为长为140mm和160mm的2个腐蚀缺陷可以在8MPa的最大许可压力下安全运行，其余8个腐蚀缺陷不可以在8MPa的最大许可压力下安全运行。由此可见，不同评价标准对于同一腐蚀缺陷的评价结果之间存在差异性，对于同一腐蚀缺陷可能提出不同的维修意见，进一步验证了各评价标准之间的保守性存在差异。

为了防止开挖验证及土壤回填时对原腐蚀管道产生二次损坏，开挖验证后对10个腐蚀缺陷进行了修复，修复的效果达到在规定的运行压力下安全运行的要求，对其他腐蚀缺陷进行监控处理。由表11-13可得腐蚀缺陷长度对各标准安全运行压力的影响，如图11-18所示。

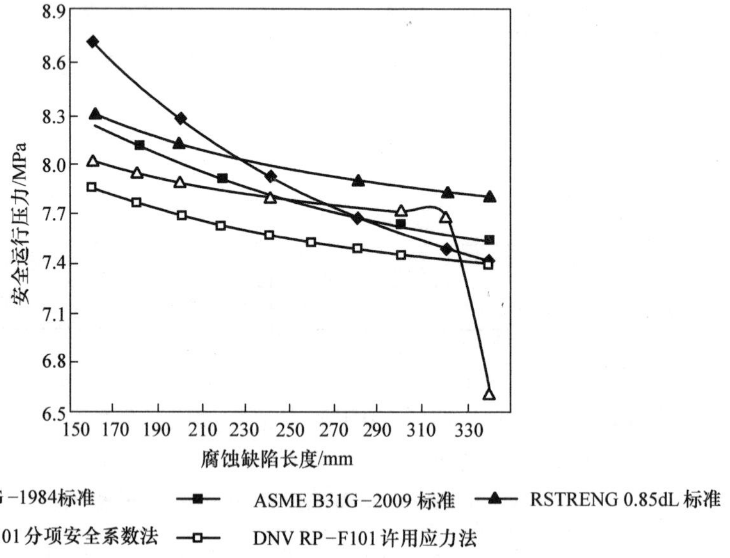

图11-18 腐蚀缺陷长度对各标准安全运行压力的影响

由图11-18可见，对于长度为140mm的腐蚀缺陷，最保守的评价标准为DNV RP－F101许用应力法，最冒险的评价标准为DNV RP－F101分项安全系数法；对于长度为260mm的腐蚀缺陷，最保守的评价标准为DNV RP－F101许用应力法，最冒险的评价标准为RSTRENG 0.85dL标准；对于长度为330mm的腐蚀缺陷，最保守的评价标准为ASME B31G—1984标准，最冒险的评价标准为RSTRENG 0.85dL标准。由此可见，在一定的长度区间内，某一评价标准可能最为保守，但在下一个长度区间内，该标准可能最为冒险，不同的评价标准具有不同的腐蚀长度适用区间。

对于同一种评价标准，随着腐蚀缺陷长度的增大，各标准评价得到的管道安全运行压力逐渐下降，但不同评价标准的下降斜率不同。DNV RP－F101分项安全系数法的下降斜率最大，DNV RP－F101许用应力法次之，ASME B31G—1984标准、ASME B31G—2009标准及RSTRENG 0.85dL标准的下降斜率基本相同。由此可见，腐蚀缺陷长度对于DNV RP－F101分项安全系数法的评价结果影响最大，即该标准在全部长度区间内评价结果的稳定性较差，保守性逐渐增大；对 DNV RP－F101 许用应力法的评价结果影响次之，对 ASME B31G—1984 标准、ASME B31G—2009 标准及 RSTRENG 0.85dL 标准的评价结果影响最小；当腐蚀缺陷长度超过 300mm 时，ASME B31G—1984 标准的斜率最大，腐蚀缺陷长度对 ASME B31G—1984 标准的评价结果的影响最大。

在长度超过 300mm 之后，ASME B31G—1984 标准评价的安全运行压力最小，说明在此区间内，ASME B31G—1984 标准的评价结果最为保守。对 ASME B31G—1984 标准在此区间内评价标准产生保守性的原因进行分析后发现，在腐蚀缺陷长度超过 300mm 之后，达到了 ASME B31G—1984 标准规定的腐蚀缺陷临界长度，对于剩余强度系数 R_S 的计算不再采用式（11-11），而是采用式（11-12）的计算方法，所以 ASME B31G—2009 标准及 RSTRENG 0.85dL 标准对腐蚀缺陷临界长度进行修正是改善 ASME B31G—1984 标准保守性的原因之一。

11.4.3　腐蚀缺陷深度对安全运行压力的影响

ASME B31G—1984 标准、ASME B31G—2009 标准、RSTRENG 0.85dL 标准、DNV RP－F101 分项安全系数法、DNV RP－F101 许用应力法适用于不同的腐蚀缺陷深度，为了验证 5 种评价标准的适用深度区间，以及腐蚀缺陷深度对各标准评价结果的影响情况，对 ϕ610mm 独乌线成品油管道进行漏磁检测。该管段所在地区等级为正常，检测器精度为 10%t，置信度为 80%，为相对深度测量，得到深度为 1.0mm、1.2mm、1.4mm、1.6mm、1.8mm、2.0mm、2.2mm、2.4mm、2.6mm、2.8mm 的 10 个腐蚀缺陷，该管段的管道材质为 API5LX65，下屈服强度为 452MPa，抗拉强度为 542MPa，壁厚为 8mm，最大许可压力为 8.0MPa，设计系数为 0.72，腐蚀缺陷长度为 200mm。应用 ASME B31G—1984 标准、ASME B31G—2009 标准、RSTRENG 0.85dL 标准、DNV RP－F101 分项安全系数法和 DNV RP－F101 许用应力法对 10 种不同深度的腐蚀缺陷进行评价，可得腐蚀缺陷深度对各评价标准的影响情况。腐蚀缺陷参数和管道参数见表 11-14。

表 11-14　腐蚀缺陷参数和管道参数

名称	数值	名称	数值
管道材质	X65	屈服强度	452MPa
管道直径	ϕ610mm	抗拉强度	542 MPa
管道壁厚	8mm	测量精度	10%t
最大许可压力	6.4MPa	置信度	80%
设计系数	0.72	安全等级	正常
缺陷深度	变量	检测方法	漏磁内检测
缺陷长度	200mm	深度测量方式	相对深度测量

利用管道完整性评价软件的漏磁缺陷表导入评价功能，采用 ASME B31G—1984 标准、ASME B31G—2009 标准、RSTRENG 0.85dL 标准、DNV RP－F101 分项安全系数法和 DNV RP－F101 许用应力法对 10 种不同深度的腐蚀缺陷进行评价，评价结果见表 11-15。

由表 11-15 可见，采用 ASME B31G—1984 标准、ASME B31G—2009 标准、RSTRENG 0.85dL 标准、DNV RP－F101 分项安全系数法、DNV RP－F101 许用应力法对同一个腐蚀缺

陷的评价结果不相同，这种差异性来源于各评价方法对于同一腐蚀缺陷的计算方式不同。采用5种评价方法对10个不同深度腐蚀缺陷的评价，进一步验证了各评价标准之间的保守性不同。评价结果中，安全运行压力均大于最大许可压力，即根据ASME B31G—1984标准、ASME B31G—2009标准、RSTRENG 0.85dL标准、DNV RP－F101分项安全系数法、DNV RP－F101许用应力法，10个腐蚀缺陷可以在6.4MPa的最大许可压力下安全运行。

表11-15　不同深度腐蚀缺陷的评价结果

缺陷深度	ASME B31G—1984标准	ASME B31G—2009标准	RSTRENG 0.85dL标准	DNV RP－F101分项安全系数法	DNV RP－F101许用应力法
1.0	8.35	8.25	8.72	8.95	8.57
1.2	8.25	8.13	8.59	8.73	8.45
1.4	8.14	8.01	8.46	8.51	8.32
1.6	8.04	7.88	8.32	8.28	8.18
1.8	7.94	7.75	8.19	8.03	8.05
2.0	7.83	7.62	8.05	7.78	7.91
2.2	7.73	7.48	7.91	7.51	7.76
2.4	7.62	7.35	7.76	7.23	7.61
2.6	7.51	7.21	7.62	6.94	7.46
2.8	7.40	7.07	7.47	6.64	7.30

由于DNV RP－F101分项安全系数法对深度为2.8mm的腐蚀缺陷的评价结果比较接近6.4MPa最大许可压力，为了避免短期内两次对该缺陷进行开挖修复，提高管道完整性管理效率，在此次开挖验证时对该缺陷进行了修复，修复的效果达到在规定的运行压力下安全运行的要求，对其他腐蚀缺陷进行监控处理。由表11-15可得腐蚀缺陷深度对各标准安全运行压力的影响，如图11-19所示。

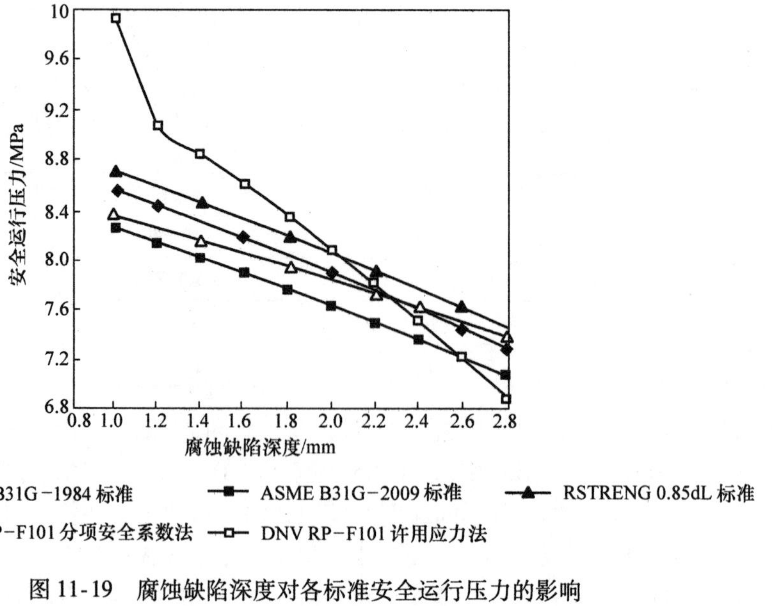

图11-19　腐蚀缺陷深度对各标准安全运行压力的影响

由图 11-19 可见，对深度为 1.0mm 的腐蚀缺陷，最保守的评价标准为 ASME B31G—2009 标准，最冒险的评价标准为 DNV RP - F101 许用应力法；对于深度为 2.2mm 的腐蚀缺陷，最保守的评价标准为 ASME B31G—2009 标准，最冒险的评价标准为 RSTRENG 0.85dL 标准；对于深度为 2.8mm 的腐蚀缺陷，最保守的评价标准为 DNV RP - F101 许用应力法，最冒险的评价标准为 RSTRENG 0.85dL 标准。由此可见，在一定的深度区间内，某一评价标准可能最为保守，但在下另一个深度区间内，该标准可能最为冒险。所以，不同的评价标准具有不同的腐蚀深度适用区间。

对于同一种评价标准，随着腐蚀缺陷深度增大，利用各评价标准评价得到的管道安全运行压力逐渐降低，但下降斜率不同，DNV RP - F101 许用应力法下降斜率最大，DNV RP - F101 分项安全系数法次之，ASME B31G—1984 标准、ASME B31G—2009 标准及 RSTRENG 0.85dL 标准的下降斜率基本相同。由此可见，腐蚀缺陷长度对于 DNV RP - F101 许用应力法的评价结果影响最大，即该标准在全部深度区间内评价结果的稳定性较差，保守性逐渐增大；对 DNV RP - F101 分项安全系数法的评价结果影响次之；对 ASME B31G—1984 标准、ASME B31G—2009 标准及 RSTRENG 0.85dL 标准的评价结果影响最小。

11.5　有限元仿真方法

管道长期运行时会受众多因素共同作用而产生管壁腐蚀，承压能力降低，产生应力集中区域，威胁着管道的安全运行。为了准确评价腐蚀缺陷管道，确定等效应力的大小及分布情况，克服 ASME B31G—1984 标准、ASME B31G—2009 标准、RSTRENG 0.85dL 标准、DNV RP - F101 分项安全系数法及 DNV RP - F101 许用应力法的保守性，保证腐蚀缺陷管道安全稳定地运行，必须进行有限元仿真。

对于腐蚀缺陷管道的评价问题，目前广泛应用的评价方法有 ASME B31G 标准、DNV RP - F101标准、API579 标准、极限载荷解析法，以及有限元仿真法。其中，ASME B31G 标准、DNV RP - F101 标准和 API579 标准主要是将管道参数和腐蚀参数代入评价公式，计算出腐蚀缺陷管道的安全运行压力，通过与最大许可压力比较，判断管道安全状况；极限载荷解析法主要以强度准则为理论依据，推导出管道的极限承载能力；ANSYS 有限元仿真评价方法是通过建立腐蚀缺陷管道实体模型，对模型进行网格划分、加载和求解，确定腐蚀缺陷管道的等效应力，根据管道失效判定准则，实现对腐蚀缺陷管道的评价。

11.5.1　管道失效判定准则

压力容器的失效判定准则主要有腐蚀失效准则、蠕变失效准则、弹性极限准则、弹塑性失效准则、塑性失效准则、疲劳失效准则、爆破失效准则及断裂失效准则等。其中，疲劳失效准则适用于压力容器在交变载荷作用下的失效情况，爆破失效准则适用于高压和超高压容器，弹性极限准则和塑性失效准则适用于长输油气管道失效判定。

弹性极限准则和塑性失效准则均以管道等效应力的大小为判定依据。在三维主应力空间中，等效应力 σ_{VM} 为

$$\sigma_{VM}=\sqrt{\frac{1}{2}[(\sigma_x-\sigma_y)^2+(\sigma_y-\sigma_z)^2+(\sigma_x-\sigma_z)^2]} \tag{11-35}$$

式中，σ_x、σ_y、σ_z 为 x、y、z 方向的屈服应力。

弹性极限准则认为，当管道的等效应力 σ_{VM} 不大于管道的下屈服强度 R_{eL} 时，即

$$\sigma_{VM} \leqslant R_{eL} \tag{11-36}$$

管道处于安全运行状态；当管道的等效应力 $\sigma_{VM} > R_{eL}$ 时，管道失效。管道失效时的运行压力称为失效运行压力。该准则将等效应力限制在管道材质的弹性范围即屈服强度以内，判定结果相对较为保守。

塑性失效准则认为，当管道的等效应力不大于管道的抗拉强度 R_m 时，即

$$\sigma_{VM} \leqslant R_m \tag{11-37}$$

管道处于安全运行状态；当管道的等效应力大于管道的抗拉强度 R_m 时，管道失效。管道材质为铁磁性材料，具有较好的韧性，抗拉强度较大。该准则能够克服弹性极限准则的保守性，但当等效应力达到材料的屈服极限时，管道易发生泄漏等事故，判定结果相对较为冒险。

明确了管道失效判定准则，可以采用有限元法对腐蚀缺陷管道进行仿真，得出腐蚀缺陷管道的等效应力大小及分布情况。

11.5.2　基于 ANSYS 的有限元仿真

采用 ANSYS 有限元仿真方法对含有等深度凹槽形腐蚀缺陷的管道进行仿真。通过建立三维实体模型、对模型进行网格划分、施加载荷和边界条件并求解之后，在通用后处理中查看等效应力云图，得到腐蚀缺陷管道的等效应力大小及分布情况，对腐蚀缺陷管道进行评价。

1. ANSYS 仿真前处理

对腐蚀缺陷管道进行有限元仿真时，首先进入 ANSYS 仿真前处理步骤，在前处理中选定仿真分析单元类型、定义材料属性，根据管道的实际运行状况建立三维有限元实体模型，为管道的三维有限元实体模型分配单位和材料属性，并根据求解结果的精确度要求为腐蚀缺陷处和完好区域管道划分网格，根据管道的实际运行状况为管道定义对称边界条件和位移约束条件，对管道内壁施加不同大小的运行压力，并将此压力写入载荷步文件，对不同载荷步文件进行求解，到此即完成了 ANSYS 仿真前处理。

在前处理中分析位于管道内壁的长度为 100mm、深度为 2mm、宽度为 50mm 的腐蚀缺陷。为保证仿真结果的准确性，需要建立长度为 10 倍腐蚀缺陷长度的管道长度，即管道长度为 1000mm，管道外径为 ϕ610mm，内径为 ϕ602mm，管道公称壁厚为 8mm，运行压力为 7MPa，管道材质为 X60，屈服强度为 452MPa，抗拉强度为 542MPa，弹性模量为 2×10^5MPa，泊松比为 0.3。腐蚀缺陷管道的有限元仿真模型参数见表 11-16。

表 11-16　腐蚀缺陷管道的有限元仿真模型参数

模型参数	数值	模型参数	数值
管道长度	1000mm	弹性模量	2×10^5MPa
管道外径	ϕ610mm	泊松比	0.3
公称壁厚	8mm	运行压力	7MPa
管道材质	X60	腐蚀长度	100mm
屈服强度	452MPa	腐蚀深度	2mm
抗拉强度	542MPa	腐蚀宽度	50mm

根据表中腐蚀缺陷的有限元仿真模型参数，采用 20 个节点的六面体单元建立的腐蚀缺陷管道三维实体模型，如图 11-20 所示。

如图 11-20 所示，建立了完整的腐蚀缺陷管道，通过对该模型进行网格划分、施加载荷和边界条件并求解之后，可以在通用后处理中查看等效应力云图，得到腐蚀缺陷管道的等效应力大小及分布情况，对腐蚀缺陷管道进行评价。但由于完好的管道区域面积过大，计算机在仿真计算时需要处理很多完好管道区域的数据，造成计算量过大，影响仿真效率，并且在求解完成后管道内壁的等效应力分布被遮挡，不容易分析管道等效应力的分布情况。

在实际操作中应该利用 ANSYS 仿真中的对称边界条件，只建立 1/2 的腐蚀缺陷和管道，通过对称边界条件达到对整个腐蚀缺陷管道进行仿真的目的，仿真效率大幅度提高，其腐蚀缺陷处的等效应力分布情况清晰可见。1/2 腐蚀缺陷管道的三维实体模型如图 11-21 所示。

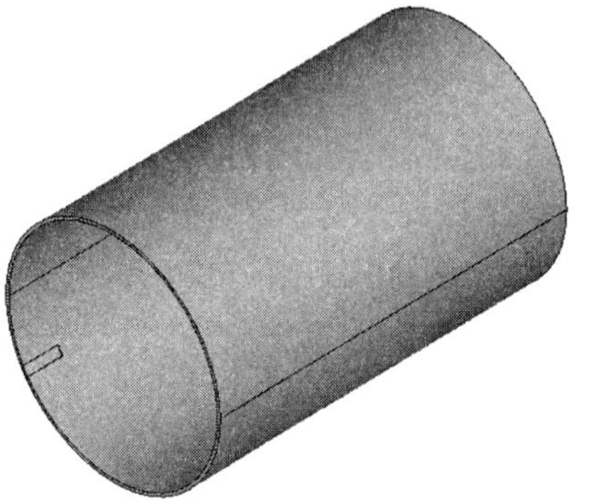

图 11-20　腐蚀缺陷管道三维实体模型

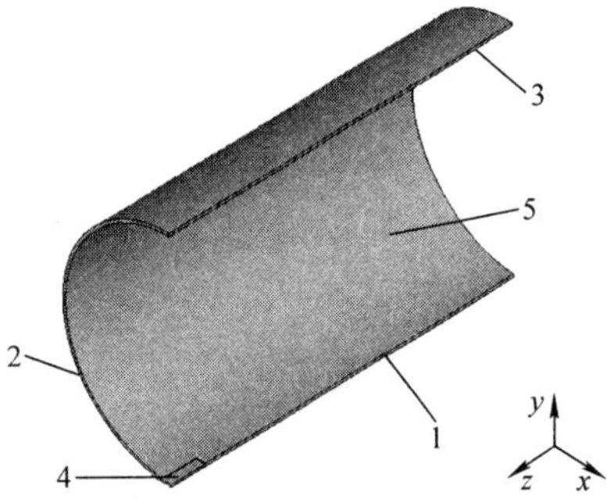

图 11-21　1/2 腐蚀缺陷管道的三维实体模型

如图 11-21 所示，在 1/2 腐蚀缺陷管道三维实体模型中，腐蚀缺陷的长度、深度不变，宽度只需要为实际尺寸的一半，通过对称边界条件即可还原腐蚀缺陷尺寸的实际工作状况，计算量减少为原模型的 1/2，但结果的准确度与原模型相同。三维实体模型建立之后，需要对模型进行网格划分，才能使施加在有限元边界上的载荷或边界条件传递到实体模型上求解。为保证有限元仿真结果的准确性，兼顾仿真效率，对腐蚀缺陷处划分比较细密的网格，对没有腐蚀缺陷的完好管道区域划分比较稀疏的网格。

进行网格划分之后，需要对模型定义边界条件和载荷，在 1 号面、2 号面、3 号面上施加对称边界载荷，以还原腐蚀缺陷及管道的实际工作状况，在 4 号面和 5 号面施加 7MPa 均匀压力，代替腐蚀缺陷管道的实际运行压力。施加边界条件及载荷之后，对仿真模型进行静力分析求解，即可完成 ANSYS 仿真的前处理工作。

2. ANSYS 仿真结果分析

在前处理中选定单元类型，定义材料属性，建立实体模型，分配单位和材料属性，划分网格，根据管道的实际运行状况为管道定义对称边界条件和位移约束条件，对模型进行静力分析求解之后，在通用后处理中查看等效应力云图，如图 11-22 所示，得到腐蚀缺陷管道的等效应力大小及分布情况。

由图 11-22 可见，颜色渐变条中颜色不同代表不同大小的等效应力，根据管壁颜色变化可以看出等效应力分布情况。对于长度为 100mm、深度为 2mm、宽度为 50mm 的腐蚀缺陷在运行压力为 7MPa 时的等效应力进行分析得，腐蚀缺陷边缘处的等效应力最小，为

77.1MPa，腐蚀缺陷处等效应力最大，为502MPa，在完好管道区域的等效应力分布情况基本一致，为264MPa。根据弹性极限准则，腐蚀缺陷处的最大等效应力大于管道的屈服强度，管道处于失效状态；根据塑性失效准则，腐蚀缺陷处的最大等效应力小于管道的抗拉强度，管道处于安全状态。由此可见，弹性极限准则和塑性失效准则的评价结果不一致，弹性极限准则比塑性失效准则的评价结果更加保守。

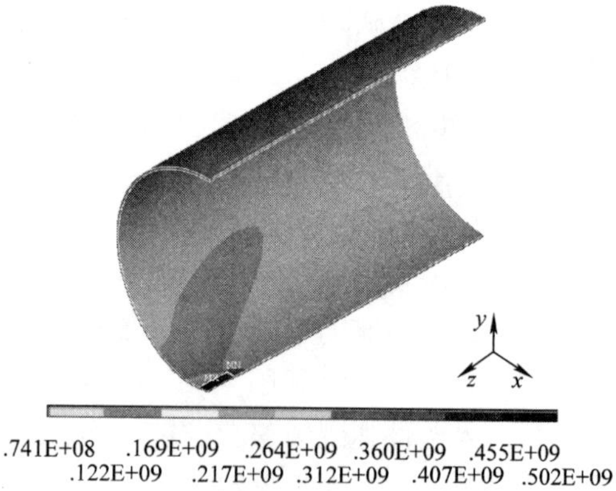

图 11-22　腐蚀缺陷管道等效应力云图

根据上述步骤对不同腐蚀缺陷参数的管道进行有限元仿真，可以得出不同参数腐蚀缺陷时管道等效应力的大小及其分布情况，以及腐蚀缺陷参数对管道等效应力的大小和分布的影响情况。

11.5.3　腐蚀缺陷参数对等效应力的影响

腐蚀缺陷参数会影响管道等效应力的大小和分布情况，为了验证不同腐蚀缺陷参数对管道等效应力的大小及其分布情况的影响，对已投产运行的管道进行漏磁内检测，得到不同参数的腐蚀缺陷。根据这些腐蚀缺陷的实际情况，建立不同参数腐蚀缺陷的有限元模型，按照有限元仿真步骤进行仿真，得出不同参数腐蚀缺陷时管道等效应力的大小及其分布情况。

1. 腐蚀缺陷长度对等效应力的影响

为了验证不同长度腐蚀缺陷时管道等效应力的大小及其分布情况，以及腐蚀缺陷长度对管道等效应力的大小和分布的影响情况。管道长度为1000mm，管道外径为ϕ610mm，内径为ϕ602mm，管道公称壁厚为8mm，运行压力为7MPa，管道材质为X60，屈服强度为452MPa，抗拉强度为542MPa，弹性模量为2×10^5MPa，泊松比为0.3。对位于管道内壁的深度为2mm，宽度为50mm，长度为100mm、130mm、160mm、190mm的腐蚀缺陷的运行状况进行仿真，得到腐蚀缺陷长度对腐蚀缺陷处等效应力的影响，如图11-23所示。

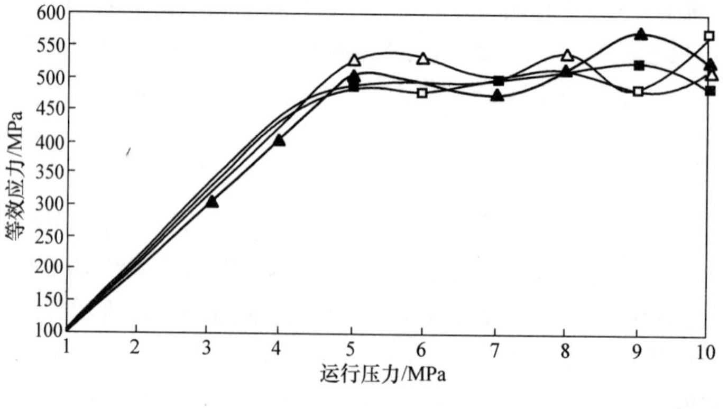

图 11-23　腐蚀缺陷长度对腐蚀缺陷处等效应力的影响

由图 11-23 可见，对于同一长度的腐蚀缺陷，腐蚀缺陷处的等效应力随运行压力的变化情况分为两个不同的阶段，这两个阶段以腐蚀缺陷管道发生失效的运行压力为转折点。在腐蚀缺陷管道发生失效之前，等效应力与运行压力呈线性关系，随着运行压力的增加，腐蚀缺陷管道的等效应力逐渐增大；腐蚀缺陷管道发生失效之后，等效应力与运行压力成非线性关系，随着运行压力的增加，腐蚀缺陷管道的等效应力不是规律性地增大或减小，而是随着运行压力的增加出现波动。对于同一运行压力，在腐蚀缺陷管道发生失效之前，随着腐蚀缺陷长度的增加，腐蚀缺陷管道的等效应力逐渐增大，长度为 100mm 时的等效应力最小，长度为 190mm 时的等效应力最大；在腐蚀缺陷管道发生失效之后，管道的等效应力情况不总是服从长度越大，等效应力越大的规律。例如，在运行压力为 9MPa 时，长度为 100mm 的腐蚀缺陷的等效应力大于长度为 190mm 的腐蚀缺陷的等效应力。长度为 100mm、130mm、160mm、190mm 的腐蚀缺陷对完好管道区域等效应力的影响如图 11-24 所示。

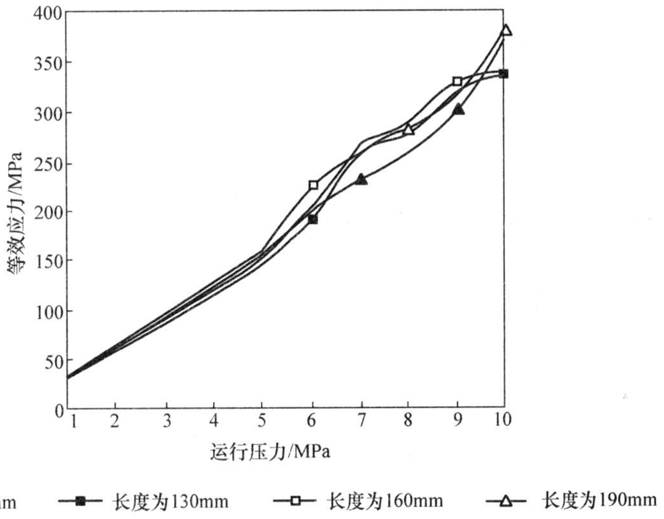

图 11-24　腐蚀缺陷长度对完好管道区域等效应力的影响

由图 11-24 可见，对于同一长度的腐蚀缺陷，完好管道区域的等效应力随运行压力的变化情况分为两个不同的阶段，这两个阶段以腐蚀缺陷管道发生失效的运行压力为转折点。腐蚀缺陷管道发生失效之前，完好管道区域的等效应力与运行压力呈线性关系，完好管道区域的等效应力随运行压力增加而增大；腐蚀缺陷管道发生失效之后，完好管道区域的等效应力与运行压力成非线性关系，增幅比失效前更大。在 1～10MPa 的运行压力中，完好管道区域始终未达到屈服强度，处于安全状态之中。在 7MPa 运行压力下，存在长度为 100mm、130mm、160mm、190mm 腐蚀缺陷的管道等效应力云图如图 11-25 所示。

由图 11-25 可见，颜色渐变条中颜色不同代表不同大小的等效应力，根据管壁颜色变化可以看出等效应力的分布情况。随着腐蚀缺陷长度的增加，腐蚀缺陷处的最大等效应力逐渐增大，最大等效应力面积也逐渐增大；随着腐蚀缺陷长度的增加，完好管道区域的等效应力逐渐增大，当等效应力增加到一定值时，完好管道区域的等效应力大小不再增加，但等效应力的面积发生改变。

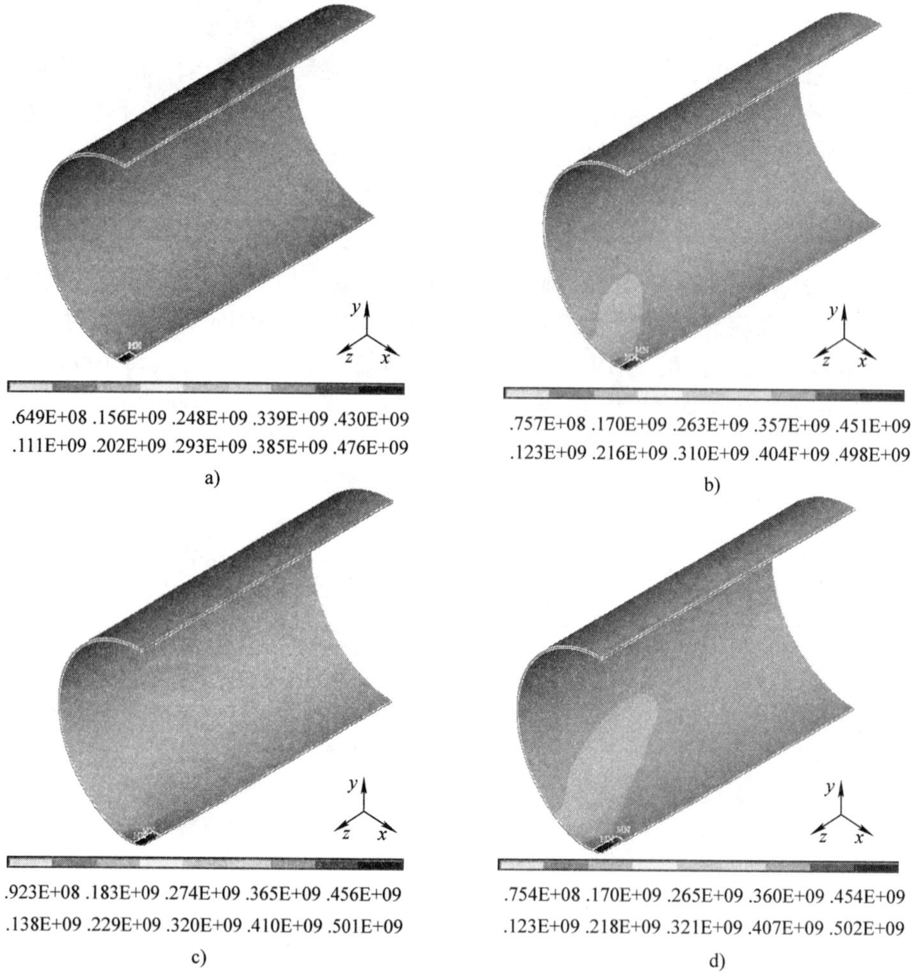

图 11-25 不同腐蚀缺陷长度的管道等效应力云图

a）腐蚀缺陷长度为 100mm b）腐蚀缺陷长度为 130mm c）腐蚀缺陷长度为 160mm d）腐蚀缺陷长度为 190mm

2. 腐蚀缺陷深度对等效应力的影响

研究发现，腐蚀缺陷深度对管道失效概率的影响比腐蚀缺陷长度更大，下面验证腐蚀缺陷深度对管道等效应力的大小和分布的影响情况。管道长度为 1000mm，管道外径为 ϕ610mm，内径为 ϕ602mm，管道公称壁厚为 8mm，运行压力为 7MPa，管道材质为 X60，屈服强度为 452MPa，抗拉强度为 542MPa，弹性模量为 2×10^5MPa，泊松比为 0.3。对位于管道内壁的长度为 200mm，宽度为 50mm，深度为 1.5mm、1.8mm、2.1mm、2.4mm 的腐蚀缺陷的运行状况进行仿真，得到腐蚀缺陷深度对腐蚀缺陷处等效应力的影响，如图 11-26 所示。

由图 11-26 可见，对于同一深度的腐蚀缺陷，腐蚀缺陷处的等效应力随运行压力的变化情况分为两个不同的阶段，这两个阶段以腐蚀缺陷管道发生失效的运行压力为转折点。在腐蚀缺陷管道发生失效之前，等效应力与运行压力呈线性关系，随着运行压力的增加，腐蚀缺陷处的等效应力逐渐增大；腐蚀缺陷管道发生失效之后，等效应力与运行压力成非线性关

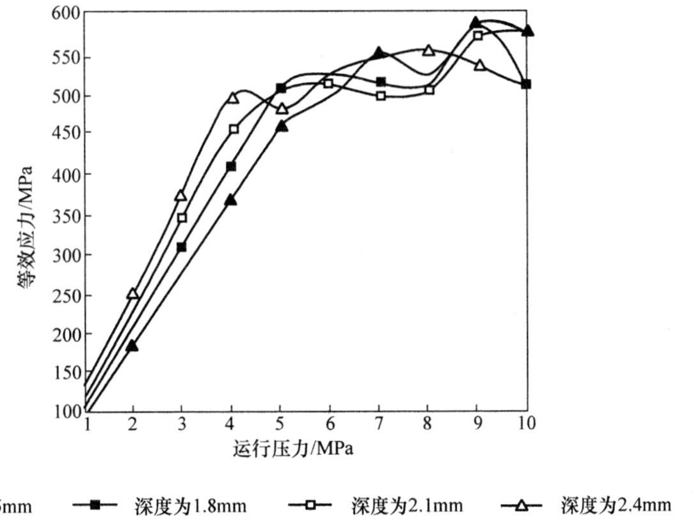

图 11-26　腐蚀缺陷深度对腐蚀缺陷处等效应力的影响

系，随着运行压力的增加，腐蚀缺陷处的等效应力不是规律性地增大或减小，而是随着运行压力的增加出现波动。对于同一运行压力，在腐蚀缺陷管道发生失效之前，随着腐蚀缺陷深度的增加，腐蚀缺陷处的等效应力逐渐增大，深度为 1.5mm 时的等效应力最小，长度为 2.4mm 时的等效应力最大；在腐蚀缺陷管道发生失效之后，腐蚀缺陷处的等效应力情况不总是服从深度越大，等效应力越大的规律。例如，在运行压力为 9MPa 时，深度为 1.5mm 的腐蚀缺陷处的等效应力大于深度为 2.4mm 的腐蚀缺陷处的等效应力。深度 1.5mm、1.8mm、2.1mm、2.4mm 的腐蚀缺陷对完好管道区域的等效应力影响如图 11-27 所示。

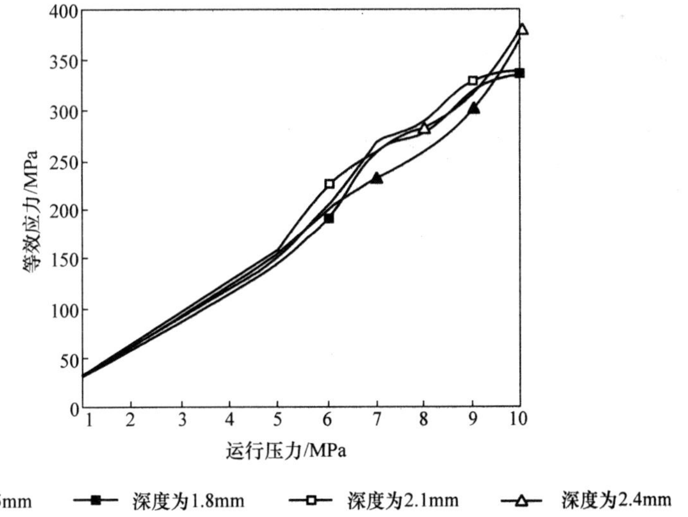

图 11-27　腐蚀缺陷深度对完好管道区域等效应力的影响

由图 11-27 可见，对于同一深度的腐蚀缺陷，完好管道区域的等效应力随运行压力的变化情况分为两个不同的阶段，这两个阶段以腐蚀缺陷管道发生失效的运行压力为转折点。腐蚀缺陷管道发生失效之前，完好管道区域的等效应力与运行压力呈线性关系，完好管道区域的等效应力随运行压力增加而增大；腐蚀缺陷管道发生失效之后，完好管道区域的等效应力与运行压力成非线性关系，增幅比失效前更大。在 1～10MPa 的运行压力中，完好管道区域始终未达到屈服极限，处于安全状态之中。在 7MPa 运行压力下，存在深度为 1.5mm、1.8mm、2.1mm、2.4mm 腐蚀缺陷的管道等效应力云图如图 11-28 所示。

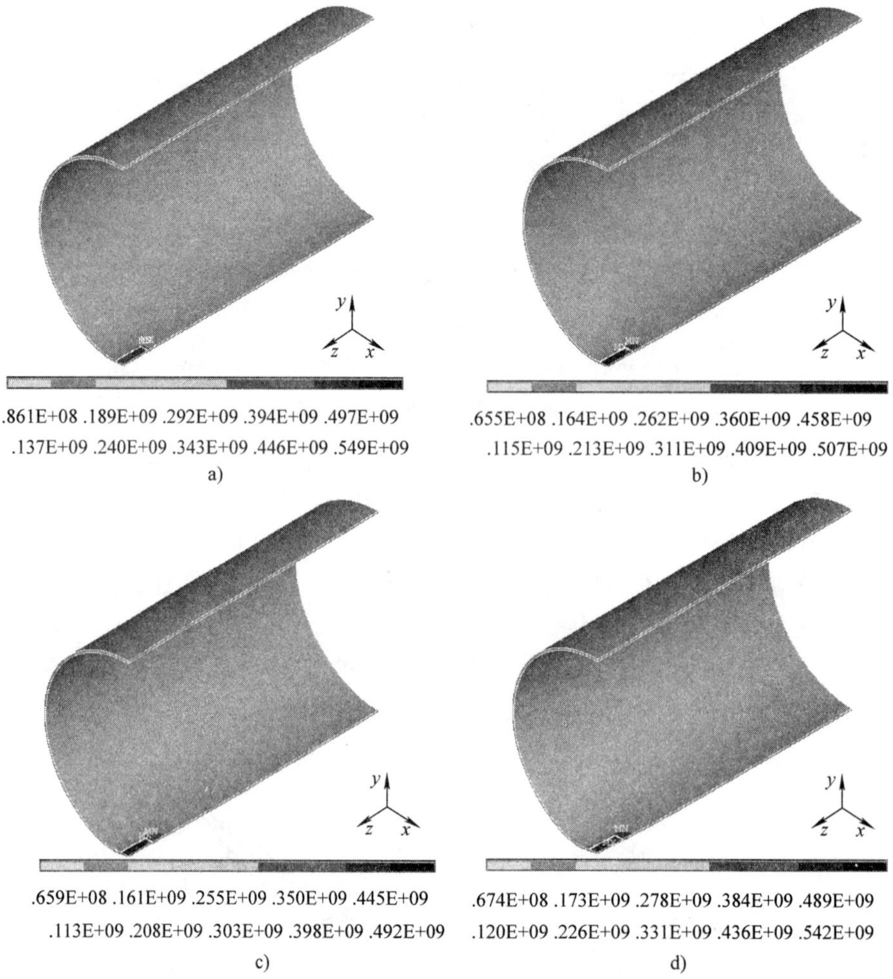

图 11-28 不同腐蚀缺陷深度管道等效应力云图

a）腐蚀缺陷深度为 1.5mm b）腐蚀缺陷深度为 1.8mm

c）腐蚀缺陷深度为 2.1mm d）腐蚀缺陷深度为 2.4mm

由图 11-28 可见，颜色渐变条中颜色不同代表不同大小的等效应力，根据管壁颜色变化可以看出等效应力分布情况。随着腐蚀缺陷深度的增加，腐蚀缺陷处的最大等效应力逐渐增大，最大等效应力面积也逐渐增大；随着腐蚀缺陷深度的增加，完好管道区域的等效应力逐渐增大，当等效应力增加到一定值时，完好管道区域的等效应力的大小不再增加，但等效应力的面积发生改变。

3. 腐蚀缺陷宽度对等效应力的影响

下面验证不同宽度腐蚀缺陷时管道等效应力的大小及其分布情况，以及腐蚀缺陷宽度对管道等效应力的大小和分布的影响情况。管道长度为 1000mm，管道外径为 ϕ610mm，内径

为 ϕ602mm，管道公称壁厚为 8mm，运行压力为 7MPa，管道材质为 X60，屈服强度为 452MPa，抗拉强度为 542MPa，弹性模量为 2×10^5MPa，泊松比为 0.3。对位于管道内壁的长度为 200mm，深度为 1mm，宽度为 10mm、40mm、70mm、100mm 的腐蚀缺陷的运行状况进行仿真，得到腐蚀缺陷宽度对腐蚀缺陷处等效应力的影响，如图 11-29 所示。

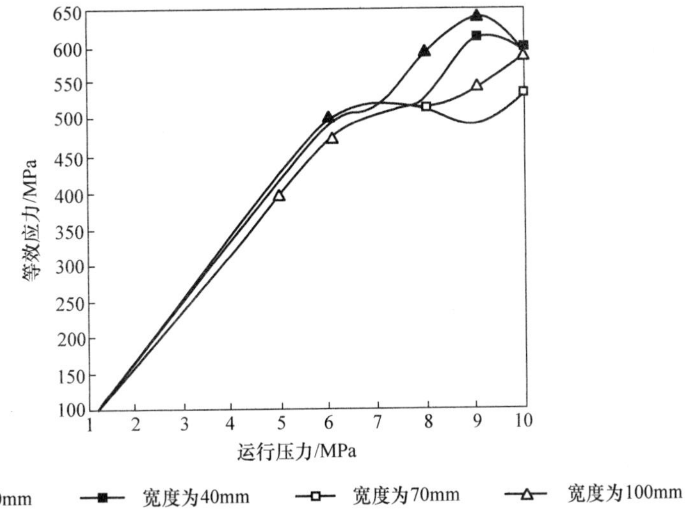

图 11-29　腐蚀缺陷宽度对腐蚀缺陷处等效应力的影响

由图 11-29 可见，对于同一宽度的腐蚀缺陷，腐蚀缺陷处的等效应力随运行压力的变化情况分为两个不同的阶段，这两个阶段以腐蚀缺陷管道发生失效的运行压力为转折点。在腐蚀缺陷管道发生失效之前，等效应力与运行压力呈线性关系，随着运行压力的增加，腐蚀缺陷处的等效应力逐渐增大；腐蚀缺陷管道发生失效之后，等效应力与运行压力成非线性关系，随着运行压力的增加，腐蚀缺陷处的等效应力不是规律性地增大或减小，而是随着运行压力的增加出现波动。对于同一运行压力，在腐蚀缺陷管道发生失效之前，随着腐蚀缺陷宽度的增加，腐蚀缺陷处的等效应力逐渐降低，宽度为 100mm 时的等效应力最小，宽度为 10mm 时的等效应力最大；在腐蚀缺陷管道发生失效之后，管道处的等效应力情况不总是服从宽度越大，等效应力越小的规律。例如，在运行压力为 9MPa 时，宽度为 100mm 的腐蚀缺陷处的等效应力大于宽度为 70mm 的腐蚀缺陷处的等效应力。宽度为 10mm，40mm、70mm、100mm 腐蚀缺陷对完好管道区域等效应力的影响如图 11-30 所示。

由图可见，对于同一宽度的腐蚀缺陷，完好管道区域的等效应力随运行压力的变化情况分为两个不同的阶段，这两个阶段以腐蚀缺陷管道发生失效的运行压力为转折点。腐蚀缺陷管道发生失效之前，完好管道区域的等效应力与运行压力呈线性关系，完好管道区域的等效应力随运行压力增加而增大；腐蚀缺陷管道发生失效之后，完好管道区域的等效应力与运行压力成非线性关系，增幅比失效前更大。在腐蚀缺陷发生失效的运行压力附近，腐蚀缺陷宽度对完好管道区域的等效应力的影响出现缓慢变化的迹象，而腐蚀缺陷长度、深度对完好管道区域的等效应力的影响是持续上升的。这说明，腐蚀缺陷宽度与腐蚀缺陷长度、深度对完好管道区域等效应力的影响情况不一致。在 1～10MPa 的运行压力中，完好管道区域的等效压力始终未达到屈服极限，处于安全状态。在 7MPa 运行压力下，存在宽度为 10mm、40mm、70mm、100mm 腐蚀缺陷的管道等效应力云图如图 11-31 所示。

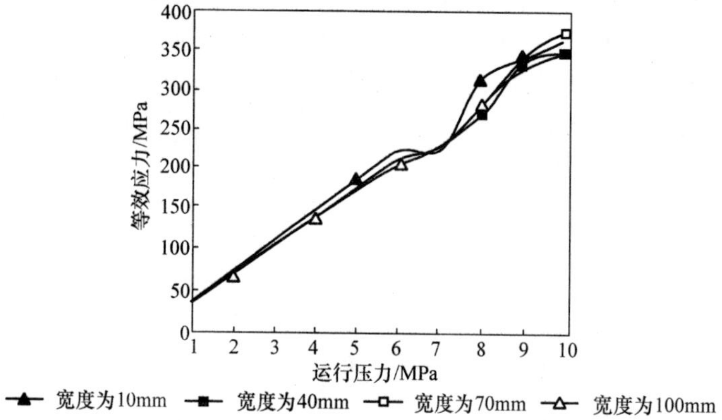

图 11-30 腐蚀缺陷宽度对完好管道区域等效应力的影响

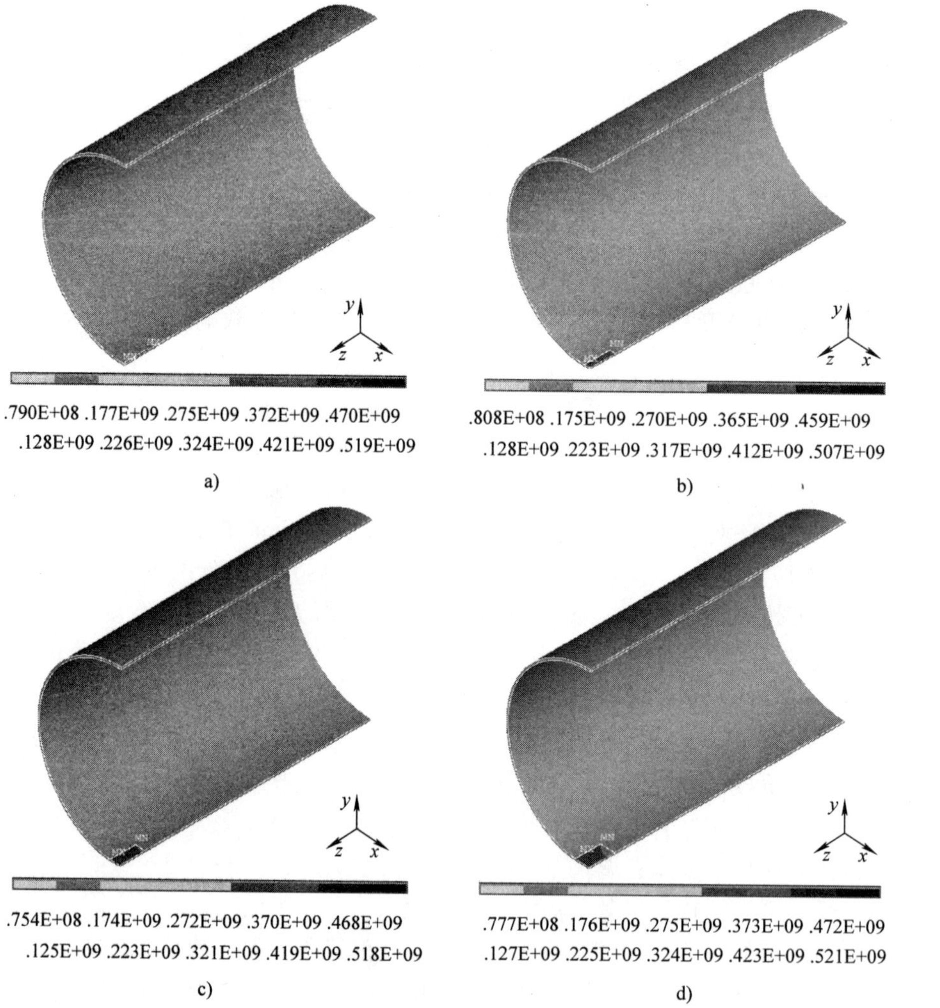

图 11-31 不同腐蚀缺陷宽度管道等效应力云图

a）腐蚀缺陷宽度为 10mm b）腐蚀缺陷宽度为 40mm c）腐蚀缺陷宽度为 70mm d）腐蚀缺陷宽度为 100mm

由图 11-31 可见，颜色渐变条中颜色不同代表不同大小的等效应力，根据管壁颜色变化可以看出等效应力分布情况。随着腐蚀缺陷宽度的增加，腐蚀缺陷处的等效应力逐渐减小，最大等效应力面积占全部腐蚀缺陷面积的比例逐渐增大。随着腐蚀缺陷宽度的增加，完好管道区域的等效应力变化不大，但等效应力的面积逐渐增大。

4. 腐蚀缺陷位置对等效应力的影响

下面验证不同位置腐蚀缺陷时管道等效应力的大小及其分布情况，以及腐蚀缺陷位置对管道等效应力的大小和分布的影响情况。管道长度为 1000mm，管道外径为 ϕ610mm，内径为 ϕ602mm，管道公称壁厚为 8mm，运行压力为 7MPa，管道材质为 X60，屈服强度为 452MPa，抗拉强度为 542MPa，弹性模量为 2×10^5MPa，泊松比为 0.3。对长度为 200mm，深度为 2mm，宽度为 50mm，分别位于管道内壁和外壁的 2 个腐蚀缺陷的运行状况进行仿真，得到腐蚀缺陷位置对腐蚀缺陷处等效应力的影响如图 11-32 所示。

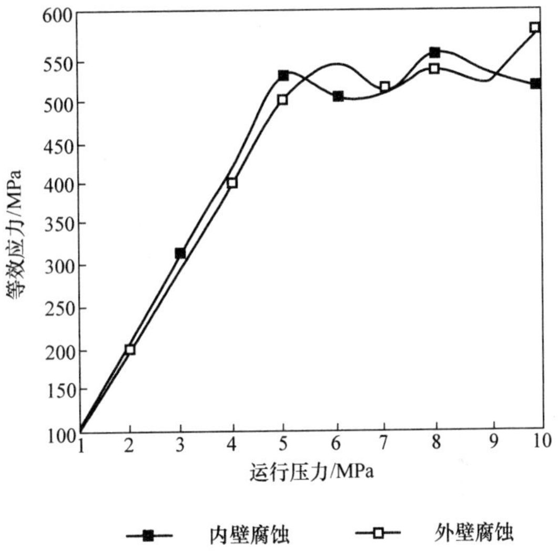

图 11-32　腐蚀缺陷位置对腐蚀缺陷处等效应力的影响

由图 11-32 可见，对于同一位置的腐蚀缺陷，腐蚀缺陷处的等效应力随运行压力的变化情况分为两个不同的阶段，这两个阶段以腐蚀缺陷管道发生失效的运行压力为转折点。在腐蚀缺陷管道发生失效之前，等效应力与运行压力呈线性关系，随着运行压力的增加，腐蚀缺陷管道的等效应力逐渐增大；腐蚀缺陷管道发生失效之后，等效应力与运行压力成非线性关系，随着运行压力的增加，腐蚀缺陷管道的等效应力不是规律性地增大或减小，而是随着运行压力的增加出现波动。对于同一运行压力，在腐蚀缺陷管道发生失效之前，内壁腐蚀缺陷处的等效应力大于外壁腐蚀缺陷处的等效应力，但两者之间相差不大；在腐蚀缺陷管道发生失效之后，管道的内、外壁腐蚀缺陷处的等效应力情况不是服从内壁缺陷等效应力大于外壁缺陷等效应力的规律。例如，在运行压力为 6MPa 时，外壁腐蚀缺陷处的等效应力大于内壁腐蚀缺陷处的等效应力。5MPa 运行压力下，内、外壁腐蚀缺陷管道等效应力云图如图11-33 所示。

由图 11-33 可见，5MPa 运行压力下，即腐蚀缺陷管道发生失效之前，内壁腐蚀缺陷管道的等效应力大于外壁腐蚀缺陷管道，内壁腐蚀缺陷管道的应力集中面积大于外壁腐蚀缺陷管道，由此可得，在同等条件下，内壁腐蚀缺陷对于管道安全的影响大于外壁腐蚀缺陷，但两者之间差距不大。在管道发生失效之后，内外壁腐蚀缺陷对管道等效应力的影响进入非线性阶段，内壁腐蚀缺陷的等效应力不一定大于外壁，7MPa 运行压力下，内、外壁腐蚀缺陷管道等效应力云图如图 11-34 所示。

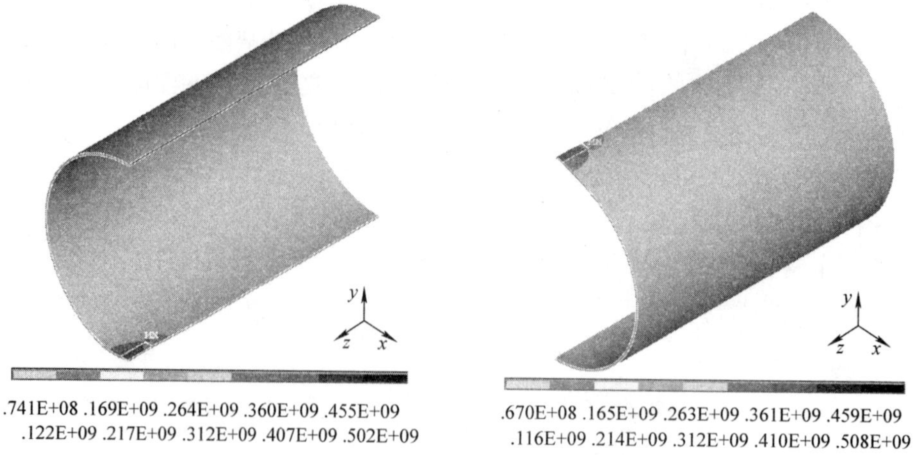

a)　　　　b)

图 11-33　内、外壁腐蚀缺陷管道等效应力云图

a）内壁腐蚀缺陷管道等效应力云图　b）外壁腐蚀缺陷管道等效应力云图

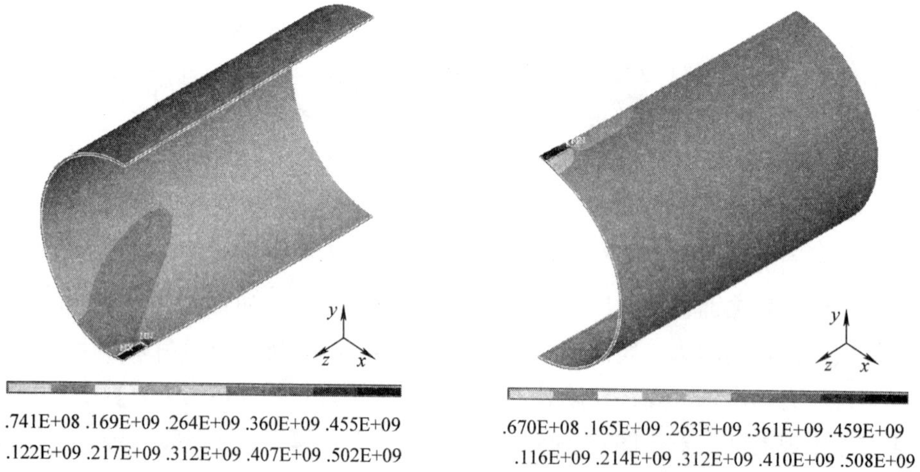

a)　　　　b)

图 11-34　内、外壁腐蚀缺陷管道等效应力云图

a）内壁腐蚀缺陷管道等效应力　b）外壁腐蚀缺陷管道等效应力

11.6　评价标准与有限元仿真对比分析

由于不同评价标准或方法的计算方式不同，导致其保守性不同，因此对于相同参数的腐蚀缺陷采用不同的评价标准或方法进行评价时，将得出不同的评价结果和结论。为了验证 ASME B31G—1984 标准、ASME B31G—2009 标准、RSTRENG 0.85dL 标准、DNV RP－F101 分项安全系数法、DNV RP－F101 许用应力法和有限元仿真分析方法的保守性情况，对不同长度、深度、宽度、位置腐蚀缺陷分别采用上述 5 种评价标准和有限元仿真分析方法进行评

价，并将评价结果进行对比分析，判断各评价方法的保守性。

11.6.1　不同长度腐蚀缺陷评价结果对比分析

下面验证不同长度腐蚀缺陷时管道等效应力的大小及其分布情况，以及不同长度腐蚀缺陷时各标准评价结果与有限元仿真结果之间的差异性。管段所在地区等级为正常，检测器精度为 10%*t*，置信度为 80%，采用相对深度测量方式，管道长度为 1000mm，设计系数为 0.72，管道外径为 ϕ610mm，内径为 ϕ602mm，管道公称壁厚为 8mm，运行压力为 7MPa，管道材质为 X60，屈服强度为 452MPa，抗拉强度为 542MPa，弹性模量为 2×10^5MPa，泊松比为 0.3。对位于管道内壁的腐蚀缺陷深度为 2mm，宽度为 50mm，长度为 100mm、110mm、120mm、130mm、140mm、150mm、160mm、170mm、180mm、190mm 的 10 个腐蚀缺陷的运行状况进行仿真，得到不同腐蚀缺陷长度管道的等效应力大小，见表 11-17。

表 11-17　不同腐蚀缺陷长度管道的等效应力

长度/mm	运行压力/MPa									
	1	2	3	4	5	6	7	8	9	10
100	101	202	303	404	505	470	536	588	554	508
110	100	197	295	393	492	523	484	505	558	505
120	100	201	301	402	502	505	487	536	577	519
130	100	200	300	400	500	467	502	534	505	526
140	100	201	301	402	502	477	490	512	575	513
150	104	207	311	414	518	502	504	525	503	524
160	101	201	302	402	503	528	504	529	510	533
170	102	203	305	407	508	523	507	513	520	537
180	104	209	313	418	522	548	506	534	497	542
190	103	206	309	412	515	498	513	540	503	516

由表 11-17 可见，根据弹性极限准则，10 个腐蚀缺陷在运行压力为 5MPa 左右时的等效应力超过管材的屈服强度，即腐蚀缺陷管道的失效运行压力为 5MPa；根据塑性失效准则，10 个腐蚀缺陷在运行压力为 9MPa 左右的等效应力超过管道的抗拉强度，即腐蚀缺陷管道的失效运行压力为 9MPa。采用 ASME B31G—1984 标准对 10 个腐蚀缺陷的评价结果在 8MPa 左右，采用 ASME B31G—2009 标准对 10 个腐蚀缺陷的评价结果在 8MPa 左右，采用 RSTRENG 0.85dL 标准时对 10 个腐蚀缺陷的评价结果在 8MPa 左右，采用 DNV RP－F101 分项安全系数法时对 10 个腐蚀缺陷的评价结果在 9MPa 左右，采用 DNV RP－F101 许用应力法时对 10 个腐蚀缺陷的评价结果在 8MPa 左右，即塑性失效准则克服了 ASME B31G—1984 标准、ASME B31G—2009 标准、RSTRENG 0.85dL 标准、DNV RP－F101 分项安全系数法及 DNV RP－F101 许用应力法的保守性，但弹性极限准则比这 5 种标准和方法更为保守。

11.6.2　不同深度腐蚀缺陷评价结果对比分析

下面验证不同深度腐蚀缺陷时管道等效应力的大小及其分布情况，以及不同深度腐蚀缺陷时各标准评价结果与有限元仿真结果之间的差异性。管段所在地区等级为正常，检测器精度为 10%t，置信度为 80%，为相对深度测量，管道长度为 1000mm，设计系数为 0.72，管道外径为 ϕ610mm，内径为 ϕ602mm，管道公称壁厚为 8mm，运行压力为 7MPa，管道材质为 X60，屈服强度为 452MPa，抗拉强度为 542MPa，弹性模量为 2×10^5MPa，泊松比为 0.3。对位于管道内壁的腐蚀缺陷长度为 200mm，宽度为 50mm，深度为 1.5mm、1.6mm、1.7mm、1.8mm、1.9mm、2.0mm、2.1mm、2.2mm、2.3mm、2.4mm 的 10 个腐蚀缺陷的运行状况进行仿真，得到不同腐蚀缺陷深度管道的等效应力大小，见表 11-18。

表 11-18 不同腐蚀缺陷深度管道的等效应力

深度/mm	运行压力/MPa									
	1	2	3	4	5	6	7	8	9	10
1.5	87.5	169	254	338	423	507	499	562	540	498
1.6	89.7	179	269	359	448	493	495	516	511	575
1.7	88.2	176	265	353	441	482	523	586	564	504
1.8	95	190	285	380	475	489	552	515	557	526
1.9	97.2	194	291	389	486	465	524	574	535	510
2.0	101	202	303	404	505	470	536	588	554	509
2.1	96.1	190	285	380	475	512	571	560	469	495
2.2	97	194	291	388	485	473	539	599	574	506
2.3	98.4	187	295	394	492	539	534	563	503	501
2.4	102	203	305	407	508	532	592	543	490	490

由表 11-18 可见，根据弹性极限准则，10 个腐蚀缺陷在运行压力为 5MPa 左右时的等效应力超过管材的屈服强度，即腐蚀缺陷管道的失效运行压力为 5MPa；根据塑性失效准则，10 个腐蚀缺陷在运行压力为 8MPa 左右的等效应力超过管道的抗拉强度，即腐蚀缺陷管道的失效运行压力为 8MPa。采用 ASME B31G—1984 标准时对 10 个腐蚀缺陷的评价结果在 8MPa 左右，采用 ASME B31G—2009 标准时对 10 个腐蚀缺陷的评价结果在 8MPa 左右，采用 RSTRENG 0.85dL 标准时对 10 个腐蚀缺陷的评价结果在 8MPa 左右，采用 DNV RP－F101 分项安全系数法时对 10 个腐蚀缺陷的评价结果在 8MPa 左右，采用 DNV RP－F101 许用应力法时对 10 个腐蚀缺陷的评价结果在 8MPa 左右。即塑性失效准则克服了 ASME B31G—1984 标准、ASME B31G—2009 标准、RSTRENG 0.85dL 标准、DNV RP－F101 分项安全系数法及 DNV RP－F101 许用应力法的保守性，但弹性极限准则比这 5 种标准和方法更为保守。

11.6.3 不同宽度腐蚀缺陷评价结果对比分析

下面验证不同宽度腐蚀缺陷时管道等效应力的大小及其分布情况，以及不同宽度腐蚀缺陷时各标准评价结果与有限元仿真结果之间的差异性。管段所在地区等级为正常，检测器精度为 10%t，置信度为 80%，为相对深度测量，管道长度为 1000mm，设计系数为 0.72，管道外径为 ϕ610mm，内径为 ϕ602mm，管道公称壁厚为 8mm，运行压力为 7MPa，管道材质为 X60，屈服强度为 452MPa，抗拉强度为 542MPa，弹性模量为 2×10^5MPa，泊松比为 0.3。

对位于管道内壁的腐蚀缺陷长度为 200mm，深度为 1mm，宽度为 10mm、20mm、30mm、40mm、50mm、60mm、70mm、80mm、90mm、100mm 的 10 个腐蚀缺陷的运行状况进行仿真，得到不同腐蚀缺陷宽度管道的等效应力大小，见表 11-19。

表 11-19　不同腐蚀缺陷宽度管道的等效应力

宽度/mm	运行压力/MPa									
	1	2	3	4	5	6	7	8	9	10
10	89.9	180	270	359	449	539	519	480	522	552
20	86.8	174	261	347	434	521	518	524	497	578
30	78.7	157	236	315	394	472	519	548	604	584
40	81.1	162	243	324	405	487	533	483	510	531
50	87	174	261	348	435	522	520	501	539	537
60	87.2	168	253	337	421	505	505	511	502	519
70	82.6	165	248	330	413	495	519	511	519	562
80	80.3	161	241	321	402	482	519	510	497	519
90	79.1	158	237	316	396	475	514	527	484	504
100	80.3	161	241	321	402	482	519	510	497	519

由表 11-19 可见，根据弹性极限准则，10 个腐蚀缺陷在运行压力为 5MPa 左右时的等效应力超过管材的屈服强度，即腐蚀缺陷管道的失效运行压力为 5MPa；根据塑性失效准则，10 个腐蚀缺陷在运行压力为 7MPa 左右的等效应力超过管道的抗拉强度，即腐蚀缺陷管道的失效运行压力为 7MPa。采用现有评价标准对腐蚀缺陷管道进行评价时没有考虑腐蚀缺陷的宽度对管道剩余强度的影响，对于长度为 200mm，深度为 1mm 的腐蚀缺陷，采用 ASME B31G—1984 标准时的评价结果在 8MPa 左右，采用 ASME B31G—2009 标准时的评价结果在 8MPa 左右，采用 RSTRENG 0.85dL 标准时的评价结果在 9MPa 左右，采用 DNV RP－F101 分项安全系数法时的评价结果在 8MPa 左右，采用 DNV RP－F101 许用应力法时的评价结果在 8MPa 左右，与管道失效判定准则中的弹性极限准则和塑性失效准则的失效运行压力差距较大。所以，对于腐蚀缺陷宽度的忽略是采用现有评价标准评价结果与真实失效压力存在误差的原因之一。

11.6.4　不同位置腐蚀缺陷评价结果对比分析

下面验证不同位置腐蚀缺陷时管道等效应力的大小及其分布情况，以及不同位置腐蚀缺陷时各标准评价结果与有限元仿真结果之间的差异性。管段所在地区等级为正常，检测器精度为 10%t，置信度为 80%，为相对深度测量，管道长度为 1000mm，设计系数为 0.72，管道外径为 ϕ610mm，内径为 ϕ602mm，管道公称壁厚为 8mm，运行压力为 7MPa，管道材质为 X60，屈服强度为 452MPa，抗拉强度为 542MPa，弹性模量为 2×10^5MPa，泊松比为 0.3。对分别位于管道内壁和外壁的长度为 200mm，深度为 2mm，宽度为 50mm 的 2 个腐蚀缺陷的运行状况进行仿真，得到内壁及外壁腐蚀缺陷管道的等效应力大小，见表 11-20。

表 11-20 内、外壁腐蚀缺陷管道的等效应力

运行压力/MPa	等效应力/MPa	
	内壁腐蚀缺陷	外壁腐蚀缺陷
1	87.0	92.1
2	174	184
3	261	276
4	348	368
5	435	461
6	522	493
7	520	512
8	501	500
9	539	533
10	536	535

由表 11-20 可见，根据弹性极限准则，内壁腐蚀缺陷在运行压力为 6MPa 左右时的等效应力超过管材的屈服强度，即腐蚀缺陷管道的失效运行压力为 6MPa；外壁腐蚀缺陷在运行压力为 5MPa 左右时的等效应力超过管材屈服强度，即腐蚀缺陷管道的失效运行压力为 5MPa。根据塑性失效准则，内、外壁腐蚀缺陷在运行压力为 10MPa 时的等效应力仍小于管道的抗拉强度，管道处于安全状态。采用现有评价标准对腐蚀缺陷管道进行评价时没有考虑腐蚀缺陷位置对管道剩余强度的影响，对于长度为 200mm，深度为 2mm 的腐蚀缺陷，采用 ASME B31G—1984 标准时的评价结果在 8MPa 左右，采用 ASME B31G—2009 标准时的评价结果在 8MPa 左右，采用 RSTRENG 0.85dL 标准时的评价结果在 8MPa 左右，采用 DNV RP - F101 分项安全系数法时的评价结果在 8MPa 左右，采用 DNV RP - F101 许用应力法时的评价结果在 8MPa 左右，与管道失效判定准则中的弹性极限准则和塑性失效准则的失效运行压力差距较大。所以，对于腐蚀缺陷位置的忽略是采用现有评价标准的评价结果与真实失效运行压力存在误差的原因之一。

参考文献

[1] 杨理践，孙霄，高松巍．曲线拟合在管道漏磁内检测信号重构中的应用［J］．沈阳工业大学学报，2012，34（6）：15.

[2] 杨理践，孙丹，高松巍．直流励磁的管道壁厚漏磁检测技术［J］．无损探伤，2015，39（3）：9－12.

[3] Liu B，Sun W，Lin Y. The Study of electromagnetic stress testing method on oil－gas pipelines based on WT［J］. Geomaterials，2014，4（2）：55－63.

[4] 刘博，刘斌，杨理践，等．管道弱磁检测技术的有限元仿真［J］．油气储运，2015，34（7）：719－722.

[5] 郭天昊．永磁励磁的漏磁管道缺陷内检测关键技术研究［D］．沈阳：沈阳工业大学，2016.

[6] 刘绍亮．油气管道缺陷无损检测与在线检测诊断技术［J］．天然气与石油，2007，25（2）：10－14.

[7] 杨理践，李佳奇，高松巍，等．基于内听音的天然气管线泄漏监测方法［J］．沈阳工业大学学报，2011，33（1）：93－96.

[8] Chuai R Y，Wang J，Wu M L，et al. A tunneling piezoresistive model for polysilicon［J］. Journal of Semiconductors，2012，33（9）：13－17.

[9] 傅忠尧．油气管道内检测常用方法［J］．装备制造技术，2015（1）：206－208.

[10] 万强，牛红攀，韦利明，等．油气管道弱磁力层析无损检测技术研究［J］．应用数学和力学，2014（S1）：221－225.

[11] Liu B，Zhang H，Fernandes H，et al. Quantitative evaluation of pulsed thermography，lock－in thermography and vibrothermography on foreign object defect（FOD）in CFRP［J］. Sensors，2016，16（5）：743.

[12] 杨理践，张森林，高松巍．钢板厚度对漏磁检测效果的影响［J］．无损检测，2013，35（10）：10－13.

[13] 杨锋平，罗金恒，赵新伟，等．输气管道高强度试压方法及其在X80管道上的实践［J］．石油学报，2013，34（6）：1206－1211.

[14] 高松巍，黄绍博，杨理践．钢板应力集中区域的磁检测［J］．无损检测，2013，35（2）：38－41.

[15] 杨理践，朱明，高松巍．钢板缺陷的脉冲漏磁检测系统设计及试验［J］．无损检测，2012，34（1）：73－75.

[16] 王良军，李强，梁菁嫣．长输管道内检测数据比对国内外现状及发展趋势［J］．油气储运，2015，34（3）：233－236.

[17] 杨金鹏．长输管道内检测技术开发项目通过鉴定［J］．炼油技术与工程，2009，39（1）：24－24.

[18] 杨理践，崔婉婷，刘博，等．一种基于剩磁效应的管道缺陷检测方法［J］．油气储运，2015，34（7）：714－718.

[19] 高松巍，郑树林，杨理践．长输管道漏磁内检测缺陷识别方法［J］．无损检测，2013，35（1）：38－41.

[20] 杨理践，马凤铭，高松巍．管道漏磁在线检测系统的研究［J］．仪器仪表学报，2004，25（4S1）：1052－1054.

[21] 龚文，何仁洋，赵宏林，等．国外油气管道内检测技术的前沿应用［J］．管道技术与设备，2013（4）：24－26.

[22] 张国光．管道周向励磁漏磁内检测技术的研究［D］．沈阳：沈阳工业大学，2010.

[23] 杨理践，张国光，刘刚，等．管道周向励磁漏磁检测磁路设计［J］．化工自动化及仪表，2010，37（1）：39－40.

[24] 傅丹蓉，杨寒，肖春辉．管道漏磁检测器的磁路优化［J］．无损检测，2015，37（7）：50.

[25] 杨理践，崔益铭，高松巍，等．管道漏磁内检测装置的磁路优化设计［J］．沈阳工业大学学报，

2010，32（3）：311－315.
[26] Liu B，Fu Y，Xu B. Study on metal magnetic memory testing mechanism [J]. Research in Nondestructive Evaluation，2015，26（1）：1－12.
[27] Liu B，Fu Y，Jian R. Modelling and analysis of magnetic memory testing method based on the density functional theory [J]. Nondestructive Testing and Evaluation，2015，30（1）：13－25.
[28] 刘斌，付英，于慧，等．基于 GGA 算法磁记忆检测模型的研究［J］．仪器仪表学报，2014，35（10）：2200－2207.
[29] 刘斌，曹阳，付英，等．基于 NCPP 平面波算法磁记忆信号特征研究［J］．仪器仪表学报，2015，36（7）：1538－1545.
[30] Liu B，He Y，Zhang H，et al. Study on characteristics of magnetic memory testing signal on the stress concentration field [J]. IET Science，Measurement & Technology，2016，11（5）：959－971.
[31] 刘斌，张威，杨茗涵，等．基于第一性原理的力磁耦合模型研究［J］．仪表技术与传感器，2014（3）：76－78.
[32] Yang L J，Liu B，Chen L J，et al. The quantitative interpretation by measurement using the magnetic memory method（MMM）－based on density functional theory [J]. NDT & E International，2013，55：15－20.
[33] 杨理践，刘斌，高松巍，等．金属磁记忆效应的第一性原理计算与实验研究［J］．物理学报，2013（8）：86201－086201.
[34] 杨理践，刘斌，高松巍，等．基于密度泛函理论的磁记忆信号产生机理研究［J］．仪器仪表学报，2013，34（4）：809－816.
[35] 杨理践，王国庆，高松巍，等．基于 OPWP 算法力磁耦合磁记忆信号特征研究［J］．仪器仪表学报，2016，36（7）：1588－1595.
[37] 杨理践，王国庆，刘斌，等．油气管道塑性变形的磁记忆检测［J］．无损检测，2016，37（3）：8.
[38] 徐成，邢海燕．基于磁记忆机理的铁磁材料拉伸试验研究［J］．黑龙江科技信息，2014（17）：27－27.
[38] 杨理践，刘刚，高松巍，等．检测装置运行速度对管道漏磁检测的影响［J］．化工自动化及仪表，2010，37（5）：57－59.
[39] 杨理践，胡春阳，刘博，等．稠油热采中隔热油管的漏磁检测方法［J］．油气储运，2015，34（6）：621－626.
[40] Liu B，Cao Y，Zhang H，et al. Weak magnetic flux leakage：A possible method for studying pipeline defects located either inside or outside the structures [J]. NDT & E International，2015，74：81－86.
[41] 杨理践，袁希平，高松巍．输气管道漏磁内检测的速度效应分析［J］．管道技术与设备，2013（5）：19－21.
[42] 杨理践，赵洋，高松巍．输气管道内检测器压力－速度模型及速度调整策略［J］．仪器仪表学报，2012，33（11）：2407－2413.
[43] 刘畅，杨理践．管道内检测器泄流状态温度场湍流分析［J］．管道技术与设备，2014（5）：7－10.
[44] 杨理践，李晖，靳鹏，等．管道地理坐标测量系统 SINS 安装误差标定［J］．仪器仪表学报，2015（1）：40－48.
[45] 杨理践，李晖，周福宁，等．基于容积卡尔曼平滑滤波的管道缺陷定位技术［J］．传感技术学报，2015，28（4）：591－597.
[46] 杨理践，沈博，高松巍．基于组合导航技术的管道地理坐标定位算法［J］．沈阳工业大学学报，2014（1）：66－71.
[47] 靳鹏，杨理践，高松巍．管道惯性测绘原始数据迭代去噪算法［J］．无损检测，2016，38（3）：14.
[48] 杨理践，沈博，高松巍．应用于管道内检测器的管道地理坐标测量方法［J］．仪表技术与传感器，

2013 (11): 84 - 87.

[49] 杨理践，杨洋，高松巍，等. 管道地理坐标内检测的里程校正算法 [J]. 仪器仪表学报，2013，34 (1): 26 - 31.

[50] 杨理践，李瑞强，高松巍，等. 管道内检测导航定位技术 [J]. 沈阳工业大学学报，2012，34 (4): 427 - 432.

[51] 杨洋，吴新杰，杨理践，等. 管道内的三维地理坐标检测 [J]. 光学精密工程，2014，22 (10): 2740 - 2746.

[52] 杨洋，杨理践，高松巍. 管道地理坐标内检测的终止点校正方法 [J]. 仪表技术与传感器，2013 (9): 89 - 91.

[53] 杨理践，夏克，高松巍. 管道漏磁检测实时数据压缩 [J]. 沈阳工业大学学报，2010，32 (6): 660 - 664 + 698.

[54] 杨理践，张双楠，高松巍. 管道漏磁检测数据压缩技术 [J]. 沈阳工业大学学报，2010，32 (4): 395 - 399.

[55] 刘欢，朱红秀，李宏远，等. 管道漏磁检测数据三维显示方法研究 [J]. 中国测试，2015，41 (2): 84 - 87.

[56] 杨理践，李春华，高松巍，等. 钢板应力集中区域检测数据的采集与拟合 [J]. 仪表技术与传感器，2012 (9): 69 - 71.

[57] 朱红秀，刘欢，李宏远，等. 油气管道腐蚀缺陷分类识别技术研究 [J]. 中国测试，2015 (6): 91 - 95.

[58] 孙博，聂文. 管道内检测技术在输气管道中的研究与应用 [J]. 石油化工自动化，2016，52 (2): 58 - 61.

[59] 杨理践，于潇宇，高松巍. 基于 FPGA 的海量数据采集系统的设计 [J]. 测控技术，2009，28 (5): 38 - 40.

[60] 杨剑，桑清莲. 长输管道漏磁内腐蚀检测技术应用分析 [J]. 山东工业技术，2014 (23): 48 - 48.

[61] 郭晓婷. 涡流管道内检测管壁内外缺陷识别技术研究 [D]. 沈阳：沈阳工业大学，2013.

[62] 杨理践，马凤铭，高松巍. 油气管道缺陷漏磁在线检测定量识别技术 [J]. 哈尔滨工业大学学报，2009，41 (1): 245 - 247.

[63] 杨理践，姜文特，高松巍. 管道漏磁内检测缺陷可视化方法 [J]. 无损探伤，2012，36 (2): 2 - 3.

[64] 杨理践，佘文来，高松巍，等. 管道漏磁检测缺陷识别技术 [J]. 沈阳工业大学学报，2010，32 (1): 65 - 69.

[65] 赵勇. 长距离输油管道缺陷漏磁检测方法研究 [D]. 青岛：中国石油大学 (华东)，2013.

[66] 孙旭，刘斌. 长输管道盗油孔弱磁检测 [J]. 沈阳工业大学学报，2014，36 (4): 436 - 440.

[67] 杨理践，才博，高松巍. 基于 Mises 强度准则的腐蚀缺陷管道评价方法 [J]. 腐蚀与防护，2014 (12): 1194 - 1198.

[68] 杨理践，王嘉，高松巍. 基于瞬变电磁法的金属管道外检测技术 [J]. 无损探伤，2014，3: 4.

[69] 杨理践，邢磊，高松巍. 三轴漏磁缺陷检测技术 [J]. 无损探伤，2013，37 (1): 13 - 16.

[70] 杨理践，刘斌，高松巍. 弱磁场中漏磁检测技术的研究 [J]. 仪表技术与传感器，2014 (1): 89 - 92.

[71] 杨理践，毕大伟，高松巍. 油气管道漏磁检测的缺陷量化技术的研究 [J]. 计算机测量与控制，2009 (8): 1489 - 1491.

[72] 全国人民代表大会常务委员会. 中华人民共和国特种设备安全法 [M]. 北京：法律出版社，2013.

[73] 曹康泰. 关于《中华人民共和国石油天然气管道保护法 (草案)》的说明——2009 年 10 月 27 日在第十一届全国人民代表大会常务委员会第十一次会议上 [J]. 中华人民共和国全国人民代表大会常务委

员会公报，2010（5）：457 -460.
[74] 中华人民共和国住房和城乡建设部.GB 50369—2014 油气长输管道工程施工及验收规范［S］北京：中国计划出版社，2014.
[75] 国家能源局.SY/T 6597—2014 油气管道内检测技术规范［S］. 北京：石油工业出版社，2014.
[76] 邵娜. 油气长输管道剩余强度评价方法的研究［D］. 沈阳：沈阳工业大学，2009.
[77] 李兴. 油气管道漏磁检测的有限元分析及信号处理的研究［D］. 成都：电子科技大学，2010.
[78] 崔益铭. 管道漏磁检测技术的研究［D］. 沈阳：沈阳工业大学，2009.
[79] 高波. 基于漏磁内检测数据长输油气管道评价技术研究［D］. 沈阳：沈阳工业大学，2012.
[80] 刘凤艳. 基于漏磁内检测的长输油气管道完整性评价研究［D］. 沈阳：沈阳工业大学，2014.
[81] 杨理践，刘凤艳，高松巍. 基于腐蚀缺陷管道的剩余强度评价标准应用［J］. 沈阳工业大学学报，2014，36（2）：297 -302.